Die Chemie
in ihrer Anwendung
auf
Künste und Handwerke

dargestellt

von

J. A. Chaptal
Mitglied und Schatzmeister des Senats, Groß-Officier der Ehrenlegion, Mitglied des National-Instituts in Paris, Professor Honorarius der Medizinischen Schule zu Montpellier u. s. w.

Aus dem Französischen übersetzt.

Mit Anmerkungen begleitet

von

Sigismund Friedrich Hermbstädt
Königl. Preuß. Geheimen Rathe u. s. w.

Erster Band
welcher die beyden ersten Theile des Originals enthält.
Mit eilf Kupfern.

Berlin,
in der Realschulbuchhandlung, 1808.

geht aus dem Titel hervor. Aber auch der Chemiker von Profession wird über die Gegenstände der Kunst sich manches Raths darin erholen können, da die meisten Gegenstände der Kunst, mit Ausführlichkeit behandelt worden sind.

Berlin im April 1808.

Hermbstädt.

Vorbericht.

Eine Abhandlung von der Chemie in ihrer Anwendung auf die Künste, kann keine Abhandlung von einer jeden Kunst insbesondere seyn: abgesehen davon, daß ein Unternehmen dieser Art die Kräfte eines einzigen Menschen übersteigen würde, müßte ein solches Werk nothwendigerweise ermüdende Wiederholungen enthalten; Luft, Wasser, Wärme und Licht, wirken nach den nämlichen Grundgesetzen in den Händen eines jeden Künstlers, und es ist also hinreichend, die verschiedenen Eigenschaften aller dieser Wirkungsmittel und das Gesetz, dem ihre Wirkungen unterworfen sind, darzustellen, um jeden Künstler in den Stand zu setzen, die Ursachen, Triebfedern und Grundsätze seiner Operationen kennen zu lernen.

Das wahre Mittel, Aufklärung in die Künste zu bringen, besteht viel weniger in der Genauigkeit, mit der man eine Beschreibung des in ihnen stattfindenden Verfahrens liefern kann, als darinn, daß man alle diese Operationen auf allgemeine Grundsätze zurück zu führen sucht; die Beschreibung einer Kunst, wie genau sie auch seyn möge, ist nie mehr, als die Geschichte dessen, was in ihr geschieht; eine Charte, so zu sagen, auf der man sehen kann, was da ist; sie kann das Verdienst haben, alle Künstler, durch Mittheilung der nämlichen Erfahrungsarten auf den nämlichen Grad von Kenntnissen zu erheben; aber es geschieht durch sie kein Schritt vorwärts zur Industrie, während die Wissenschaft, ihr Licht über jegliche Operation verbreitend, alle Resultate erklärt, und dem Künstler die Fähigkeit gibt, sein Verfahren zu beherrschen, es zu verändern, zu vereinfachen, zu vervollkommnen und jeden Erfolg desselben vorauszusehn und zu berechnen.

Eine Abhandlung von der Anwendung der Chemie auf die Künste, ist also ein aus Grundsätzen bestehendes Werk, und ich würde mir schmeicheln, den mir vor Augen gestandenen Zweck erreicht zu haben, wenn jeder Künstler in dieser Schrift die Ursachen aller Resultate, die er erhält, und die Entwicklung der Grundregel seines Verfahrens fände.

Ein Werk dieser Gattung konnte aber auch nur erst dann entstehen, als man Thatsachen in gehöriger Zahl gesammelt, um sie mit einander zu vergleichen, und als man die Analyse zu dem Grade von Vollkommenheit gebracht, um durch sie in den Produkten einer Operation den Grund und die Resultate aller Phänomene zu finden: es war also nur der Zeit vorbehalten, die Materialien hiezu vorzubereiten.

Die Thatsachen existirten vor der Wissenschaft, die ihnen folgte, um sie aufzuklären, unter einander zu verbinden und zu vergleichen; es verhält sich mit ihr, wie mit den Methoden der Naturforscher, die nur erst dann begründet werden konnten, als die Kenntniß einer großen Anzahl von einzelnen Körpern erlaubte, ihre Haupteigenschaften einander nahe zu bringen, und sie unter sich zu vergleichen.

Damit jedoch die Chemie ihr Licht über die Künste verbreiten konnte, war es nöthig, daß sie selbst sich eine gründliche Kenntniß aller Agentien, ihrer Eigenschaften und Wirkungen erwerbe, es mußten alle Körper classificirt, alle ihre Wirkungen berechnet und auf allgemeine Grundsätze zurückgeführt werden. Das Ende des achtzehnten Jahrhunderts hat diese Revolution hervor gebracht; bis dahin unbekannte Elemente wurden den bereits bekannten hinzu gefügt; die Analyse der Luft und des Wassers hat Aufklärung in die Wirkung dieser beyden Substanzen gebracht, durch die Zersetzung der Säuren ist man dahin gelangt, ihre Hauptwirkungen zu erklären; die Füssigkeiten des Lichtes und der Wärme, diese ergiebigen Quellen von Wirkung und Gegenwirkung, diese ersten Triebfedern des Lebens haben ihre Stelle unter den Elementen der Körper eingenommen, und die Chemie, welche sich bis dahin auf einige Detail-Operationen eingeschränkt hatte, wurde nun auf einmal eine Centralwissenschaft, von der alles ausgeht, oder in der sich alles vereiniget. Man kam bald zu der Ueberzeugung, daß die Natur, eben so einfach in den Grundsätzen ihrer Thätigkeit, als fruchtbar in ihren Entwicklungen, nur eine kleine Anzahl allgemeiner Vorschriften anerkenne, und die bis dahin auf das weite Feld der Industrie isolirte Künstler, sahen zum erstenmale ein, daß die genauesten Beziehungen sie unter einander verbänden, und das alle Operationen sich an Grundsätze anknüpften, die ihr gemeinsames Eigenthum sind.

Die Chemie in ihrer Anwendung auf die Künste wird also diejenige Wissenschaft seyn, welche aus der vergleichenden Analyse der Operationen, die in allen Künsten vorkommen, einige allgemeine Gesetze herleitet, auf die sich die zahllosen Erfolge beziehen, welche man in den Werkstätten siehet.

Man könnte sagen, die Chemie der Künste, aus diesem Gesichtspuncte betrachtet, sey ein Leuchtthurm, von Menschenhänden im Allerheiligsten der Operationen der Kunst und der Natur errichtet, um alle Einzelheiten derselben zu erhellen!

Aber sie beschränkt sich nicht allein darauf, ihr Licht über das schon bekannte zu verbreiten, oder das, was schon geschieht, zu vervollkommnen, sondern sie wird täglich die Schöpferin von neuen Künsten und seit einigen Jahren verdankt man ihr neue Methoden zum Leinwandbleichen, die Kunst, aus allen ihren Bestandtheilen Salmiak, Alaun und Vitriole zusammen zu setzen, so wie das Kochsalz zu zersetzen, um Natron daraus zu extrahiren, die Bereicherung der Färbekunst mit neuen Beitzen; einfachere Verfahrungsarten bey Verfertigung und beym Raffiniren des Salpeters, Zusammensetzungen des Pulvers nach schnelleren und sichreren Methoden; die wahren Grundsätze über die Ledergärberey, und die Abkürzung der dabey vorkommenden Operationen; die Vervollkommnung der Extraction und Bearbeitung der Metalle; die Vereinfachung der Destillation der Weine; öconomischere Mittel zur Heitzung; neue Grundsätze über das Verbrennen des Oeles und die Erleuchtung unsrer Wohnungen durch dasselbe, und die Mittel um uns in die Lüfte zu erheben und die Geheimnisse der Natur drey oder viertausend Toisen über unserm Haupte zu erforschen.

Bevor die Chemie die zahlreichen Operationen der Industrie auf allgemeine Grundsätze zurückgebracht, waren Fabriken und Manufakturen, so zu sagen, das Erbtheil einiger Nationen und im Eigenthum einer kleinen Zahl von Individuen; das unumschränkte Geheimniß breitete seinen Schleier über jegliches Verfahren; Formeln und Handgriffe vererbten sich von Generation auf Generation. Die Chemie kam, um alles zu enthüllen: sie machte das Gebiet der Künste zum allgemeinen Eigenthum und in kurzem, sah man alle Völker, die diese Wissenschaft cultivirten, sich mit den Anstalten ihrer Nachbarn bereichern. Die Bereitungen des Bleyes, Kupfers und Quecksilbers; die Arbeiten in Eisen, die Fabrikation der Säuren, die Appretur der Zeuge, das Drucken auf Leinwand mit Farben, die Composition der Kristalle, der gebrannten Erden und des Porzellans u. s. w. alles dieß wurde aus dem Dunkeln gezogen und ist jetzt Gemeineigenthum.

Seit zwanzig Jahren hat also die Chemie mehrere Zweige der Industrie neu geschaffen, eine größere Anzahl derselben vervollkommnet und fast alle in den Künsten stattfindenden Verfahrungsarten öffentlich bekannt gemacht.

Aber bey dem Anführen der großen Dienste, welche sie geleistet, und bey der Hoffnung noch bedeutendere durch sie zu erhalten, wenn durch die Fortschritte der Kenntnisse, erleuchtete Untersuchungen sich mit den Künsten mehr beschäftigen werden, können wir nicht umhin, den Künstler und Manufakturisten vor dem Mißbrauche zu verwahren, den man von dem Worte Chemie macht, und sie zu warnen,

nen, weder allen Werken, die diesen Namen an der Spitze tragen, noch allen Individuen, die sich den Titel von Chemikern anmaaßen, ein blindes Vertrauen zu schenken. Die Chemie hat ihre Adepten und Charlatane, wie jede andre Wissenschaft und der Fabrikant könnte leicht sein Vermögen und seinen Ruf aufs Spiel setzen, wenn er nach Berechnungen, im Cabinet entworfen, kleinen, in den Laboratorien erhaltenen Resultaten, oder nach trügerischen Ankündigungen, sein Verfahren einrichten, oder Speculationen darauf gründen wollte.

Nur mit der größten Vorsicht führe man Neuerungen in den Werkstätten ein, wie vortheilhaft sie auch erscheinen mögen. Bevor man verändert, was einmal da ist; bevor man das, was Gedeihen hat, modificirt; bevor man eine Reihe von Operationen, die man der Verbesserung für fähig hält, aus ihrer Bahn leitet, muß die Erfahrung über die vorgeschlagenen Abänderungen ihr Urtheil gesprochen und das neue Verfahren die Sanction des Practikers und die Billigung des Konsumenten erhalten haben.

Ohne diese klugen, vernünftigen und durchaus nothwendigen Vorsichtsmaaßregeln, die der Theoretiker wohl Eigensinn, Vorurtheil und Ignoranz zu nennen pflegt, wird das beste Etablissement bald zerstört seyn; man sieht es eine Zeitlang unter Herumtappen und Ungewißheit schwanken, und nach verderblichen Versuchen schätzt sich der Fabrikant glüklich, wenn er zu seiner ersten Methode zurück kehren und seinen Ruf auf der alten Basis wieder herstellen kann.

Aber so vieles Lob dieß weise Zurückhalten des Manufakturisten, der für neue Ideen fast unzugänglich, keine Veränderung annimmt, bevor die Praxis und seine eigene Erfahrung sie erprobet, auch verdient, so tadelnswerth ist die Hartnäckigkeit dessen, der, ohne Prüfung, alle Vorschläge die ihm zur Vervollkommnung gemacht werden, verwirft, denn wer nicht mit den Künsten fortschreitet, um sie in allem ihrem Wachsthum zu verfolgen, kommt bald zurück;

rück; dann sieht er nach und nach die Produkte seiner Fabrikation in der Meynung fallen; er kann in öconomischer Hinsicht nicht mehr mit seinen Concurrenten wetteifern; statt ihnen nachzuahmen, tadelt er ihre neuen Verfahrungsarten, indem er sie mit dem gehässigen Namen, gefährliche Neuerungen, belegt; er nimmt auf Reglements-Bezug, die Einförmigkeit in der Fabrikation erfordern, er ruft die Macht der Inspektoren an, und sucht mit lautem Schreien alles hervorzuziehen, was dem aufgeklärten Gang der Künste hinderlich werden kann.

Um dieser unseeligen Verblendung willen, sahen wir Etablissements untergehen und zerfallen, die Jahrhunderte geblüht und sehen noch täglich Künste von Stadt zu Stadt und von Nation zu Nationen wandern.

Der Fabrikant befindet sich also zwischen zwey Klippen; der, eines blinden Glaubens, welcher sein Vermögen es dem Ungefähr der Theorieen überlassend, auf das Spiel setzt, und der eines hartnäckigen Mißtrauens, welches sein Etablissement von Grund aus untergräbt; indem es ihm die Methoden zur Verbesserung desselben aus den Augen rückt.

Die Klugheit besteht also in der Empfänglichkeit für alle Entdeckungen, und in dem Willen, in den Werkstätten alles das zu versuchen, was die Sanction der Erfahrung oder das Zeugniß der Kunstverständigen für sich hat; als Fabrikationsmethode jedoch nichts eher anzunehmen, als das, was durch eine hinreichende Praxis erprobet worden.

Es hat mir immer unmöglich geschienen, daß der Chemiker in seinem Laboratorio alle die Elemente der Berechnung vereinigen könne, nach denen der Manufakturist verfahren muß, bevor er im Stande ist, mit Sachkenntniß zu urtheilen; in der That sind die Preise der Handarbeit, die Kosten des Etablissements, die Zinsen der darin verwendeten Kapitalien, die Leichtigkeit des Verkaufs, der Geschmack oder die Laune des Consumenten, die Natur

des

des Bodens, die Vorräthe an Brennmaterial und an den ersten Materien, eben so viele Voraussetzungen, die man kennen, abwägen und berechnen muß, und der Fabrikant allein vermag es, sich hinlängliche Anzeigen darüber zu verschaffen, um Resultate zu erhalten, nach denen er sich bestimmen kann.

In allen diesen Rücksichten also kommt es auf den Chemiker und Fabrikanten an; der erste macht den Vorschlag, der andre beurtheilt und entscheidet. Was dem Chemiker am besten scheint, kann dem Fabrikanten nicht so vorkommen, weil der Chemiker sich nur bey der Wissenschaft Raths erholt, während der Manufakturist das kennt, was wirklich vorhanden ist, den Aufwand mit dem Produkt der Verbesserung vergleicht, die Resultate beyder Verfahrungsarten beurtheilt, den Geschmack des Consumenten berücksichtigt und seinen endlichen Entschluß auf eine Masse von Thatsachen, Bedürfnissen und Umständen gründet, die der Chemiker weder gehörig kennen, noch würdigen kann.

Der Chemiker und Manufakturist können sich also wechselseitig behülflich seyn, jedoch muß jeder von ihnen die Stelle nicht verlassen, welche die Natur ihrer verschiedenen Studien ihnen anweiset. Jedes Abgehn von dieser Ordnung der Dinge kann nur Verwirrung zur Folge haben, und zur Vorbereitung von Resultaten dienen, die eben so zerstörlich auf das Vermögen wirken, als sie die Wissenschaft außer Credit setzen.

Umsonst würde man sich jedoch bemühen, die Künste durch die Chemie zu vervollkommnen, umsonst versuchen, sie zu dem Grade von Superiorität zu bringen, von dem Ruhm und Reichthum der Nationen abhängen, wenn andere Ursachen nicht gemeinschaftlich mit der Wissenschaft wirkten, um das Gedeihen derselben zu befördern.

Ohne Zweifel liegt der bedeutendste Grund zum Emporkommen einer Fabrik in der guten Qualität ihrer Produkte und in der Oeconomie bey deren Fabrikation; aber der geschickteste Mann wird die Blüthen seiner Industrie unter

unter seinen Händen welken sehen, wenn andre Unterstützungsgründe ihr Entwickeln nicht befördern.

Wenn auch alle nöthigen Kenntnisse zur Einrichtung und Leitung eines Etablissements vorhanden sind, so gehört zu seinem Fortkommen doch noch eine günstige Lage; denn es ist nicht gleichgültig und zufällig, eine Art der Industrie auf den oder jenen bestimmten Punkt des Erdbodens zu verpflanzen, einer jeden Kunst ist durch die Natur ihrer Beschäftigungen, ihre Stelle bezeichnet jede, so zu sagen, hat ihren eigenen Boden und nur mit Gefahr des größten Nachtheils läßt sich diese natürliche Ordnung verrücken.

Diese Einwirkung der Localität ist hauptsächlich wichtig für die Künste, deren Produkte nur geringe Preise haben, und bey denen die Handarbeiten fast für nichts zu achten sind; diese müssen in der Nähe solcher Oerter ausgeübt werden, die die Vorräthe liefern, und unfern von solchen, die sie consumiren, oder an Kanälen und Flüssen, die ihre Ausfuhr erleichtern, während eine Porcellanfabrik im Mittelpuncte einer großen Stadt gedeihen kann, weil hier die Handarbeit alles ist, und die erste Materie kaum als Element bey dem Preise des Fabrikats in Anschlag kommt.

Alle Künste, die eine beschwerliche Vereinigung von Menschen, Sachen und Hülfsmitteln erfordern, müssen vielleicht anfänglich in Städten geübt werden; dort existiren die durch Bedürfniß zusammengedrängten Menschen, bloß durch Industrie, machen, so zu sagen, alle ihre Hülfsmittel, zum Gemeingut und theilen alle Operationen unter sich, um schneller zum Zwecke zu gelangen. Es scheint selbst, daß die Künste, die eine große Einsicht und einen gebildeten Geschmack erfordern, nur in großen Städten gedeihen könnten, weil man dort nur die nöthigen Hülfsmittel zu finden hoffen darf.

Nicht allein sind alle Localitäten nicht geschickt, um darauf Anlagen zu machen, die sich zur Herbeyschaffung der

der Vorräthe, der Consumtion und den Handarbeiten einer Fabrik gehörig eignen; aber es gibt auch solche, die, wenn sie gleich alle diese Vortheile vereinigen, doch Manufakturen von gewissen Gattungen zuwider sind, aus Rücksichten, welche aus der Natur des Bodens selbst fließen. Ein zur Agricultur sehr tauglicher Strich Landes also, der dadurch allen Arbeitern leicht die Mittel zur Subsistenz liefert, kann nur solche Fabriken aufnehmen, deren Existenz in einer natürlichen Verbindung mit den Produkten des Bodens steht, und nach diesen Grundsätzen dienen die Bearbeitungen des Flachses, der Wolle, der Seide, des Hanfs und des Weins, weit entfernt, der Agricultur zu schaden, vielmehr zur Vervielfältigung ihrer Hülfsmittel, vorausgesetzt jedoch, daß der Landmann durch sie nur in der Jahreszeit beschäftiget wird, in der die Erde seiner Sorgfalt nicht bedarf; Etablissements für mechanische Künste oder für Gegenstände des Luxus, würden an solchen Orten das Gedeihen des Landes bis auf die Wurzeln vertrocknen machen.

Man trifft zuweilen auf Fabriken, die einige Zeit hindurch, das Ansehn der Blüthe haben, ungeachtet ihrer Lage an einem wenig günstigen Orte ist. Diese Blüthe ist dann jedoch nur ein gezwungener Zustand; das Vermögen der Entrepreneurs, die Einsicht der Vorsteher, und Begünstigungen von Seiten des Gouvernements können ihre Existenz wohl einige Jahre hindurch fristen, aber da es nicht in der Macht des Menschen steht, die immer thätigen Ursachen des Verderbens zu vernichten, so spottet die Gewalt der Dinge aller Bemühungen; und nach einem beschwerlichen Kampfe sieht man Etablissements zusammenstürzen, denen zum Gedeihen nichts fehlte, als eine besser gewählte Lage. So gehen Glas- und Schmelzhütten und andere Fabriken, die eine große Menge von Brennmaterial erfordern, von ihrer Entstehung an zu Grunde, wenn man sie in großer Entfernung von Waldungen oder Steinkohlen-Bergwerken anlegt.

Wir haben bereits bemerkt, daß die Künste des Luxus und die Zeug-Fabriken in Städten fortkommen können, in denen die Vereinigung zahlreicher Individuen ihnen Hülfsmittel darbietet, welche sich anderwärts nicht hoffen lassen. Aber wie sehr werden diese Vortheile durch die Nachtheile aufgewogen, welche mit diesem Anhäufen von Arbeitern auf einem Punkt verbunden sind. Welch ein schreckliches Schauspiel bieten zwanzig bis dreißig tausend Familien dar, deren Existenz von dem Gedeihen einer Fabrikation wesentlich abhängt. Eine politische Revolution, eine Veränderung im Geschmack oder in der Mode, eine hinzutretende Schwierigkeit wegen Herbeyschaffung der Vorräthe, eine Krieges-Erklärung können die Thätigkeit dieser Fabriken lähmen, und fast in einem Augenblick sieht man die Industrie und das Leben von vierzigtausend Menschen, dann in Unruhe gerathen und endlich verlöschen in den Aengsten des Elends und der Verzweiflung.

Mir haben diese empörenden Zusammendrängungen immer eine der größten Geißeln unter den Fortschritten der Civilisation geschienen, und ich glaube eine weise und vorsichtige Politik muß ihnen vorzubeugen suchen; denn, abgesehn davon, daß sie in jedem Augenblicke die öffentliche Ruhe bedrohen; so setzen sie das Schicksal der Künste selbst auf's Spiel; weil sie sie dem sehr veränderlichen Erfolg aller Begebenheiten unterwerfen, die auf die Bevölkerung der Städte einen so mächtigen Einfluß haben.

Um den ausgesuchten Geschmack, der nur in den Städten herrscht, mit der Leichtigkeit und der Oeconomie der Handarbeiten, die man auf dem Lande findet, zu vereinigen, ohne sich den traurigen Folgen dieses Anhäufens von Arbeitern auszusetzen, von dem wir eben gesprochen, scheint es mir vortheilhaft, wenn der Chef des Etablissements in den Städten wohnt, während die Arbeiter auf dem Lande zerstreuet seyn können; durch dieß Mittel wird der Chef in den Stand gesetzt, den Geschmack

schmack des Consumenten kennen zu lernen; er ist umgeben von Künstlern und Gelehrten, die ihm Aufklärung gewähren; er hat alle Leichtigkeit, die er nur wünschen kann in Hinsicht der Herbeyschaffung der Vorräthe und der Consumtion seiner Produkte; unter seinen Augen läßt er die Materien die ihm für niedrige Preise auf dem Lande bereitet worden, verarbeiten oder ihnen Appretur geben; er erweitert oder schränkt seine Fabrikation ein, nach den Umständen und der bloßen Berechnung seiner Zinsen, weil er nicht fürchten darf, der Landmann, der zur Fabrikation nur die Zeit anwendet, die er dem Ackerbau nicht widmen kann, werde durch das Aufhören der Arbeiten der Indüstrie in tödtenden Müssiggang versinken.

Werfen wir den Blick auf Fabriken, die seit langer Zeit in Blüthe stehen und deren Existenz den Stürmen der Revolution, dem Eigensinn der Moden und der Veränderlichkeit der Gesetze und Reglements für den Handel trotzten; so sehen wir, daß sie sich alle in solchen Gegenden befinden, wo die Unfruchtbarkeit des Bodens und die Strenge der Fröste dem Bewohner nicht gestatten, sich der Bearbeitung des Landes ununterbrochen zu widmen, und die Erfahrung lehrt uns, daß wenn gleich im Schooß der Gebirge und unter dem Hüttendach, die Mittel zur Arbeit nur einen geringern Grad von Vollkommenheit, als in den Städten, haben; dennoch die Produkte, die man dort fabricirt, auf allen Märkten von Europa zu geringeren Preisen ausgeboten werden, als die in den Städten verfertigte, welches daher rührt, weil die daselbst minder theure Handarbeit, die Unvollkommenheit der Mittel, deren man sich dabey bedient, überwieget.

Aber alle Vorzüge der Lage und alle Kenntnisse des Vorstehers können das Gedeihen eines Etablissements nur in so fern sichern, als die Protection die Aufmunterungen,

gen, die Gesetze und Reglements eines Staates auf das wahrhafte Interesse der Fabriken berechnet sind.

Alle Regierungen haben ohne Zweifel den Willen, die Künste und den Handel zu beschützen; aber es sind wenige nur, die in dieser Hinsicht ihren guten Absichten gemäß handeln. Eine Regierung die eine wahrhafte Beschützerin der Industrie ist, hat immer nur die Kunst im Auge und die Mittel die sie zur Beförderung ihrer Entwicklung und Sicherstellung ihres Gedeihens anwendet, beschränken sich darauf, daß sie suchen wird: die Herbeyschaffung der Vorräthe und die Consumtion zu erleichtern, Prämien auf die Exportation zu setzen, um die Produkte der Nationalfabrikation auf allen Märkten in Europa zu verbreiten; ihren Credit bey den übrigen Regierungen anzuwenden, um zur Kenntniß der unter ihnen statt findenden Vervollkommnungen und neuen Verfahrungsarten gelangen und damit ihr Land bereichern zu können; die Verbindungen und Verhältnisse, die zwischen dem Arbeiter und dem Entrepreneur nothwendig sind, mit Energie zu bestimmen und aufrecht zu erhalten; auf den Boden, das Clima, den Character der Einwohner und das Interesse des Ackerbaues Rücksicht zu nehmen, um nur mit Aufklärung ihren Schutz zu verleihen, u. s. w.

Nach diesen Grundsätzen muß das Gouvernement sich wesentlich mit Woll- Seiden- Leinen- und Hanf-Manufakturen, mit der Fabrikation von irdenen Waaren und mit allen den Gegenständen beschäftigen, zu denen der Boden ihm im Ueberfluß die ersten Materien liefert. Nur durch eine traurige Verkehrung dieser Ordnung der Dinge, hat man vor einem halben Jahrhundert die Kattunfabriken unterstützt, nicht beachtend, daß das Schicksal dieser Etablissements, welche mit ausländischen Materien versehen werden mußten, allen Einflüssen der Revolutionen, allen Cabinetsintriguen, und allen Veränderungen der Zollgesetze unterworfen seyn, und die eigentlichen Landesfabriken um so mehr unter dieser Concurrenz würden leiden müssen, als man, um diese stehenden Etablissements aufzumuntern, zu vervielfältigen und zu befestigen genöthiget war, Prämien zu bewilligen, das Einbringen ähnlicher Produkte zu untersagen Und auf diese wahrhaft fremde Industrie alle Capitalien, Einsichten und Arbeiter zu verwenden *).

Noch eine traurige Folge dieser falschen Ansicht ist es, wenn die Regierungen alle Arten der Industrie bey sich einzuführen suchen und nicht daran denken, daß jedes Land, durch seine Lage, sein Clima, die Natur seines Bodens und den Character seiner Einwohner eigenthümliche Arten der Industrie hat, die so zu sagen sein Erbtheil ausmachen; wenn sie ferner übersehen, daß eine Nation, die alles machen und alles haben will, sich von den übrigen Nationen trennt und isolirt, daß sie kein Tauschmittel für sich behält und daß die wahren Handels-Verbindungen doch nur auf den wechselseitigen Austausch der Produkte des Bodens oder der Industrie gegründet werden können.

Endlich ist es noch eine Folge dieses gezwungenen Zustandes und dieser falschen Leitung, welche man der Indu-

*) Ich rede nur von dem, was vor funfzig Jahren hätte geschehen sollen. Jetzt, wo die Baumwollen-Fabriken einen beträchtlichen Zweig unsrer Industrie ausmachen, und die Baumwollen Arbeiten fast zweymal hundert tausend Menschen beschäftigen, muß das Gouvernement ohne Zweifel sie beschützen. Aber war es das Werk einer vernünftigen Politik, sie in Frankreich einheimisch zu machen? Hat ihre Einführung nicht der eigentlich nationalen Tuch-Seiden-Leinenfabriken u. s. w. geschadet? Hätte die Regierung nicht besser gethan, den letztern Fabriken ihre Aufmunterungen zuzuwenden und unsern Nebenbuhlern die Baumwollen Gespinnste und Gewebe als Tauschmittel gegen die Produkte unsrer Industrie und unsers Bodens zu überlassen? das ist die Frage.
Anmerk. des Verf.

Industrie gibt, wenn die Gouvernements sich genöthiget glauben, die Einfuhr fremder Fabrikate zu untersagen. Abgesehn davon, daß diese Verbots-Gesetze unnöthig seyn würden, wenn jedes Volk seine Industrie auf die Gegenstände allein einschränkte, die ihm die Natur selbst bestimmt zu haben scheint und daß es sodann hinreichend wäre, ausländische, den Producten des Inlandes ähnliche Fabrikate, mit einem zu der Prämie der Contrebande in Verhältniß stehenden Einfuhrzolle zu belegen; so organisiren Gesetze der Art, den Betrug, verbreiten Immoralität unter einem Theile des Volkes und äußern einen nachtheiligen Einfluß auf die Fortschritte der Künste; denn der Manufakturist sucht nur dann seine eigene Vervollkommnung, wenn er neben sich Produkte einer bessern oder öconomischeren Fabrikation, als die Seinige, sieht; wenn diese ihn zur Vergleichung auffordernde Gegenstände aber unterdrückt werden, wird er zufrieden mit dem, was er hervor bringt, weil er es verkauft, in den Schlaf der Mittelmäßigkeit versinken.

Man spricht täglich von der Nothwendigkeit, **Fabriken-Reglements** zu entwerfen und die Inspectionen wiederherzustellen, um den Fabriken ein größeres Gedeihen zu geben, und bezieht sich in dieser Rücksicht auf die Reglementar-Einrichtung des großen **Colbert**. Man sieht dabey aber nicht ein, oder thut so, als ob man nicht einsähe, daß unsre Zeit und Lage mit der Epoche, in welcher jener berühmte Mann erschien, durchaus keine Vergleichung gestatten: die Künste waren damals entweder noch unbekannt, oder in der Kindheit, und in diesem Zustande von Schwachheit mußte man ihnen, ohne Zweifel, zu Hülfe kommen, sie befestigen und ihnen Zutrauen verschaffen, und von dem Augenblicke an, wo eine gute Methode der Fabrikation als solche anerkannt wurde, war es auch nothwendig, ihre Ausführung, so zu sagen, zum Gesetz zu machen, bloß um sie zu erhalten und zu verbreiten; ohne diese weise Vorsicht würden die

erſten

ersten, noch unsichern Schritte der Künstler auf Abwege gerathen seyn. Heut zu Tage aber, wo alle Operationen berechnet, durch die Praxis geleitet und durch die Wissenschaften aufgeklärt worden, hat der Manufakturist sich dem Gängelbande entzogen und seine Fortschritte sind Folgen seiner Unabhängigkeit geworden. Die Fabriken-Reglements; indem sie den Künstler an einen einförmigen Gang binden, lassen seiner Einbildungskraft nichts zu thun übrig. Ihrer zu strengen Beobachtung ist es zuzuschreiben, wenn Frankreichs Nebenbuhler in ihm auf der Bahn der Manufaktur-Industrie zuvorgekommen ist und es hat all sein Genie nur dann wieder gewonnen, als diese Schranken fielen; von diesem Augenblicke an wurde die Appretur der Zeuge vervollkommnet, die Fabrikation des Casemirs bekannt gemacht, und diese den Fabriken gegebene Freyheit hat uns mit einer Menge von Zeugen und mit verbesserten Verfahrungsarten bereichert, die uns in kurzer Zeit mit den besten Fabriken in Europa in's Gleichgewicht brachten. Fabriken-Reglements können wohl das, was in der Gegenwart da ist, erhalten, aber sie bringen der zukünftigen Zeit Nachtheil; indem sie einen Codex der Routine und der Vorurtheile bilden.

Ich weiß wohl, daß alle Fabrikenstädte in denen die Industrie darnieder liegt, die Fabriken-Reglements wieder begehren: ich weiß selbst, daß sie fast alle, den Fall ihrer Fabriken der Unterdrückung dieser Reglements zuschreiben, aber ich weiß auch, daß wenn sie um sich blicken wollten, sie entweder sehen würden, daß die Fabrikanten sich anderswo hin gewendet, weil dieß ihren Etablissements Vortheil gewährt, oder daß der Consument anderweitige Verbindungen eingegangen, wo er seinen Bedarf zu geringeren Preisen erhält; oder daß die Fabrikation in andern Fabriken Fortschritte gemacht, während sie in den ihrigen stehen geblieben; oder daß politische Umwälzungen und Handelstractate ihre Verhältnisse zu

 den

den Nationen verändert, die ihre Produkte consumirten; oder endlich, daß der eigensinnige Geschmack des Consumenten sich auf andere Gegenstände gerichtet habe. Ich zweifle nicht daran, daß der Fabrikant, wenn er ehrlich alle diese Ursachen prüft, nicht die darunter finden sollte, die den Fortschritten seiner Industrie Hindernisse in den Weg legt, und daß er selbst, statt durch Reglements den Gang der Entdeckungen und die Bemühungen hemmen zu wollen, nicht dazu sollte gelangen können, durch die Anwendung der neuen Verfahrungsart seiner Fabrik den verlornen Glanz wieder zu geben.

Man glaubte das Interesse des Consumenten wahrzunehmen; indem man die Reglements vertheidigte; aber auch dieß ist ein Irrthum, den man zerstören muß. Der Consument ist der wahre Richter der Waare, die er kauft und der Vortheil des Fabrikanten, ihn gehörig zu bedienen; die Verhältnisse zwischen diesen beiden Classen sind aber nur so lange dauerhaft, als sie sich auf ihr wechselseitiges Interesse gründen. Die Reglements und Inspectoren können wohl für eine unveränderte Fabrikation stehen; aber eine unveränderte Fabrikation ist nicht immer das, was der Consument wünscht; denn, wenn er ein leichtes und wohlfeiles Zeug haben will; warum es ihm zum Gesetz machen, nur schwere Stoffe zu nehmen, die für seinen Gebrauch nicht passen?

Noch scheint es mir, als ob die Freyheit, gewebte Zeuge von allen Qualitäten und allen Dimensionen zu machen, gänzlich zum Vortheil der Kunst und des Handels gereiche; denn die Industrie kann sich nur dann gehörig entwickeln, wenn man ihr Ausdehnung genug gönnt, um alle ihre Methoden anwenden zu können. Das Interesse der Industrie besteht weniger darin, ein reiches und kostbares Kleid hervorzubringen, welches sich lange Zeit conservirt, als mehrere einfache Kleider zu fabriciren, die mehr erste Materie verzehren, mehr Arme erfordern und eine schnellere Circulation zur Folge haben.

Reglements sind nur in Hinsicht der Gegenstände nothwendig, über die der bloße Augenschein nicht entscheiden kann; wie die aus Gold und aus Silber verfertigten Arbeiten; bey diesen muß die Regierung den Gehalt bestimmen und die Arbeit gleichförmig machen lassen. Auch kann sie noch fordern, daß jeder Fabrikant seinen Namen auf alle Arbeiten setze, damit er dem Consumenten zur Garantie diene; aber dieß sind auch die Schranken ihrer Befugniß.

O! um wie viel verdienstlicher handelt eine Regierung für die Künste, wenn sie, statt Reglements zu verfertigen und Inspektoren einzusetzen, um über die Ausübung derselben zu wachen, lieber die unterrichtetesten Männer in die Werkstätten sendet, um die Mittel der Fabrikation darin zu vervollkommnen, die Verbesserungen, deren sie fähig sind, einzuführen und die Verfahrungsarten und Mechanismen bekannt zu machen, die man in den ausländischen Fabriken antrifft.

Das was ich über die Reglements gesagt, findet ohne Ausnahme auch seine Anwendung auf Geschworne Verfassungen unter den Handwerkern und Meisterschafts-Rechte, denn diese Einrichtungen drängten unter dem eitlen Vorwande, daß sie der bürgerlichen Gesellschaft nur solche Vorsteher der Werkstätten lieferten, die durch eine gute Praxis erprobt wären, die Individuen zurück, die viel Talent verriethen und reitzten im voraus schon die Eifersucht ihrer Examinatoren, von denen sie nun Concurrenten wurden. Was aber auffallender erscheint, ist, daß solche Einrichtungen so lange Bestand haben konnten, da doch die Erfahrung täglich sie anklagte und verdammte. In Paris z. B. hatte sich die Industrie in die Vorstadt St. Antoine und den Tempel geflüchtet, aus dem einzigen Grunde, weil dort keine Meister-Rechte gelten.

Nachdem wir nun auseinander gesetzt, was der Künstler zum Gedeihen der Künste vermag und was die Regierung zur Beförderung dieses Gedeihens zu thun schuldig ist; wollen wir noch mit einem Worte des Einflusses des Consumenten erwähnen. Da der Künstler nur für diesen arbeitet; so muß er seine Fabrikate natürlich nach seinem Geschmack und selbst nach seinen Launen einrichten. Man kann ihn also wie den wahrhaften Leiter der Arbeit des Fabrikanten betrachten; er dient dem Arbeiter bey seinen Dessins und ihrer Ausführung zur Richtschnur, und wenn er Geschmack hat, bildet er ihn, indem er alles, was nicht schön ist, verwirft, unmerklich zur Gewöhnung an das schöne; so wie er, wenn es ihm an Geschmack und Kenntniß mangelt, ihn vom guten Wege abbringt.

Der Consument suche nur nichts als vollkommene Waaren und kaufe nur solche allein, und bald wird der Arbeiter keine andre als solche verfertigen. Wenn im Gegentheil aber, der Consument nicht zwischen einer incorrecten und einer fehlerfreyen Arbeit zu unterscheiden weiß, so wird der Künstler, dessen Interesse bey seiner Vervollkommung dann wegfällt, sein ganzes Leben mit Entwürfen hinbringen. Der Consument bildet den Künstler also durch die Reinheit seines Geschmacks, und die Strenge seiner Wahl, aber die bürgerlichen Einrichtungen bilden wieder den Consumenten und nur, wenn eine gute Erziehung, das Studium der Künste und das Vorbild guter Modelle eine Generation vorbereitet, darf man darauf rechnen, ihn aufgeklärt zu finden.

Ich habe lange Zeit über die Ordnung nachgedacht, die in einer Abhandlung über die Chemie in ihrer Beziehung auf die Künste zu befolgen sey. Zuerst hielt ich es für das Zweckmäßigste, die Künste zu classificiren und ihre Operationen unter einander zu vergleichen, um auf die Grundsätze zurückzukommen. Ich habe mich jedoch überzeugt, daß ich mich auf diesem Wege Wiederholungen aussetzen und mein Werk zu einer unnützen Corpulenz anschwellen lassen würde: da, zum Beyspiel, Luft, Feuer und Wasser fast in allen Künsten wirksam

sind,

sind, so hätte ich von ihrer Wirkung auch bey jeder von ihnen insbesondre sprechen und, jeden Augenblick bereits abgehandelte Grundsätze wieder vortragen müssen. Ich habe es also vorgezogen, zuerst die wahren Grundsätze der Wissenschaft fest zu stellen, und bey einem jeden von ihnen alle Operationen der Künste, die daraus fließen, anzuführen, und ich habe mich überzeugt, daß nach dieser Methode alle Künste sich natürlich unter dem Gesetze ordnen, welches bey ihren Operationen zum Grunde liegt.

Um diesen Zweck zu erreichen, fange ich damit an, die Grundsätze der Chemie darzulegen und zeige, welchen allgemeinen Gesetzen die Körper in ihrer wechselseitigen Wirkung unterworfen sind; sodann die Modificationen, welche diese Urgesetze der Natur, durch immer thätige Ursachen, als der Druck der Atmosphäre, die Wirkung der Wärme, den Einfluß des Lebens, die Kraft der Electricität u. a. erleiden u. s. w.

Nachdem ich so die Grundbasis aller Operationen, in ihrer natürlichen Ordnung betrachtet, dargelegt, beschäftige ich mich mit den Mitteln, welche die Kunst ihrerseits anwenden kann, um die Wirkung der nämlichen Gesetze zu befördern oder zu modificiren und diesen mächtigen Agentien der Natur, wenn ich mich so ausdrücken darf, Bewegung mitzutheilen.

Dieser erste Theil meines Werkes umfaßt also nicht allein die Kenntniß der Gesetze, welche die Natur bey der wechselseitigen Wirkung der Körper auf einander befolgt; sondern er lehrt auch noch die Mittel, die der Chemiker besitzt, um ihren Erfolg zu leiten, abzuändern und zu studiren.

Nach vorausgeschickter Kenntniß der allgemeinen Gesetze der chemischen Wirkung und der Mittel, deren der Künstler sich bedient, theils, um sie auf die Körper anzuwenden, die er bearbeitet; theils um ihre Resultate zu berechnen, schien es mir natürlich, auf diese Grundgesetze die Beschreibung der vorzüglichsten Körper folgen zu

lassen,

lassen, an denen sich die chemische Wirkung äußert; und ich glaubte, sie in ihrer größten Nacktheit oder Einfachheit darstellen zu müssen, um ihren eigenthümlichen Character besser studiren zu können.

Dieser zweite Theil meines Werkes umfaßt also die Beschreibung der Erden, Alkalien, der Metalle, des Schwefels, Phosphors, Kohlenstoffs, der Gasarten u. s. w. auch habe ich noch die Erdpeche, Oele, Harze und Säuren hinzugefügt, weil, wenn gleich diese Substanzen zusammengesetzt sind, einige von ihnen als erste Materien gebraucht werden; andre aber in den Händen des Chemikers die hauptsächlichsten Wirkungsmittel der Action, Zusammensetzung, und Zersetzung werden und durch ihre Verbindung die bekanntesten und in den Künsten nützlichsten Compositionen bilden.

In diesen beiden ersten Theilen fand ich natürlicherweise schon Veranlassung, von einer großen Anzahl von Künsten zu sprechen und die Grundsätze derselben zu entwickeln; die Kunst der Anwendung der Wärme also, in Rücksicht auf die Construction der Oefen, die Verschiedenheit der Brennmateriale und die Natur der Substanzen, die man der Wirkung des Feuers aussetzt; die Kunst, den Erden einen gehörigen Grad von Reinheit zu geben, um sie zu ihren verschiedenen Zwecken gebrauchen zu können; die Kunst, Metalle aus ihren Erzen zu ziehn, und sie von ihren natürlichen Versetzungen zu befreyen, um sie in den Handel zu bringen; die Kunst, Kohlen zu brennen, Schwefel zu bereiten, alle Säuren zu bilden; die Kunst, Alkalien, Oele, Schleime, Erdpeche, den Gerbstoff, Pflanzensäfte, Gallerte, zu extrahiren und sie zum Gebrauch des Handels zuzurichten; alle diese Gegenstände mußten ihren natürlichen Platz in den beiden ersten Theilen finden.

Nach Entwicklung der allgemeinen Grundsätze der Chemie und der Lehre von den Eigenschaften und Characteren der Körper, an denen sich die chemische Wirkung

kung äußert, kam es nur noch darauf an, zu zeigen, wie diese verschiedenen Substanzen unter einander in Thätigkeit gerathen, und Gemenge bilden, oder Verbindungen hervorbringen, und in ein einziges Gemählde die Fabrikation aller chemischen, in den Künsten üblichen, Produkte zusammen zu fassen.

Indem ich diesen, eben so natürlichen als einfachen, Plan verfolgte, mußte ich nach und nach betrachten: 1) die Vermischung der Gasarten unter einander, welches mich auf die Untersuchung der atmosphärischen Luft und der Natur ihrer Grundbestandtheile leitete. 2) die Vermengung der Erden in Rücksicht auf die Vegetation und ihre Verbindung in den Arbeiten der Töpfer, Glaser u. s. w. 3) die Versetzung der Metalle, ihre Oxydation und ihre Scheidung, welches zusammen eine große Zahl von Operationen umfaßt und für die Künste wichtige Bereitungen kennen lehrt. 4) die Fabrikation aller Salze; sowohl zum Manufactur-, als häuslichen Gebrauch. 5) die Verbindungen des Schwefels, der Oele, des Gerbstoffs, der Harze, Färbestoffe u. s. w.

Bey der Abhandlung von jeder Bereitung aber hielt ich es für nöthig, zu gleicher Zeit, das Mittel ihrer Anwendung, die Ursache ihrer Wirkungen und die Verschiedenheiten der Action anzuzeigen, die von einigen Modificationen in ihren Zusammensetzungen oder ihrer Anwendung abhängig sind.

Dagegen glaubte ich bey jeder Kunst nicht die zahlreichen Details der Ausführung angeben zu müssen, aus denen mehr die Praxis eines Arbeiters, als die Wissenschaft eines Künstlers besteht; vielmehr dachte ich, daß man in einer Chemie auf die Künste angewendet, sich nur darauf einschränken müsse, die chemischen Principien darzulegen, auf denen jede Kunst beruhet; ferner, daß ein Werk dieser Art nur den Zweck haben könne, die Schritte des Künstlers aufzuklären, ohne darauf Anspruch zu machen, ihm einen rein mechanischen Weg vorzuschreiben,

schreiben, auf welchem die Praxis einiger Tage ihm mehr Kenntnisse giebt, als man ihm durch Schriften beyzubringen im Stande wäre ich wollte in einem Worte, den Künstler aufklären, nicht aber ihn zum Handwerker bilden, und ich bin immer von der Voraussetzung ausgegangen, daß ich für den ausübenden Künstler und nicht für den Lehrling schriebe, der in die Werkstatt eintritt.

Abgesehn davon, daß dieser Gesichtspunkt für die auf die Künste angewendete Chemie der einzige ist, aus dem es möglich wird. die ganze Materie in die rechten Schranken zu fassen, glaubte ich schon um des Willen diesem Plane folgen zu müssen, weil ich seit langer Zeit, mich für überzeugt halte, daß die Aufklärung, die Licht über die Praxis verbreitet, erst auf diese folgen müsse; ich selbst bin durch die Erfahrung überführt worden, daß derjenige, der bereits den mechanischen und praktischen Theil einer Kunst inne hat, den Unterricht mit viel größerem Vortheil benutzt, als der, welcher in den Arbeiten weder Uebung besitzt, noch daran gewöhnt ist: alles erscheint dem letztern abstract, weil die ihm mitgetheilten Grundsätze sich an nichts ihm bekanntes anknüpfen, weil sie bald aus seinem Gedächtnisse schwinden, oder er ihnen eine falsche Richtung dadurch giebt; während der erstere alles Licht, das man ihm mittheilt, auf seine eigene Erfahrung wirft; in seiner Praxis die Bestätigung von allem findet, was man ihn gelehrt; er alles, was man ihm gesagt, auf alles, was er thut, bezieht; er die Theorie aus seinen eigenen Operationen abzieht, und sie, so zu sagen, zu eins mit ihnen macht; in einem Worte, die Lehre, die man ihm beybringt, für ihn zu einer neuen Seele wird, die allen Arbeiten seiner Werkstatt Leben giebt, in welcher er bis dahin nur Bewegungen sah, ohne ihr Princip zu kennen, und Wirkungen ohne ihre Ursache zu ahnen.

Aber ich wiederhole es nochmals: meine Absicht war es, ein Werk von Grundsätzen; nicht eine Sammlung

von

von Formeln oder Verfahrungsarten bey den Manipulationen zu liefern, und mein immerwährendes Augenmerk den Künstler, durch Kenntniß der Ursachen aller Resultate, die sich ihm in seinen Operationen darbieten und der Natur der von ihm gebrauchten Materien, aufzuklären. Ich schreibe nicht für eine Kunst insbesondre, aber für alle, und suche sie auf gemeinschaftliche Principien zurück zu führen.

In der That werden alle einfache Künste, die nur in einer einzigen Operation bestehen, oder ihre Thätigkeit nur von einem einzelnen Agens erhalten, in diesem Werke mit aller nöthigen Ausführlichkeit entwickelt; die complicirten dagegen; das heißt, die, bey denen nach und nach oder gleichzeitig die Wirkung der Luft, des Wassers oder Feuers auf Metalle, Erden oder organisirte Substanzen eintritt, konnten nicht mit dem nämlichen Detail beschrieben werden, und ich habe mich darauf beschränkt, nur die Grundsätze derselben anzugeben, die man durch mehrere Kapitel vertheilt finden wird; das einzige Mittel, Wiederholungen zu vermeiden.

Uebrigens wird auf diese Abhandlung von chemischen Grundsätzen in ihrer Anwendung auf die Künste, die Beschreibung einiger sehr complicirten Künste folgen; und ich habe mir vorgesetzt, in Jahresfrist: **Die Kunst Wein zu machen** und **die Kunst Baumwolle roth zu färben**, erscheinen zu lassen.

In diesen verschiedenen besondern Abhandlungen, die meiner **Chemie in ihrer Anwendung auf die Künste** folgen sollen, werde ich alle die nöthigen Auseinandersetzungen mittheilen, um die Verfahrungsarten zu erleichtern; so daß man sie wie eine Folge oder Folgerung aus den in dem gegenwärtigen Werke aufgestellten Grundsätzen betrachten können wird.

Dieß Werk aber, so wie es da liegt, kann als ein Lehrbuch der Chemie, sowohl seinem Gange, als der Methode nach, betrachtet werden; es kann zum Studium dieser

dieser schönen Wissenschaft dienen, von der es alle Grundsätze in sich begreift, während es zugleich die Bereitung und den Gebrauch fast aller Substanzen kennen lehrt, deren Eigenschaften den Künsten gewidmet sind.

Wenn man dieß Werk durchläuft, so wird man finden, daß ich die Reihe der Säuren und die der Erden und Metalle keinen Classificationsmethoden unterworfen habe. Ich habe es für nöthig geachtet, bey Beschreibung von etwa zwanzig Körpern, die durch allgemeine Eigenschaften sich nahe kommen, sie nach der Vergleichung und Analogie einiger Nebeneigenschaften in verschiedene Gattungen eintheilen zu müssen. Das Gedächtniß kann von einer so kleinen Zahl von Körpern nicht angestrengt werden, welche auch die Ordnung sey, in der man sie ihm zeigt und die Erfahrung hat uns gelehrt, daß die Fortschritte der Kenntnisse mit diesen systematischen Combinationen täglich ihr Spiel treiben.

Obgleich ich seit dreyßig Jahren viele Etablissements eingerichtet und noch eine viel größere Zahl besucht habe; so giebt es doch viele Künste über die ich nicht selbst Erfahrung zur Gnüge sammeln können; und eben so andre, die ich nie Gelegenheit zu sehen hatte und in Hinsicht deren ich mehr oder minder genauen Erzählungen oder Berichten folgen mußte. Ich bin selbst genöthiget gewesen, einige Artikel der Fabrikation mit Stillschweigen zu übergehen, aus Furcht in Irrthümer zu verfallen, oder solche fortzupflanzen.

Mein Werk ist also unvollkommen; aber doch halte ich es wie es ist, für nützlich; und in dieser Ueberzeugung übergebe ich es dem Publikum.

Anwen-

Anwendung der Chemie
auf
Künste und Manufakturen.

Erster Theil.

Erster Titel.

Von den chemischen Wirkungen.

Alle Körper ohne Unterschied üben ununterbrochen eine Wechselwirkung gegen einander aus, von welcher die Modification ihren Formen, so wie die Verändrungen ihrer Natur und Constitution *) abhängig sind.

Jene Wirkungen sind es, von welchen die Physiker und Chemiker die Ursachen, so wie die davon abhängigen Erfolge, auf eine rationelle Art zu erforschen bemühet sind.

Der Physiker setzt diejenigen Eigenschaften der Körper fest, welche ohne Verändrung ihrer Natur ausgemittelt werden können, wie z. B. die Schwere, die Elasticität, die Temperatur, die Bewegung ꝛc.

Der Chemiker studirt hingegen die innern wechselseitigen Wirkungen der Körper, und beschäftigt sich vorzüglich mit der Erforschung derjenigen Phänomene, welche aus der Verändrung ihrer Natur und Constitution hervorgehen.

Die physischen Eigenschaften der Körper äußern sich ohne Verändrung ihrer Natur. Zu ihren chemischen Eigenschaften gehören hingegen alle diejenigen Verändrungen und Erscheinungen, welche durch den Erfolg ihrer Mischung und Entmischung veranlasset werden.

Der

*) Constitution der Körper nenne ich den Zustand derselben, in welchem sie bey der gewöhnlichen Temperatur des Dunstkreises existiren. Ein Körper verändert hingegen seine Constitution, wenn solcher z. B. aus dem liquiden in den luftförmigen, aus dem luftförmigen in den concreten, oder aus dem concreten in den liquiden Zustand übergehet. A. d. Verf.

Der Physiker beschäftiget sich also bloß mit der körperlichen Masse, und der Berechnung ihrer Eigenschaften, während der Chemiker die Mischungstheile derselben zum Gegenstande hat, das Spiel ihrer Wechselwirkung beobachtet, und alle diejenigen Verändrungen zu erforschen bemühet ist, welche unvermuthet daraus hervorgehen können.

Alle diejenigen Operationen der Natur und der Kunst, welche Verändrungen in der Grundmischung der Körper veranlassen, gehören vor das Forum der Chemie. Wie groß muß nicht das Reich derselben seyn, da nicht nur alle diejenigen Phänomene in ihrem Wirkungskreise begriffen sind, welche die Natur in den unermeßlichen Varietäten ihrer Producte darbietet; sondern auch alle Operationen der Künste und Manufakturen, welche der Kunstfleiß der Menschen aufgefunden hat.

Der Chemiker bedienet sich des Wortes Affinität oder Verwandschaft, um dadurch eine Wechselwirkung zu bezeichnen, welche die Körper gegen einander ausüben, wenn sich solche in unmerklichen Entfernungen von einander befinden. Der Physiker hingegen bedient sich des Wortes Attraktion oder Ziehkraft, um dadurch das Bestreben zu bezeichnen, mit welchem körperliche Massen sich einander zu nähern bemühet sind.

Die Affinität ist die Grundlage und die Richtschnur aller chemischen Operationen. Um also diejenigen mannigfaltigen Phänomene richtig beurtheilen zu können, welche von der Affinität abhängig sind, dürfen wir nicht säumen, uns mit jenem allgemeinen Gesetz der Natur näher bekannt zu machen.

Wir haben die Affinität im allgemeinen als die Ursache derjenigen Wechselwirkungen definirt, welche jedem kleinsten Theilchen der Materie eines Körpers zukommt.

Wird hingegen die Kraft der Affinität in einem einzelnen abgesonderten Theilchen eines Körpers berücksichtiget, so erkennen wir, daß solche keinesweges für alle Theile von differenter Natur, welche ihrer Wirkung dargeboten werden, dieselbe bleibt. So kann das Theilchen a das Theilchen b mit welchem solches eine Verbindung eingehet, mit einer sehr großen Kraft anziehen, während dasselbe gar keine Neigung erkennen läßt, sich mit einem andern Theilchen c zu vereinigen.

Aus dieser abweichenden Wirkung in der Affinität folgt also: 1) daß die heterogenen Theile welche die gemischten Substanzen bilden, durch eine bald größere bald kleinere Kraft gemischt und wiedergemischt sind; 2) daß man einen oder mehrere Bestandtheile aus einem gemischten Körper ausscheiden kann,

wenn

wenn demselben ein andrer Körper zugesetzt wird, der eine größere Affinität zu einem oder dem andern seiner Mischungstheile besitzt, als solche unter sich besaßen; 3) daß sehr oft der Beysatz eines dritten Körpers zu einer Zusammensetzung aus zweyen Substanzen, ohne eine Entmischung derselben zu veranlassen, eine dreyfache Zusammensetzung erzeugt.

Man ist von jeher bemühet gewesen die verschiedenen Grade der Affinität auszumitteln, welche jedem einzelnen Wesen zukommen. Herr Kirwan glaubte, daß man die Größe der Affinität jedes einzelnen Körpers zu einem andern durch Ziffern bezeichnen, und so alle Resultate der chemischen Wirkungen dem Calcül unterwerfen könne.

Herr Berthollet hat hingegen bewiesen, daß in allen Fällen da, wo man vermöge der größern Affinität eines einfachen*) Körpers eines von zweyen bildenden Elementen einer Verbindung ausscheidet, die Absonderung des ausgeschiedenen weder vollkommen noch unbedingt erfolgt, sondern daß der ausgeschiedene Theil, seiner respektiven Affinität zufolge, sich allemal wieder mit der neuen Mischung zu vereinigen strebt.

Es würde ohnstreitig sehr vortheilhaft seyn, wenn man, nach dem Beyspiel der Physiker, alle Erfolge der chemischen Affinitäten, unter ein einziges Gesetz vereinigen könnte. Aber hier stellen sich dem Chemiker Hindernisse entgegen, die der Phy-

*) Man nimmt das Wort einfach in der Chemie gemeiniglich nur in der Bedeutung, wenn ein Körper, oder ein Element desselben, nicht in sinnlich wahrnehmbare heterogene Theile zergliedert werden kann. Die Natur selbst bietet uns indessen nie etwas einfaches dar, sondern alles was wir sinnlich wahrnehmen können, ist schon gemischt. Dies folgt aus dem Gesetz der allgemeinen und ewig wirksamen Anziehung in der Natur, durch welche alle Wesen ein stetes Bestreben nach Verbindung ausüben, und hiedurch gleichsam an den Erdball gefesselt sind. Etwas einfaches im strengern Sinne des Wortes, würde ein Wesen seyn, das nicht von der Affinität afficirt wird, und ein solches kann im Weltraum nicht als existirend gedacht werden. Da wir also nicht vermögend sind, ein einfaches Wesen sinnlich wahrnehmen zu können, so bleibt uns nichts übrig, als das Daseyn des Einfachen aus den Produkten seiner Mischung mit einem andern Einfachen zu beurtheilen. Jenes ewige Bestreben nach Mischung und wechselseitiger Anziehung zwischen allen Wesen in der Natur, enthält ohnstreitig auch den zureichenden Grund davon, daß keine Entmischung eines gemischten Körpers so vollkommen seyn kann, daß nicht der ausgeschiedene Theil aufs neue ein Bestreben nach Mischung mit dem erzeugten Produkte äußern sollte, welches die vollkommene und unbedingte Absondrung desselben erschwert.

H.

siker keineswegs zu überwinden hat. Der Physiker kann die Entfernungen der Körper messen, und die Massen derselben bestimmen, um sie mit den Wirkungen zu vergleichen, und daraus die Gesetze ihrer Attraktion zu deduciren. Aber der Chemiker, welcher nur mit dem Studium und der Beobachtung der Bestandtheile beschäftiget ist, kann weder die Masse derselben im Voraus kennen, noch ihre Entfernungen von einander berechnen.

Wenn man indessen beyde Beobachtungen mit einander vergleicht, so kann man daraus schließen, daß die Massentheile und ihre Entfernung als Elemente der chemischen Wirkung, bey den Affinitäten wirksam sind.

Schon Bergmann hat bey vielen Fällen bemerkt, daß wenn man sechs Theile von einer zerlegenden Substanz statt einen Theil anwendet, welcher hinreichend gewesen seyn würde die Basis des zu zerlegenden Körpers zu sättigen, eine Zerlegung bewirkt wird, die fast als vollkommen angesehen werden kann: wogegen, wenn beyde Substanzen zu gleichen Theilen mit einander in Wirkung gesetzt werden, man nur eine unvollkommene und partielle Zerlegung veranlasset. Herr Berthollet hat diesen Einfluß der Massenverhältnisse auf die chemischen Affinitäten durch neue Beweise bestätiget, und daraus den Grundsatz abstrahirt: daß das Resultat einer Zerlegung nicht bloß mit der Stärke der Affinität des zerlegenden Körpers, sondern auch mit der Quantität des letztern im Verhältniß stehet.

Jene Grundwahrheit verträgt sich aber keineswegs mit der Meinung derjenigen, welche annehmen, daß die Kraft der Affinität nur allein zwischen denjenigen Theilen wirksam sey, welche sich berühren: sie beweiset im Gegentheil, daß die Affinität schon auf den Oberflächen in kleinen dem Auge kaum merkbaren Entfernungen wirksam ist: daß eben diese Thatsachen uns zur Erkenntniß derselben authorisiren, ist ein Schluß, den die Herren Berthollet, so wie Laplace und Haüy außer allen Zweifel gesetzt haben.

Aus jenem allgemeinen Grundgesetz der Affinität folgt also: daß wenn eine zerlegende Substanz gegen einen zu entmischenden Körper nur in kleinen Quantitäten wirkt, die Zerlegung selbst fast Null ist; daß hingegen, wenn man nach der erfolgten Zerlegung und Ausscheidung des einen Theils aus dem der Bearbeitung unterworfenen Körper, eine neue Quantität des Zerlegungsmittels zusetzt, man ein Zweytes dem Ersten analoges Resultat erhält; und wenn endlich mit dieser Operation nach und nach fortgefahren wird, so daß man das Zerlegungsmittel immer nur

bey

bey kleinen Portionen zuträgt, zuletzt eine vollständige Zerlegung des Körpers veranlasset wird.

Man darf indessen keinesweges glauben, daß nach jenem Grundsatz es hinreichend sey, eine große Masse des Zerlegungsmittels anzuwenden, um eine vollkommene Zerlegung zu veranlassen: denn um die Wirkung des Zerlegungsmittels zu schätzen, darf man nur denjenigen Theil der Masse in Anschlag bringen, welcher sich im Kreise der Wirkung, nämlich in Berührung mit dem zerlegbaren Körper befindet.

Eine ganz natürliche Folge, welche man aus dem eben angegebnen Gesetz abstrahiren kann, ist die, daß die Intensität der Wirkung von Seiten des Zerlegungsmittels nach dem Maaße abnehmen muß, in welchem dasselbe sich mit der aufgenommenen Grundlage vereiniget, so daß nothwendig zwischen den Kräften zweyer Materien, welche sich um eine Basis streiten, endlich ein Gleichgewicht entstehen muß. Aber es folgt auch aus diesem Prinzip, daß die Intensität der Wirkung von Seiten des Zerlegungsmittels um so viel weniger schnell abnehmen muß, als dasselbe in so viel größerer Quantität vorhanden ist: weil alsdann der Theil des der Zerlegung unterworfenen Körpers, welcher ausgeschieden oder abgesondert worden ist, sich auf eine größere Masse vertheilt, welches einen neuen Beweis darbietet, daß selbst in diesem Fall die Wirkung der Affinität, der der Masse angemessen ist.

Durch jenes Prinzip erklärt sich endlich auch noch, warum es in vielen Fällen nothwendig ist, eine große Dosis des Zerlegungsmittels in Anwendung zu setzen, um die kaum merkbare Absonderung eines Bestandtheils zu veranlassen: denn hier, wo die Affinität fast Null war, muß solche durch die größere Masse des Zerlegungsmittels ersetzt werden *).

Die Größe der Zwischenräume ist auf den Effekt der Affinitäten nicht weniger wirksam als die der Massen: ihr Einfluß steht aber mit diesen im umgekehrten Verhältniß; denn eine chemische Wirkung zwischen den kleinern Theilen eines Körpers ist um so größer, je näher sich dieselben einander begegnen.

Zwey

*) Zur deutlichern Einsicht für diejenigen Leser, welche mit der physischen und chemischen Nomenklatur noch nicht bekannt seyn möchten, und dieses Werk verstehen wollen, muß ich hier bemerken, daß wenn der Verfasser von Massen der Körper redet, hierunter die Anzahl der kleinsten wägbaren Theile in einem begrenzten Umfange, folglich die Gewichte derselben, verstanden werden müssen; denn die Ausdrücke Masse und Gewicht werden in der Physik und Chemie allemahl gleichbedeutend genommen.

H.

Zwey Körper die einander gegenüber gestellt sind, üben keine merkliche Wirkung auf einander aus. Werden solche aber mit einander gemengt, so daß die Massentheilchen derselben einander berühren können, so findet eine Wechselwirkung zwischen ihnen statt.

Die Kraft der Wechselwirkung ist also um so viel stärker, als die Entfernung der körperlichen Massentheile von einander kleiner ist. So bilden zwey concrete Substanzen, wenn solche im verkleinerten Zustande zusammengebracht werden, gemeiniglich nur ein Gemenge, ohne Anschein von Verbindung. Wird aber der eine oder der andre Theil vorher aufgelöst, so wird augenblicklich seine Wirkung so viel stärker, weil nun seine Zertheilung so viel größer ist.

Die Form der kleinern Massentheile der Körper, muß also einen bedeutenden Einfluß auf den Effekt ihrer Affinitäten besitzen: denn sie veranlasset, daß solche sich einander mehr oder weniger nähern, und folglich ihrer Wechselwirkung eine mehr oder weniger große Oberfläche darbieten. Da indessen die chemische Wechselwirkung nur unter denjenigen Theilen bemerkbar ist, welche sich unmittelbar berühren, so folgt auch hieraus, daß diese Wirkung nach der Form ihrer Theilchen sich umändern muß.

Endlich ergiebt sich aus jenem Grundsatz auch noch, daß die Varietät in der Form der verschiedenen Theile, eine mehr oder weniger genaue Vereinigung zwischen ihnen veranlassen muß; daher denn auch die Affinitäten nothwendig im gleichen Maaße modificirt werden müssen: denn manches Wesen kann sich dadurch mit einem andern verbinden, daß die Theile von beyden sich in vielen Punkten berühren, während jenes Wesen mit einem dritten fast gar keine Verbindung eingehet.

Erstes Kapitel.

Von den natürlichen Ursachen welche die chemischen Wirkungen modificiren.

Wenn die Affinität der Körper in allen Fällen und unter allen Umständen immer dieselbe unveränderliche gleichförmige Wirkung producirte, so würden die durch die Operationen der Natur veranlaßten Phänomene weit weniger variiren, und die Beobachtung derselben würde viel leichter seyn. Indessen werden die Affinitäten stets durch viele mitwirkende Ursachen in ihren

ihren Erfolgen verändert, von welchen hier die vorzüglichsten näher untersucht werden sollen.

Erster Abschnitt.

Von den Modifikationen der chemischen Wirkungen, welche durch die Cohäsion und die Unauflöslichkeit der Körper veranlasset werden.

Die kleinern Massentheile eines und eben desselben Körpers, sind durch eine ihnen eigenthümliche Affinität gebunden und vereiniget, welche Cohäsion genennt wird.

Man weiß hinreichend, daß weder eine Trennung der kleinern Theile eines Körpers, noch eine Vereinigung derselben mit andern Körpern Statt finden kann, wenn nicht die Cohäsion derselben, durch eine andre Kraft überwunden wird.

Die Stärke der Cohäsion ist zwischen Körpern von gleicher Beschaffenheit allemal um so größer, je näher sich ihre kleinern Massentheile befinden, oder je dichter die Körper sind.

Indessen ist die Cohäsion zwischen den kleinern Theilchen differenter Körper nicht immer dieselbe: woraus also folgt, daß die Theilchen jedes einzelnen Körpers ihren bestimmten Grad der Cohäsion besitzen, und daß dem zufolge die Verbindung und Zerlegung derselben mehr oder weniger leicht ist.

Wenn der Chemiker auf einen soliden Körper wirken will, so fängt er damit an, denselben durch Stoßen und Reiben zu verkleinern. Hierdurch wird die Cohäsion seiner Massentheile geschwächt, und sie werden für den Eingang der chemischen Auflösungsmittel geschickt gemacht.

Zu einem gleichen Behuf der mechanischen Trennung, wendet der Chemiker oft auch die Wärme an: denn sie entfernet die kleinen Theilchen von einander, und vermindert ihre Cohäsion.

Der erste Effekt der Einwirkung eines Körpers auf einen andern, bestehet also in der Vernichtung der Cohäsion zwischen seinen Theilen. Ist die gegenseitige Affinität zwischen beyden Körpern zu schwach, um den Widerstand der Cohäsion ihrer Massentheile zu vernichten, dann mengen sich solche bloß mit einander, ohne sich wirklich zu mischen, nemlich jeder einzelne Körper behält seine respektiven Eigenschaften bey *).

Wenn

*) Ein Beyspiel dieser Art sehen wir, wenn Kreide und Salpeter, oder wenn Wasser und Oel mit einander gerieben oder geschüt-

Wenn indessen in diesem Fall gleich keine Mischung zwischen beyden Körpern Statt findet, so muß doch die Cohäsion zwischen den Massentheilchen eines Körpers, den man bearbeiten will, so verändert seyn, daß solcher seine ganze Kraft der Affinität auf denjenigen ausüben kann, welcher seiner Einwirkung dargeboten wird: das heißt, man muß denjenigen Körper, der mit einem andern weder eine Mischung noch eine Zerlegung eingegangen seyn würde, zur gegenseitigen Einwirkung prädisponiren oder vorbereiten. Die Chemie bietet uns tausendfältige Beyspiele solcher Art dar: denn fast alle Erfolge der Lösung und Auflösung, durch welche man die Körper zur chemischen Mischung vorbereitet, haben keinen andern Zweck.

Die Cohäsion, welche die Elementartheilchen der Körper einander nähert, ist bestrebt, den daraus hervorgehenden Massen die beständige und regelmäßige Gestalten zu ertheilen, welche man Kristalle nennt. Setzt man einen Salzkristall in eine gesättigte Auflösung von demselben Salze, so vergrößert derselbe sich durch die Anziehung mehrerer kleiner gleichartiger Theilchen, welche in der Lösung enthalten waren: eine Wirkung, welche allein der Kraft der Cohäsion zugeschrieben werden muß, die der Kristall auf die in der Flüssigkeit gelösten Theilchen von derselben Natur ausübt, deren Cohäsion mit den Theilchen des Lösungsmittels vorher im Gleichgewicht stand.

Eben so ist es die Kraft der Cohäsion, von welcher die Bildung der Niederschläge abhängig ist, die sich bey einigen Zerlegungen erzeugen: denn in allen diesen Fällen hebt die Cohäsion die Affinität auf, welche die Lösungsmittel zu den Theilen besaßen.

Hieraus folgt also, daß die mit einander in Berührung gesetzten Substanzen, nur in so fern eine Kraft der Affinität ihrer kleinern Massentheilchen gegen einander ausüben können, in so fern solche flüssig sind: denn alsdann wirken nicht allein die Oberflächen der Körper auf einander, sondern in dem Maaße daß ihre Massentheilchen sich berühren, ihre gegenseitige Wirkung ausüben, folglich sich damit sättigen und verbinden, so werden sie durch neue ersetzt, welche auf die Grundlage mit ihrer ganzen Kraft einwirken, bis sich endlich nach und nach zwischen allen Theilen der Körper ein Gleichgewicht der Sättigung erzeugt

geschüttelt werden. Die kleinern Massentheilchen beyder treten mit einander in mechanische Berührung, und sie trennen sich wieder, wenn das Gemenge in Ruhe stehet. H.

zeugt *). Schon die Alten kannten die Wahrheit dieses Satzes, und stellten daher den Spruch: Corpora non agunt nisi sint fluida, als ein Axiom auf.

Um die gegenseitigen Wirkungen der Affinität mit Energie ausüben zu können, ist es schon hinreichend, wenn wenigstens einer von den dazu bestimmten Körpern liquide ist, und der andre leicht von diesem durchdrungen werden kann: denn alsdann finden sich alle Theile in Berührung, oder sie sind durch die progressive Auflösung, welche ihre Oberflächen gegeneinander ausüben, und durch das Hinwegräumen der obern Theile neue innere Räume darbieten, in diesen Zustand der Berührung versetzt.

Wenn man den Theil a aus einer Verbindung ab mittelst dem Zusatz eines dritten Körpers c ausscheidet, so kann der Fall eintreten, daß der ausgeschiedene Theil entweder zu Boden fällt, oder daß er gelöst bleibt, oder endlich, daß solcher gasförmig entweicht. Im ersten Fall reißt derselbe eine Portion derjenigen Substanz mit sich fort, mit welcher er verbunden war. Im zweyten bleibt der ausgeschiedene Theil mit dem Scheidungsmittel gemengt, und schwächt seine Wirkung; und dieses muß sich nothwendig nun unter zwey Körper vertheilen, nämlich unter den ausgeschiedenen, und unter den, mit welchem ein Theil desselben eine neue Verbindung eingegangen ist. Im dritten Fall entweicht der ausgeschiedene Stoff vermöge seiner Elasticität der Einwirkung des Zerlegungsmittels **), welches sich nun ganz der andern Grundlage bemächtigen kann. Die Zerlegung der letztern

*) Jener Satz kann indessen doch nur so lange als wahr angenommen werden, als die Lösungsmittel von einer solchen natürlichen Beschaffenheit sind, daß solche die gelösten Materien weder in ihrer Natur verändern, noch von ihnen verändert werden. Im entgegengesetzten Fall kann derselbe hingegen keine Anwendung mehr finden. So dienet z. B. das reine Wasser bloß als ein Verdünnungsmittel für eine Säure, wenn solche zur leichtern Lösung einer Erde, oder eines Alkali prädisponirt werden soll. Will man sie hingegen zur Auflösung eines Metalls anwenden, so wird das Wasser seinen Sauerstoff an das Metall absetzen, solches oxydiren, und in seiner Natur total verändern, und folglich verhielt sich in diesem Fall das gemeinschaftliche Lösungsmittel nicht mehr passiv. H.

**) Da wo bey irgend einer Zerlegung ein gasförmiges Fluidum entwickelt wird, ist dieses immer als das Produkt einer neuen Mischung zu betrachten, wozu sowohl der zerlegte Körper, als das Zerlegungsmittel, die bildenden Theile hergegeben haben: jener die Grundlage, und letzteres den Wärmestoff, als expandirendes Medium: denn jedes gasförmige Fluidum, verdankt seine Form dem darin gebundenen Wärmestoff. H.

letztern Art, ist daher auch die genaueste und vollkommenste: denn sie ist die einzige, wobey die Affinität des Zerlegungsmittels nicht modificirt oder geschwächt wird.

Herr Berthollet nennt complicirte Affinität dasjenige Phänomen, was man bisher gewöhnlich doppelte Wahlanziehung genennt hat. Sie findet in allen denjenigen Fällen statt, wo man zwey Verbindungen zusammenbringt, von welchen jede einzelne aus zwey Theilen zusammengesetzt ist, welche ihre bildenden Grundlagen gegen einander vertauschen.

Herr Berthollet schreibt jenen Effekt der Wechselwirkung der Cohäsionskraft zu, und bemerkt, daß in allen bekannten Fällen Substanzen vorhanden sind, welche die Eigenschaft besitzen, ein unauflösliches, oder wenigstens leicht kristallisirbares Salz zu erzeugen, und zwischen welchen man an und für sich eine große Affinität erkennt. So wird die Schwefelsäure aus ihren lösbaren Verbindungen ausgeschieden, wenn solche mit einer andern Verbindung in Berührung treten, die Kalk, Baryt oder Strontian zur Basis hat: denn beyde veranlassen nun eine Vertauschung der Bestandtheile, wobey die Säure sich mit einer oder der andern von jenen Erden verbindet.

So liefern alle auflösliche Verbindungen des Kalks, des Baryts und der Talkerde, wenn solche mit kohlensauren Alkalien gemengt werden, eine Vertauschung der Bestandtheile, woraus die Niederschläge der kohlensauern Erden als Resultate hervorgehen.

In allen diesen Fällen vereinigt sich die Kraft der Cohäsion, welche in den Theilchen der sich kristallinisch präcipitirenden Substanzen sehr mächtig ist, mit der der Affinität, welche ihre Bestandtheile verbindet, um die unauflösliche Materie zu bilden; und folglich muß dem Effekt dieser doppelten Kraft die Vertauschung der Bestandtheile, zugeschrieben werden, welche in der complicirten Affinität statt findet.

Wenn daher Wasser verdunstet wird, in welchem man verschiedene Salze gelöst hat, die eine Vertauschung ihrer Bestandtheile eingehen können, so werden diejenigen neuen Verbindungen, welche sich gebildet haben, in derjenigen Ordnung aus der Auflösung absondern, nach der solche schwerer oder leichter im Wasser lösbar waren: so wie ihre größere oder geringere Lösbarkeit von ihrer Grundmischung abhängt, welche sie bey ihrer Erzeugung eingegangen sind *).

Zweyter

*) Dieser Satz muß zwar dann allgemein als richtig anerkannt werden, wenn eine Lösung von solchen Salzen gebildet ist, deren Anzie-

Zweyter Abschnitt.

Von den Modifikationen in den chemischen Wirkungen, welche durch die Elasticität veranlasset werden.

Es giebt Substanzen, welche bey der Temperatur des Dunstkreises einen luftförmigen Zustand besitzen, den man als ihnen natürlich zukommend ansehen kann: weil, wenn man jenen Substanzen andre darbietet, um eine Verbindung oder Auflösung damit zu veranlassen, ihre elastische Form verloren gehet.

Aus dem Grunde müssen wir daher die Elasticität der gasförmigen Flüssigkeiten als einen Widerstand gegen Verbindung und Auflösung betrachten, welcher nur durch zwey Mittel aufgehoben werden kann:

1) durch eine Affinität welche größer ist als die Kraft des Widerstandes zur Verbindung;
2) durch eine Verdichtung der gasförmigen Flüssigkeit, welche durch die Kälte, oder durch die Compression bewirkt worden ist.

Wenn ein gasförmiges Fluidum mit einem von Natur concreten Körper eine Verbindung eingegangen ist, so bemerkt man nun wenig Widerstand um solches zu entfernen, weil solches sein Bestreben den gasförmigen Zustand wieder anzunehmen beybehalten hat *).

Dritter

Anziehung zum Kristallisationswasser gleich groß ist. Sind z. B. Schwefelsaures- und Salpetersaures-Kali gemeinschaftlich im Wasser gelöst, und die Lösung wird abgedunstet, so erfolgt zufolge der respektiven Lösbarkeit jener Salze, erst die Absondrung des Schwefelsauren-, und zuletzt die des Salpetersauren-Kali. Befinden sich hingegen salzsaures- und schwefelsaures Natron in einer gemeinschaftlichen Lösung, so fällt das Letztere beym Abdunsten derselben über dem Feuer früher als das Erstere daraus nieder, obschon solches leichter im Wasser lösbar ist. Die Ursache hievon liegt darin, daß selbigem durch das salzsaure Natron sein Kristallisationswasser entzogen wird, mit welchem solches auch seine leichtere Lösbarkeit einbüßt.

*) Wir müssen ohnstreitig alle elastische oder gasförmige Flüssigkeiten, d. i. alle diejenigen welche wägbar und compressibel sind, als Produkte der Mischung einer concreten Basis mit Wärmestoff ansehen. Hieraus folgt also, daß ein gasförmiges Fluidum, wenn solches durch Compression oder durch Affinität seiner Elasticität beraubt werden soll, sein expandirendes Medium, nämlich den Wärmestoff absetzen muß. Dies bestätigt auch die Erfahrung, denn die Compression der Luft erfolgt mit Entwicklung von Wärme; und bey der Zerlegung der atmosphärischen Luft durch Phosphor oder Schwefelkali, wird gleichfalls Wärme entwickelt. H.

Dritter Abschnitt.

Von den Modifikationen in den chemischen Wirkungen, welche vom Wärmestoff abhängig sind.

Wir haben bisher die Modifikationen in den chemischen Wirkungen betrachtet, welche von der Affinität abhängig sind, und zwar zufolge der den Körpern inhärirenden Eigenschaften der Unauflöslichkeit, der Expansibilität, und der Cohäsion. Jetzt wollen wir uns mit der Untersuchung über den Einfluß einer andern allgemeinern Materie beschäftigen, welche als ein in der Natur allgemein verbreitetes Fluidum angesehen werden muß, das in den Körpern ungleichförmig vertheilt ist *). Jenes Fluidum wird Wärmestoff genannt, so lange solches an andre Materien gebunden ist. In seinem freyen Zustande erregt es aber die Empfindung der Wärme, und veranlasset, nach den verschiedenen quantitativen Verhältnissen, in welchen solches existirt, die verschiedenen Grade der Temperatur.

Die erste Wirkung welche der freye Wärmestoff in den Körpern veranlasset, bestehet darin, daß solcher die kleinern Massentheilchen derselben auseinander treibt, folglich ihre Cohäsion vermindert, mit welcher sie zusammengefügt waren.

Man kann daher jenes Fluidum als einen Moderateur der Affinität und der Cohäsion betrachten: denn die natürliche Constitution der Körper ist allein von den Verhältnissen abhängig, welche

*) Ich gebrauche hier das Wort Fluidum, um von den Wirkungen der Wärme Rechenschaft zu geben, weil ich mich von der wirklichen Existenz eines solchen besondern Fluidums überzeugt halte, welches alle Körper durchdringt, sich in größern oder kleinern Massen mit ihnen verbindet, ihre Constitution modificirt und verändert, welches aus einem Körper in den andern übergehet, wenn solcher dem Eindruck der Kälte oder der Wärme ausgesetzt wird, und auch durch die Compression oder Verdichtung aus den Körpern abgesondert werden kann: mit einem Worte endlich ein Fluidum, welches seine eigenthümlichen Affinitäten besitzt, und alle den flüssigen Materien zukommende eigenthümliche Eigenschaften erkennen läßt. Zwar weiß ich, daß sehr geschickte Physiker die Wärme nur als einen Effekt der Bewegung betrachten, und die Existenz einer eigenen wärmenden Flüssigkeit leugnen; ich werde mich indessen hier keinesweges auf eine Untersuchung der Gründe einlassen, auf welche ihr System gestützt ist, weil es völlig gleich zu seyn scheinet, ob man die Existenz eines eigenen Wärmestoffes annehmen will oder nicht, um die Phänomene der Wärme daraus zu erklären. Wer sich näher von jenen Gründen unterrichten will, findet solche in dem Werke des Grafen Rumford über die Wärme. A. d. V.

welche zwischen der Kraft der Cohäsion und der des Wärmestoffes existiren.

Wir können die Constitution der Körper willkührlich verändern, indem wir ihnen Wärmestoff mittheilen, oder ihnen solchen entziehen: wir können daher die liquiden Substanzen als solche betrachten, bey welchen sich die Cohäsion und der Wärmestoff im Zustande des Gleichgewichtes befinden, während in den soliden Körpern die Cohäsion, und in den gasförmigen der Wärmestoff prädominirt.

Indessen darf man aus diesen Grundsätzen keinesweges den Schluß ziehen, daß die Quantitäten des Wärmestoffes durch die Constitution der Körper festgesetzt und bestimmt sind: denn es giebt einige derselben, welche ihre Constitution durch die unmerklichste Verändrung der Temperatur ändern, während andre jedem Mittel Widerstand leisten, welches die Kunst anwenden kann. Um diese Differenz zu erklären, müssen wir den Wärmestoff als ein Fluidum betrachten, welches seine eigenthümlichen Affinitäten besitzt, und seine Wirkung vorzüglich auf diejenigen Körper ausübt, welche von einer sehr differenten Kraft der Cohäsion afficirt werden: so daß in dem einen Fall eine sehr geringe Quantität des Wärmestoffes hinreichend ist, um eine Verändrung der Constitution zu veranlassen, während in einem andern Fall alle Hülfsmittel der Kunst unzureichend sind, den Wärmestoff in den Körpern anzuhäufen.

Die verschiedenen Substanzen welche den Erdball bilden, sind also einerseits einem allgemeinen Gesetz unterworfen, vermöge dem sich solche zu nähern streben; während solche die Wirkung eines andern mächtigen Agens respektiren, daß sie von einander zu entfernen trachtet.

Jene beyden großen Kräfte der Natur, behaupten bey ihren Wirkungen auf die Körper beständig ein Gleichgewicht; und die Verändrungen, welche sich zufolge ihrer Verhältnisse ereignen, machen die vorzüglichste Ursache aller derjenigen Phänomene aus, mit deren Untersuchung der Chemiker beschäftiget ist.

Es muß uns also interessant seyn, von den Wirkungen des Wärmestoffes auf die Körper eine zureichende Vorstellung zu erhalten; und ich werde daher dasjenige hier zusammenstellen, was zur Kenntniß jenes Wirkungsmittels, wesentlich nothwendig ist.

I. Wenn man zwey Körper von einerley Natur, unter verschiedenen Graden der Wärme mit einander in Berührung setzt, so findet mehr oder weniger schnell eine mittlere Temperatur zwischen ihnen statt.

So

So erzeugt Wasser von der Temperatur des Gefrierpunktes, aber im noch liquiden Zustande, wenn solches mit seinem gleichen Gewicht Wasser von 60 Grad Temperatur gemengt wird, ein Gemenge, dessen Temperatur 30 Grad beträgt.

II. Wenn hingegen zwey Körper von verschiedener Natur und Constitution mit einander gemengt werden, so findet die Vertheilung der Wärme nicht mehr nach jenem Gesetz statt.

Taucht man ein Metall in heißes Wasser, so nimmt solches eine höhere Temperatur an, als diejenige ist, um welche sich das Wasser vermindert hat; und dieses Wachsthum der Temperatur ist nach jeder differenten Art des Metalls verschieden.

Hieraus folgt also, daß bey gleichen Gewichten des Metalls und des Wassers, dieselbe Quantität des Wärmestoffes, in dem Metall eine weit höhere Temperatur veranlasset als im Wasser *).

Aus dem Vorerwähnten kann man also schließen, daß Körper von verschiedener Natur, wenn solche einerley Quantitäten von Wärmestoff erhalten, verschiedene Temperaturen annehmen können.

Angenommen, daß ein Körper von der Temperatur des Gefrierpunktes für einen Augenblick in eine gleiche Quantität Wasser von 50 Grad Temperatur getaucht werde, und daß die Temperatur des Gemenges 30 Grad beträgt: so ergiebt sich hieraus, daß das Wasser nur 20 Grad Wärme verloren hat, um den andern Körper auf 30 Grad zu erheben. Folglich hat der zweyte Körper weniger Wärmestoff nöthig gehabt als der Erstere, um eine gleiche Temperatur mit jenem zu erhalten: und folglich muß

*) Nicht bloß die Metalle, sondern auch alle übrigen nicht mit dem Wasser unmittelbar mischbaren Körper bringen einen gleichen Effekt hervor. Man menge z. B. gleiche Theile Wasser von 100, und Leinöl von 70 Grad Temperatur, so wird die Temperatur des Gemenges 90 Grad seyn. Hier hat sich also das Wasser um 10 Grad in seiner Temperatur vermindert, und dieselbe Dosis des Wärmestoffes, welche in dem Wasser eine Temperatur-Erhöhung von 10 Grad veranlassen konnte, war geschickt eine gleiche Masse Leinöl um 20 Grad in der Temperatur zu erheben. Mengt man gleiche Theile Wasser von 44 Grad, und Quecksilber von 110 Grad mit einander, so ist die Temperatur des Gemenges 47 Grad. Das Wasser ist also nur um 3 Grad in seiner Temperatur erhoben worden, wogegen sich das Quecksilber bis auf 47, also um 63 Grad erkältet hat. Dieselbe Quantität des Wärmestoffes, welche das Quecksilber um 63 Grad in der Temperatur erhob, konnte also eine gleiche Masse Wasser nur um 3 Grad erwärmen. H.

muß denn seine specifike Wärme sich zu der des Wassers verhalten wie 20 zu 30 *).

III. Sind die Körper von solcher Art, daß sie bey ihrer Vermengung ihre Constitution ändern, so werden auch allemal andre Phänomene hervorgebracht: so geben Wasser von 60 Grad Temperatur, und Eis, wenn solche in gleichen Quantitäten mit einander gemengt werden, ein Fluidum, welches die Temperatur des Gefrierpunktes, also Nullgrad anzeigt. Das liquide Wasser verliert also 60 Grad Wärme, welche das gefrorne einsaugt, um dadurch in die liquide Form überzugehen. Hieraus erkennet man auch den zureichenden Grund, warum ein mit Eis umgebnes Thermometer, wenn solches in ein Fluidum getaucht wird, dessen Temperatur wärmer als die des Gefrierpunktes ist, beständig auf dem Gefrierpunkte beharret, weil der Wärmestoff, welchen solches aufnimmt, dazu verwendet wird, das Eis zu schmelzen.

Das Schmelzen ist indessen nicht der einzige Erfolg, wobey Wärmestoff gebunden und absorbirt wird, ohne Wärme hervorzubringen. Taucht man ein Thermometer in erwärmtes Wasser, so steigt solches von Grad zu Grad, bis zum Sieden desselben: Hier beharret solches in seinem Stande, wenn gleich die Hitze vermehrt wird, vorausgesetzt, daß das Wasser nur frey ausdunsten kann; auch beharret solches so lange in derselben Temperatur, als nur noch liquides Wasser vorhanden ist. Sobald aber das Wasser sämmtlich in Dämpfe aufgelöst ist, dann übt der Wärmestoff seine ganze Kraft auf das Thermometer aus, und seine Temperatur ist nun im Steigen.

Hieraus folgt also, daß so oft als ein Körper aus dem soliden in den liquiden, oder aus dem liquiden in den dunst- oder gasförmigen Zustand übergehet, der Wärmestoff verschluckt wird, und keine Wirkung der Wärme hervorbringen kann.

Wenn

*) Man bedient sich in der Chemie der Ausdrücke specifike, eigenthümliche, und comparative Wärme als gleichbedeutend. Man drückt dadurch, wie die eben beschriebne Erläuterung zeigt, die unterschiedenen quantitativen Verhältnisse des Wärmestoffes, in Körpern von verschiedener Natur, und von gleichen Massen oder Gewichten aus, wenn ihre Temperaturen gleich sind. Man darf daher den Begriff von der specifiken Wärme eines Körpers nicht mit dem von dem gebundnen Wärmestoff verwechseln: denn so bald der Wärmestoff gebunden ist, ändert selbiger zwar die Form der Körper, keinesweges aber die Temperatur derselben, und kann daher auch ohne chemische Entmischung derselben, nicht durch das Thermometer gemessen werden. H.

Wenn hingegen die Körper aus dem gasförmigen in den liquiden, oder aus dem liquiden in den soliden Zustand übergehen, so wird in allen diesen Fällen der vorher gebundene Wärmestoff wieder frey, und übt nun seine volle Wirkung auf das Thermometer aus: ja man kann so zu sagen den Wärmestoff selbst durch die Compression, durch die Reibung, und durch die Verdichtung aus den Körpern herauspressen *).

Jene beyden Grundsätze über das Verschlucken und Entwickeln des Wärmestoffes, sind sehr fruchtbar und folgenreich, und geben die Erklärung von einer großen Anzahl Erscheinungen, welche die Natur und die Kunst uns in ihren Operationen darbieten: wie z. B. die durch die Ausdünstung verursachte Kälte, die durch die Vermengung zweyer Gasarten erregte Wärme ꝛc. ꝛc.

IV. Körper, welche einer gemeinschaftlichen Temperatur ausgesetzt werden, werden nicht auf eine gleiche Art von derselben afficirt.

Die animalischen und vegetabilischen Substanzen nehmen die Wärme nicht weiter an, als bis zum Zustande ihrer Entzündung; die liquiden Substanzen bis zu ihrer Verdunstung; die soliden Substanzen schmelzen in der Hitze, oder entflüchtigen sich bey verschiedenen Graden derselben.

Unter der Anzahl von Körpern giebt es einige, welche sich mit der Wärme verbinden, ohne sie eher durch sich hindurch zu lassen, als wenn sie ein gewisses Maximum der Saturation damit eingegangen sind. So können die animalischen und vegetabilischen Materien bis zum Grade der Verbrennung gebracht werden, ohne daß andre ihnen sich nahe befindende Körper den Eindruck dieser starken Wärme empfinden; da hingegen die Metalle die Wärme fast in eben dem Grade durch sich hindurch lassen, als sie solche aufnehmen.

Aus diesen Thatsachen hat man den Schluß gezogen, daß die Körper mehr oder weniger starke Leiter für die Wärme ausmachen; und man hat von dieser Eigenschaft in den Künsten eine mannigfaltige Anwendung gemacht.

Aber

*) Was der Verfasser hier über die Möglichkeit des Auspressen des Wärmestoffes, durch Zusammendrucken, Verdichten und Reiben der Körper sagt, verdient noch einer genauern Untersuchung. Schnell zusammengepreßte atmosphärische Luft entwickelt allerdings so viel Wärme, daß Feuerschwamm darin entzündet wird. Zinn und andre Metalle erregen, wenn sie schnell gerieben werden, so viel Hitze, daß sie die Hand verletzen: ob und wie viel aber die Berührung der Luft mit den soliden Substanzen hiebey wirkt? ob nicht das Ganze auf eine Art von Verbrennung hinausläuft? dies ist wenigstens jetzt noch nicht genau ausgemittelt. H.

Aber nicht bloß Körper von differenter Natur, werden von einerley Quantität der Wärme auf eine ungleiche Art afficirt; sondern selbst Körper von einerley Natur nehmen davon einen ungleichen Eindruck an. Ingenhouß umgab gleichförmige cylindrische Metallstäbe an der einen Seite mit Wachs und tauchte die entgegengesetzte Seite eines jeden Stabes in beynahe siedendes Oel: Er bemerkte daß das Wachs auf diesen verschiedenen Metallstäben, bey verschiedenen Höhen schmolz; und er schloß aus diesen Erfahrungen, daß die durch jene Metalle zugeführte Wärme, sich in der Ordnung darstellte, daß erst das Silber, dann das Kupfer, das Gold, das Zinn, das Eisen, der Stahl, und endlich das Bley folgte.

V. Der Wärmestoff dehnet alle Körper aus, und vertheilt sich auf eine ungleiche Art zwischen ihnen.

Allgemein genommen übt eine gleiche Quantität Wärmestoff eine größere ausdehnende Wirkung auf die expansiblen oder elastischen, als auf die tropfbaren Flüssigkeiten und die festen Körper aus.

Die tropfbaren Flüssigkeiten differiren hiebey unter sich, zufolge ihrer verschiedenen Expansibilität, welche, wenn sie sich dem dunstförmigen Zustande nähern, der Zunahme ihrer Temperatur gar nicht mehr angemessen ist.

In den bisher über die Ausdehnung der festen Körper durch die Wärme gemachten Erfahrungen, findet man keine Uebereinstimmung zwischen der Ausdehnung und der Quantität des Wärmestoffes, welchen sie absorbiren können. Nur allein die Metalle scheinen in ihrer Schmelzbarkeit mit ihren Ausdehnungen im Verhältniß zu stehen: denn das Platin, das strengflüssigste unter allen Metallen, dehnet sich am wenigsten, das Bley dehnt sich am meisten aus. Das Glas welches am schmelzbarsten ist, dehnt sich auch am leichtesten aus *). Man kann daher mit Herrn Berthollet annehmen, daß diejenigen Körper von der Wärme um so schneller ausgedehnet werden, welche den wenigsten Wärmestoff erfordern, um ihre Constitution zu ändern, nämlich um aus dem festen in den tropfbarflüssigen, oder aus dem tropfbaren in den gasförmigen oder dunstförmigen Zustand überzugehen.

Die

*) Jener Schluß scheint mir nicht völlig gegründet zu seyn, weil das Glas, wie bekannt, eine stärkere Hitze erfordert um zu schmelzen als das Bley. H.

Die Herren Geyton und Prieur haben aus einer großen Anzahl Erfahrungen den Schluß gezogen, daß jede Gasart ihre eigne Ausdehnbarkeit in der Wärme behauptet. Aber Herr Gay-Lussac *) hat bewiesen, daß alle Gasarten ohne Ausnahme bey einerley Temperatur einerley Ausdehnung erleiden, und daß bloß die Gegenwart des Wassers in den Gasarten die Irrthümer veranlasset hat, welche diejenigen behauptet haben, welche jene Erfahrungen anstellten.

Herr Gay-Lussac brachte die Gasarten die er untersuchte, auf den höchsten Grad der Trockenheit zurück, und fand dann durch seine Versuche, daß hundert Theile von jeder permanent elastischen Gasart bey jedem Grade des Thermometers, zwischen dem Gefrierpunkte und 80 Grad, um $\frac{1}{213}$ des Volums ausgedehnt wurde.

Die Dünste folgen denselben Gesetzen der Dilatation als die Gasarten, vorausgesetzt, daß nur die Temperatur derselben hinreichend groß ist, um solche im elastischen Zustande zu erhalten.

Man kann daher als einen Grundsatz annehmen, daß die gasförmigen so wie die dunstförmigen Flüssigkeiten auf eine gleiche Weise dilatabel als compressibel sind.

VI. Wenn der Wärmestoff aus einem stark erhitzten Körper entweicht, ohne eine neue Verbindung einzugehen, so behält derselbe eine Zeitlang seinen elastischen Zustand, und stellt nun dasjenige dar, was man **strahlenden Wärmestoff** zu nennen pflegt.

Scheele hat beobachtet, daß die metallischen Brennspiegel den strahlenden Wärmestoff zurückwerfen, ohne Wärme zu veranlassen, und ohne die Luft welche derselbe durchstreicht, zu erwärmen: so bald aber der Wärmestoff eine Verbindung eingehet, so wie nach der Natur oder Farbe der Körper, auf welche derselbe wirkt, so sahe derselbe Wärme hervorkommen **).

Die Gasarten erlauben dem Wärmestoff einen freyen Durchgang, und zwar um so ungehinderter, je expansibler solche sind.

Die

*) Annales de Chimie etc.

) Was der Verfasser mit Scheele hier **Wärmestoff nennt, scheint bloß auf Kosten des Lichtes zu kommen. Die Brennspiegel reflektiren Licht und **Wärme** zugleich. Wenn aber das reflektirte und im Brennpunkt vereinigte Licht auf solche Körper wirkt, die den Lichtstoff einsaugen, so muß in eben dem Maaße der **Wärmestoff**, der das fortleitende Prinzipium für den Lichtstoff im Lichte ausmachte in Freyheit gesetzt werden, und nun als Wärme wirken. H.

Die tropfbaren Flüssigkeiten hingegen, verschlucken ihn sehr schnell.

Die schwarzfarbigen Körper halten ihn stärker zurück als andre *).

VII. Indessen ist es nicht bloß die Verändrung der Constitution der Körper, durch welche Wärmestoff entbunden oder verschluckt wird; sondern auch die chemischen Zusammensetzungen und Zerlegungen bringen ähnliche Wirkungen hervor.

Bey allen Operationen der Chemie bilden sich neue Zusammensetzungen, welche eine ihnen eigenthümliche Kapacität für den Wärmestoff besitzen, die nothwendig von derjenigen, welche die Körper vor der wechselseitigen Einwirkung auf einander besaßen, verschieden ist. Verbindet man z. B. eine gasförmige Substanz mit einer soliden, so läßt die Erste, den Wärmestoff welchen sie gelöst hätte von sich, und behält nur so viel zurück, als um neuer Verbindung erforderlich ist.

Die Operationen welche eine Fixation der Gasarten zur Absicht haben, sind allemal mit einer mehr oder weniger beträchtlichern Ausscheidung der Wärme begleitet, und zwar, zufolge der neuen Körper welche sich bilden.

Oft findet bey der bloßen Vermengung zweyer Flüssigkeiten, welche sich durchdringen, eine Veränderung der Temperatur Statt, ohne daß die Natur der sich mengenden Stoffe verändert wird. So bringt eine Vermengung von concentrirter Schwefelsäure und Wasser viel Wärme hervor, oder das Gemenge nimmt einen kleinern Raum ein, als jene Flüssigkeiten, einzeln geschätzt, ausgefüllt haben würden **).

*) Gerade dieses bestätigt den in der vorhergehenden Anmerkung angegebnen Satz, von der Zerlegung des Lichtes. Sie sind weniger geneigt als helle und weiße Gegenstände, das Licht unzerlegt zu reflektiren, sie saugen vielmehr eine große Quantität Lichtstoff daraus an, und machen verhältnißmäßig eine große Quantität Wärmestoff daraus frey; sie müssen sich also bey dem darauf fallenden Lichte weit stärker erhitzen, als die farbenlosen Objekte. Die Garten-Kunst macht von dieser Erfahrung eine sehr glückliche Anwendung, indem die Gärtner die Wände an welchen Spalierobst oder Wein gezogen wird, schwarz anstreichen, und dadurch das Reifwerden der Früchte beschleunigen. H.

**) Ganz unverändert bleibt die Natur der Schwefelsäure bey ihrer Vermengung mit Wasser wohl nicht: denn es ist augenscheinlich, daß solche einen Theil des darin gebunden gewesenen Wärmestoffes von sich läßt, den sie wieder annimmt, wenn solche vom Wasser befreyet, und in den vorigen concentrirten Zustand zurück geführt wird. H.

Laufen wir die große Reihe von Thatsachen durch, welche Verbindungen und Zerlegungen zur Folge haben, so werden wir überzeugt, daß bey allen bald eine Erzeugung, bald eine Verminderung der Wärme Statt findet.

Vierter Abschnitt.

Von den durch die Wirkung des Lichtstoffes *) veranlasseten Modifikationen.

Außer dem Wärmestoff, wovon hier gehandelt worden ist, existirt noch ein andres Fluidum, welches die Zwischenräume ausfüllet, welche die Körper trennen, ein Bild von ihnen nach unsern Augen wirft, und auf alle chemische Phänomene einen mächtigen Einfluß hat.

Gehet das leuchtende Fluidum gerade von der Sonne aus? oder ergießt es sich vielleicht überall, wird es durch die Rotation der Sonne um ihre Axe, durch den Stoß oder die heftige Wirkung der Körper gegen einander in Bewegung gesetzt? Welches auch von diesen Systemen wahr seyn mag, der Einfluß der von dem Lichte durchdrungenen Gegenstände ist so bestimmt, so schnell, daß eine Secunde hinreichend ist, daß ein 80000 Lieues weit vom Auge entferneter Gegenstand vom Beobachter wahrgenommen werden kann.

Die Expansibilität jenes Fluidums ist außerordentlich; und bey alledem respektirt solches die Gesetze der Attraktion: denn wenn

*) Ich gebrauche den Namen Lichtstoff zur Bezeichnung desjenigen Fluidi, welches in seinem Zustande der Bewegung das Licht erzeugt, eben so wie man die Ursache der Wärme Wärmestoff nennt. Man wird mir ohne Zweifel entgegenstellen, es sey eben so wenig bewiesen, daß das Licht der Effekt einer Flüssigkeit sey, als daß die Wärme ein Resultat desselben ausmache; ich bescheide mich dessen: da wir aber nichts weiter thun können, als die Phänomene zu beobachten, und da jene Voraussetzung weder auf die Beobachtung, noch auf die Resultate einen Einfluß hat, so muß solche auch als ganz indifferent betrachtet werden. Ich nehme jenen Satz auch nur als Voraussetzung an; denn ich kenne sehr wohl die Wirkungen, welche man dem Lichte und der Wärme beylegt, und weiß daß alle Wirkungen dieser beyden großen Agentien mit denen, welche man den Flüssigkeiten zuschreibt, übereinkommen: aber sie verbinden sich, und scheiden sich aus ihren Verbindungen nach bestimmten Gesetzen aus; und wir sind daher um so mehr berechtiget, sie unter die körperlichen Wesen zu placiren. A. d. Verf.

wenn man einem Lichtstrahl die Schärfe eines Messers entgegen hält, so wendet der Strahl sich von der geraden Richtung ab, und neigt sich gegen den Körper.

Man hat den Einfluß des Lichtes auf die Körper von je her anerkannt. Man weiß, daß eine Pflanze in der Dunkelheit verkümmert; daß alle an einem finstern Orte befindliche Pflanzen das Licht suchen, und sich nach derjenigen Seite hinneigen, wo solches einfällt; daß derjenige Theil der Früchte, welcher am meisten gefärbt erscheint, der ist, welcher am meisten vom Lichte afficirt wurde: ja, mit einem Worte, daß Geruch, Geschmack, Verbrennlichkeit, Reifheit, so wie die flüchtigen Oele, Produkte des auf eine eigne Art modificirten Lichtes ausmachen: "ohne Licht (sagt Lavoisier in seinem Traité élémentaire de Chimie, pag. 202; und in meiner deutschen Uebersetzung 1. Theil, S. ..) würde die Natur unbelebt, todt, und unbeseelt seyn; aber eine wohlthätige Gottheit schuf das Licht, und verbreitete dadurch auf der Erdoberfläche Organismus, Empfindung und Denkkraft."

Untersucht man das Licht weniger allgemein, betrachtet man bloß seinen Einfluß auf die chemischen Wirkungen: so erkennet man, daß viele Verbindungen von ihm abhängig sind, daß solches Zerlegungen veranlasset, und daß dasselbe in sehr vielen Fällen bald entfernet, bald eingesaugt wird, je nachdem seine Affinitäten dieses zulassen.

Werden die Volumina eines oder des andern Körpers verändert, so nimmt derselbe bald Wärmestoff auf, bald läßt er solchen von sich. Werden dergleichen Veränderungen mit Schnelligkeit veranlasset, so sind sie mit den Phänomenen des Lichtes und der Wärme begleitet: Eisen wird durch eine heftige Erschütterung warm und leuchtend; oxydirtsalzsaures Kali verpuffet mit dem Schwefel und andern leicht entzündlichen Körpern, durch einen bloßen Schlag darauf, und es entweichet viel Licht; zwey aneinander geriebne Kieselsteine lassen Licht von sich; und das Reiben vieler Körper veranlasset erst die Entwicklung der Wärme, und dann des Lichtes.

Man kann daher als Grundsatz feststellen, daß in allen denjenigen Operationen welche Wärme produciren, durch eine Beschleunigung derselben Licht hervorgebracht werden kann. Ja, es ist selbst erweisbar, daß in allen den Fällen, wo eine Entwicklung von Wärme statt findet, auch eine Produktion des Lichtes statt finden muß; mit dem einzigen Unterschiede, daß das Licht nur dann für uns merkbar ist, wenn seine Entwicklung momentan geschiehet; daß wir dasselbe hingegen bey einer langsamen Entwicklung nicht bemerken können. So werden bey einer rapiden

den Oxydation der Metalle bey einer schnellen Verbrennung des Phosphors, sowohl Licht als ein hoher Grad von Wärme wahrgenommen, während jene Wärme unempfindlich für unsre Organe ist, wenn die Oxydation und die Verbrennung sehr langsam vor sich gehen. Man kann indessen nicht läugnen, daß in beyden Fällen Wärme producirt wird; nur mit dem Unterschied, daß in dem einen Fall der Ausfluß der Wärme augenblicklich vor sich gehet, im andern hingegen die Masse der ausfließenden Wärme unter alle augenblickliche Zeittheile eines sehr langen Zwischenraumes verbreitet ist, so daß ihre Wirkung nie sehr empfindlich werden kann.

Der Lichtstoff befindet sich nicht immer in einer sehr genauen Verbindung in den Körpern: so giebt es einige, wie der Phosphor, welche ihrer Natur gemäß leuchtend erscheinen, wogegen andre, wie verschiedene Hölzer, einige Fische rc., nur erst unter gewissen Perioden ihrer Zerlegung leuchtend werden.

Auch giebt es einige Körper, in welchen die Verbindung des Lichtstoffes so schwach ist, daß solcher durch eine leichte Reibung derselben entwickelt werden kann; wie der Diamanth, die Blenden, der flußsaure und phosphorsaure Kalk, der Bologneserstein, die Haut verschiedener Thiere, welches hinreichend ist jene Wahrheit zu bestätigen.

Ohne Zweifel sind alle Körper sehr geeignet, Lichtstoff einzusaugen: aber nicht alle nehmen eine gleiche Quantität auf, und nicht alle bilden damit eine gleich feste Verbindung. Es giebt einige, welche, wenn sie durch das Licht oder die Sonnenstrahlen gesättigt sind, einige Zeit hindurch die Eigenschaft beybehalten, im Dunkeln zu leuchten, und solche nur nach und nach verlieren.

Es scheint, daß alle Körper ohne Ausnahme, wenn man solche mit dem Lichtstoffe sättiget, roth oder leuchtend werden. Metall, Kohle, Erden, selbst tropfbare Flüssigkeiten welchen man einen höhern Grad der Wärme ertheilt, als denjenigen welcher zur Schmelzung einiger erforderlich ist, so wie die Verbrennung und Verflüchtigung anderer, stellen sich in rother Farbe dar. Es scheint daher, daß in diesem Fall der Wärmestoff und der Lichtstoff sich nur bis auf einen Punkt der Sättigung mit den Körpern verbinden können, und alsdann frey oder strahlend werden.

Es scheint aus diesen Thatsachen zu folgen, daß die Existenz des Lichtstoffes von der des Wärmestoffes unzertrennlich ist; denn die Wirkung der Wärme producirt allemahl Licht, und wenn das Licht durch Glaslinsen gesammlet, oder durch Hohlspiegel

spiegel reflektirt worden ist, so producirt solches alle Wirkungen der angehäuften Wärme. Wir können noch hinzusetzen, daß diejenigen unter den gefärbten Körpern, welche den Lichtstoff am besten einsaugen, auch am wärmsten sind; und daß im gegebnen Fall die Wärme so viel stärker ist, als das Licht lebhafter war. Scheele hat beobachtet, daß, wenn man zwey Thermometer der Sonne aussetzt, wovon das eine mit gefärbtem, das andere aber mit ungefärbtem Weingeist angefüllet ist, die nicht gefärbte Flüssigkeit sich langsamer als jene ausdehnet; wogegen, wenn beyde Thermometer an einem dunkeln Orte, oder in warmes Wasser gesetzt werden, beyde einen gleichen Gang beobachten.

Der Wärmestoff und der Lichtstoff concurriren also beständig mit einander, und bringen beständig dieselben Wirkungen hervor; sie verwirren sich in vielen Phänomenen mit einander, und scheinen dann identisch zu seyn. Sie unterscheiden sich aber dadurch von einander, daß der Wärmestoff viel leichter als der Lichtstoff absorbirt zu werden scheinet. So erlauben Gläser und durchsichtige Flüssigkeiten der strahlenden Wärme keinen Durchgang; wogegen sie ihn dem Lichte gestatten; und es scheint daher, daß der Wärmestoff weniger die Eigenschaft einer augenscheinlichen Elasticität besitzt; ja es ist selbst erweislich, daß ihm eine geringere Geschwindigkeit beygemessen werden muß.

Es giebt selbst einige chemische Thatsachen, in welchen sich der Licht- und Wärmestoff sehr verschieden äußere. So entwickelt z. B. das Licht Sauerstoff aus der Salpetersäure, wogegen der Wärmestoff salpetrige Säure daraus absondert. Die oxydirte Salzsäure verläßt ihren Sauerstoff beym einwirkenden Lichte, während man solche durch die Wärme ohne Zerlegung überdestilliren kann.

Herr Berthollet welcher sehr geneigt ist, Wärmestoff und Lichtstoff als eine und eben dieselbe Substanz zu betrachten, welche nur durch den jedesmahligen Zustand in dem sie sich befindet, differirt, stellt alle Thatsachen zusammen, welche eine differente Natur zwischen beyden Flüssigkeiten zu begründen scheinen, um aus einer Vereinigung aller Resultate den Schluß ziehen, daß der ganze Unterschied zwischen beyden bloß in der Energie ihrer Wirkung zu finden sey. Wir wollen einige Phänomene zusammenstellen, um über diesen Punkt seiner Lehre einiges Licht zu geben.

Herr von Rumford impregnirte weiße Seide, Leinwand, Cotton und Talkerde mit einer Goldauflösung. Als diese Materien der Sonne oder der Wärme eines Lichtes ausgesetzt wurden,

den, nahmen solche eine schöne Purpurfarbe an; wogegen selbige in der Dunkelheit keine Verändrung erlitten.

Scheele hat beobachtet, daß das salzsaure Silber, wenn solches mit Wasser bedeckt, der Sonne ausgesetzt wird, die Salzsäure von sich läßt. Herr Berthollet sahe, daß die Kügelchen welche sich dabey erheben, nichts andres als Luft waren, welche dem salzsauren Silber adhärirten, und daß das Wasser sauer ward. Er setzte das mittelst dem einwirkenden Lichte schwarz gemachte salzsaure Silber in einer kleinen Retorte der Wärme aus; es schmolz, und es entwickelte sich Salzsäure: Licht und Wärme bringen also dieselben Wirkungen auf das salzsaure Silber hervor *).

Herr von Rumford setzte mit Goldauflösung übergossene Kohle in einer Flasche eingeschlossen, dem Sonnenlichte aus; und das Gold wurde sehr bald reducirt. Das Silber wurde bey einer ähnlichen Behandlung gleichfalls hergestellet. Ein gleicher Effekt fand Statt, wenn man jene Auflösungen in Cylinder von weißem Eisen der Wärme des siedenden Wassers aussetzte.

Herr Berthollet wiederholte jene Versuche, um die Natur der sich dabey entwickelnden Gasarten kennen zu lernen, und erhielt ein Gemenge von Kohlenstoffsaurem-, und Salpeterhalbsaurem-Gas. Er setzte auf eine gleiche Art mit Salpetersäure übergossene Kohle, sowohl dem einwirkenden Lichte, als der einwirkenden Wärme des siedenden Wassers aus; und hier entwickelte sich in beyden Fällen Salpeterhalbsaures- und Kohlenstoffsaures-Gas.

Eben so wurden die mit Terpenthinöl und mit Olivenöl gemengten Auflösungen des Goldes und des Silbers, auf eine gleiche Art reducirt, wenn solche der einwirkenden Wärme, und dem einwirkenden Lichte ausgesetzt wurden; und in diesem Fall wurden die Oele schwärzlich, weil sie eines Theiles ihres Wasserstoffes beraubt wurden.

In diesen eben erwähnten Thatsachen, sind also die Wirkungen des Wärmestoffes und des Lichtstoffes dieselben; und es kann

*) Keinesweges. Nur allein das Licht schwärzt das salzsaure Silber, nämlich es reducirt dasselbe, bloße Wärme thut dies nicht, wenn solche an einem dunkeln Orte darauf wirkt. Das Licht muß also ein reducirendes Wesen an das Silberoxyd abgeben, oder seinen oxydirenden Sauerstoff daraus entfernen können, welches durch bloße Wärme zu bewirken nicht möglich ist. Licht und Wärme müssen also verschiedene Wesen seyn. H.

kann daher nur in Hinsicht der Intensität des Einen oder des Andern ein Unterschied statt finden *).

Herr Berthollet sucht annoch mit demselben Prinzip die Entweichung des Sauerstoffgases aus der oxydirten Salzsäure und der Salpetersäure zu vergleichen, welche nur allein bey Einwirkung des Lichtes, und nicht bey der der Wärme Statt findet: und er misset diesen Unterschied dem bey, daß, wenn die Säuren an eine Grundlage gebunden sind, solche einen höhern Grad von Wärme ertragen, folglich dann auch Sauerstoffgas liefern können, welches aber nicht in ihrem Zustande als Säuren möglich ist: und woraus Er schließt, daß jene Differenz der Wirkung in diesem Fall ebenfalls der Intensität der Wirkung beygemessen werden muß, und kein anderer Unterschied untergeschoben werden kann. Hier verbindet sich also der Lichtstoff nur allein mit dem Sauerstoff, während der Wärmestoff auf alle Grundstoffe zugleich wirkt, und solche zu verflüchtigen trachtet, ohne daß einer dem andern einen bedeutenden Widerstand entgegensetzt.

Fünfter Abschnitt.

Von den Modifikationen welche von den chemischen Wirkungen abhängig sind, welche durch den Druck der Atmosphäre veranlasset wird.

Die Atmosphäre druckt auf alle Körper, und da diese Kraft eine constante ist, so kann man solche als eine Ursache ansehen, welche mitwirket, um jedem Körper seine ihm eigenthümliche Constitution zu ertheilen; und welche zugleich geschickt ist, den Ausbruch der Elasticität und die Wirkung des Wärmestoffes in jedem Augenblick zu modificiren.

Die Gewalt des Druckes welche der Dunstkreis ausübt, ist dem Gewicht einer Quecksilbersäule von 28 Zoll (oder 0,758 Meter so wie einer Säule Wasser von 32 Fuß (oder 10,396 Meter) gleich; denn diese Höhe behaupten jene beyden Flüssig-

*) Diese Folgerung ist nichts weniger als zureichend. Oele und Kohle halten eine hinreichende Menge Lichtstoff gebunden, um ihn als reducirendes Prinzipium an die Metalloxyde abzusetzen. Die einwirkende Wärme begünstigt bloß den Erfolg; das einwirkende Licht von außen, kann also hiebey völlig entbehrt werden. H.

Flüssigkeiten, und stehen dann gegeneinander im Gleichgewicht *).

Lavoisier bemerkt, indem er die Wirkungen untersucht, welche vom Druck des Dunstkreises abhängig sind, daß ohne Daseyn dieses Druckes, die kleinsten Theilchen der tropfbaren Flüssigkeiten sich ins unbestimmbare ausdehnen würden, ohne daß irgend etwas ihre Entfernung hindern könne, wenn nicht ihre eigne Schwere solche zusammenhielt, um die Atmosphäre zu bilden.

Herr Dalton bestätigt diese Aussage gleichfalls, daß der liquide Zustand des Wassers nur allein durch den Druck des Dunstkreises erhalten wird. Er beobachtete, daß wenn man das Gewicht der Atmosphäre vermindert, der darin existirende Antheil des Wassers nicht bedeutend vermehrt wird: und zwar, wie er saget, weil derselbe darin beynahe ein Maximum von dem behaupter, was die Temperatur davon produciren und erhalten kann; und eine Verminderung des Luftdruckes nur die Verdunstung beschleunigen würde, ohne die absolute Menge der Wässerigkeit merklich zu vermehren. Herr Dalton scheint hiebey die Quantität des Wassers, welche in der Atmosphäre lösbar ist, mit derjenigen zu verwechseln, welche, wenn sie als Dunst dargestellt würde, allein eine Atmosphäre bilden müßte.

Wenn wir daher sehen, daß bey einer schwachen Verminderung im Druck des Dunstkreises, sie sey durch die Luftpumpe, oder durch Erhebung zu höhern Regionen des Erdballs bewirkt, Aether und Alkohol verdunsten, und das Sieden aller tropfbaren Flüssigkeiten beschleuniget wird: so können wir nicht leugnen, daß wenn die Atmosphäre dann nicht mehr so wie vorher drückt, solches davon abhängt, daß sie nicht mehr durch die Verdunstung aller uns bekannten Flüssigkeiten ersetzt werden konnte.

Durch den Druck, welchen der Dunstkreis ausübt, werden die kleinern Theilchen der Körper einander genähert, und ihre Affinität vermehrt. So hat Herr Biot bewiesen, daß wenn eine verhältnißmäßige Vermengung von Sauerstoffgas und Wasser-

*) Bey der Feststellung dieses Satzes darf nicht aus der Acht gelassen werden, daß 28 Zoll Quecksilber, und 32 Fuß Wasserhöhe, nur bey einem mittlern Druck der Atmosphäre Statt finden. Da indessen die Dichtigkeit, und der davon abhängende Druck des Dunstkreises oft sehr abwechseln, indem wir den Stand des Quecksilbers im Barometer bald über bald unter 28 Zoll wahrnehmen, so kann die obige Bestimmung zwar als relativ, keinesweges aber als absolut wahr angesehen werden. H.

Wasserstoffgas stark zusammengepreßt wird, Wasser gebildet werden kann *).

Sechster Abschnitt.

Von den Modifikationen der chemischen Wirkungen, welche durch die Lebenskraft veranlasset werden.

Ohne Zweifel sind die Gesetze der Natur constant und unveränderlich. Dies ist ein eigener Karakter derselben, dem sie die Einförmigkeit in den Wirkungen, und den daraus folgenden Phänomenen verdanken, welche sich in dem Existirenden erneuern und wiederholen, ohne daß eine Verändrung seiner eigentlichen Natur damit verbunden ist.

Wenn gleich indessen mehrere Ursachen auf eine und eben dieselbe Substanz in Anwendung und Ausübung gesetzt werden können, und bey einer und eben derselben Wirkung concurriren; so muß doch der Effekt, als der Ausbruch einer gemeinschaftlichen oder mittlern Kraft angesehen werden; welche jeder einzelnen Ursache ausschließlich zukommt, und welchen jede einzelne Ursache theilweise, bald mehr bald weniger ausübt. In dieser Verbindung der Kräfte, und in dem Resultat der Wirkung, muß sich also dasjenige mit einander durchkreutzen, was jedem einzelnen Gesetz der Wirkung zukommt: und jemehr die Wirkung durch eine größere Anzahl von wirkenden Ursachen complicirt wird, um so viel schwerer muß daher auch die Auflösung des Problems werden.

Wir

*) Bey allem demjenigen was seit dem letztern Decennio über Dunstkreis, Ausdünstung, Zerlegung der Atmosphäre ꝛc. gedacht, gesagt, und geschrieben worden ist, scheint mir, demungeachtet dieser Gegenstand noch nicht völlig aufs Reine gebracht worden zu seyn. Frühere Erfahrungen über diesen Gegenstand, die weiter zu verfolgen ich noch nicht Zeit genug gehabt habe, scheinen mir zu beweisen, daß die tropfbaren Flüssigkeiten, welche dem Dunstkreise in- und adhäriren, einen dreyfach verschiedenen Zustand behaupten: nämlich ein Theil derselben befindet sich darin als wahrer Dunst, bloß durch Wärmestoff expandirt; ein zweyter ist durch die Luft gelöst; und ein dritter, ist durch Wärmestoff und Electricität gemeinschaftlich in einen permanent expansiblen Zustand versetzt. Der letztere Theil allein ist es auch, von welchem die wichtigsten Veränderungen der Atmosphäre, nämlich Abwechselung des Drucks, Bildung des Regens, des Donners, des Hagels ꝛc. abhängig sind. Zu einer andern Zeit, und an einem andern Orte, werde ich diesen Gegenstand weiter behandeln. H.

Wir wollen annehmen, daß der Keim des Lebens für einen Augenblick aufhörte, in der Natur wirksam zu seyn, so würde unser Planet Massen von Materien darstellen, welche bloß dem unveränderlichen Gesetz der Schwerkraft und der Anziehung unterworfen sind. Jene Gesetze allein würden die Anordnungen der Massen, so wie die Aneinanderreihung ihrer kleinern Theile bestimmen.

Werfen wir aber unsern Blick auf die Scene der Wirkung, Gegenwirkung, Verbindung und Zerlegung, welche uns die organischen Wesen, sowohl die vegetabilischen als die animalischen darstellen, so sehen wir neue Agentien einander durchkreutzen, um einerley Wirkung zu veranlassen, und solche unendlich zu modificiren, und dies ist die Wirkung zweyer uranfänglichen Gesetze, von welchen hier weiter geredet werden soll.

Jeder lebende Körper respektirt die Gesetze des Lebens, nämlich die Sensibilität, und die Irritabilität ꝛc. Sie sind es, welche seine Functionen reguliren, und dasjenige bilden, was das Leben desselben genannt wird. Jene sind weder in derselben Zahl in den verschiedenen Klassen der organischen Wesen vorhanden, noch stellen sie sich mit derselben Intensität und Energie in ihnen dar. Je zahlreicher und intensiver die Ursachen des Lebens sind, um so mehr entfernen sich die Erfolge derselben, welche die Affinitäten uns darstellen, wenn solche auf die unbeseelte Materie angewendet werden.

Alle Körper haben ihre eigenthümlichen Affinitäten, denen zufolge sie gewisse Substanzen auswählen, andere aber zurückstoßen. Indessen sind die Resultate der Verbindungen nicht bey allen dieselben; wenn sich eine Erde oder ein Metall mit andern Körpern verbindet, so verändern dieselben ihre Natur, das heißt, die neue Verbindung besitzt nicht mehr den Karakter der Elemente, welche sie bildeten; sie ist also ein neues Wesen, dessen Natur außerdem durch die Anwendung oder die Verbindung mit neuen Substanzen, sich in jedem Augenblick wieder verändern kann. Die organischen Körper haben im Gegentheil die Kraft, sich die Körper anzueignen, und die Nahrungemittel sich zu assimiliren, ohne ihre eigne Natur zu verändern: sie drucken vielmehr ihren eigenen Karakter denjenigen Substanzen ein, welche ihnen zur Nahrung dienen, und behalten ohne Verändrung ihre primitive Form.

Die organischen und belebten Körper befolgen also eine Auswahl in den Materien und ihrer Assimilation. Sie behalten beständig ihre Form, ihren Karakter, und ihre primitive Natur bey; während in den unorganischen Körpern die Zusammensetzung und

und Bildung neuer Substanzen vorgehet, deren Form und Eigenschaften, weder der Form, noch den Eigenschaften derjenigen Substanzen beygemessen werden kann, aus welchen sie zusammengesetzt wurden.

Verfolgen wir die Phänomene und die Resultate dieser Assimilation in den organischen Körpern noch weiter, so sehen wir, daß die verschiedenen Grade der Intensität in den Kräften des Lebens, hierbey unendlich verschiedene Modifikationes zulassen: denn je intensiver und kraftvoller die Lebenskräfte sind, je geringer ist die Kraft der äußern Agentien auf die Functionen des Lebens. So sind z. B. bey den Pflanzen die vorzüglichsten Organe durch die Epidermis bedeckt. In dieser Position nehmen solche die unmittelbare Wirkung der Wärme, der Luft, und des Wassers, ja, selbst den Einfluß der innern Lebenskräfte auf. Diese Organe existiren so zu sagen zwischen den organischen Kräften der Pflanzen und der sehr mächtigen Wirkung der äußern Ursachen. Jene Funktion hängt also wesentlich von dem gemeinschaftlichen Einfluß der Wirkung des Lebens, und der Luft, des Wassers, der Wärme und des Lichtes ab. Die Pflanze gedeihet weder in einer sehr kalten, noch in einer sehr warmen Temperatur; sie verzehrt sich in der Dunkelheit, und verwelkt bey einem zu lebhaften Lichte. Indessen nimmt sie den Einfluß und die nothwendige Wirkung jener Agentien nur auf eine ihr convenable Art auf: sie hat eine ihr eigene Temperatur; sie zerlegt das Wasser welches sie benetzt; sie unterhält und vervielfältiget ihre Art, und stirbt eher, als daß sie ihr widrige Substanzen auswählt und sich assimilirt.

Aber wie viel mehr Energie hat diese Lebenskraft in den Thieren! Die Natur hat die vorzüglichsten Organe im Innern ihres Körpers versteckt, um daraus die Bearbeitung der äußern Ursachen zu abstrahiren. Hier ist alles belebt, und die Verändrungen der Temperatur, der Luft, und des Wassers, haben fast keinen Einfluß auf die Resultate des thierischen Lebens.

In den unorganischen Körpern giebt es also nur Stoff und Affinität: alle Verändrungen welche sie unter sich bewirken, kommen von Außen her. Luft, Wasser und Wärme veranlassen in ihnen nur nothwendige, beständige und unveränderliche Wirkungen.

In den organischen Körpern existiren hingegen, außer dem Stoff und der Affinität, annoch die Gesetze des Lebens, welche unablässig die Wirkung der äußern Agentien, so wie die der Affinität modificiren.

Es

Es sey hinreichend, hier einen Blick auf den Effekt zu werfen, welchen die Luft, das Wasser, und die Wärme produciren, je nachdem solche auf einen belebten oder einen todten Körper wirken, um die ganze Macht der Vitalität wahrnehmen zu können. Wir sehen, daß die Luft und das Wasser zur Respiration und zur Nahrung der lebenden Wesen dienen, daß sie in ihren Organen in eben dem Augenblick zersetzt werden, in welchem die Wärme alle ihre innern Kräfte belebt und beseelet. Aber dieselben Körper werden nach dem Tode des organischen Wesens, die vorzüglichsten Agentien seiner Zersetzung; und wir müssen daher, um den Körper ja ohne Veränderung zu erhalten, ihn ihrer Einwirkung entziehen. Wird die Wurzel einer lebenden Pflanze in Wasser getaucht, so zersetzt sie jenes Fluidum und nährt sich von selbigem; wogegen dieselbe todte Wurzel, wenn sie in Wasser gesetzt wird, sich bey seiner Einwirkung zerlegt.

Ich glaube daher, daß es keiner weiteren Beweise bedarf, um sich von der großen Wahrheit zu überzeugen, daß die Phänomene und die Resultate, welche aus der Wirkung der Luft, des Wassers, und des Wärmestoffes auf die organischen Körper hervorgehen, nur allein nachdem die Körper todt oder belebt waren, wesentlich verschieden sind.

Man kann daher den Schluß machen, daß die Vitalität das Gesetz der Affinität in den lebenden Körpern modificirt; oder vielmehr, daß die Wirkung der Vitalität mit der der Affinität zusammenfällt, um Effekte zu produciren, welche ihnen gemeinschaftlich zukommen.

Aus jenem unwiderlegbaren Grundsatz folgt also, daß die Vitalität die Anwendung der chemischen Kräfte bey todten Körpern, welche der Affinität zukommen, ersetzt, aber dieß um so schwerer, als der lebende Körper mit den Facultäten des Lebens mehr zahlreich, oder mehr kraftvoll begabt ist.

Von dem am vollkommensten organisirten Wesen herab bis auf den unbeseelten Stoff, siehet man den Einfluß der Vitalität immer kleiner werden, und das Vermögen der chemischen Affinität, nach den Graden ihrer Größe wieder zu nehmen.

Wir müssen uns indessen hüten, hieraus den Schluß zu ziehen, daß das Gesetz der Affinitäten zwischen den kleinsten Theilen der belebten Materie, von der Affinität zwischen den kleinsten Theilen der todten Materie verschieden sey: denn das Gesetz bleibt in beyden Fällen dasselbe, und die Affinität ist immer dieselbe für alle Körper. Sie producirt aber nur dann constante und unveränderliche Wirkungen, wenn sie allein auf den

todten

todten Stoff wirkt; wogegen in lebenden Körpern ihre Wirkung durch die Gesetze des Lebens modificirt wird.

Indessen werden die von dem Gesetz der Affinitäten abhängigen Resultate, durch die Gesetze der Vitalität nicht nur auf eine besondere und in jeder Klasse von lebenden Wesen sehr verschiedene Art modificirt; sondern die Effekte ändern sich auch noch in den Individuen von einerley Art, und oft selbst in demselben Individuo, und zwar nach seinen Neigungen, seinen Krankheiten, seinen Fähigkeiten und andern zahlreichen Ursachen, welche sich ihnen darstellen. Man darf sich daher auch gar nicht wundern, in den Resultaten der Untersuchungen über lebende Körper, welche von Leuten von gleicher Glaubwürdigkeit angestellt worden sind, einen so großen Unterschied zu finden; und eben so wenig, daß die über die Vegetation angestellten Arbeiten, so sehr verschiedene Phänomene darbieten.

Die Chemie der lebenden Körper erfordert daher ein ganz eignes Studium; und die Chemie allein ist nicht hinreichend, eine einzige ihrer Functionen zu erklären. Wir kennen zwar unstreitig die Wirkungen der Luft, des Wassers und der Wärme auf die unbelebten Materien; aber wir können nur allein durch eine Beobachtung der Phänomene bey lebenden Körpern, uns eine Kenntniß von den Modifikationen verschaffen, welche die Vitalität in alle Resultate derselben hineinträgt.

Man würde sich also sehr betrügen, und in einen neuen Irrthum verfallen, wenn man glauben wollte, man könne die Resultate der Wirkung welche man bey trocknen Körpern beobachtet hat, auch auf die lebenden Körper anwenden und übertragen. Die animalische Chemie behauptet ihre eignen Gesetze, sie stellt uns Resultate dar, die man weder vorher sehen kann, noch aus den Gesetzen der Affinität der unbelebten Körper erklären kann. Schon Stahl und Boerhave haben diese Wahrheit anerkannt; ihre gründlichen Einsichten in der Chemie, ihre ausgebreiteten Kenntnisse der animalischen Oekonomie, haben sie von jeder Anwendung der Chemie auf den menschlichen Körper abgezogen; so daß der erste die Lehre der Animalitiker, und der zweyte die der Mechaniker gegründet hat.

Ich bin indessen weit entfernt zu glauben, daß die chemischen Kenntnisse bey dem Studium der Phänomene, welche die lebenden Körper darbieten, unnütz oder unanwendbar wären. Die Chemie lehrt uns die Natur und die Eigenschaften aller Körper kennen, welche auf die animalische Oekonomie wirksam sind; sie zeigt uns die Veränderungen welche sie in ihrer Wirkung erleiden; sie giebt uns selbst die Mittel an die Hand, mehrere Verändeänderungen zu erkennen und zu bestimmen, welche die lebenden Körper auf einander ausüben. So analysiren wir die Luft vor und nach der Respiration, und werden überzeugt, daß dabey die Absorbtion von einem Theil jener Flüssigkeit Statt gefunden hat; und wir haben daraus auf die beständige Produktion der Wärme in den Lungen geschlossen; und diese chemischen Thatsachen, welche durch physiologische Beobachtungen bestärigt worden sind, setzen jene Wahrheit auf eine unbestreitbare Weise fest. Alles was hingegen wesentlich von der Vitalität abhängig ist, alles was diejenigen Functiones in sich begreift, welche ganz vorzüglich vom Leben abhängig sind, so wie die Erzeugung des Milchsaftes, des Blutes, die Absonderung der Feuchtigkeiten, die Ernährung, die Verdauung, die Wahl der Nahrungsmittel, die Wirkung der Arzneymittel, das Spiel der Organe, wird niemals durch die Chemie allein, weder bewiesen noch erklärt werden können.

Aus allem was bisher gesagt worden ist, kann man daher schließen, daß, um zu einer genauen Kenntniß der animalischen Functionen zu gelangen, wir die Analysen der Chemiker, mit den Beobachtungen der Physiologen vereinigen müssen: der Chemiker macht uns die Stoffe bekannt, auf welche die Action des Lebens ihre Kraft ausübt, er bestimmt ihre primitive Natur, und bemerkt ihre Veränderungen; er vervollkommnet so zu sagen die Arbeiten des Anatomikers; weil er die Organe und die Feuchtigkeiten zergliedert, welche jener bloß trennen und beschreiben konnte. Hier aber endigen sich seine Functiones, hier sind seinem Vermögen Grenzen gesetzt: denn er hat nur mit der rohen Materie gearbeitet; die chemische Analyse und die anatomische Zergliederung sind nur mit einer Leiche veranstaltet worden; und es bleibt uns daher immer noch übrig, das Studium der Phänomene zu verfolgen, welche das Leben im organischen Körper bildeten; und hier muß die Beobachtung allein uns zum Führer dienen, weil wir die Prinzipien, welche die Kräfte, das Leben veranlassen, weder der chemischen Analyse, noch den Operationen des anatomischen Zergliederers unterwerfen können. Dieses Studium ist daher auch so viel schwerer, weil, wenn wir einen lebenden Körper durch irgend ein Mittel martern, wir solchen aus seinem natürlichen Zustande heraussetzen, und er in diesem Zustande uns völlig verändert erscheint. Jenes Studium ist um so viel schwerer, weil das Lebensprinzipium in jeder Function des Körpers nach den Gesetzen wirkt, welche sich durch ihre Zahl vereinigen und welche durch Umstände in einem und demselben Individuum verändert werden.

Man kann daher die Chemie der lebenden Körper als eine Wissenschaft betrachten, welche ganz neue Mittel für die Beobachtung darbietet, die uns erlaubet, die Resultate der Vitalität, durch die Analyse ihrer Produkte zu bestimmen. Indessen wollen wir uns hüten, uns in die Arbeiten des Lebens zu mischen: denn die chemische Affinität mischt sich so sehr mit den Gesetzen der Vitalität, daß die Kraft der Kunst hierbey völlig verloren gehet. Eben so wenig wollen wir aus der Acht lassen, daß derjenige Theil von allen Phänomenen des Lebens, welcher der chemischen Affinität vorzüglich aufbehalten ist, um so viel mehr begrenzt seyn muß, weil er den vollkommensten organischen Körpern zukommt.

Zweytes Kapitel.

Von den Mitteln deren sich der Chemiker bedienet, um die kleinern Massentheilchen der Körper zur chemischen Wirkung vorzubereiten.

Nachdem wir nun die Gesetze bekannt gemacht haben, von welchen die chemischen Wirkungen abhängig sind, so wie die Modifikationen, welche solche von jeder der Materie, oder einem allgemein in der Natur verbreiteten Fluidum inhärirenden Eigenschaft erleiden, ist es uns noch übrig die Mittel zu bezeichnen, welche der Chemiker bey seinen verschiedenen Operationen anwendet, um die Körper zur Zerlegung oder zur Verbindung vorzubereiten.

Alle jene vorbereitenden oder prädisponirenden Mittel, sind darauf gegründet, die Kraft der Cohäsion zu schwächen, welche zwischen den Theilen der Körper Statt findet, und sich ihrer Entmischung entgegensetzt.

Die Mittel wodurch wir dahin gelangen, die Kraft der Cohäsion zu vermindern, lassen sich auf drey zurück führen:

1) die mechanischen Operationen.
2) Die Lösung und Kristallisation.
3) Die Anwendung der Wärme.

Erster Abschnitt.

Von den mechanischen Operationen, welche der Chemiker anwendet, um die kleinern Theilchen der Körper zur chemischen Wirkung vorzubereiten.

Wenn man auf einen festen Körper wirken will, so fängt man damit an, solchen in eine fast unendliche Anzahl kleiner Körperchen zu zertheilen; und man veranlasset diese Theilung entweder durch den Hammer, durchs Zerreiben, durchs Zerquetschen, durchs Zerschneiden, oder durchs Zerstampfen.

Man wählt bald das Eine bald das Andre jener Agentien, und zwar nach der verschiedenen Natur des Körpers, welchen man der Zerkleinerung unterwerfen will.

So bedient man sich des Hammers um Steine zu zerkleinern; des Reibeisens um Wurzeln, Früchte, oder Rinden zu zerkleinern; des Messers und der Scheere, um animalische und vegetabilische Substanzen zu zerschneiden; der Presse um die Säfte der Vegetabilien, oder die liquiden animalischen Theile dadurch auszupressen.

In einem Laboratorio macht man vom Mörser und den Reibschalen einen sehr häufigen Gebrauch, weil außer dem Vortheil, welcher dadurch dargeboten wird, harte Materien dadurch auf eine convenable Art zu zerreiben, sich auch die Form jener Geräthschaften dem Zerstreuen der Substanzen entgegensetzt.

Die Natur der Substanzen welche in einem solchen Fall zerkleinert werden müssen, um sie zur Analyse vorzubereiten, verpflichtet den Chemiker sein Laboratorium mit Mörsern und Reibschalen von verschiedener Qualität zu versehen.

Aus dem Grunde muß man Mörser von Glas haben, um darin fressende Substanzen zu behandeln, wenn anders solche nicht zu hart sind; ferner steinerne Mörser von Marmor, Agath, und Porphyr, um feste Körper darin zu verkleinern; oder Kräuter darin zu stampfen, Hölzer zu querschen, Früchte zu zerreiben, um solche zum Auspressen vorzubereiten; ferner Mörser von Bronze, von Eisen, von Messing, zum Behuf aller derjenigen Operationen, welche auf diejenigen Körper ausgeübt werden, die dem Zerreiben widerstehen. Die jedesmalige Natur der Körper muß allein die Wahl der Mörser bestimmen, in welchen man sie bearbeiten will; und aus dem Grunde muß man deren Härte und deren Wirkung gegen die Substanz des Mörsers zu Rathe ziehen, damit nicht Theile des letztern sich mit denjenigen Substanzen mengen können, die man darin verkleinern will.

Kaum

Kaum scheint es nothwendig zu seyn hier zu bemerken, daß, um die Substanz der Einwirkung des Stampfers auf eine bequeme Art zu unterwerfen, der Boden des Mörsers concav, so wie die Form des Pistills convex seyn muß, um die Substanz in allen Punkten zu berühren.

Diejenigen Chemiker, welche sich zwingen wollten, das Verkleinern der Körper durch einen gleichförmigen perpendikulairen Fall des Stampfers zu erzielen, würden nur eine sehr unvollkommene und ungleichförmige Zertheilung derselben erhalten: ein Theil der Substanz würde der Pulverung nothwendig entwischen; wogegen, wenn man den Kopf des Stampfers auf der Substanz hin und her laufen läßt, man auch hinreichend stark gegen die Seitenwände drückt, und nach und nach alle Theilchen, welche außerdem von der Einwirkung des Stoßens abgezogen gewesen seyn würden, unter der Keule vereinigt.

Zuweilen ereignet es sich, daß die beschleunigte Bewegung der Keule einen Theil der behandelten Substanz in Form von Staub entweichen läßt. Um diesem Zufall vorzubeugen, welcher oftmals der Respiration nachtheilige Ausdünstungen veranlassen kann, und in jedem Fall einen bedeutenden Verlust der Substanz veranlasset, muß man Sorge tragen, daß der Mörser mit Leinewand bedeckt wird, in deren Mitte sich ein Loch befindet, durch welches die Keule hindurch gehet. Durch dieses Mittel vermeidet man jede Verstäubung; indessen kann man auch ohne Unbequemlichkeit die Substanz etwas anfeuchten, und man erreicht denselben Zweck.

Es gibt einige Körper, deren Zerkleinerung sehr beschwerlich seyn würde, wenn man nicht die Vorsicht gebrauchen wollte, solche durch einige Vorbereitungen zu erleichtern. So pflegt man die zu zerreibenden Steine vorher bis zum Rothglühen zu erhitzen, und solche in diesem Zustande in kaltem Wasser abzulöschen. Hierdurch werden solche spröde, und lassen sich sodann leicht zerreiben.

So giebt es Metalle, wie das Zink, welche dem Hammer widerstehen, ohne zu zerspringen; erhitzt man aber das Zink vorher, alsdann granulirt sich dasselbe durch den schwächsten Stoß.

Hat man die Substanz durch das Zerstampfen auf einen gewissen Grad zertheilt, so scheidet man denjenigen Theil, welcher hinreichend fein gestampft ist, durch ein Sieb ab, und unterwirft den Rückstand aufs neue der Pulverung.

Durch Hülfe des Siebens wird die Operation beschleuniget, weil die kleinern Theilchen der Substanz nur in so fern der Einwirkung des Stampfers nicht entweichen können, als sie noch nicht in feinen Staub verwandelt sind.

Da indessen das Durchsieben die Verstäubung eines sehr zarten Theils der Substanz veranlasset, die der Respiration nachtheilig werden kann, so entgehet man diesem Nachtheil, indem man ein aus dreyen Theilen zusammengesetztes Sieb anwendet: nämlich ein Sieb, einen Deckel, und einen Boden für dasselbe. In diesem Fall schüttet man die Substanz in das Sieb, befestigt Boden und Deckel daran, und verrichtet nun die Operation des Durchschlagens. Der Staub, welcher durch das Sieb hindurchfällt, wird vom Boden aufgenommen, auf welchem derselbe nach beendigter Operation herausgenommen wird.

Wendet man mehrere Siebe von verschiedenem Kaliber ihres Gewebes oder ihrer Durchlöcherung an, so daß man das Eine in das Andre setzt, so daß dasjenige, welches die größten Oeffnungen besitzt, das Obere, und das, welches die kleinsten Oeffnungen besitzt, das Untere ausmacht, so kann man hierdurch mit einer und eben derselben Operation Producte von verschiedener Zartheit gewinen; eine Methode, nach welcher man die verschiedenen Nummern des Bleyschrotes für die Jagd bestimmt.

Man kann auch das Durchsieben durch Hülfe des Wassers ersetzen. Zu dem Behuf ist es hinreichend, die verkleinerten Substanzen damit zu schütteln: zufolge ihrer Feinheit bilden sie dann sehr bald verschiedene Lagen, indem die gröbsten sich zuerst absetzen. Man bedient sich dieser Operation (des Schlämmens) in den Künsten, um bey gewissen Zubereitungen verschiedene Grade von Feinheit zu erhalten. Da man das Verkleinern gemeiniglich mittelst Mühlsteinen veranstaltet, welche sich in mit Wasser gefülleten Kufen bewegen, so stößt die Bewegung des Mühlsteins die kleinen Theilchen von einander, wovon die feinern sich nach dem obern Raum der Kufe begeben, während die gröbern unter dem Steine beharren. Werden hingegen die in verschiedenen Höhen der Kufen angebrachten Hähne geöffnet, um die über ihnen stehende Flüssigkeit abzuleiten, so gewinnt man alle Grade von Zartheit, welche man verlangen kann.

In einigen andern Operationen der Künste, läßt man über die dem Stampfen unterworfnen Substanzen einen Wasserstrom nach und nach hinleiten: dieses Wasser nimmt die hinreichend zertheilten Theilchen mit sich fort, und sammelt solche in aufeinanderfolgenden Reservoirs an, in welchen sie sich, nach ihrer Hinwegschwämmung, mehr oder weniger schnell, absetzen; so daß die erstern Reservoirs die gröbern und schwersten, und die letzten die feinsten und zartesten Theile aufnehmen.

Die

Die Schlämmung wird nicht nur angewendet, um gleichartige Theile von einander zu trennen, welche bloß durch ihren verschiedenen Grad der Feinheit differiren; sondern man gebraucht sie auch, um Substanzen von einerley Grad der Feinheit, oder differenter specifischer Dichtigkeit von einander zu trennen. Das ist besonders auf Hüttenwerken der Fall, wo man durch dieses die Erze und Metalle, von der mit ihnen gemengten Bergart zu trennen pflegt.

Die Porphyration unterscheidet sich vom gewöhnlichen Pulvern bloß durch eine größere Genauigkeit. Man verrichtet solche auf einer Platte von Porphyr, oder jeder andern sehr harten Steinart mit sehr glatter Oberfläche, mittelst einem andern Stein von gleicher Härte, welcher der Reiber genannt wird. Man breitet die Substanz auf der Porphyrplatte aus, fasset den Reiber mit beyden Händen, und führt ihn zirkelförmig in verschiedenen Richtungen herum, um die Materie zu quetschen, aus welchem Grunde der Theil des Reibers, welcher auf dem Porphyr ruhet, nicht völlig plan seyn darf; seine Oberfläche muß vielmehr eine Art Sphäre von sehr großem Halbmesser bilden: ohne diese Vorsicht, würde die Substanz sich von dem Reiber entfernen, und sich gar nicht unter ihm vereinigen, um zerrieben zu werden. Ist die Substanz auf der Oberfläche des Porphyrs sehr ausgebreitet, so sammlet man selbige, mittelst einem scharfen Messer von Eisen, Horn oder Elfenbein, nach dem Mittelpunkte zu.

Von der chemischen Einwirkung auf einen Körper, fängt man damit an dessen Gewicht zu bestimmen; und dann die Mittel anzuwenden, welche in der Reihe der vorbereitenden Operationen zur chemischen Wirkung erforderlich sind.

Wenn man einen Körper abwägen, nämlich wenn man die Quantität der Materie bestimmen will, welche ein Körper enthält; so setzt man ihn mit einem andern Körper von bekanntem Gewicht ins Gleichgewicht, das man zu dessen Vergleichung annimmt.

Das Instrument, dessen man sich hierzu gemeiniglich bedienet, besteht in einem eisernen Hebel, welcher in der Mitte aufgehängt ist, so, daß seine beyden Arme im Gleichgewicht sind, daß sie eine freye sinkende und steigende Bewegung haben, und alle Reibung dabey möglichst verhütet ist. Dergleichen Instrumente sind es, welche man Waagen nennt.

Unter den verschiedenen Umständen, daß man in dem Fall ist das Gewicht der Körper zu bestimmen, stellen sich unsern

Rücksichten zwey Objekte dar: das Erste bestehet in der Bestimmung des Gewichtes einer Masse; das Zweyte in der Vergleichung des respektiven Gewichts eines gegebnen Umfanges dieser Masse, mit dem gleichen Volum andrer bekannten Körper. Im ersten Fall ist es das absolute Gewicht, im zweyten Fall ist es das specifike Gewicht, welches man zu finden suchet.

Will man das absolute Gewicht bestimmen, so wählt man, nachdem die zu wägenden Objekte groß oder klein sind, auch große oder kleine Waagen dazu.

Ein Laboratorium muß mit Waagen von außerordentlicher Genauigkeit versehen seyn: denn weil man nur mit kleinen Massen operirt, die oft durch die chemische Analyse der Körper ausgesondert worden sind, mit Atomen, deren Gewichtsschätzung stets wichtig ist, so muß man mit außerordentlich genauen Instrumenten versehen seyn, um diese Schätzung zu veranstalten. Außerdem giebt auch die Bestimmung des Gewichtes allemal die beste Sicherheit über die Resultate der chemischen Analysen, welche man sich vorgesetzt hat, es mag die Ausbringung der Erze, oder eine andre bedeutende Entreprise dabey zum Grunde liegen; zumal man weiß, wie wichtig die Folgen davon sind, wenn man alle Irrthümer dabey zu vermeiden sucht.

Da man in den Laboratorien oft in die Nothwendigkeit gesetzt ist, Salze, Säuern, und andre fressende Materien abzuwiegen, so ist man gezwungen, solche in gläserne Gefäße einzuschließen. In diesem Fall ist es unvermeidlich, das Gefäß vorher allein zu wiegen, oder zu tariren, welches diese Substanzen enthält, um die Tara vom ganzen Gewicht abzuziehen, und so das Gewicht der Flüssigkeit zu bestimmen. Diese zwiefache Operation veranlasset viel Zeitverlust; dem ich dadurch vorbeuge, indem ich mich zweyer gläsernen Schaalen von gleichem Gewicht bediene, die leicht, beweglich und hinreichend tief sind, welche ich in die zwey Schaalen einer Waage setze, und nach Willkühr abnehmen kann.

Die Waagen müssen an einem trocknen Orte aufbewahrt werden, welcher vollkommen hell, und von den fressenden Dünsten aus dem Laboratorio entfernt ist, ohne welche Vorsicht selbige oxydirt und zerstört werden würden. Die Empfindlichsten müssen außerdem in einem gläsernen Schranke aufbewahret werden der nur so oft als man Gebrauch von den Waagen machen will, geöffnet werden darf.

Sollen Gasarten abgewogen werden, so verstehet es sich von selbst, daß das eben beschriebene Verfahren nothwendig modificirt

dificirt werden muß: denn so wie man liquide Substanzen in Gefäße einschließen muß, um solche abzuwägen, eben so ist solches bey den luftförmigen der Fall. Zum letztern Behuf bedienet man sich eines großen Ballons von Glas, dessen Inhalt wenigstens einen halben Cubicfuß beträgt. Man befestigt ihn auf dem Teller der Luftpumpe, und evacuirt ihn so vollkommen als möglich, wobey man den Stand, des mit dem evacuirten Raume in Verbindung stehenden Barometers beobachtet. Ist der leere Raum hervorgebracht, so verschließt man den daran befestigten Hahn, und wiegt nun den, von Luft entleerten, Ballon mit der größten Genauigkeit ab. Ist dieß geschehen, so schraubt man solchen mit seinem Hahn auf die Oeffnung einer Glocke, welche das Gas enthält, welches man abwägen will, und welche mit ihrer untern Oeffnung auf dem Tische einer pneumatischen Wanne placirt ist. Um das Aufsteigen des Gases in den Ballon zu veranlassen, ist es nicht hinreichend den Hahn zu öffnen, man muß auch die Glocke so weit im Wasser der pneumatischen Wanne niederdrücken, bis das Sperrwasser von Außen und Innen gleich hoch stehet. Ist dieß vollendet, so verschließt man den Hahn, schraubt den Ballon von der Glocke ab, und wiegt ihn aufs neue: das jetzige Gewicht, verglichen mit dem des evacuirten Ballons, gibt uns das Gewicht der Gasart an, welche der Ballon enthielt. Multiplicirt man dieses Gewicht mit 1728, und dividirt man das Produkt mit einer Anzahl von Cubiczollen, die dem innern Raume des Ballons gleich sind, so ergiebt sich hieraus das Gewicht von einem Cubicfuß derjenigen Gasart, welche der Ballon enthielt. Um zu finden wie groß das Gewicht von einem Cubicfuß der Gasart, bey einem Barometerstande von 28 Zoll, und einer Temperatur von 10 Grad Reaumur ist, kann man dasjenige Verfahren in Anwendung setzen, welches Lavoisier in seinem System der antiphlogistischen Chemie dazu beschrieben hat.

Man darf hierbey nicht versäumen den kleinen Antheil Luft, welcher nach der Evacuation im Ballon zurückbleibt, mit in Anschlag zu bringen; man schätzt solches nach der Höhe, welche das Probe-Barometer beym Auspumpen der Glocke anzeigte. War diese Höhe z. B. ein Hunderttheil des vorigen Barometerstandes, so kann man daraus schließen, daß der hundertste Theil an gemeiner Luft rückständig war, und das Volum der abgewogenen Gasart betraf alsdann nur 0,99 des ganzen Volums des Ballons.

Nach diesen Prinzipien hat Lavoisier folgende Tabelle über die specifischen Gewichte der Gasarten, bey einem Barometerstande von 28 Zoll, und einer Temperatur von 10 Grad Reaum. entworfen.

Namen der Gasarten.	Gewicht eines Cubiczolles.	Gewicht eines Cubicfußes.			Namen derjenigen, welche die Schätzung veranstaltet haben.
	Grane.	nzen.	Drachm.	Grane.	
Atmosphärische Luft	0,46005	1	3	3,00	Lavoisier
Stickgas	0,44444	1	2	48,00	Lavoisier
Sauerstoffgas	0,50694	1	4	12,00	Lavoisier
Wasserstoffgas	0,03539	0	0	61,15	Lavoisier
Kohlenstoffsaures Gas	0,68983	2	0	40,00	Lavoisier
Salpeterhalbsaures Gas	0 54690	1	5	9,14	Kirwan
Ammonium-Gas	0,27488	0	6	43,00	Kirwan
Schweflichtsaures Gas	1,03820	3	0	66,00	Kirwan

Aus dem specifiken Gewicht kann man das absolute Gewicht der Körper finden, wenn man solche mit ihrem Umfange dividirt; oder was gleich viel sagt: man kann das absolute Gewicht eines bestimmten Umfanges eines Körpers dadurch finden. Um indessen einen festen Vergleichungspunkt zu erhalten, bey welchem das Gewicht unveränderlich ist, und den man aus eben dem Grunde zur Einheit annehmen kann, um die Gewichte andrer Substanzen von gleichen Umfängen, bey den Versuchen damit zu vergleichen, hat man das destillirte Wasser gewählt, als einen Körper, dessen Gewicht bey einerley Volum keiner Veränderung unterworfen ist: so, daß wenn das Gewicht eines Volums Wasser gleich 1 ist, ein gleiches Volum vom Golde gleich 19 seyn wird.

In der Areometrie bestehet also die Methode, das Gewicht eines Körpers zu finden, darin, daß man dessen absolutes Gewicht, mit dem absoluten Gewichte, eines dem seinigen gleichen Volums von destillirtem Wasser vergleicht. Die Art und Weise, wie solches verrichtet wird, ist nach der verschiedenen Constitution der Körper gleichfalls verschieden.

Soll ein fester, im Wasser nicht lösbarer Körper gewogen werden, so wiegt man ihn erst in der Luft, hierauf aber in Wasser ab. Vergleicht man nun das Gewicht, welches der Körper in der Luft erkennen ließ, mit dem was beym Abwägen im Wasser verlor, so hat man sein specifisches Gewicht, nämlich das Gewicht des Körpers, verglichen mit dem Gewicht eines dem seinigen gleichen Volums von Wasser. Jenes Verfahren ist auf folgende zwey Prinzipien gegründet:

1) daß

1) daß ein in einer Flüssigkeit untergetauchter Körper ein Volum derselben aus der Stelle treibt, das dem seinigen gleich ist.

2) Daß das Gewicht der Wassermenge, welche aus der Stelle getrieben wird, demjenigen Gewichte gleich ist, welches der eingesenkte Körper an seinem vorigen Gewicht verliert.

Wenn die festen Körper leichter sind als das Wasser, so bedient man sich um sie unterzutauchen eines Körpers, dessen Gewicht unterm Wasser bereits bekannt, und welchen man bey der Berechnung abziehet.

Das einfachste Instrument zum Abwägen der festen Körper ist eine Waage, an deren einen Arm der Körper mittelst einem Pferdehaar, oder einem sehr zarten Metallfaden aufgehängt wird. Man wiegt den Körper in der Luft ab, und hierauf im Wasser; man ziehet dasjenige Gewicht, welches der Körper im Wasser verliert, ab, welches dem Volum des Körpers gleich ist: und der Unterschied zwischen beyden, gibt nun das specifische Gewicht des Körpers an.

Das Hydrometer des Herrn Nicholson welches portativer ist, als eine gewöhnliche hydrostatische Waage, bestehet in einem Cylinder von Glas oder Metall, welcher unten mit einem schweren Teller verbunden ist. Ein andrer Teller befindet sich am obern Theil desselben, und wird von einer sehr dünnen Röhre getragen, die ohngefähr in der Mitte mit einer Marke bezeichnet ist. Man senkt das Instrument mittelst seinem eigenen Gewicht bis auf den Anfang der obern Spindel ein; man legt den zu wägenden Körper auf den obern Teller, und beschweret solchen so lange mit Gewichten, bis solches auf die, an der Spindel angebrachte Marke eintaucht. Vergleicht man nun das erforderte Gewicht mit dem, welches erforderlich gewesen seyn würde, um das Instrument bis auf diesen Punkt unterzutauchen, indem man das Gewicht des Körpers von dem ganzen Gewicht abziehet, so findet man das absolute Gewicht des Körpers. Ist dieses gefunden, so setzt man den Körper in den untern Teller, und nun wird das Instrument im Wasser steigen. Man legt nun so viel Gewicht auf den obern Teller, bis das Instrument wieder auf die vorige Marke eingesunken ist; und man findet hierdurch, wie viel das Gewicht eines Volums Wasser beträgt, das dem des Körpers gleich ist, indem das zugelegte Gewicht, von der Summe des ganzen Gewichtes abgezogen wird.

Herr Guyton Morveau hat jenes Instrument wesentlich verbessert, indem er selbiges auch zum Abwägen liquider Substanzen

stanzen eingerichtet hat. Er hat ein Stück hinzugefügt, welches Er den Taucher nennt, weil solches dazu bestimmt ist, um in dem untern Teller placirt zu werden. Jener Taucher bestehet in einer mit Quecksilber so weit beschwerten Flasche, daß sein Gewicht demjenigen gleich ist, was als Zulage bis zum Einsenken auf die Marke erforderlich ist; plus dem Gewicht des Wassers, das dieses Stück aus der Stelle treibt.

Soll das specifike Gewicht von tropfbaren Flüssigkeiten ausgemittelt werden, die specifisch leichter als Wasser sind, so kennet man das Gewicht des Instruments im Wasser, und kann solches mit seinem Gewicht in der leichtern Flüssigkeit vergleichen.

Soll eine sehr schwere tropfbare Flüssigkeit, außer dem Taucher, gewogen werden, so setzt man dem obern Teller so viel Gewicht zu, bis das Instrument an die bestimmte Marke eintaucht.

Kaum ist es nöthig, hier zu bemerken, daß man mit diesem Instrument nur solche Körper wägen kann, deren Gewicht dasjenige nicht überschreitet, welches man zulegen muß, um den Hydrometer bis an die Marke einzusenken.

Man hat von Zeit zu Zeit noch andre, mehr oder weniger, zur Bestimmung der specifischen Dichtigkeit liquider Substanzen geeignete Instrumente vorgeschlagen.

I. Man wiegt eine leere Flasche genau ab. Man füllet solche mit destillirtem Wasser, und wiegt sie dann zum zweytenmal ab. Man gießt nun das Wasser aus, und ersetzt solches durch ein gleiches Volum derjenigen Flüssigkeit, deren specifische Dichtigkeit bestimmt werden soll. In beyden Fällen ziehet man das Gewicht der Flasche ab, und es ist einleuchtend, daß man alsdann eine Vergleichung zwischen dem absoluten Gewicht beyder Flüssigkeiten, bey gleichen Umfangen hat; ein Verfahren das Homberg angegeben hat.

II. Man taucht einen unauflöslichen Körper in destillirtes Wasser. Man beladet ihn nach und nach mit Gewichten, bis er auf einen gewissen Punkt im Wasser eintaucht, und bestimmt diesen an einer daran befindlichen Röhre. Kennet man das Gewicht des Instrumentes, so wie dasjenige, welches zugesetzt werden mußte, um solches bis auf den gegebenen Punkt einzusenken, so kennt man auch das Gewicht der dadurch aus der Stelle getriebenen Flüssigkeit. Wird dieses Gewicht mit dem eines gleichen Volums aus der Stelle getriebenen Wassers vergleichen, so erfährt man dadurch das specifike Gewicht dieser Flüssigkeit

gegen

gegen das Wasser. Ein solches Instrument ist das Areometer von Fahrenheit.

III. Das einfachste Instrument um die Grade der Concentration der Flüssigkeiten zu bestimmen, ist das Beaumesche Areometer. Es bestehet in einem gläsernen Rohr, welches in Grade abgetheilt, und in seinem untern Theil mit wenigem Quecksilber beschweret ist, um ihm stets einen vertikalen Stand zu geben. Der Punkt auf welchem solches im destillirten Wasser eintaucht, ist mit Null bezeichnet; und die darüber befindlichen Abtheilungen bezeichnen die verschiedenen Grade der Flüssigkeiten, welche leichter als Wasser sind, in welchem es eingetaucht wird; die unter Null befindlichen Abtheilungen bezeichnen die Grade, auf welche sich das Instrument beym Einsenken in Flüssigkeiten begiebt, die schwerer als Wasser sind. Dieses Areometer ist sehr bequem zum Gebrauch, und bey allem Mangel an mathematiker Genauigkeit, für die Anwendung in den Fabriken, wo man fast kein andres kennet, vollkommen hinreichend.

IV. Herr **Ramsden** hat eine sehr kleine Waage von Messing mit ungleichen Armen empfohlen. Auf dem einen Arm bewegt sich ein Gewicht so wie bey der römischen Waage. Am Ende des andern Armes befindet sich ein Pferdehaar, das eine mit Quecksilber beschwerte Glaskugel hält. Man beurtheilet die Dichtigkeit des Fluidums aus dem Gewicht, welches die Kugel beym Untertauchen erkennen läßt; es ist indessen vortheilhafter, sich statt des Pferdehaars eines feinen Platindrathes zu bedienen. Eine Beschreibung dieses Instruments findet man in **Hassenfratz chemischen Versuchen** über die Areometrie, so wie in **Brissons** Werk über die specifischen Gewichte *).

Raum

*) Außer den hier beschriebenen Instrumenten zur Bestimmung der specifischen Dichtigkeiten solider und liquider Substanzen, verdienen noch folgende hier einer Erwähnung. Zur Bestimmung der specifischen Dichtigkeiten solider, im Wasser unauflöslicher Substanzen, sie mögen in zusammenhangenden Massen oder in abgerissenen Theilchen bestehen, sie mögen specifisch leichter oder schwerer als Wasser seyn, bediene man sich eines kleinen Glases mit eingeriebenem Stöpsel. Es sey z. B. die Tara dieses Glases im leeren Zustande 480 Gran (= 2 Loth) und es fasse in seinem Innern bey der Temperatur von 10 Grad Reaumur 300 Gran destillirtes Wasser, das absolute Gewicht des zu untersuchenden Körpers sey 100 Gran. Man schütte nun den Körper in das Glas, fülle den übrigen Raum mit Wasser aus, und wäge das Ganze genau. Es sey z. B. das Totalgewicht 280 Gran, so wird der Körper 20 Gran Wasser aus der Stelle getrieben haben, folglich wird seine specifische Dichtigkeit sich zum Wasser verhalten, wie 80 : 20, das ist wie 4 : 1 nämlich seine specifische Dichtigkeit ist viermal größer als die des Wassers. H.

Kaum ist es nothwendig hier zu bemerken, daß, um eine größere Genauigkeit in die Schätzung der specifiken Gewichte zu bringen, man die Temperatur mit in Anschlag bringen muß, weil solche, indem sie die Flüssigkeiten mehr oder weniger ausdehnet, eine Verändrung in dem Erfolg der Operation veranlasset. Indessen sind die hier beschriebenen Instrumente zum gewöhnlichen Gebrauch vollkommen hinreichend, und die Berechnung der Temperatur ist nur in so fern nothwendig, in so fern man mit solchen Flüssigkeiten zu thun hat, welche entweder sehr leicht verdunstbar sind, oder in welchen der unmerklichste Unterschied in der Consistenz, große Veränderungen ihrer Dichtigkeiten veranlasset, die auf ihren merkantilischen Werth von Einfluß sind: daher kommt es auch, daß man beym Verkauf des Branntweins und des Weingeistes, die Grade desselben nach dem Areometer und dem Thermometer zugleich berechnet. In den Denkschriften der Pariser Societät der Wissenschaften findet sich eine Abhandlung von Borie, welche eine vortreffliche Reihe von Erfahrungen über die Vermengung des Weingeistes mit dem Wasser, bey verschiedenen Graden der Temperatur enthält. Auf die Resultate jener Erfahrungen hat man die Senkwaagen construirt, deren man sich zur Bestimmung der Spirituosität der Branntweinarten bedienet, deren Grade nach den verschiedenen Graden der Temperatur bestimmt sind.

Zweyter Abschnitt.

Von der Lösung, als ein Vorbereitungsmittel zur chemischen Wirkung betrachtet.

Wir nennen Lösung das Vertheilen und Verschwinden irgend eines Körpers in einer Flüssigkeit, ohne daß eines oder das andre dieser beyden Materien eine Verändrung seiner Natur dabey erleidet.

Wir nehmen jenes Wort in demselben Sinn hier auf, in welchem der berühmte Lavoisier solches aufgestellet hat, und zwar mit so viel mehr zureichenden Grunde, als jene Operation, welche wir Lösung nennen, von der der Auflösung wesentlich verschieden ist, eine Benennung deren man sich nur bedienen kann, um die Wirkung einer Säure auf ein Metall, eine Erde, oder ein Alkali dadurch zu bezeichnen: denn in diesem Fall findet nicht bloß eine Lösung, sondern auch eine Verbindung, und zuweilen eine Zerlegung des einen Körpers Statt: wie dieses der Fall bey der Einwirkung einer Säure auf ein Metall oder ein Neutralsalz ist, dessen Säure durch die stärkere, welche angewendet wird, aus der Stelle getrieben werden kann *).

Bey dieser von Lavoisier festgesetzten Ausnahme zwischen der Lösung und der Auflösung, ist es einleuchtend, daß das Wort Auflösungsmittel, nicht mehr solchen Flüssigkeiten gegeben werden kann, welche nur eine Lösung veranlassen. Ein Lösungsmittel ist also eine Flüssigkeit, in welcher der zur Lösung bestimmte Körper verschwindet; oder um uns allgemeiner auszudrücken, können wir mit Mongas sagen: das Lösungsmittel ist derjenige Körper, welcher seine Form beybehält, und solche dem lösbaren Körper mittheilt.

Es gibt Körper, deren Constitution von solcher Art ist, daß sie bey der gewöhnlichen Temperatur, beständig in liquider Form erscheinen; und zu dieser Klasse setzen wir die Lösungsmittel, wie Wasser, Alkohol, Wärmestoff ꝛc.

Die von Natur soliden oder gasförmigen Körper, können in den liquiden Zustand übergeführt werden, indem man in den Erstern die Dosis des Wärmestoffes vermehret, und solche in den Letztern vermindert **). Die Größe ihrer Cohäsion oder ihrer Elasticität, bestimmt selbst die Dosis des Wärmestoffes, welche man ihnen geben, oder entziehen muß, um jenen Effekt zu produciren.

Wenn einige solide und fluide Körper bisher der Lösung entgangen sind, so kommt es daher, daß man bey den einen die gehörige Dosis des Wärmestoffes nicht hat geben, und bey den

*) Da in diesem Kapitel nur von einer vorbereitenden Operation zur chemischen Wirkung die Rede ist, so ist es einleuchtend, daß wir uns hier nicht mit der Auflösung beschäftigen können, welche stets mit einer Verbindung oder Zerlegung begleitet ist. Es scheint auffallend zu seyn, daß die so verschiedenen Resultate der Lösung und der Auflösung, bis auf Lavoisier durch einerley Benennung ausgedruckt worden sind: denn in der wissenschaftlichen Sprache vorzüglich muß man es vermeiden, einander entgegengesetzte Wirkungen, oder ganz verschiedene Operationen, mit einerley Namen zu belegen. A. d. Verf.

**) Hier hat sich der Herr Verfasser etwas zu allgemein ausgedrückt. Nicht jeder von Natur solide Körper kann durch Mittheilung des Wärmestoffes liquide gemacht werden, ob schon solcher in Dämpfe gelöst und verflüchtiget wird. So ist der Salmiak nicht schmelzbar, wohl aber sublimirbar in der Hitze. Eben so wenig können die wahren permanent elastischen Gasarten durch bloße Verminderung der Temperatur verdichtet werden, wenn nicht ihre Grundmischung wesentlich verändert wird. H.

der andern solche nicht hat entziehen können, um ihre Cohäsion zu vernichten.

Kann die Stärke der Cohäsion nicht durch die Affinität des Lösungsmittels überwunden werden, so wendet der Chemiker drey Mittel an, um den Körper zur Lösung vorzubereiten:

1) Er schwächt den Zusammenhang der Theile durch mechanische Mittel.

2) Er vermehrt die Affinität des Lösungsmittels durch den Einfluß der Wärme.

3) Er vermindert die Cohäsion, indem er einen Theil ihrer Kraft durch den Zusatz eines andern Körpers sättiget.

Die Zertheilung eines Körpers, hat den doppelten Vortheil, daß dadurch die Cohäsion vermindert, und die Oberfläche seiner Massentheile vermehrt wird: sie schwächt daher den Widerstand, und vermehrt die Wirkung. Der Kalkstein und der Quarz, welche von Natur unauflöslich im Wasser sind, können zu einem so hohen Grade von Zartheit gebracht werden, daß sie im Wasser schwimmen, sich langsam dann zu Boden setzen, und durch die Vereinigung ihrer kleinern Massentheile regelmäßige Formen bilden. Auf solche Art kann man sich die Formation des Bergkristalls und des Kalkspates auf den Oberflächen derjenigen Steine begreiflich machen, welche stets durch das Wasser erweicht sind, welches durch die Felsenritzen hindurch läuft.

Bergmann hatte schon beobachtet, daß Körper, welche in zusammenhängenden Massen nicht merklich angegriffen werden, nach geschehener Zertheilung derselben leicht lösbar sind.

Auch kann die Wirkung der Affinität, mittelst der Wärme unterstützen; sie gewähret den doppelten Vortheil, daß sie die Cohäsion vermindert, und selbst als ein Lösungsmittel wirkt: so daß da, wo der Wärmestoff mit einer andern Flüssigkeit gemeinschaftlich wirkt, man allemal einen complicirten Effekt der Action beyder Agentien erhält. Um sich von dem Einfluß des Wärmestoffes auf die Resultate solcher Operationen einen genauen Begriff zu machen, muß solcher unter folgenden zwey Gesichtspunkten betrachtet werden: 1) Er schwächt die Cohäsion, indem er den Zusammenhang zwischen den kleinern Massentheilchen vermindert; und dieser Effekt ist hinreichend, um in vielen Fällen die Action des Lösungsmittels zu leiten, so wie derselbe jene Wirkung allemal beschleuniget. 2) Der Wärmestoff löset, nach Verhältniß der Quantität in welcher derselbe angewendet wird, selbst einen Theil des Körpers auf: denn eine einzige Abkühlung oder Entfernung jener Ursachen der Lösung, veranlasset die Nie-

derschla-

derschlagung aller derjenigen Theile des gelösten Körpers, welche nur allein durch den Wärmestoff in Lösung erhalten wurden.

Indessen darf man den Wärmestoff nicht in allen Fällen als ein Erleichterungsmittel für die Lösungen betrachten: diese Eigenschaft des Wärmestoffes, die Lösung zu begünstigen, findet unstreitig nur da Statt, wo man mit feuerbeständigen Substanzen operirt, sie mögen solide oder liquide seyn; denn wenn man auf einen von Natur luftförmigen Körper wirkt, alsdann vermehrt der Wärmestoff die Stärke der Expansibilität, welche die Flüssigkeiten im Zustande der Verbindung unveränderlich im gasförmigen Zustande erhält; so, daß in allen Fällen der Wärmestoff sich zu entwickeln, und seine Kraft der Expansibilität zu verstärken trachtet, welcher aber die Affinitäten stets entgegen wirken, und der sonstigen Wirkung der sich lösenden Substanzen resistiren.

Ein drittes Mittel, welches man zur Vorbereitung der Körper für die Lösung anwendet, bestehet in der Verminderung ihrer Cohäsion, durch die Verbindung mit einer andern Substanz: ein Beyspiel wird dieses sehr einleuchtend machen: Taucht man gebrannten Kalk in Wasser, so ziehet solcher das Wasser an und durchdringt sich mit selbigem; aber nach dem Maaße, daß er sich damit sättiget, vermindert sich die Cohäsion seiner Theile, so, daß endlich ein Zeitpunkt eintritt, wo die Affinität des Wassers das Uebergewicht erhält, und nur einen Theil des Kalks löset.

Zuweilen findet zwischen einem festen und einem flüssigen Wesen so wenig Affinität Statt, daß das Erstere kaum merkbar durchnäßt wird, und das flüssige Wesen sich in runde Tropfen zusammenziehet, welche sich auf der Oberfläche befestigen: Wasser und Talg, wenn sie auf einander wirken, geben uns ein Beyspiel hiervon.

Andernseits vermindert zuweilen die Affinität des Lösungsmittels den Widerstand, welchen die Cohäsion des lösbaren Körpers der Lösung entgegensetzt, so sehr, daß man den Letztern nur dann in der soliden Form erhalten kann, daß man ihn außer Berührung mit dem Lösungsmittel erhält. Diese Leichtigkeit, und dieses Bestreben zur Lösung, bestimmt den Charakter derjenigen Classen von Salzen, welche man zerfließbare nennt, weil, wenn man sie der Luft aussetzt, sie so viel Feuchtigkeit daraus anziehen, als zu ihrer Lösung erforderlich ist.

Watson, welcher die Phänomene der Lösung mit der größten Sorgfalt beobachtet hat, schließt aus seinen zahlreichen Versuchen:

1) Daß

1) Daß das Wasser in dem Augenblick, daß ein Salz darin eingetaucht wird, im Volum zunimmt.

2) Daß hingegen, während dem Erfolg der Lösung sein Volum vermindert wird.

3) Daß solches nach erfolgter Lösung unter sein erstes Niveau zurück sinkt.

Daß Erste jener Phänomene, ist ein nothwendiger Effekt der Eintauchung eines festen Körpers in eine Flüssigkeit.

Das Zweyte ist ein unmittelbares Resultat der Temperaturabnahme, welche durch die Lösung veranlasset wird.

Das Dritte zeigt an, daß das Fluidum, welches allmählig seine vorige Temperatur wieder annimmt, sich mit einer merkbaren Vermehrung seines Volums, und zwar zufolge des Stoffes, womit solches beladen worden ist, auf seinen vorigen natürlichen Zustand wiederherstellt. Indessen stehet jene Vermehrung des Volums keinesweges mit dem des gelösten Körpers im Verhältniß, welches anzeigt, daß eine Art von Durchdringung oder Mischung zwischen beyden Körpern Statt gefunden hat. (Journal de physique. Tom. XIII. p. 62).

Die Operation der Lösung eines Salzes im Wasser, ist allemahl mit Kälte begleitet; und die Herren Fourcroy und Vauquelin haben in der That bewiesen, daß wenn man die Salze von ihrem Kristallisationswasser befreyet, welches sie zur Kristallisation bedürfen, alsdann ihre Lösung im Wasser allemal mit Entwicklung von Wärme begleitet ist: aber dann sind jene Salze auch nicht mehr in ihrem natürlichen Zustande; und sie bringen in so fern Kälte hervor, als man sie in Verbindung mit ihrem Kristallisationswasser löset.

Wenn das Wasser ein Salz gelöst hat, so kann man nun diesen neuen Körper als einen solchen betrachten, der mit neuen, besonderen, und von denen der zusammensetzenden Materien verschiedenen Affinitäten begabt ist: so läßt die mit Wasser gemachte Lösung des Alauns, wenn man den Alaun durch die Kristallisation daraus absondert, eine Portion Thonerde frey werden, welche sich zu Boden setzt.

Hält eine Flüssigkeit mehrere Salze gelöst, so werden solche durch die Ausdünstung, oder die Verminderung der Temperatur, und zwar in der Ordnung ihrer Affinität zum Lösungsmittel, daraus niedergeschlagen. Diese Salze scheiden sich aber nur selten ganz rein aus, weil sie unter sich Affinitäten ausüben, und diesen gemäß sich mehr oder weniger mit einander verbinden.

So

So können sich auch zwey Flüssigkeiten einander lösen, wenn ihre respectiven Affinitäten ihre Cohäsionskräfte übersteigen. Mengt man gleich Theile Wasser und Aether mit einander, so bilden sich zwey Flüssigkeiten, welche abgesondert voneinander beharren: die eine steht unten, und besteht aus vielem Wasser und wenig Aether, die andre stehet oben, und bestehet aus vielem Aether und wenig Wasser.

Wenn man die Flüssigkeiten schüttelt, so kann dadurch ihre gegenseitige Lösung beschleuniget werden: denn hierdurch wird der Theil des Wassers, dessen Affinität schon geschwächt ist, nach und nach hinweggetrieben, und durch eine andre Portion ersetzt, welche begieriger zur Lösung ist. Die Bewegung hat auch noch den Vortheil, daß sie auf die Oberflächen der zu lösenden Körper, eine mechanische Reibung ausübt, wodurch die kleinern Theilchen losgerissen, und dem Lösungsmittel zur Einwirkung überlassen werden.

Da es in einer großen Anzahl Künste wichtig ist, Flüssigkeiten nicht eher zu verdunsten, als bis sie mit dem Körper fast gesättiget sind, mit welchem man operirt; so ist es notwendig, zu verschiedenen Malen, neue Quantitäten desselben Körpers in derselben Flüssigkeit zu lösen, bis solche auf einen gewissen Grad der Concentration gebracht ist. Man erreicht auch denselben Zweck, wenn man die Flüssigkeit durch ein dickes Lager von demjenigen Körper gehen läßt, welchen man lösen will; und beyde Materien so lange in Berührung erhält, bis die Sättigung erfolgt ist.

Dritter Abschnitt.

Von der Kristallisation, als Vorbereitungsmittel zur chemischen Wirkung betrachtet.

Der Zweck fast aller Lösungen und Abdunstungen beruhet darauf, die Flüssigkeiten zu verdichten, um die Kristallisation der darin gelösten Salze zu veranlassen. Die kleinen Theilchen, welche man einander nähert, sind hierbey ohne Unterlaß bestrebt, bestimmte polyedrische Formen oder Figuren zu bilden.

Die Regelmäßigkeit jener Formen, ist ein in der Materie gegründetes Gesetz, welches eben so allgemein als das Gesetz der Schwere ist.

Die Natur hat jeder Klasse von Körpern eine unveränderliche Form eingedrückt, deren Varietäten ganz insbesondre, in den äußern Umrissen bestehen, die wir im ersten Augenblick daran unterscheiden.

Zufolge jener Eigenschaft zeigen alle Körper ein Bestreben nach regelmäßiger und constanter Form, welche von den Chemikern Kristallisation genannt worden ist.

In den organischen Körpern, vorzüglich den lebenden, scheint die Form allgemein gegründet zu seyn, während solche in den mineralischen Substanzen ziemlich gleichgültig zu seyn scheinet.

Die ersten Chemiker, welche sich überzeugt hielten, daß die Figur der Körper stets dieselbe sey, bezeichneten die Kristalle nach der größern oder geringern Aehnlichkeit, welche man zwischen ihnen und andern bekannten Körpern wahrzunehmen glaubte: daher entstanden die Benennungen der Kristalle, sargförmig, diamantförmig, kreutzförmig, messerschneidenförmig ꝛc.

Diese Ausdrücke, welche nur von Körpern abgeleitet sind, deren Form sehr veränderlich ist, können dem Verstande nur verwirrete Ideen eindrücken. Der berühmte Linneus scheint hingegen der Erste zu seyn, welcher erkannte, daß die Form der Kristalle vollkommen geometrisch sey; und dem gemäß glaubte derselbe berechtigt zu seyn, solche bey seiner methodischen Klassifikation der mineralischen Substanzen, zur Basis legen zu dürfen.

Roine de Lisle unterwarf alle bekannte Formen der Kristalle einer rigoreusen Untersuchung, und glaubte in der großen Verschiedenheit der Kristalle, von einerley Art Körper, eine primitive Form zu erkennen, von deren Modifikation alle übrige Formen hervorgebracht würden.

Herr Haüy theilte die Kristalle durch mechanische Mittel, und so gelang es ihm, in jedem Kristall die Existenz eines primitiven Kerns zu beweisen. Dieser Kern hat eine constante und gegebne Form; sie bildet aber, je nachdem verschiedene Theile nach und nach zusammentreten, fast unendliche Modifikationen. Jener berühmte Naturforscher hat bewiesen, wie und auf welche Weise die kleinen Blätter zur primitiven Form zusammengefügt werden, wie sie wachsen, sich verändern, sich modificiren und vertauschen. Seine Arbeit ist ein Muster des Scharfsinns, mit welchem eine Kristallographie bearbeitet werden muß.

Wenn so eine sechsseitige Säule von Kalkspath durch parallele Schnitte getheilt wird, so trennt man nach und nach alle Blätter, welche die Bekleidung bilden, und man kommt endlich auf einen sich stets gleichförmigen Kern, welcher ein wahres Rhomboid darstellet. Nimmt man die acht solicen Winkel eines Würfels vom Flußspath hinweg, so erhält man ein Octaeder.

Der

Schwerspath stellt eine Säule mit rhomboidischer Grundfläche dar; der Feldspath ein stumpfwinkliches Parallelepipedon; der Beril ein sechsseitiges Prisma; der Demantspath ein etwas scharfes Rhomboid; die Blende ein Dodecaedron mit Rhomboidalfläche; das Eisen von der Insel Elba einen Würfel ꝛc.

Wollte man, nachdem man zu dieser letzten Theilung gelangt ist, solche noch weiter verfolgen, so würde man den Kristall zerbrechen, statt ihn zu theilen.

Die solide Masse, welche der Kern bildet, kann indessen noch ungleichförmig in seine Seitenflächen getheilt werden, wenn man, eben so wie bey den Umgebungen, durch parallele Schnitte nach den Seitenflächen des primitiven Kristalls fortfährt, so, daß die getrennten Theile gleichartig sind, und nur im Volum differiren, welches in eben dem Maaße abnimmt, als man die Theilung weiter fortsetzt. Es sind also kleine solide gleichartige, einer außerordentlichen Zertheilung fähige Theilchen, welche die kleinsten Massentheile des Kristalls bilden.

Ist man einmal dahin gelangt, die primitive Form des Kristalls zu kennen, folglich auch die der kleinern Massentheilchen desselben, so muß man bemühet seyn, die Gesetze zu bestimmen, nach welchen sich jene Theilchen absetzen, um den Kern mit einer Bekleidung zu umgeben, welche, obgleich ursprünglich von derselben Substanz, dennoch unter sich sehr verschiedene Polyeder darstellet. Herr Haüy hat also bewiesen, daß alle Theile der Umkleidung eines Kristalls aus Blättern gebildet sind, welche zufolge der verschiedenen Ordnung der kleinsten Massentheile abnehmen: so daß, wenn man auf jeder Seite eines primitiven Würfels eine Reihe Pyramiden hinwegnimmt, wovon jede einzelne, eine Ordnung der kleinsten Elementartheilchen vermindert, man ein Dodecaedron erhält; und der Würfel zerfällt nun in eine vielfache Anzahl von Zwischenfiguren, bis er jene Form angenommen hat: so, daß wenn jener Arbeit der Natur ein Hinderniß in den Weg tritt, Modifikationen der primitiven Form entstehen müssen.

Da die Abnahmen durch sehr kleine Blätter gebildet werden, so sind die Seitenflächen der Pyramide sehr vereinigt. Wenn aber die Schichten der Pyramide in einer sehr starken Progression abnehmen, nämlich wenn statt einer Lage des Würfels, auf einer andern Seite ein Abzug von vier bis sechs Statt findet, so werden die Pyramiden sehr gedrückt, und ihre angrenzenden Seitenflächen können nicht mehr im Niveau bleiben; die secundäre Seitenfläche wird nun aus 24 isolirten

Dreyecken zusammengesetzt, von welchen sich das Eine gegen das Andre hinneigt.

Die Abnahme der Blätter von den obern Lagen richtet sich allemal parallel gegen die Kanten oder gegen die Diagonale des Kerns hin: das Erste nennt Herr Haüy die Abnahme an den Kanten, das Zweyte die Abnahme an den Winkeln; es gibt aber auch einige, obwohl seltene Fälle, wo jene Abnahmen gemischt sind.

Wenn jene Abnahmen auf allen Kanten Statt finden, wie beym Dodecaedron, mit rhomboidalischer Grundfläche, wie im Entstehungsoctaeder des Würfels, so finden solche nur auf gewissen Kanten, und gewissen Winkeln Statt.

Zuweilen sind die Abnahmen sowohl an den Kanten als an den Winkeln gleichförmig; zuweilen variirt eine Kante gegen die andre, oder ein Winkel gegen den andern; und dieses ist besonders dann der Fall, wenn der Kern keine symetrische Form besitzt, und wenn die Seitenflächen, z. B. durch ihre respektive Neigung, oder nach dem Maaße ihrer Winkel, verschieden sind. In gewissen Fällen kommt die Abnahme an den Kanten, mit der auf den Winkeln zusammen, um einerley Kristallform zu bilden. Oft folgt auch eine Kante und ein Winkel mehrern Gesetzen der Abnahme, von welchen eines auf das andre folget.

Im Allgemeinen sind aber die abgezogenen Reihen nicht sehr veränderlich: die Abnahme findet oftmals bey einem oder zwey Seiten der kleinen Massentheilchen Statt, und hierdurch wird die Anzahl der Formen vermindert, welche durch die Abnahmen producirt werden konnten. Wenn die Abnahme in 10, 20, und 40 Ordnungen Statt fände, wie solches möglich seyn könnte, so würde eine solche überaus große Abändrung der Formen unsre Vorstellung überraschen. Indessen, ungeachtet der engen Grenzen in welche sich die Gesetze der Kristallisation eingeschlossen finden, hat Herr Haüy gefunden, daß sich solche auf zwey sehr einfache Gesetze gründen, nämlich auf die, welche die Abweichung von einer oder zwey Seiten veranlassen, wodurch der Kalkspath 2044 verschiedene Formen anzunehmen fähig wird; und endlich 8,388,604 verschiedene Formen, wenn die Abnahme in drey oder vier Ordnungen zulässig ist.

Die Streifen und Höhlungen, welche die meisten Kristalle auf ihre Oberfläche darstellen, sind an den Rändern der oben liegenden Seiten allzeit parallel. Diese Ungleichheiten in den Arbeiten der Kristallisation, zeigen an, daß die Natur nicht völlig die nothwendigen Bedingungen beobachtet, um ihre Operationen

nen

nen zu vervollkommnen; jene Abweichungen scheinen uns eben einen neuen Beweis von der Abnahme der Flächen zu geben.

Die Fruchtbarkeit der Gesetze, von welchen die Variationen der Kristallformen abhängt, ist so groß, daß oftmals kleine Theilchen von verschiedener Gestalt sich auf solche Art vereinigen, daß daraus die in verschiedenen Arten der Minern sich findende Polyeder entstehen, wie das Dodecaedron ꝛc.

Herr Haüy hat sechs primitive Formen der Kristalle festgesetzt, welche sich ihm durch seine mechanischen Analysen derselben dargeboten haben: diese sind das Parallelepipedon im Allgemeinen, welches den Würfel; das Rhomboid; und alle diejenigen Kristalle, welche aus sechs parallelen, gegen einander überstehenden Seiten gebildet sind, in sich begreift; das regulaire Tetraedron; die sechseckige Säule; das Dodecaedron mit rautenförmiger Grundfläche, und das Dodecaedron mit gleichseitiger Triangularfläche.

Dieser gelehrte Kristallograph hat außerdem noch beobachtet, daß die identischen Formen, die man bis jetzt als Kerne in verschiedenen Kristallarten erkannt hat, von der Art sind, daß ihnen stets ein völlig eigner Karakter zukommt: wie der Kubus, das regulaire Octaedron, das regulaire Tetraedron, das Dodecaedron mit der Rautenfläche. Diese Formen, welche bey verschiedenen Arten der Kristalle vorkommen, kann man als die Grenzen betrachten, in welchen sich die Natur auf verschiedenen Wegen begegnet, während daß jede Form, welche zwischen diesen Grenzen liegt, eine eigne Art zu behaupten scheint.

Es bleibt uns nun noch übrig, die nothwendigen Bedingungen anzuzeigen, unter welchen ein Körper zur vollkommnen Kristallisation gebracht werden kann.

1) Kein Körper kann kristallisiren, wenn nicht eine vorläufige Theilung desselben vorausgegangen ist, wodurch die Cohäsion zwischen seinen Molecülen aufgehoben, und diese in einen solchen Zustand versetzt worden sind, daß sie ihre gegenseitigen Affinitäten völlig frey ausüben können.[5]

Eine solche Theilung wird durch die Lösung des Körpers bewirkt. Diese Lösung veranlasset man bey den Salzen durch das Wasser, bey den mineralischen Substanzen durch den Wärmestoff, bey den Harzen und einigen Oelen durch den Alkohol.

2) Wenn ein Körper in einer oder der andern dieser Flüssigkeiten gelöst worden ist, so vereinigt man die gelösten kleinen Theilchen durch die Abdunstung der Lösung, oder indem man das Fluidum erkalten läßt.

In denjenigen Fällen wo die Lösung durch Wasser oder Alkohol gemacht worden ist, verdunstet man das Fluidum so lange, bis sich auf dessen Oberfläche, oder an den Seitenwänden des Gefäßes, kleine Kristalle bilden *). Man beendigt alsdann die Abdunstung, und während die Flüssigkeit nun erkaltet, so scheiden sich viele Salzkristalle daraus ab. Wird die Flüssigkeit aufs neue verdunstet, welche von den gebildeten Kristallen abgegossen worden ist, so kann man einen neuen Anwuchs von Kristallen, und durch eine nach und nach veranstaltete Fortsetzung dieser Operation, kann man alles in der Flüssigkeit gelöste Salz wieder gewinnen.

Ist die Lösung allein durch den Wärmestoff veranstaltet, wie bey den Metallschmelzungen, denen des Schwefels, des Phosphors ꝛc, so erfordert es einer andern Vorsicht, um sie zur Kristallisation zu disponiren. Läßt man ein geschmolzenes Metall erkalten, so säumt dasselbe nicht, in seiner primitiven Form sich wieder darzustellen, und stellt eine verwirrete, sich durch einander kreutzende Kristallisation dar, wie beym Spießglanz, beym Zink ꝛc. Wenn man aber in dem Augenblick, wo die Oberfläche des geschmolznen Metalls anfängt dick zu werden, die Decke hinwegnimmt, um die metallische Flüssigkeit auszugießen, so findet man den Raum des Gefäßes mit regulairen Kristallen belegt, welche fast beständig eine kubische oder achteckige Form besitzen. Aus dieser Beobachtung können wir schließen, daß das Metall im Zusammenhange gleichfalls nichts anders ist, als ein Aggregat von Kristallen, und daß das einzige Mittel, solches geschmeidig und dehnbar zu machen, darin bestehet, solches mit dem Hammer zu schlagen oder zu groben.

Aus dem, was über die durchs Abdunsten bewirkte Kristallisation gesagt worden ist, können wir schließen: daß, nachdem man eine siedende Flüssigkeit mit irgend einer salzigen Substanz gesättiget hat, es hinreichend ist, sie erkalten zu lassen, um einen Absatz von Kristallen daraus zu erhalten. Man wird den Grund von allen jenen Phänomenen begreifen, wenn man erwäget, daß dabey zwey Flüssigkeiten, nämlich das Wasser und der Wärmestoff wirksam sind, und daß, wenn eines von selbigen hinweggenommen wird, man die ganze Quantität des Salzes als Niederschlag erhalten muß, welche in der Lösung enthalten war.

Wird

*) Harze sind in der Regel nicht kristallisirbar; es ist also ein Irrthum, daß man auch diese durch das Abdunsten ihrer Lösung im Alkohol als Kristalle ausscheiden kann. H.

Wird die Abdunstung des Lösungsmittels langsam veranstaltet, so ist die Kristallisation allemal sehr regelmäßig: denn hierbey rangiren sich die kleinern Salztheilchen zufolge ihrer Eigenschaften; während, wenn die Abdunstung sehr schnell vor sich gehet, die Salztheilchen sich unter einander niederschlagen, und allemal eine Verwirrung in ihrer Zusammenfügung veranlassen:

Aber nicht allein die Langsamkeit der Abdunstung bestimmt die Regelmäßigkeit der Formen, sondern auch bey der Bildung des Volums der Kristalle, ist sie mitwirkend; welches man täglich bey salinischen Lösungen bestätigt findet, welche man in einem Winkel des Laboratoriums stehen läßt. Eben so sind die Operationen der Natur beschaffen; durch welche sie mit der Zeit durch ein langsames und unmerkliches Abdunsten, Salz und Steinkristalle bildet; welche wir nicht nachahmen können, weil wir nicht vermögend sind, die Zeitalter als Elemente in unsre Operationen eingehen zu lassen.

Nicht weniger nothwendig ist die Ruhe der kristallisirbaren Flüssigkeit, um regelmäßig geformte Kristalle zu erhalten: eine ununterbrochne Erschütterung, wird der symetrischen Zusammenfügung der kristallisirbaren Theile entgegen; sie fället die Kristalle, so wie sie sich bilden, und man gewinnt so zu sagen nur einzelne Theile der Kristalle.

In den Künsten und Manufakturen pflegt man aber oft absichtlich die kristallisirbare Flüssigkeit zu erschüttern, um sehr kleine Kristalle zu gewinnen: so pflegt man durch diese Methode das schwefelsaure Natron (das Glaubersalz), das salpetersaure Kali (den Salpeter) ꝛc. in kleinen nadelförmigen Kristallen darzustellen.

Oftmals ereignet sich der Fall, daß eine auf den gehörigen Grad verdichtete Flüssigkeit der Kristallisation widerstehet; in diesem Fall bestimmt nicht selten eine gelinde Erschütterung des Gefäßes den Erfolg der Kristallisation. Jahrenheit hat beobachtet, daß in dem Augenblick einer solchen Erschütterung, Wärme entweicht: welches also zu beweisen scheinet, daß der Wärmestoff zwischen den kleinsten Theilen der Lösung adhärirend war, und daß es nur einer leichten Bewegung bedurfte, um ihn daraus zu entfernen *).

Die

*) Die regelmäßige Kristallisation eines Salzes aus seiner mit Wasser gemachten Lösung, setzt 1) einen gehörigen Grad der Sättigung des Lösungsmittels durch die gelöste Substanz; 2) vollkommen ruhige Lage der Lösung; 3) möglichst langsames Ausdunsten des Lösungsmittels voraus. Befördern kann man indessen den Erfolg

Die Lösung findet nur immer in so fern Statt, als die Affinität der Flüssigkeit zu den Theilen des Salzes, die Cohäsion derselben zu einander übersteigt; wenn aber das Fluidum durch die Evaporation vermindert wird, so nimmt ihre Affinität zu der ganzen Masse ab, die der gelösten Salztheile zu einander wird aber vermehrt, indem sie sich einander mehr nähern: folglich muß hier ein Moment eintreten, in welchem die Affinität der Salztheile zu einander, die des Lösungsmittels zu derselben überwiegt; und in diesem Moment, wo die Kristalle sich bilden, halten sie einen Theil der Flüssigkeit in sich zurück. Dieses Kristallisationswasser gehet als ein Bestandtheil in die Verbindung ein, weil man solches im Salze weder durch das Gesicht, noch durch das Gefühl, noch durch das Hygrometer wahrnehmen kann *).

Das

folg der Kristallisation; a) wenn man den Zusammenhang der Lösung unterbricht, d. i. wenn man Stäbe von Holz oder Glas hineinhängt, woran die sich gebildeten Kristalle sich anlegen können, eine Methode die in den Künsten und Fabriken, wo große Salzmassen kristallisirt werden sollen, häufig angewendet wird; b) wenn man einige Kristalle desselben Salzes in die Lösung wirft, welche die kristallisirbaren Theile daraus anziehen, und sie vom Lösungsmittel trennen: in beyden Fällen muß aber die Lösung in der Wärme gesättigt seyn, und ruhig erkalten, ohne merkliche Erschütterung zu erleiden, weil diese die Bildung großer Kristalle verhindert. H.

*) Wenn man ein kristallisirtes Salz, z. B. Glaubersalz oder Salpeter, ja selbst Küchensalz, dessen Temperatur vorher bemerkt ist, in einer hinreichenden Quantität reinem Wasser, gleichfalls von gegebner Temperatur löset, so wird allemal Kälte erzeugt. Wenn man hingegen ein von seinem Kristallisationswasser vorher befreyetes Salz unter gleichen Umständen in Wasser löset, so wird Wärme erzeugt, und das Salz zeigt ein Bestreben, eine kristallinische Form anzunehmen. Diese Erscheinungen beweisen offenbar, daß bey der Lösung des kristallinischen Salzes, Wärmestoff aus dem Wasser gebunden, beym Lösen des vom Kristallisationswasser befreyeten Salzes aber, Wärmestoff aus dem Wasser entbunden wird. Folglich kann nicht das ganze Wasser, wie der Verfasser meinet, sondern nur dessen fester ponderabler Grundtheil mit der Salzmasse in Verbindung treten, um deren Kristallform zu bilden. Das Kristallisationswasser muß also in einem wärmeleeren, und aus eben dem Grunde völlig concreten Zustande, in den kristallisirten Salzen vorhanden liegen, und kann daher auch in keinem Fall hygrometrisch wirken. Nur beym Zutritt der Wärme, nimmt es seine liquide Form wieder an, und daher sehen wir auch die kristallinischen Salze für sich in der Hitze flüßig werden, ohne daß ihnen Wasser beygesetzt wird: denn zwischen dem Flüssigwerden eines kristallinischen Salzes in der Hitze, und zwischen seinem wahren Schmelzen, welches eine Lösung des

vom

Das Kristallisationswasser, ertheilt dem Kristall seine Form, seine Durchsichtigkeit, und seinen Zusammenhang. Treibt man dasselbe durch die Hitze daraus hinweg, so siehet man jene drey Eigenschaften des Salzes verschwinden. Setzt man z B. einen Kristall von schwefelsauerm Kalk (von Gips) der Wärme aus, so siehet man das Wasser sich in Dämpfen verflüchtigen, der Kristall verliert seine Durchsichtigkeit, er wird zerbrechlich, und zerfällt in Pulver.

Die einfachern Substanzen, wie die Metalle, einige Erden, der Schwefel, der Phosphor, die Harze, und überhaupt alle diejenigen einfachern Körper welche nicht im Wasser lösbar sind, kristallisiren, ohne etwas von ihrem Lösungsmittel zurück zu behalten: dahingegen die zusammengesetztern Substanzen in einem flüssigen Mittel vorher gelöst seyn müssen, um die nothwendige Portion desselben zur Formation ihrer Kristalle aufnehmen zu können *).

Das Kristallisationswasser findet sich in den Salzen bald in größerer bald in geringerer Quantität. Herr Kirwan hat für die vorzüglichsten Schwefelsauren-, so wie die Salpetersauren- und Salzsauren-Salze, folgende Tabelle entworfen.

vom Kristallisationswasser befreyeten Salzes im Wärmestoff voraussetzt, existirt ein sehr wesentlicher Unterschied. Kristallisationswasser ist also wärmestoffleeres Wasser, flüßiges Wasser ist mit Wärmestoff verbundnes, und eben dadurch liquide gemachtes Wasser. H.

*) Aetzendes Kali, ätzendes Natron, so wie Kalk, Baryt und Strontion sind unstreitig nicht weniger einfach, als die vom Verfasser genannten Substanzen, und dennoch nehmen sie kristallinische Formen an. Die Fähigkeit eine regelmäßige Kristallform anzunehmen, muß also unstreitig wohl ein primitiver Karakter der kristallisirbaren Substanzen seyn. Das Wasser wirkt also bey den Salzen unfehlbar bloß als ein Bindungsmittel für ihre kleinern Massentheile, ohne zur Form der daraus zusammengefügten Kristalle etwas Wesentliches beyzutragen. H.

Hundert Theile folgender Salze enthalten:	Säure	Alkali	Erde	Metalloxyd	Wasser
Schwefelsaures Kali	31	63	—	—	6
—— Natron	14	22	—	—	64
—— Ammonium	42	40	—	—	18
—— Talkerde	24	—	19	—	57
—— Thonerde	24	—	18	—	58
—— Eisen	20	—	—	25	55
—— Kupfer	30	—	—	27	43
—— Zink	22	—	—	20	58
Salpetersaures Kali	30	63	—	—	7
—— Natron	29	50	—	—	21
—— Ammonium	46	40	—	—	14
—— Kalk	33	—	32	—	35
—— Talkerde	36	—	27	—	37
Salzsaures Kali	30	63	—	—	7
—— Natron	33	50	—	—	17
—— Ammonium	52	40	—	—	8
—— Kalk	42	—	38	—	20

Es gibt einige Salze, die, wenn gleich solche durch die Ausdunstung gewonnen worden sind, dennoch nicht immer eine gleiche Quantität Kristallisationswasser enthalten. So hat man bemerkt, daß das Glaubersalz, wenn solches durch die Abdunstung seiner Lösung dargestellt wird, zum Theil als eine Kruste niederfällt, welche frey vom Kristallisationswasser ist, während die Flüssigkeit noch eine große Quantität Salztheile gelöst hält. Ich habe Gelegenheit gehabt, bey meiner Vitriolfabrik, dieses Phänomen im Großen zu beobachten: denn wenn die Lösung des schwefelsauren Eisens bis auf 37 bis 38 Grad, nach dem Beaumeschen Areometer gekommen ist, so fängt die Flüssigkeit an weißlich und trübe zu werden, und es erfolgt ein weißer Niederschlag, welcher sich an den Seitenwänden der Gefäße anlegt, und zwar in so feinen Punkten, daß man Mühe hat solche abzusondern, und die größte Vorsicht anwenden muß, um die Pfannen nicht zu schmelzen: jener Niederschlag ist nichts anders als ein vom Kristallisationswasser fast ganz freyer Eisenvitriol. Nachdem dieser Satz sich gebildet hat, so nimmt die übrige Flüssigkeit wieder eine grüne Farbe an, aber ihre Concentration erscheint um 5 bis 6 Grad vermindert. Man kann solche nun aufs Neue bis zu 36 oder 37 Grad concentriren, aber bey diesem Grade, bildet sich aufs Neue ein dem vorigen ähnlicher Niederschlag, der mit denselben Erfolgen begleitet ist. Jener Niederschlag erfolgt

folgt nur bey 40 bis 42 Grad Dichtigkeit, wenn die Lösung sehr gesättiget ist, und keine hervorstechende Säure besitzt. Untersucht man alle Umstände dieses Phänomens, so siehet man, daß wenn die Lösung bis auf 37 Grad gekommen ist, sie gerade nur so viel Salztheile gelöst enthält, als die anwesende Quantität des Wassers erfordert, um in Hinsicht seiner Affinität zu den Salztheilchen, mit ihm im Gleichgewicht zu stehen; wird aber dieser Punkt überstiegen, so fällt ein Theil des Salzes zu Boden. Nach jener Präzipitation bleibt die Affinität des übrigen Wassers wieder dieselbe als vorher, sie behauptet gegen die übrigen Salztheile das Uebergewicht, und kann solche so lange gelöst halten, bis die Ausdünstung wieder das Gleichgewicht herstellt, und eine neue Präzipitation Statt findet *).

Das Kristallisationswasser hängt den Salzen mit bald größerer, bald geringerer Festigkeit an. Es gibt einige welche solches schon dann entweichen lassen, wenn sie der freyen Luft ausgesetzt sind, wie das Natron, das Glaubersalz ꝛc. Jene Salze verlieren dabey ihre Durchsichtigkeit, ihre Härte, ihre Form, sie werden weiß und mehlig, und in diesem Zustande nennt man sie zerfallne Salze. Andre Salze erleiden an der Luft keine Verändrung; und noch andere zerfließen, wenn sie der Luft ausgesetzt sind: sie werden daher zerfließbare Salze genannt.

Die Phänomene, welche uns jene verschiedenen Salze darbieten, wenn man sie durch ein gewaltsames Feuer von ihrem Kristallisationswasser befreyet hat, dienen dazu, solche zu erkennen und zu unterscheiden. Die einen schmelzen, die andern zerfallen, und es gibt noch einige, welche sich auf glühenden Kohlen zersetzen, und mit oder ohne Licht verbrennen.

Vierter

*) Jene Erscheinungen müssen demjenigen allgemein bekannt seyn, welcher sich mit der Kristallisation der Salze im Großen beschäftiget. Der zureichende Grund davon ist auch leicht zu begreifen. Wenn nämlich eine Lösung von Glaubersalz, von Eisenvitriol ꝛc. so wie alle diejenigen Salze, welche viel Kristallisationswasser bedürfen, bis über den wahren Kristallisationspunkt verdunstet wird, so entziehen die noch gelösten Salztheile, einem andern Theil sein Kristallisationswasser, um gelöst zu bleiben, und der vom Kristallisationswasser befreyete Antheil, muß nun nothwendig zu Boden sinken. Aus dem Grunde kann man daher das Glaubersalz, das Natron, und mehrere ähnliche Salze, durch den Weg des Abdunstens ihrer Lösung, in einem fast total wässerigen, oder sogenannten kalzinirten Zustande darstellen, wenn nur die erforderliche Vorsicht dabey beobachtet wird. H.

Vierter Abschnitt.

Vom Wärmestoff, als Vorbereitungsmittel zur chemischen Wirkung.

Unter allen Mitteln, welche der Chemiker zur Vorbereitung der Körper für die chemischen Wirkungen gebraucht, ist keines wirksamer, und häufiger im Gebrauch, als der Wärmestoff.

Dieses Fluidum vereiniget fast alle Eigenschaften in sich, welche man davon erwarten kann:

1) Es ist vermögend, sich mit einigen Substanzen zu verbinden, und solche in einen permanent elastischen, oder gasförmigen Zustand überzuführen. 2) Es gehet mit andern Substanzen zwar weniger dauerhafte Verbindungen ein, ist aber hinreichend, ihre Constitution aus der soliden in die liquide, und aus der liquiden in die dunstförmige überzuführen. 3) In allen diesen Fällen entfernt solches die kleinsten Theile der Körper von einander, vermindert ihre Cohäsion, und erleichtert die Einwirkung andrer Substanzen, welche man mit ihnen in Näherung bringt.

Man kann daher den Wärmestoff unter zwey Gesichtspunkten betrachten: bald als ein Erleichterungsmittel für die einwirkenden Substanzen, oder derjenigen Körper, deren man sich zur Analyse einer Substanz bedienen will; bald als ein selbstwirkendes Mittel, indem er einige Bestandtheile aus einer Substanz entfernt, mit welcher derselbe in Verbindung tritt: so daß der Wärmestoff zuweilen seine prädisponirende Wirkung begrenzt, während er sehr oft selbst als ein Mittel zur chemischen Analyse angewendet wird.

Die Eigenschaft welche der Wärmestoff besitzt, harte Körper zu erweichen oder zu schmelzen, macht ihn fast zum einzigen Agens bey den Operationen der Schmelzung, und den so veränderlichen als merkwürdigen Abändrungen, welche den Metallen, den Steinen, so wie einigen soliden animalischen und vegetabilischen Substanzen hierdurch durch Menschenhäude gegeben werden kann.

Die Eigenschaft welche der Wärmestoff besitzt, sich mit einigen Bestandtheilen der Körper verbinden, und sie, auf eine ihren Affinitäten und ihrer Elasticität angemessene Art verflüchtigen zu können, macht ihn in den Händen der Chemiker zu einem sehr fruchtbaren Mittel für die Zusammensetzung und Zerlegung.

Man begreift die unbegrenzte Gewalt des Wärmestoffes, und seinen Einfluß auf die chemischen Operationen, wenn man erwäget, daß solcher die Grundursache oder das Agens der Schmelzungen, der Lösungen, der Verdunstungen, der Sublimationen, der Destillationen, und mit einem Worte von allen denjenigen Arbeiten ausmachet, welchen die Körper durch die Menschen unterworfen werden, sey es um ihre Form und Constitution zu ändern, oder neue Verbindungen zu bewirken, oder endlich einige Bestandtheile aus ihnen zu scheiden oder abzusondern.

Die Art und Weise den Wärmestoff anzuwenden, ist eben so verschieden als seine Wirkungen. Die Industrie des Menschen ist auch in keinem andern Zweige so außerordentlich, als in den Operationen, welche sie geschaffen hat, um mittelst jenem Agens ihre vorgesetzten Wünsche zu befriedigen. Wir wollen uns begnügen, jene Mittel in den vorzüglichsten Operationen näher anzugeben, wie in der Schmelzung, der Destillation, der Verdunstung, der Sublimation rc.

Erste Abtheilung.

Anwendung der Wärme mittelst der Oefen.

Die erste Wirkung des Wärmestoffes, wenn man solchen auf die Körper anwendet, beste et in der Entfernung ihrer Molecülen, und der Veränderung ihrer Constitution: aber das letzte Resultat der Wirkung eben dieses Fluidums, bestehet in der Wirkung einer Lösung. Wir sehen, daß der Wärmestoff sich in allen diesen Fällen eben, so wie das Wasser und andre Flüssigkeiten bey den Lösungen verhält. Zuweilen macht die Lösung durch den Wärmestoff einen Körper unsichtbar, wovon der Uebergang einiger Körper in die Gasform einen Beweis abgibt. Zuweilen verlieren die Körper dadurch ihre solide Gestalt, ohne dem Auge zu verschwinden, die getrennten Theilchen derselben bewegen sich ohne sehr merkliche Lösung über einander hin; und dies ist der Zustand in welchem man die Körper geschmolzen nennt.

Die Verdunstung, die Destillation, die Schmelzung rc., werden fast allemal in Oefen veranstaltet, deren Form nach der Natur und der Quantität der Substanz, die man darin bearbeiten will, abweichet. Eben so sind dieselben auch nach der Art des Brennmaterials das man gebrauchen, und dem Grade der Hitze, den man hervorbringen will, verschieden.

Da die Oefen einen sehr ausgedehnten Gebrauch in den Künsten haben, so halten wir es für nützlich, hier einige Grundsätze über deren Konstruktion beyzubringen; um alsdann bey den Schmelzöfen, den Evaporationsöfen und den Destillationsöfen, eine speciellere Anwendung davon machen zu können.

§. 1. Allgemeine Grundsätze über die Zusammensetzung der Oefen.

Ein Ofen der dazu bestimmt seyn soll, nicht nur das Brennmaterial aufzunehmen, sondern die Hitze zu concentriren, und solche auf denjenigen Punkt hinzuleiten, der solche aufzunehmen bestimmt ist, muß aus Substanzen verfertigt seyn, welche folgende drey Bedingungen vereinigen.

1) Die Oefen müssen bey demjenigen Grade der Hitze, welchen man darin veranlasset, unschmelzbar seyn.

2) Sie dürfen weder von der Hitze bersten, noch sich spalten, noch kalziniren, noch ausschlagen.

3) Die Substanzen woraus sie verfertiget werden, müssen möglichst schlechte Leiter für die Wärme seyn.

Wäre es möglich, völlig reine Erden zur Erbauung der Oefen anzuwenden, so würden diese vollkommen unschmelzbare Substanzen darbieten. Die Natur bietet uns aber nichts der Art dar, und künstlich würde man die Erden nur durch sehr umständliche und kostspielige Arbeiten auf einen solchen Grad der Reinigkeit bringen können. Die Thonerde, welche allein bey der Erbauung der Oefen als Basis dienen könnte, weil sie die Eigenschaft besitzt, im Feuer zu erhärten, findet sich mit Kalk, Talkerde, Kieselerde und Eisen gemischt, und diese Verbindungen sind fast alle schmelzbar.

Da indessen die Thonerde die Grundlagen zur Erbauung der Oefen darbieten muß, weil sie die einzige ist, die ihnen die nöthige Festigkeit geben kann, so ist man gezwungen, solche aus der Klasse der Thonarten auszuwählen: und man wählet daher einen solchen, welcher die verlangten Eigenschaften möglichst in sich vereiniget, nämlich einen solchen Thon, der bey dem Grade der Hitze, welchen man zu geben denkt, nicht schmelzt.

Bevor man daher einen solchen Thon anwendet, ist es nothwendig, solchen vorher zu untersuchen. Dieses wird veranstaltet, wenn man Steine daraus formt, die man man einem, demjenigen nahe kommenden Grade der Hitze aussetzt, welchen man dem Ofen geben will, zu dessen Bau der Thon angewendet werden soll. Aus den Resultaten eines solchen Versuchs kann man nun nicht allein auf die Schmelzbarkeit, sondern auch

auch auf alle übrige Eigenschaften eines solchen Thones schließen, welche zu einem guten Ofenbau erforderlich sind.

Die Schmelzbarkeit der Thonarten, ist indessen nicht der einzige Fehler, welchen diese gemengten Erden darbieten können. Die Thonerde hat auch noch die Eigenschaft, sich in der Hitze zusammenzuziehen, und ihr Volum zu verkleinern; so daß sie, wenn die Hitze nach und nach bis auf den höchsten Punkt getrieben wird, bis auf die Hälfte schwindet. Jenes Schwinden des Thons ist mehr oder weniger beträchtlich, je nachdem die Natur oder die Proportion der Erden verschieden ist, aus welchen derselbe gemengt war. Eben so ist es auch nothwendig, sich durch bestimmte Versuche über den Grad der Schwindung zu unterrichten, welchen der Thon im Gebrauch erleidet. Die Töpfer, die Modellierer, die Bildhauer, die Ziegel- und Ofenfabrikanten, kennen gewöhnlich den Grad der Schwindung sehr genau, welchen die von ihnen gebrauchten Erden behaupten, und richten sich danach.

Ein andrer Fehler, welchen die Thonarten darbieten, bestehet darin, daß sie reißen und springen, wenn sie schnell aus einer Temperatur in die andre übergehen; und es gibt nur wenige, welche allein angewendet werden können, ohne diese Verändrung zu erfahren: daher siehet man oftmals beym ersten Eindruck der Hitze, die Oefen aufreißen, die Mauersteine zerspringen 2c. Sehr oft ist dieser Fehler in der Natur des Thons gegründet; oft entstehet derselbe aber auch von einigen darin eingeschlossenen Kügelchen Luft, von Feuchtigkeit, welche, indem sie durch die Hitze ausgedehnt werden, sich keinen andern Ausweg bahnen konnten, als wenn sie die Hülle zerbrechen.

Um Töpferwaaren zu verfertigen, die ohne Nachtheil die zu ihrem Brennen nöthige Hitze aushalten können, setzt man solche vorher während einiger Zeit der Luft aus. Hierbey entweicht nach und nach das Wasser womit sie durchdrungen waren, und die Schwindung gehet unmerkbar und ohne Nachtheil vor sich; und wenn denn alles Wasser, welches bey der natürlichen Wärme der Atmosphäre entweichen konnte, verschwunden ist, und die Geschirre in allen Punkten auf einerley Grad der Trockenheit gekommen sind, so können solche hierauf ohne Furcht gebrannt werden. Indessen wird sehr viel Vorsicht erfordert, um zu jenem Resultate zu gelangen.

Der Bildhauer macht seine Statüen hohl, um nicht sehr dicke und schwer auszutrocknende Lagen davon zu behalten.

Der

Der Töpfer setzt seine Geschirre sogleich dem Schatten aus, und unterwirft sie nur nach und nach einer höhern Temperatur, bevor er selbige in den Brennofen bringt. Allemal graduirt man die Hitze während dem Brennen, so daß der zuletzt erforderliche Grad der Hitze nur nach und nach hervorgebracht wird.

Durch eine sorgfältige Vorbereitung und Vermengung mit andern Substanzen, ist man dahin gelanget, jene beyden Fehler der Thonarten, nämlich das Schwinden und Reißen derselben zu verbessern.

Man übergießt nämlich den Thon vor seiner Anwendung mit Wasser, und läßt solchen in einer Grube oder einem Kübel so lange damit stehen, bis er von der Flüssigkeit vollkommen durchdrungen ist: eine Operation die man das Faulen oder Gähren des Thon nennt. Diese vorbereitende Operation zertheilt den Thon so fein, daß er einen liquiden nicht körnigen Teig bildet, aus welchem sich die fremdartigen Theile nach und nach absetzen, und die geschwefelten Metalle, welche mehr oder weniger in den Thonarten enthalten sind, sich zerlegen. Diejenigen Thonarten, welche am längsten gefault haben, sind auch zum Gebrauch die Besten.

Nach dieser Operation wird der Thon zu Kuchen geformt, die man, um ihnen die zum Gebrauch erforderliche Konsistenz zu geben, an der Luft abtrocknen lässet, worauf sie mittelst Walzen oder Mühlen geknetet werden.

Bevor man nun den Thon gebraucht, wird derselbe noch mit den Händen geknetet oder malaxirt, worauf man ihn so lange knetet, bis ein völlig gleichförmiger Teig daraus wird, aus welchen man alle noch darin vorhandene fremdartige Theile absondert, und setzt diese Arbeit so lange fort, bis der Thon dahin gekommen ist, daß er alle ihm zu gebende Formen anzunehmen vermag.

Unabhängig von dieser Vorbereitung, welche in vielen Operationen allein hinreichend ist, vorzüglich dann, wenn man den Arbeiten einen großen Grad von Feinheit, und eine glatte Oberfläche geben will, pflegt man dem Thon auch noch unschmelzbare Substanzen beyzusetzen, welche sich gern mit ihm vereinigen, und nicht schwindbar sind. Man wählt hierzu gemeiniglich entweder quarzigen Sand, oder weißen Quarz, oder auch schon gebrannten Thon.

Werden diese Körper mit dem Thon geknetet, und gut gemengt, so bilden sie damit eine poreuse Verbindung, in welcher

welcher alle Theilchen durch das Thoncement vereinigt sind. Jene Zusätze haben die Eigenschaft, das Zusammenziehen der ganzen Masse zu vermindern, weil sie selbst keiner Schwindung unterworfen sind; und andrerseits geben sie der Masse einen größern Grad von Porosität, wodurch das Ausdunsten der Feuchtigkeit befördert wird.

Hat man keinen quarzigen Sand von gehöriger Feinheit und Menge zu seiner Disposition, so kann man die weißen Quarzstücke dazu anwenden, welche man gemeiniglich im Grunde der Flüsse findet.

Um jene Quarzstücke anzuwenden, muß man solche vorher pulvern. Zu dem Behuf läßt man sie vorher roth glühen, und löscht sie dann im kalten Wasser ab. Durch dieses Verfahren werden sie mürbe, und können nun mittelst dem Hammer, einem Reibstein, oder einer Mühle, leicht verkleinert werden. Findet man in jenen Steinen grüne oder gelbe Adern, so muß man diese leicht schmelzbare Stücke wegwerfen, und nur die weißen allein anwenden.

Beym Bau der Oefen kann man sich statt des Quarzes der Bruchstücke eines eingerissenen Backofens, zerbrochner Mauersteine, Bruchstücke von irdenen Schmelztiegeln oder Retorten bedienen.

Es liegt nicht im Vermögen eines Künstlers, die Verhältnisse des Thons und des Sandes nach seinem Willen zu wählen, sondern sie sind durch die Natur des Thons selbst bestimmt: fetter Thon kann eine größere Portion Sand vertragen als magrer oder kurzer. Ist der Thon vorwaltend, so berstet und spaltet die Verbindung. Ist der Quarz zu sehr vorwaltend so hat die Masse nicht die gehörige Consistenz, und die Composition kann weder einem Stoß noch dem Transport Widerstand leisten: Hier kann nur die Erfahrung allein den besten Wegweiser abgeben, um die vortheilhaftesten Verhältnisse kennen zu lernen.

Oftmals enthält der Thon einige Theilchen von Kalkstein, welche während dem Brennen in den Zustand des ätzenden Kalks übergehen, und hierauf beym Zutritt der feuchten Luft zerfallen, so die sie bedeckenden Seitenwände absplittern, und weiße Punkte zurück lassen, welche in Staub zerfallen.

Damit endlich ein Ofen alle verlangten Wirkungen hervorbringen kann, müssen die dazu ausgewählten Materien durchaus schlechte Leiter für die Wärme seyn; und aus eben dem Grunde sind die metallenen Oefen die schlechtesten unter allen übrigen.

Zur Vermindrung des Hitzverlustes hat man vorgeschlagen, die Masse, woraus der Ofen verfertigt wird, mit Kohlenpulver zu vermengen; in diesem Fall würde es aber nothwendig seyn, solches nur in geringer Quantität zu zusetzen. Eben so hat man den Gebrauch, die Oefen mit einer Bekleidung zu umgeben, welche ein gelindes Feuer enthält, um dadurch den Verlust der Hitze zu vermeiden. Am besten ist es, dem Ofen einen Ueberzug von Kohle, Stroh und Thon zu geben, um dadurch die Hitze zu concentriren, und solche auf den höchsten Grad zu bringen *).

§. 2. Allgemeine Grundsätze über die Wahl und Anwendung der Brennmaterialien.

Es ist nicht bloß hinreichend, sich guter Materien zur Erbauung der Oefen zu bedienen, man muß auch ein Brennmaterial auswählen, welches der Operation zuträglich und angeeignet ist.

Indessen produciren nicht nur die verschiedenen Brennmaterialien, deren man sich in den Werkstätten der Künste und Manufakturen bedienet, nicht immer dieselbe Intensität der Hitze, sondern sie erfordern nach ihrer verschiedenen Natur auch eine besondre Construction der Oefen, welche zum verschiedenen Gebrauch derselben dienlich ist.

Unter den verschiedenen Brennmaterialien, welche man im Gebrauch hat, um Hitze zu erzeugen, kennet man vorzüglich zwey Klassen; nämlich die **Kohlen** und die **Holzarten.**

Die Kohlen lassen sich unterscheiden in Steinkohlen, und in **Holzkohlen.** Der Torf, welchen man in verschiedenen Ländern anzuwenden pflegt, gehört natürlich zu den Steinkohlen **).

Von

*) Gepulverte Kohle und wohl ausgelaugte Holzasche auch Torfasche sind sehr schlechte Leiter für die Wärme, und eben so ist es auch die Luft. Jene Materien dienen daher, um beym Bau eines Ofens einen sehr nützlichen Gebrauch davon zu machen, wenn die Entweichung der Hitze dadurch vermindert werden soll. Ist der Ofen von Steinen gemauert, so muß man seine Wände doppelt machen, und die Zwischenräume entweder mit Kohlenpulver, oder mit ausgelaugter Asche ausfüllen, oder auch sie bloß mit der darin ruhenden Luft ausgefüllet seyn lassen: jene Hülfsmittel sind die vollkommensten, um die Ableitung der Hitze zu vermindern. Bedient man sich eiserner Oefen, so giebt man dem innern Raume einen wenigstens zwey Zoll dicken Ueberzug von Asche und Thon, und man erreicht auch hierbey den Zweck, obschon weniger vollkommen. H.

**) Der Torf kann keinesweges zur Klasse der Steinkohlen gerechnet werden. Die Letztern sind ohnstreitig Resultate vorgegangener

Erd-

Von den Steinkohlen gibt es sehr verschiedene Arten. Einige enthalten nichts als Erdharz, brennen leicht, werden in der Hitze im Volum vermehrt, fließen auf dem Heerde in eine Masse zusammen, dunsten keinen schwefelichen Geruch aus, und lassen sehr wenig Rückstand: diese Art läßt sich gut aufbewahren, ohne zu verwittern, und macht ein Brennmaterial von ganz vorzüglicher Qualität aus.

Eine andre Art Steinkohle ist leicht zerbrechlich, schwer, schwarz, sie bietet im Bruch gelbe Punkte und Adern dar, sie brennt leicht und mit lebhafter Flamme, brennt aber nicht dauerhaft. Diese Art Steinkohle erhitzt und entzündet sich oftmals in den Magazinen, noch öfter an der Luft. Sie zerlegt sich alsdann vollkommen, und läßt einen gelbrothen Rückstand übrig, welcher wie Pouzollane gebraucht werden kann. Diese Kohle hat das Unangenehme, daß sie viel Schwefel ausdunstet, die kupfernen und eisernen Gefäße verdirbt, indem diese Metalle dadurch geschwefelt werden.

Die Natur bietet uns auch noch eine Art Steinkohle dar, welche schwarz, hart und kompact ist, so daß man solche auf den ersten Augenblick für Schiefer hält: sie scheint auch in der That nichts anders zu seyn als Blätter von diesem Stein, welche mit Bitumen durchdrungen sind. Diese Arten von Steinkohle sind gemeiniglich schwefelich; und man fördert sie vorzüglich zu Tage, um Alaun und Vitriol daraus zu bereiten. Sie geben wenig Flamme, und lassen nach dem Brennen eine bedeutende Quantität Rückstand übrig, welcher beynahe die Form der Kohle beybehält.

Endlich findet man Steinkohlen, die oft zerreibbar und feucht sind, und sich beym Berühren mit der Luft und dem Wasser in Pulver verwandeln. Diese bestehen eigentlich bloß in Schwefelkies, und können nur allein zum Brennen des Kalks angewendet werden.

Kommt es bloß darauf an Wärme hervorzubringen, so kann man sich aller jener Kohlenarten mit mehr oder weniger Vortheil bedienen: bey den meisten Operationen welche Feuer erfordern, muß man aber den Effekt des Brennmaterials berücksichtigen, sowohl in Hinsicht auf die Oefen, als auf die Substanzen welche man bearbeitet.

Erdbrände; der Torf ist hingegen durchaus ein Produkt der Vegetation eigener Pflanzen. Er bildet sich auch in unsern Zeiten; ja er reproducirt sich sogar an einigen Stellen; auch zeigt seine chemische Zergliederung ihn von den Steinkohlen wesentlich verschieden. H.

In Rücksicht der Hitze, welche durch die Brennmaterialien hervorgebracht wird, verdient die Steinkohle jedem andern vorgezogen zu werden: aber der Schwefel, welchen sie in größerer oder geringerer Menge enthalten, frißt die Oefen an, zerstört die Kessel, und macht alle Metalle brüchig, welche damit von dem Schmiede bearbeitet werden. In Vergleichung mit der Holzkohle, hat die Steinkohle den Nachtheil, daß sie Geruch und Rauch veranlasset, nur in großen Massen gut brennet, und in ihrer Wirkung nicht mit derselben Leichtigkeit moderirt werden kann, wie die Holzkohle.

Muß man schlechterdings eine durch Kohlen bewirkte Hitze anwenden, so gibt man den Steinkohlen eine Vorbereitung, welche man ganz uneigentlich das Entschwefeln nennt; und welche in einer der Holzkohlenschweleren sehr ähnlichen Operation bestehet.

Jene Verkohlung wird folgendermaßen veranstaltet. Man häuft die Kohlen in Form einer Pyramide auf. In der Mitte und unten am Eingang bringt man einen Schornstein an, um einen Luftzug zu veranlassen. Man wirft nun angezündete Steinkohlen in den Schornstein, deren Entzündung sich nach und nach der ganzen Masse mittheilt. Trachtet die Flamme auf den Seiten zu entweichen, so bekleidet man die Oeffnung mit feuchter Erde, um die Verbrennung zu unterdrücken. Eben so verschließt man zugleich alle Seitenöffnungen, so wie den Schornstein selbst, welcher dazu gedienet hatte, einen Luftzug zu veranlassen. Wenn die Masse erkaltet ist, so bleibt eine lockere, schwammige Substanz zurück, welche die Engländer Koak nennen, und welche nun die wirkliche Kohle der Steinkohle ausmacht.

Der Koak besitzt einige Vorzüge vor der Steinkohle: Denn 1) er gibt keinen Rauch mehr von sich, welches ihn zum Gebrauch in der Haushaltung und in den Fabriken sehr geschickt macht, wo der bituminöse Rauch einige Farben verändern kann; 2) er gibt eine viel lebhaftere, gleichförmigere, und anhaltendere Hitze. Indessen gibt der Koak weniger Flamme als die Steinkohle, welches seinen Gebrauch begrenzt; indessen können zu einer solchen Verkohlung nur allein Steinkohlen von guter Qualität benutzt werden *).

Der

*) Wenn die nach der angegebnen Art aufgehäuften Steinkohlen einmal bis zur Entzündung gelangt sind, so ist diese Hitze nun hinreichend, ein Ausbraten derselben zu veranlassen, und alle diejenigen Bestandtheile in Dünsten zu verflüchtigen, welche beym Zutritt der Luft, mit Flamme gebrannt haben würden. Leitet man daher jene verflüchtigten Theile durch Seitenöffnungen in andre Gefäße so ab, daß keine Luft hinzu treten kann, so verdicken

Der Torf wird in allen denjenigen Ländern als Brennmaterial angewendet, wo man selbigen mit wenigen Kosten ausfördern kann. Ist jenes Brennmaterial hinreichend trocken, so bildet solches eine lebhafte und gut heitzende Flamme; es wird aber während dem Brennen sehr schnell verzehrt. Der Geruch, welchen der Torf während dem Brennen ausstößt, ist sehr unangenehm, und ist die Ursach, daß man seinen Gebrauch nicht allgemein eingeführt hat *).

Man hat versucht den Torf zu verkohlen, um selbigem dadurch den unangenehmen Geruch zu entziehen, und seinen Transport weniger kostbar zu machen. Eben so hat man dahin getrachtet, durch ein starkes Zusammenpressen sein Volum zu verkleinern. Alle diese Mittel sind aber bisher nicht hinreichend gewesen, dem Torfe die guten Eigenschaften anderer Brennmaterialien zu ertheilen; und sein Gebrauch ist durchaus begrenzt, so wie derselbe weit mehr Raum als andre Brennmaterialien erfordert. Bey alle dem würde in Betrachtung zu ziehen seyn, welche allgemeinere Anwendung von diesem Brennmaterial zu machen seyn möchte: denn wenn dadurch nur eine Concurrenz desselben mit andern Brennmaterialien veranlasset würde, so würde dieß schon Vortheil genug für diejenigen seyn, welchen Holz und Steinkohlen, wegen ihrer Seltenheit, sehr theuer zu stehen kommen.

Die Holzkohlen sind in ihren Wirkungen von den Steinkohlen noch mehr verschieden. Die, welche von weichem Holz gewonnen werden, sind leicht, wenig klingend, brennen leicht und geben wenig Wärme; aber sie verzehren sich geschwind; sie zerfallen nach und nach in den Magazinen zu Staub, und verlieren mit der

dicken sich solche zu einer fließbaren Masse, welche Steinkohlen-Theer genannt wird, und zum Betheeren der Schiffe, der Wagenräder ꝛc. mit vielem Nutzen gebraucht werden kann. H.

*) Guter, trockner Torf, worunter ein solcher verstanden wird, der schwer, blätterig (nicht faserig) kompact, und dunkelbraun von Farbe ist, brennt nicht nur sehr gut, sondern er läßt auch, wenn die Flamme beendiget ist, eine gute Kohle zurück, welche lange nachheitzt, und selbst unter der Asche noch fortglimmt. Die von dem Verfasser angegebnen Eigenschaften des Torfs, sind bloß auf lockern, sogenannten Fasertorf, anwendbar. Nicht aller Torf riecht während dem Brennen, dies thun nur einige Arten. In Holland, in Hamburg, und an mehrern andern Oertern, bedient man sich des Torfs fast allgemein als Brennmaterial in den Küchen, und zwar mit vielem Vortheil. In den Stubenöfen ist er allgemein anwendbar, wenn sie nur gutziehende Schornsteine besitzen, und das Rauchrohr nicht früher verschlossen wird, als wenn keine Flamme mehr erkannt werden kann; und man hat in diesem Fall gar keinen üblen Geruch zu befürchten. H.

der Zeit alle ihre Eigenschaften. Von der Art sind vorzüglich diejenigen Kohlen, welche man zur Fabrikation des Schießpulvers anwendet; und man hat dabey die Bemerkung gemacht, daß ihre Güte um so besser ist, je frischer sie sind.

Die von hartem Holz gewonnenen Kohlen, wie die vom Eichenholz, vom Buchsbaum, von der Steineiche ꝛc. sind sehr schwer, klingend, und von glattem Bruch, sie brennen sehr gut, verzehren sich langsam, hitzen sehr stark, und verdienen in jedem Fall da den Vorzug, wo eine lebhafte und constante Hitze erfordert wird.

Die Rinde der Bäume liefert eine erdige und schlechte Kohle: man bemühet sich daher auch, solche vorher von der Rinde zu befreyen, wenn man eine gute Kohle gewinnen will *).

Die Kohle von Blättern und einjährigen Sprossen ist sehr locker, ohne Zusammenhang, und schnell verzehrbar.

Die Kohlen von Klötzen und alten Aesten sind poröse und blätterig; sie prasseln im Feuer, und verspritzen in Funken, ohne lebhaft zu brennen.

Die drey bis vierjährigen, von ihrer Rinde befreyeten, Stämmchen, liefern die besten Kohlen.

Die Art und Weise wie das Holz verkohlt wird, ist auf die Qualität der daraus gewonnenen Kohle gleichfalls von bedeutendem Einfluß. Man kann das Holz in eiserne Röhren einschließen, und ihm den zur Verkohlung erforderlichen Grad der Hitze geben. Um eine sehr gute Kohle zu erhalten, verdienet diese Methode, jeder andern vorgezogen zu werden; sie ist indessen zu kostspielig, und kann nur bey sehr feinen Operationen in Ausübung gesetzt werden; in einigen Ländern operirt man so, um eine sehr feine Kohle für die Fabrikation des Pulvers zu erhalten.

Man kann das Holz auch in Gruben verkohlen, in welchen man das Holz so lange verbrennt, bis der innere Raum mit Kohlen erfüllet ist. Man bedeckt solchen hierauf mit einer lockern Substanz, welche man sodann schnell mit Erde bedeckt, um die Verbrennung zu unterbrechen. Einige Tage darauf öffnet man die Gruben, und nimmt die Kohlen heraus. Diese Methode wird fast allgemein da angewendet, um die zum Schießpulver bestimmten Kohlen zu bereiten.

Die

*) Dies ist wohl etwas zu allgemein gesagt. Zum Beweis bemerke ich bloß, daß die Birkenrinde, wenn solche verkohlt wird, gleich dem Wachs zusammen schmelzt, und eine sehr lockere glänzende Kohle liefert. Wie sich die Rinden anderer Holzarten verhalten, verdienet freylich erst noch untersucht zu werden. H.

Die dritte Art das Holz zu verkohlen ist diejenige, deren man sich in allen Wäldern bedienet. Sie bestehet darin, daß man eine größere oder kleinere Masse von Holz so zurichtet, daß die Kloben sich von dem Umkreis aus nach dem Mittelpunkte zu vereinigen, und daselbst eine Art von Schornstein bilden. Man zündet nun den Holzhaufen in seinem Mittelpunkte an, und wenn die Flamme anfängt durch die Seitenwände desselben zu entweichen, bedeckt man die ganze Oberfläche mit einer Decke Erde, und verstopft alle Zuglöcher. Auf solche Art löscht man den Brand, und die Ausbratung des Holzes dauert durch die einmal erregte Hitze so lange fort, bis das Holz zuletzt im verkohlten Zustande übrig bleibt.

Man hat die, (während meiner Administration der Salpeter- und Schießpulver-Fabriken selbst bestätigte) Beobachtung gemacht, daß die Kohlen von einer und derselben Holzart, wenn sie in Gruben oder in der freyen Luft zubereitet worden sind, im ersten Fall allemal leichter und weniger hart ausfallen, als im zweyten.

Außer diesem Unterschied in der Qualität, welche von der Methode abhängt, die man beym Verkohlen des Holzes angewendet hat, unterscheiden sich die Kohlen auch noch dadurch von einander, in wie fern sie mehr oder weniger frisch zubereitet sind. Die frisch bereiteten Kohlen besitzen Eigenschaften, welche sie im Alter verlieren: denn sie verwittern nicht nur mit der Zeit, sondern sie saugen auch Wasser ein, und werden dadurch um 20 bis 25 Procent im Gewicht vermehrt. Eben so hat man seit einigen Jahren bemerkt, daß es bey der Fabrikation des Schießpulvers weniger darauf ankommt, für die gute Qualität des Schwefels und des Salpeters, als für die Anwendung einer frisch bereiteten Kohle besorgt zu seyn, weil solche, wenn sie der Luft lange ausgesetzt gewesen ist, eine Veränderung erleidet *).

Im Allgemeinen geben die Kohlen wenig Flamme, produciren aber viel Hitze: so, daß solche in allen denjenigen Schmelzoperationen, dem Holze vorzuziehen sind, wo man eine anhaltende und lebhafte Hitze auf die Körper wirken läßt.

Unter

*) Nicht allein Wasser, sondern auch Sauerstoffgas, saugen die Kohlen ein, wenn solche lange der feuchten Luft ausgesetzt bleiben. Die Einsaugung des Wassers, scheint vom Kali und der Kalkerde abhängig zu seyn, welche die Kohlen enthalten, und die aus ihrer Asche ausgelaugt werden können. Es würde daher zu versuchen seyn, ob nicht die von ausgelaugtem Holze zubereiteten Kohlen, zur Fabrikation des Schießpulvers vorzüglicher seyn möchten, als die von nicht ausgelaugtem. H.

Unter den Holzarten kann man aber auch eine Auswahl machen, je nachdem man Flamme und Hitze produciren will. Die harten Hölzer geben mehr Hitze als Flamme, und verbrennen langsam. Die weichern Holzarten verzehren sich schneller, aber sie wärmen gut, und verbrennen mit schöner Flamme. Die harzigen Hölzer brennen gut, und geben viel Flamme; sie verbreiten aber einen beym Gebrauch sehr unangenehmen Rauch.

In allen denjenigen Manufakturen, wo man eine lebhafte Flamme gebraucht, welche stark und rein ist, wie bey der Fabrikation des Kristallglases, des Porzellans, gebraucht man die Vorsicht, das Holz der Länge nach sehr dünn zu spalten, und solches recht wohl auszutrocknen. Hierdurch verbrennt solches nicht nur sehr leicht und erregt viel Hitze, sondern führt auch nicht mehr die wässerigen Dünste in den innern Raum des Ofens, welche, außerdem daß sie die Wirkung der Hitze auf die zu behandelnden Substanzen vermindern, auch die Gefäße zerbrechen, welche deren Einwirkung ausgesetzt sind.

Kaum scheint es uns nothwendig zu seyn, hier zu bemerken, daß das Klima, Lage gegen die Weltgegenden, und Beschaffenheit des Erdreichs, die Qualität der Holzarten auf eine bemerkbare Art verändern. So ist es allgemein bekannt, daß die gegen Mittag liegenden Holzarten besser brennen, als die gegen Norden belegenen, wenn beyde von einerley Natur sind. Werden diejenigen Holzarten, welche im trocknen Erdreich gewachsen sind, mit denen aus fettem und feuchtem Boden verglichen, so zeigen sie denselben Unterschied.

Eben so haben die Jahreszeiten, in welchem man die Holzarten fället, einen Einfluß auf die Verschiedenheit derselben. Die im Frühjahr und im Sommer gefälleten Holzarten, verderben leicht, und brennen schlecht; nur das im Winter gefällete Holz bringt während dem Brennen starke Hitze hervor, weil in diesem Zeitraum alle Pflanzensäfte sich im Zustande der Erstarrung befinden.

Bey einer vergleichenden Wirkung der Koaks, der Steinkohlen, und der Holzkohlen vom Eichenholz, welche solche bey der Verdunstung einer gegebenen Quantität Wassers ausüben, haben sich folgende Verhältnisse ergeben *).

403

*) Eine vortrefliche Untersuchung über diesen Gegenstand, welche fast alle in Deutschland übliche Holz- und Kohlenarten in sich fasset, hat der Herr Hofrath Nau zu Aschaffenburg angestellt. Sie ist so eben im Druck befindlich, und wird im ersten Hefte des dritten Bandes meines Archivs der Agrikultur-Chemie erscheinen, auf welches Buch ich deshalb verweisen muß. H.

403 Theile Koaks, sind gleich
600 Theilen Steinkohlen,
600 Theilen Eichenholzkohlen, und
1029 Eichenholz.

§. 3. Allgemeine Grundsätze über die Wirkung der Luft in den Oefen.

Von welcher Art aber auch das Brennmaterial seyn mag, welches angewendet wird, so muß man doch jedesmal hierbey seiner Wirkung durch die Luft zu Hülfe kommen; und die Kunst, jenes Fluidum auf die Verbrennung in den Oefen anzuwenden, verdienet daher unserseits um so mehr Aufmerksamkeit, weil sie einen der schwierigsten und dennoch einen der wesentlichsten Theile bey allen durch das Feuer zu bewirkenden Operationen ausmacht.

Die Oefen sind nährende Instrumente, sowohl für die Luft, welche die Luft dem Feuerheerde abgibt, als für die Zugröhren und Blasebälge, welche die Luft dem Brennmaterial zuführen.

Im erstern Fall muß das Einsaugen der Luft durch die Schornsteine gegeben seyn. Um aber die Wirkung zu begreifen, welche diese auf dem Feuerheerd ruhenden veranlassen, ist es hinreichend, zu bemerken, daß die Luftsäule, welche den Schornstein erfüllet, wenn sie einmal durch die Wärme verdünnet ist, leichter ist, als die sie von außen umgebende Luft, so daß die erwärmte Luft, stets von der äußeren aus der Stelle getrieben wird, welche sich hierdurch auf dem Heerde lagert.

Man kann die in einem Schornstein, durch die Wärme verdünnete Luft als eine Flüssigkeit betrachten, welche leichter ist als atmosphärische Luft, und welche sich daher nothwendig, nach dem Verhältniß ihrer specifischen Dichtigkeit, mit Schnelligkeit im Schornstein erheben muß, und zwar nach dem Maaße, daß ein ununterbrochener Luftzug von außen her, auf den Heerd obwaltet, um den Raum der entwichnen Luft auszufüllen.

Hieraus folgt also: 1) daß die Oefen überhaupt einen so viel stärkern Zug haben müssen, als die Schornsteine höher sind, weil sich hierbey die Luft nach der ganzen Länge des Schornsteins erwärmen und verdünnen kann; denn ohne dieß, würde der Luftzug sehr unvollständig seyn. 2) Daß der Luftzug um so stärker seyn muß, als die Seitenwände des Schornsteins dicker, oder daß solche aus schlechten Wärmeleitern erbauet sind: weil alsdann die Hitze in den Schornsteinen mehr zurück gehalten, und die äußere Luft weniger verdünnet wird, welche daher viel dichter seyn, und vermöge ihrem Druck die verdünnete Luft in

dem

dem Schornstein leichter verjagen muß. 3) Daß die Weite des Schornsteins keinen Einfluß auf den Luftzug besitzt, und daß dem gemäß der Durchmesser desselben, dem Umfang und der Luftsäule angemessen seyn muß, welche den Brennraum durchstreichen soll. 4) Daß man den Zug eines Schornsteins vermehren kann, wenn man einen brennenden Körper hinein stellt.

Bey denjenigen Oefen, bey welchen die Verbrennung außerhalb dem Schornstein, durch den Zufluß der freyen Luft unterhalten wird, ist außer dem Feuerheerd auch noch ein Aschenheerd erforderlich. Bey denjenigen hingegen, wo die Luft durch Züge oder Blasebälge zugeleitet wird, ist bloß ein Feuerheerd erforderlich.

Ein andrer Unterschied in der Construktion der bloßen Windöfen und derjenigen, welchen ein gewaltsamer Luftzug gegeben wird, besteht darin, daß man bey den Erstern das Brennmaterial auf einem eisernen Roste placiren muß, damit die Luft die Masse des Brennmaterials durchstreichen, und solches durch die Schnelligkeit ihres Zugs beleben kann; während es bey den Blaseöfen hinreichend ist, das Brennmaterial vor dem Rohr des Blasebalgs zu placiren.

Aus dem was hier erörtert worden ist, erkennet man sehr deutlich, daß die Windöfen nur durch Kohlen genährt werden können; während bey den übrigen jede Art des Brennmaterials gebraucht werden kann.

Zweyte Abtheilung.

Anwendung der Hitze mittelst dem Brennglase und dem Blaserohr *).

Außer den Oefen hat der Chemist noch andre Mittel, die Hitze auf die Körper wirken zu lassen, und hierzu bedient er sich mit Vortheil des Brennpunktes eines Brennglases, und des Blaserohrs.

Beym Anfang des letztern Säculums (1702) machte Homberg der Pariser Akademie eine Anzahl Thatsachen bekannt, welche

*) Der Verfasser gebraucht im Original das Wort Miroir ardent (Brennspiegel) mit dem Worte Brennglas als gleichbedeutend. Spiegel wirken indessen als reflektirende, Brenngläser hingegen als brechende Mittel. Der Tschirnhausensche Apparat ist kein Brennspiegel, sondern ein Brennglas, daher habe ich auch das Wort Miroir ardent. durch Brennglas übersetzt. H.

welche derselbe über die Wirkung des Tschirnhausenschen Brennglases auf die Körper gemacht hat. Geoffroy beschäftigte sich mit demselben Gegenstande, und beschrieb die Resultate seiner Erfahrungen in den Mémoires der Pariser Akademie, vom Jahr 1709. Jene trefflichen Versuche wurden 1772 durch die Herren Cadet, Brisson, Macquer und Lavoisier wiederholt, und nach und nach mit drey Brenngläsern veranstaltet.

Das erste Brennglas, dessen sich Homberg bediente, war das Tschirnhausensche. Es war auf beyden Seiten convex, sein Diameter betrug 33 Pariser Zoll (9 Decimeter), und sein Gewicht 160 Pfund (8 Myriagrammen).

Das zweyte, welches dem Grafen de la Tour D'Auvergne gehörte, besaß denselben Durchmesser.

Das dritte bestand in dem bekannten Trudainischen Brennglase, dessen Wirkung die aller übrigen bekannten übertrifft. Es bestand aus zwey großen, fast sphärisch gekrümmten Spiegel-Gläsern, die an den Kanten verbunden, und mit Alkohol ausgefüllet waren. Jene vollkommen fehlerfreyen Spiegelgläser waren 8 Linien (0,018 Meter) dick, und bildeten zwey Hauben von 8 Fuß ($2\frac{2}{3}$ Meter) Krümmung; der Durchmesser ihrer Centralpunkte betrug 4 Fuß ($1\frac{1}{3}$ Meter); und ihr innerer Raum enthielt 140 Pinten (140 Litres) Flüssigkeit. Es war im Jahr 1774 durch Bernier gearbeitet, und im *Jardin de l'Infante* aufgestellt.

Der Brennpunkt dieses Glases betrug 10 Fuß, 10 Zoll und 1 Linie (3,521 Meter) Entfernung vom Mittelpunkte. Er bildete einen Kreis von 15 Linien (0,034 Meter) Durchmesser. Unsere Akademiker vermehrten noch die Wirkung des Brennpunktes, indem sie die Strahlen mittelst einer zweyten Linse von kürzerm Brennpunkte in einen kleinern Raum concentrirten, welche man in dem Kegel der gebrochnen Strahlen des größern Glases placirte. Wir wollen hier die mit jenem Brennglase angestellten Versuche bekannt machen, indem wir die verschiedenen Grade der dadurch bewirkten Hitze auf einige Körper, am Ende dieses Buchs in einer Tabelle darstellen.

Die Mineralogen haben uns auch noch gelehrt, mittelst dem Blaserohr eine schnelle und starke Hitze hervorzubringen. Jenes Instrument scheint zuerst durch den berühmten Andreas Swab bey der Untersuchung mineralischer Körper angewendet worden zu seyn. Nach ihm haben Cronstedt, Rinmann, Engestroem, Quist, Jahn und Scheele, davon bey ihren Analysen der Erden und Metalle die größten Vortheile gezogen.

Der berühmte Torbern Bergmann machte eben im Jahr 1780 eine Reihe Versuche bekannnt, welche Versuche mit dem Blaserohr über die meisten Mineralien in sich begreifen. Er wählte als Unterlagen, für die den Versuchen unterworfenen Substanzen, gut brennende Kohlen von Birkenholz, oder Fichtenholz, welche in Form eines Parallelepipedons geschnitten waren, so wie eines kleinen Löffels von Gold. Er bediente sich bald des Einen bald des Andern, nach der Verschiedenheit der Substanzen, die er untersuchen wollte.

Nach der Zeit hat Mongez der jüngere, jene Versuche sehr vermehret, und die Resultate seiner eignen Versuche in den Anmerkungen seiner französischen Uebersetzung, von Bergmanns Sciagraphia Regni mineralis etc. beschrieben.

Noch mehr ist diese Arbeit durch Herrn v. Saussüre vervollkommnet worden. Da man bemerkt hatte, daß die bisher gebrauchten Unterlagen einen Einfluß auf die untersuchten Substanzen ausüben, so substituirte Herr v. Saussüre im Jahr 1775 statt der Unterlagen von Kohle ein gläsernes Rohr, an dessen äußersten Theil er ein Stückchen derjenigen Substanz anschmolz, welche geschmolzen werden sollte. Jene Röhren zeigten aber manche Unbequemlichkeit: denn sie zersprangen entweder von der einwirkenden Hitze, oder sie schmolzen und umgaben die dem Versuch unterworfene Substanz, so daß sie der einwirkenden Flamme entzogen ward; daher jener berühmte Naturforscher fernerhin statt der Glasröhren, einen kleinen Streifen oder eine Nadel von Kyanit in Anwendung setzte. Dieser Stein ist vor dem Blaserohr unschmelzbar, er läßt sich in sehr zarte Streifen zertheilen, und es ist schon hinreichend, die Spitze des Kyanits mit Gummiwasser zu benetzen, um das Stückchen derjenigen Substanz daran zu befestigen, welche man der gewaltsamen Einwirkung der Hitze vor dem Blaserohr aussetzen will. Um noch bequemer mit dem Kyanit zu arbeiten, muß man dessen äußerstes Ende so mit einer Glasröhre zusammen schweißen, daß er vom Glasrohr unterstützt wird. Mittelst dieser Verrichtung ist es Herrn v. Saussüre gelungen, selbst sehr feine Blätter vom Bergkristall vor dem Blaserohr zu schmelzen.

Herr von Saussüre hat sich endlich nicht damit begnüget, die Kunst, mit dem Blaserohr zu arbeiten, zu vervollkommnen; er hat auch mit der größten Genauigkeit die Phänomene beschrieben, welche die Körper während dem Schmelzen darbieten, und es ist ihm gelungen, sehr verschiedne Arten der Schmelzung festzustellen, welche man mittelst dem Blaserohr bewirken kann.

1) Am öftersten vereinigt sich der geschmolzne Theil in eine Kugel, welche größer ist, als der nicht geschmolzne Theil des Stücks, auf welchem sie ruhet. Dies ist der Fall beym Feldspath, beym Talk und beym Glimmer.

2) Anstatt daß die zerschmolzene Substanz sich auf der Pyramide anhäufen soll, läuft sie zuweilen herab; und anstatt daß die Spitze der Pyramide sich bloß abstumpfen soll, wird sie nach und nach flüssig.

3) Eben so hat Herr von Saussüre beobachtet, daß oftmals die untre Fläche der Substanz, welche auf dem Kyanit rhent, zuerst schmelzt: in diesem Fall wirken der Kyanit, und die untersuchte Substanz auf einander; und dann muß der zu untersuchende Körper auf einem andern Stückchen von derselben Art befestiget werden.

4) Eine vierte Art der Schmelzung zeigen diejenigen Minern, welche sich beym ersten Stoß der Flamme aufblähen, und hierauf sehr schwerflüssig bleiben. Dahin gehören der grüne Schörl von Dauphiné, der Drotatit ꝛc.

5) Eine fünfte Wirkungsart der Flamme eines Blaserohrs, besteht darin, daß ein fast unmerkliches Aufschwellen erfolgt, während sich im Innern des Körpers kleine Kügelchen entwickeln, ohne daß der Körper fließt, oder eine Kugelform annimmt, und ohne daß seine Gestalt und sein Durchmesser merklich verändert werden. Auf solche Art wirkt die Flamme vorzüglich gegen den rothen Carniol.

6) Endlich gibt es Fossilien, welche unschmelzbar, und aus Körnern zusammengehäuft sind, welche nur durch eine vielfältige Berührung zusammenhängen; und sich auch durch die Schmelzung nicht vereinigen, wohl aber kleine isolirte geschmolzne Körner darstellen. Von dieser Art zeichnet sich insbesondre der Smirgel aus.

Nachdem Herr von Saussüre die verschiedenen Schmelzungsarten unterschieden hat, welche man mittelst dem Blaserohr erhält, ist er auch bemühet gewesen, die Grade der Schmelzbarkeit aus dem Durchmesser der Glaskügelchen zu bestimmen; und, nachdem er mittelst dem Wedgwoodschen Pyrometer, die Grade der Hitze kennen gelernt hatte, welche erforderlich waren, um gleichgroße Würfel von Feldspath und von Glas zu schmelzen, und weiter hin die Durchmesser der Kügelchen vom Glas und vom Feldspath verglich, so beurtheilte er daraus, wie viel Grade nach dem Wedgwoodschen Pyrometer zu jenem Durchmesser erforderlich waren.

Nach

Nach dieser Art die Hitze zu messen, siehet man, daß, so wie in dem Wedgwoodschen Pyrometer, die Wirkung des Feuers sich vermehrt, einige Theilchen des Körpers mit solcher Schnelligkeit entweichen, daß wir solches gar nicht sinnlich wahrnehmen können. Den Grad der Hitze beym Flüssigwerden des Kupfers, hat Herr von Saussüre durch die Zahl 27 gegeben; die von einem andern Stück Kupfer, setzt er auf 130. Dieser Unterschied ist so außerordentlich, daß man ihn kaum begreifen kann.

Um vergleichende Versuche anstellen zu können, ist es daher nothwendig, die Flamme einer sich immer gleich bleibenden Kerze, eine sich fast immer gleich bleibende Luft, und einen Zufluß derselben anzuwenden, der ununterbrochen, schnell, und voluminös ist.

Jene Bedingungen machen diese Versuche beschwerlich, und veranlassen, daß die Resultate derselben nicht immer hinreichend vergleichbar sind.

Nachdem das Sauerstoffgas bekannt worden war, schloß man daraus auf die Möglichkeit, solches zur Hervorbringung eines möglichst hohen Hitzgrades, der jeden andern bis dahin bekannten übersteige, mit Vortheil anwenden zu können.

Herr Achard (Nouveaux Mémoires de l'Academie de Berl. 1779.) scheint der Erste gewesen zu seyn, der jene Gasart zur Schmelzung angewendet hat. Er bediente sich dazu aneinander gebundener Blasen, die durch Glasröhren mit einander vereinigt waren, und leitete nun den Luftstoff auf die Flamme einer Lampe. Durch dieses Mittel gelang es ihm, Platin und Eisen zu schmelzen.

Lavoisier hat im Jahr 1782 die ausführliche Beschreibung eines Apparates geliefert, welcher dazu bestimmt ist, das Gas nicht nur aufzubehalten, sondern auch solches bequem auf die entzündeten Substanzen zu leiten. In einer bedeutenden Folge von Versuchen, welche derselbe in dreyen Memoirs (1782 und 1783) beschrieben hat, hat Lavoisier bewiesen, daß man durch dieses Mittel einen Grad der Hitze hervorbringen kann, der denjenigen, welchen die besten Brenngläser darbieten, weit übersteigt.

Jene Art von hydrostatischem Blasebalg, ist späterhin durch Meunier noch vervollkommnet worden, welcher zwey Arten angegeben hat, die man in Lavoisiers System der antiphlogistischen Chemie ꝛc. und in einer andern Abhandlung von Herrn Meunier selbst beschrieben findet.

Lavoisiers Versuche wurden mit, aus rothem Quecksilberoxyd gezogenen Sauerstoffgas veranstaltet. Dasjenige, welches man aus dem Salpeter gewinnt, scheint weniger wirksam zu seyn.

Späterhin haben Gallisch, Göttling, Fürstenberg, Geijer, Ingenhouß, Ehrmann und Andre mehr, mehrere Schmelzapparate mit Sauerstoffgas angegeben.

Ehrmann insbesondre hat sehr zahlreiche Versuche über die Wirkung des Sauerstoffgases auf verschiedene Körper angestellt, und die Resultate derselben (in seinem Versuch einer Schmelzkunst durch Hülfe der Feuerluft oder Lebensluft 1787) bekannt gemacht.

Herr Guyton Morveau hat jene Versuche in der Ecole Polytechnique wiederholt, und die Resultate im Journal derselben beschrieben. Sein Apparat bestehet in einer Blase, deren Oeffnung mit einem Rohr versehen ist, aus welchem derselbe das Sauerstoffgas auf die Flamme einer Kerze leitet, und nun dem Feuerbüschel denjenigen Körper aussetzt, welcher untersucht werden soll.

Man kann sich indessen begnügen, das Sauerstoffgas auf eine leicht entzündete Kohle zu leiten, in die man eine Höhlung gemacht hat, um die zu untersuchende Substanz darin nieder zu legen.

Fünfter Abschnitt.

Anwendung der vorherigen Grundsätze auf die Schmelzöfen.

Man kann das Schmelzen als den Uebergang eines soliden Körpers in den liquiden Zustand, durch Hülfe des Wärmestoffs definiren.

Die Schmelzöfen werden gemeiniglich zum Schmelzen der Metalle, der Steine, und der Glasmassen angewendet.

Man nährt dieselben bald mit Kohlen, bald mit Holz, je nachdem man sich das Eine oder das Andre jener Brennmaterialien mehr oder weniger leicht verschaffen kann; und je nachdem die Natur der zu behandelnden Substanzen verschieden ist. So schmelzt und reducirt man z. B. die strengflüssigen Erze, wie die Eisenerze, mit Holzkohlen, und ziehet solche den Steinkohlen vor, welche die Metalle gemeiniglich spröde machen. So heitzt man die Oefen, in welchen weißes oder Kristallglas geschmolzen werden soll, mit trocknem Holze; und will man ja Steinkohlen dazu anwenden, so muß man die schmelzende Substanz vor der Berührung mit ihrem rußigen Rauche schützen, man muß die Glashäfen zudecken.

Die Luft wird jenen Oefen bald durch einen freyen Luftzug, bald durch Blasebälge zugeführt. Von der ersten Art sind die Glasöfen, die Reverberiröfen ꝛc. Zur zweyten Art gehören die Hohöfen, die Probieröfen ꝛc.

Dieser Unterschied in Oefen mit Blasebälgen, oder mit gezwungenem Luftzug, und Oefen mit freyem Luftzug, muß um so mehr festgestellt werden, je mehr ihre Construktion verschieden ist. Wir wollen sie einzeln näher untersuchen.

Erste Abtheilung.

Oefen mit Blasebälgen, oder mit gezwungenem Luftzuge.

Der allereinfachste Ofen mit dem Blasebalg, ist die Schmiedeesse. Ihre so einfach als ökonomisch eingerichtete Construktion, erlaubt dem Künstler alle Theile einer langen Eisenstange nach und nach bequem daran zu erhitzen, und solche mit Leichtigkeit zu wenden, hinwegzunehmen, wieder einzulegen ꝛc., so wie jeden Augenblick den Grad der Hitze, und den sonstigen Zustand des Metalls zu beurtheilen.

Der Blasebalg eines chemischen Laboratoriums ist von der Schmiedeesse bloß dadurch verschieden, daß hierbey sich das Brennmaterial in einer Art Cylinder von 10 bis 12 Zoll Weite, und 6 bis 7 Zoll Tiefe befindet. Man bedeckt ihn gemeiniglich mit einer Kuppel (einem Dom), die in der Mitte mit einem Schornstein durchbrochen ist. Dieser Ofen ist in den chemischen Laboratorien von einem sehr ausgedehnten Gebrauch. Man gebraucht indessen den Blasebalg nicht bloß um einige Substanzen zu schmelzen und zu kalciniren, sondern auch da, wo man in andern Apparaten einen Luftzug veranlassen, das Brennmaterial entzünden, und solches zur Verrichtung der Operationen geschickt machen will. (Man sehe Tab. I Fig. 1.).

Der Schmelzofen welchen man bey den Ofenfabrikanten kauft, und in den Laboratorien gemeiniglich in Anwendung findet, producirt indessen nur mittelmäßige Wirkungen, vorzüglich in Vergleichung mit dem dreyfachen Blasebalg, welcher anfangs nur allein in der Bergwerks-Schule eingeführt war, gegenwärtig aber in allen andern Instituten angewendet wird. Die Luft welche bey diesem Blasebalg durch sein sehr weites Rohr entweicht, sammlet sich hierauf in einem cylindrischen Reservoir von etwa 9 bis 10 Zoll Weite. Im Innern dieses Reservoirs finden sich drey Röhren angebracht, wovon jede ungefähr einen Zoll weit ist, und welche nun die Luft durch drey verschiedene Oeffnungen, die in der Mitte der drey verschiedenen Seiten des Blasebalgs angebracht sind, auf den Heerd hinleiten. Der Ofen ist von festen Steinen erbauet, und durch eiserne Bänder zusammengehalten, welche ihn von Außen umgeben. Seine Höhe beträgt 12 bis 15 Zoll, und seine Weite 7 bis 8 Zoll. 6 Zoll vom Boden herauf, erweitert er sich um einen oder zwey Zoll. Eine Abbildung davon findet man Tab. I. Fig 2. 3.

Die Gefäße deren man sich bedienet, um darin die mineralischen Körper der Einwirkung des Feuers zu unterwerfen, werden Schmelztiegel genannt. Sie besitzen gemeiniglich die Gestalt eines an der Spitze abgeschnittenen Kegels. Tab I. Fig. 4.*).

In großen Manufakturen, wie in den Glashütten wendet man Hafen oder große Schmelztiegel an, die oft 8 bis 10 Centner Masse in sich fassen. Ihre Form ist gemeiniglich meist cylindrisch, weil diese Form eines Theils der darin eingeschlossenen Masse am meisten Widerstand leistet, und andrerseits am leichtesten auszuführen ist.

Die Schmelztiegel sind entweder aus Erde, aus Reißbley oder aus Metall angefertiget. Man fabricirt selbige aus Thon und Sand. Von dieser Art sind die Hessischen Tiegel, die bey keinem Grade der Hitze schmelzen. Diese Tiegel haben aber die Unbequemlichkeit, daß einige Bestandtheile derselben sich mit den Materien verbinden, die darin behandelt werden; und zwar vorzüglich dann, wenn solche von alkalischer, von saurer, oder sonst von einer salzigen Beschaffenheit sind. Dieser Umstand hat die Chemiker gezwungen, für solche Substanzen Schmelztiegel

*) In Deutschland bedient man sich fast allgemein derjenigen Schmelztiegel, welche zu Allmerode in Hessen aus einem mit groben Sand gemengten feuerfesten Thon geformt, und stark gebrannt werden. Außer der konisch geformten, eine Gestalt, die man vorzüglich den größern Tiegeln gibt, hat man auch kleinere von der Form einer dreyseitigen an der Spitze abgeschnittenen Pyramide. Ihr Inhalt ist von dem Umfang eines Lothes bis zu einem Pfunde Wasser. Sie sind gemeiniglich bey sechs Stück in einander gepasset, und werden Satztiegel genannt. Auch gebraucht man von derselben Masse verfertigte Schmelztuten. Sie sind entweder Kelchförmig (Kelchtuten) oder bilden ein Sphäroid, in beyden Fällen sind sie mit einem Fuße versehen. Die Schmelztuten, oder Probiertuten, werden vorzüglich zu docimastischen Arbeiten gebraucht. H.

gel von Platin und von Silber zu gebrauchen; und sich zu begnügen, die irdenen bloß zu den Metallen anzuwenden.

Die Schmelztiegel von Reißbley werden zu Passau fabricirt. Man verfertigt solche aus der Verbindung jenes Fossils mit etwas Thon, welche man zusammenknetet, um der Vermengung eine bequeme Consistenz zu geben. Diese Tiegel widerstehen dem gewaltsamsten Feuer unsrer Oefen, und werden vorzüglich zum Schmelzen der Metalle in den Münzen gebraucht. Die Natur der bildenden Bestandtheile jener Tiegel, nämlich Thon, Kohle, und Eisen, macht ihren Gebrauch sehr begrenzt, und erlaubt es nicht, sich solcher zur Behandlung der Salze zu bedienen.

Die Platintiegel vereinigen die besten Eigenschaften in sich. Jenes Metall, welches bey dem Feuersgrade unsrer Oefen unschmelzbar ist, widersteht auch den Alkalien und den Säuren. Es besitzt also alle die Eigenschafen, welche eine chemische Analyse erfordert. Es ist indessen traurig, daß die Schwierigkeit jenes Metall zu bearbeiten, so wie die Seltenheit desselben, die daraus verfertigten Gefäße sehr vertheuert.

Die silbernen Tiegel besitzen einen Theil der guten Eigenschaften der Platintiegel. Sie sind gegen die Alkalien so wie gegen die Neutralsalze unveränderlich; aber sie ertragen keinesweges den Feuersgrad wie die Platintiegel, und können daher keinesweges in allen Fällen deren Stelle ersetzen.

Die Tiegel von Eisen widerstehen zwar hinreichend der Hitze; aber die durch die Wirkung der Hitze unterstützte Luft, oxydirt solche sehr schnell. Die salzigen Substanzen fressen sie an; einige metallische Substanzen vereinigen sich damit; die Erden werden davon gefärbt, so daß diese Tiegel nur in sehr wenigen Fällen allein zum Schmelzen der Metalle angewendet werden können.

Wenn man einen Schmelztiegel vor das Gebläse bringen will, so setzt man denselben auf einen kleinen runden Stein, welcher hinreichend unschmelzbar, und dem Boden des Tiegels gleich ist. Jene Unterlage schützt den Boden des Schmelztiegels vor der unmittelbaren Einwirkung der Luft aus dem Blasebalg. Ist der Tiegel mit der zu schmelzenden Masse gefüllet, so bedeckt man ihn mit einem Deckel von derselben Substanz, um das Hineinfallen der Kohle zu verhüten. Ist die Masse geschmolzen, und hat man die Absicht solche in einen Inguß (Tab. I. Fig. 5.), oder in eine Form zu gießen, so fasset man den Tiegel mit gekrümmten Zangen, welche ihn in allen Punkten seines Umkreises umgeben, und jeder Gefahr vorbeugen (Tab. I. Fig. 6.).

Dieje-

Diejenigen Tiegel, deren man sich in den Glashütten bedienet, sind aus rohem Thon zubereitet, welcher in einem angemessenen Verhältniß mit schon gebranntem Thon, oder Scherben von alten Glashäfen (Scharmotte) gemengt ist. Hierbey darf indessen kein quarziger Sand angewendet werden, weil die Alkalien, welche eine Grundlage des Glases ausmachen, die kieseligen Theile der Tiegel auflösen und deren Zerstörung beschleunigen würden. Bey der Composition der Glashäfen muß ganz vorzügliche Aufmerksamkeit angewendet werden: denn weil selbige eines Theils der Gewalt einer starken anhaltenden Hitze ausgesetzt sind, und andrerseits die in ihnen enthaltenen Materien selbst auf ihre Substanz wirken, so müssen selbige in allen Punkten einen gleichmäßigen Widerstand leisten, und dürfen weder dem Feuer, noch der schmelzenden Masse, eine Einwirkung gestatten. Wie viel darauf ankommt bey der Auswahl der Materien, und der Zusammensetzung der Glashäfen, die größte Aufmerksamkeit zu beobachten, erkennt man, wenn man erwäget, daß diese Tiegel, deren Fabrikation sehr kostspielig ist; und daß, wenn man ihre Stelle durch neue ersetzen muß, dieses einen Aufenthalt in den Arbeiten, so wie andre bedeutende Unterbrechungen, veranlassen muß.

Beym Ausschmelzen der Metalle aus ihren Erzen, bedient man sich gemeiniglich groẞer von Holz verfertigter Blasebälge, die nur einen einzigen Boden haben, so daß man, um einen ununterbrochnen Luftzug zu haben, gezwungen ist, zwey neben einander befindliche Blasebälge anzubringen, um solche wechselsweise wirken zu lassen, indem man sie durch Wasserkraft in Bewegung setzt.

Der Gebrauch der Wassertrommeln, welche bey vielen Schmelzarbeiten eingeführt sind, und die Wirkung welche ich dadurch hervorgebracht gesehen habe, hat mich überzeugt, daß solche nicht bloß die Luft aufs beste herbey führen, sondern daß ihr Effekt selbst den der stärksten Blasebälge überwieget. Ich liefere hier (Tab. II. Fig. 1 und 2.) die Form und die Dimensionen derjenigen Trommel, welche mir die vorzüglichste Wirkung geäußert hat.

dddd sey ein Faß das 4′ 6″ weit, 4′ 8″ hoch, dessen Boden ausgestoßen ist, und dessen innere Wände 7″ 6‴ tief in Wasser stehen. In der Mitte dieses Fasses befindet sich ein auf seiner Oberfläche abgerundeter Stein e, welcher mit seiner Grundfläche im Wasser eintaucht, und über der Oberfläche des Wassers ohngefähr 11″ hervorraget. Auf einer der obern Seiten des Fasses ist eine Oeffnung angebracht, um einen ledernen Schlauch darin zu befestigen, der dazu bestimmt ist die Luft dem Heerde zuzuführen, um die Flamme zu nähren. Auf dem obern Boden des Fasses erhebt sich ein irdener Cylinder von 18′ Höhe, und 18′′ innere Weite.

Dieser Cylinder verengert sich am obern Theile, und besitzt außerhalb vier Oeffnungen von ohngefähr 5′′ Weite, welche auf vier Seiten des Cylinders c c angebracht sind, und Saugröhren (trompilles) genannt werden.

Der Cylinder ist mit einem erdnen Kegel umgeben, wovon die Grundfläche die eine Seitenwand der Saugröhren bildet. Dieser Kegel ist 6′ hoch. Seine obere Weite beträgt 18′′, seine Oeffnung nach unten 5′′.

Diese kurze Beschreibung wird hinreichend seyn, um die Wirkung der Wassertrommel kennen zu lernen: nämlich, man führet einen Strom Wasser durch den obern Trichter, welcher die Trommel umgibt. Dieser fällt in den Hebel der Trommel, und bricht sich gegen den in der Mitte des Fasses placirten Stein. Die dadurch verjagte Luft kann die vorige Höhe nicht wieder erreichen, sondern muß wegen dem ununterbrochnen Fall des Wassers durch die Seitenöffnung g entweichen, welche sie dem Heerde zuführt.

In einigen Hüttenwerken hat man die Saugröhren weggelassen, so daß die Trommel nur einen einzigen irdnen, mit einem Trichter umgebnen Cylinder bildet, welcher von dem Fasse unterstützt wird. Ich bin indessen weit entfernt, die Saugröhren als etwas Unnützes zu betrachten; denn ich habe immer bemerkt, daß wenn das Wasser im Hebel niederfällt, ein Stoß Luft mit solcher Gewalt in die Saugröhren eintritt, daß ein vor ihre Oeffnung gehaltenes Schnupftuch, mit Gewalt nach dem inneren Raume getrieben wird.

Die Luft der Saugröhren, ist also nicht allein von derjenigen abhängig, welche sich im Wasser befindet, sondern auch von demjenigen Strom, welcher durch die Saugröhren zugeführt wird.

Ich habe einen Versuch angestellt, welcher beweiset, daß auch das ruhigste Wasser eine sehr beträchtliche Quantität Luft enthält, welche durch einen einfachen Stoß oder Fall daraus hinweggejagt werden kann. Hierzu ist es hinreichend, ein metallnes Rohr, auf dem Boden einer mit Wasser gefülleten Wanne zu placiren, und das Wasser von hier, in ein unter dem Rohr befindliches Faß, wie bey den gewöhnlichen Trommeln, fallen zu lassen. Durch dieses Mittel entfernt man eine ungeheure Quantität Luft: was aber dabey auffallend ist, bestehet darin, daß wenn man das Wasser in die Wanne zurückträgt, und es auf dieselbe Art herabfallen läßt, solches noch verschiedenemal eine sehr bedeutende Quantität Luft darbietet.

In den großen Anstalten, wo man sich in dem Fall befindet, mit einem Mal bedeutende Quantitäten von Substanzen zu schmelzen, erbauet man die Oefen von Mauersteinen, oder man setzt wenigstens die innern Wände derselben mit solchen aus. Diese Steine müssen aber völlig unschmelzbar seyn. Wollten wir uns hier auf eine detaillirte Beschreibung der Sorgfalt einlassen, welche bey der Auswahl der Materien angewendet werden muß, woraus jene Steine fabricirt werden, so würden wir hier dasjenige wiederholen müssen, was bey den Oefen und Schmelztiegeln im Allgemeinen bereits erörtert worden ist.

Die Gestalt der Schmelzöfen mit Blasebälgen ist nach der Natur der Erze verschieden, welche darin bearbeitet werden sollen. Wollten wir sie alle bekannt machen, so würden wir uns in eine sehr langwierige Untersuchung einlassen müssen. Wir begnügen uns daher hier die Figur desjenigen darzustellen, welcher vorzüglich zum Schmelzen der Eisenerze fast allgemein angewendet wird (Tab. II. Fig 3 und 4.)

Bey allen Schmelzöfen werden die Erze auf das Brennmaterial geworfen, welches einen dicken Haufen bildet, so daß während sie solches durchstreichen, sie sich erhitzen, reduciren, und flüssig werden, bevor sie noch das Gebläse erreichen, wo sie die gewaltsamste Hitze erhalten, und wo die geschmolzne Masse sich reinigt und zu Boden schlägt.

Zweyte Abtheilung.

Der Windofen mit freyem Luftzug.

Die Hitze eines Ofens ist so viel größer, als sein Luftzug beschleuniget ist; und dieses hängt vorzüglich von den Verhältnissen ab, welche man in den Theilen des Ofens bey seiner Erbauung beobachtet hat.

In jedem Ofen mit freyem Luftzuge müssen der Aschenheerd, der Feuerheerd, und der Rauchfang unterschieden werden. In vielen Oefen existirt ein vierter Theil, welchen man die Sohle, die Brücke, oder das Laboratorium *) nennt: er ist derjenige Raum,

*) Das Laboratorium, oder der Arbeitsort, ist doch in der That bey dem Schmelzofen mit dem Feuerheerd oder Feuersack völlig einerley. H.

Raum, welcher sich zwischen dem Feuerheerde und dem Rauchfang befindet, in welchem das zu schmelzende Metall placirt wird.

Man unterscheidet die Sohle gemeiniglich in zwey Theile, wovon der eine das Altar (l'autel), der andere aber der Tiegel genannt wird. Der Erste ist dem Heerde nahe, und macht denjenigen Theil aus, in welchem das zu schmelzende Metall placirt wird. Der Zweyte ist derjenige Theil, welcher jenem, nahe der Basis des Rauchfangs entgegengesetzt ist, und das ausgeschmolzene Metall aufnimmt.

Der Aschenheerd muß breit, tief und zur schnellen Aufnahme der äußern Luft geschickt seyn. Er ist von dem Feuerheerde durch einen Rost abgesondert, welcher das Brennmaterial trägt, und bey welchem die Stäbe bey solchen Zwischenräumen gegen einander gestellt seyn müssen, daß die Kohlen nicht durchfallen können, und demohngeachtet auch dem Zutritt der Luft nicht hinderlich sind. Um den Luftzug des Ofens zu beurtheilen, und dem Verstopfen des Rostes zuvorzukommen, kann man ein mit Wasser gefülletes Gefäß auf die Sohle des Aschenheerdes setzen. Das lebhafte Licht, welches von dem Roste in solches reflektirt wird, zeigt allemal, daß einige Theile des Rostes verstopft sind; und man muß nun Sorge tragen, den Luftzug wieder herzustellen, indem man die verstopfenden Theile mit einer eisernen Spitze hinwegschaffet, und die Schlacken ablaufen läßt.

Wir begnügen uns hier eine Abbildung von drey Schmelzöfen mit freyem Luftzug zu geben, welche den besten Effekt produciren, und bey dergleichen Operationen fast allgemein angewendet werden.

Der Erste (Tab. III. Fig. 1.) ist der durch Lavoisier vervollkommnete Schmelzofen unsrer Laboratorien. Er ruhet auf einem Dreyfuß, und nimmt die Luft durch seine untre Oeffnung auf. Man bedient sich dieses Ofens zu Schmelzungen in Schmelztiegeln, mit dem größten Vortheil. Hier erscheint solcher auf den zwölften Theil seiner natürlichen Größe reducirt.

Der Zweyte (Tab. III. Fig. 2.) ist ein gewöhnlich in den Münzen angewendeter Schmelzofen, zum Schmelzen der Metalle.

In diesen beyden Schmelzöfen machen der Arbeitsort und der Feuersack einen und denselben Theil aus. Die Tiegel sind im Feuersack gestellt, und mit Kohlen umgeben.

Wir haben indessen bereits bemerkt, daß es auch Schmelzöfen gibt, bey welchen der Arbeitsort unmittelbar zwischen dem Feuersack und dem Rauchfang befindlich ist. Hier schlägt die Flamme, welche sich aus dem Feuerheerde erhebt, gegen den Altar

tar oder den Arbeitsort, und wird dann mit Lebhaftigkeit auf die Sohle zurückgeworfen, wo sich die schmelzende Substanz befindet: aus dem Grunde werden dergleichen Oefen auch Reverberiröfen genannt (Tab. III. Fig. 3.). Sie dienen vorzüglich zum Schmelzen solcher Metalle, welche man gießen will. Man wendet jene Oefen auch oftmals zur Kalzination und Orydation der metallischen Substanzen an; oft auch, um leichtflüssige Metalle aus ihren Erzen zu scheiden, wie z. B. das Bley. Im letztern Fall ist man gezwungen die Erze mit Holzkohlen zu bearbeiten, sowohl um das Metall dadurch zu reduciren, als seiner Orydation vorzubeugen.

Um zu beweisen, daß die beyden ersten Windöfen nicht zum Schmelzen mit Holz angewendet werden können, ist es nothwendig ihre Konstruktion zu berücksichtigen. Dies ist aber keinesweges der Fall beym dritten Ofen: denn hier, wo die Wirkung nur in einer gewissen Entfernung vom Feuerheerde hervorgebracht wird, ist die Flamme des trocknen Holzes hinreichend, um die günstigsten Wirkungen zu veranlassen.

Wird der Ofen mit Kohlen genähret, so wirft man solche von Zeit zu Zeit durch eine Oeffnung hinzu, welche man perpendikulair über dem Heerde, in dem ihn bedeckenden Raume angebracht hat. Oft werden solche auch durch Seitenöffnungen hinzugeworfen, welche nahe dem Roste angebracht sind, und man verstopft dann jene Oeffnungen selbst mit Kohlen, so daß man solche nur wenn es erforderlich, nach dem Feuerheerde zuschieben darf.

Die einzige Modifikation, welche der Reverberirofen nothwendig macht, wenn solcher mit Holz geheitzt werden soll, ist die, daß man den Rost wegnehmen muß, weil die Flamme, die viel stärker ist, sonst die Sohle durchdringen, und sich zum Theil im Rauchfang verlieren könnte.

Sechster Abschnitt.

Anwendung der vorherigen Grundsätze, auf die Abdunstungsöfen.

Abdunstung nennt man den Uebergang einer tropfbaren Flüssigkeit in die Dunstform, durch Hülfe des Wärmestoffes.

Jene Operation zweckt entweder dahin ab, zwey Materien von einander zu scheiden, wenn wenigstens eine von beyden liquide ist, und beyde einen differenten Grad der Flüchtigkeit besitzen;

sitzen; oder dahin, eine Auflösung zu verdichten, indem man einen Theil ihrer Flüssigkeit hinwegnimmt, damit die darin gelöste Substanz sich ausscheiden kann.

Die Abdunstung wird in solchen Oefen veranstaltet, welche man zufolge ihres Gebrauchs Abdunstungsöfen nennt.

Der Abdunstungsofen ist allgemein aus zwey verschiedenen Theilen zusammengesetzt, der eine wird der Aschenheerd, der andre der Feuerheerd genannt. Beyde sind durch einen Rost von einander getrennet, welcher das Brennmaterial aufnimmt. Jeder dieser beyden Theile hat eine Oeffnung, wovon die Eine zum Eingang der Luft, so wie zum Ausziehen der Asche, die Andere aber die Anwendung des Brennmaterials erleichtert.

In denjenigen Anstalten wo man nur Holz gebraucht, läßt man den Aschenheerd weg: und in diesem Fall wird der Zugang der Luft gleich durch den Feuerraum unterhalten, welcher stets mit dem entzündeten Brennmaterial gespeiset seyn muß, damit die zutretende kalte Luft nicht die Abdunstungsgefäße abkühle und die Hitze vermindre.

Der einfachste Abdunstungsofen, ist der in unsren Laboratorien. Er besitzt die Form eines sich oben erweiternden Cylinders. Sein oberer Rand besitzt 3 bis 4 Aushöhlungen oder Einschnitte, welche in den Seitenwänden des Ofens zum Feuerraum hinabsteigen, um so einen freyen Luftzug zu unterhalten (Tab. IV. Fig. 1.).

Man bemerkt indessen bey den Abdunstungsöfen, deren man sich in den Werkstätten bedient, eine große Abweichung. Die Gestalt der Abdunstungsgefäße, deren man sich bedienet, die Natur der Substanzen, welche man abdunstet, müssen nothwendig in der Construktion jener Oefen, manche Modifikation nöthig machen. Wir begnügen uns hier nur die vorzüglichsten bekannt zu machen.

Die Pfannen, deren man sich in den meisten Fabriken bedienet, sind die gewöhnlichsten Abdunstungsgefäße. Man bedienet sich derselben, um Flüssigkeiten zu verdichten, und darin gelöste Salze und andre Substanzen abzuscheiden. Ihre Form besteht gemeiniglich in einem länglichen Viereck, zuweilen ist sie auch rund.

Bevor die Construktion dieser Oefen den Grad der Vollkommenheit erhielt, den man ihnen jetzt gegeben hat, begnügte man sich mit einer auf vier Mauerwände placirten Pfanne, bey welcher die Flamme, mit Ausnahme einer Kante von 3 bis 4 Zoll auf jeder Seite, mit welcher die Pfanne auf der Mauer

ruhete,

ruhete, den ganzen Boden bestrich. In der Mitte der einen äußern Mauer war eine Thür angebracht, um das Brennmaterial und die Luft einzuführen; auf der gegenüberstehenden Seite, war der Rauchfang angebracht.

Nach der Idee, welche wir von der mangelhaften Construktion der ältern Oefen gegeben haben, siehet man, daß der Luftzug, welcher zwischen der Pfanne und der Sohle des Heerdes eintritt, die Hitze wegnehmen und solche fast ganz in den Rauchfang überführen muß: so daß dann eine lange Zeit, und ein bedeutender Aufwand von Brennmaterial erfordert wird, um die Abdunstung zu veranlassen.

Die Fortschritte unsrer Kenntnisse, und die Nothwendigkeit mit Zeit und Brennmaterial gut zu wirthschaften, haben die Veränderungen in der Construktion der Oefen herbeygeführt, mit denen wir uns jetzt beschäftigen wollen.

Die Construktion eines Ofens kann nur in so fern vortheilhaft genannt werden, in so fern dabey die Hitze auf allen Punkten des Abdunstungsgefäßes gleichförmig vertheilt wird; und alle diejenige Wärme, welche etwa entweichen kann, noch anderwärts benutzt wird.

Man kann daher annehmen, daß Unvollkommenheiten Statt finden:

1) Wenn man nur eine Fläche des Abdunstungsgefäßes erhitzen kann, weil alsdann die ganze Masse des Fluidums nur in sofern erwärmt wird, als der Theil des Ofens und der Flüssigkeit, welche die sie durchströmende Hitze unmittelbar aufnehmen, damit in Berührung stehen: wodurch die Abdunstung sehr langweilig wird.

2) Wenn man den Schornstein rauchen siehet: denn dieser Rauch besteht aus den Theilen des Brennmaterials, welche durch den Luftzug fortgeschleppt werden, und der Verbrennung entgangen sind.

3) Wenn man am Ausgange des Rauchfangs eine lebhafte Hitze wahrnimmt.

Durch einige Abändrungen in jedem einzelnen Theile, welche den Abdunstungsofen bilden, ist es uns geglückt, alle gute Eigenschaften desselben fast vollkommen zu erzielen.

Wendet man Kohlen als Brennmaterial an, so muß ein Aschenheerd angebracht werden, dem man die gehörige Tiefe gibt, um zu verhindern, daß die kleinen brennenden Kohlenstücke welche durch den Rost fallen, nicht die Luft erhitzen, und ein

ein freyer Zugang der äußern Luft erhalten wird, weil sonst das Feuer sehr ungleich werden würde.

Eine besondre Aufmerksamkeit erfordern der Feuerheerd, und der Rauchfang. Der Rost muß $\frac{2}{3}$ der Länge, und $\frac{1}{3}$ der Breite, einer länglich viereckigen Pfanne betragen. Er muß ungefähr 3 Zoll niedriger angebracht seyn als das Niveau der Mauer, auf welcher die Thüre ruhet, so daß die Mauer nach dem Rost zu, abschüssig läuft. Der Rost muß aus eisernen Stäben gemacht seyn, welche frey ruhen, ohne daß sie durch ein Band von demselben Metall gestützt sind. Jene Stäbe müssen nach der Breite, in der Entfernung von ungefähr einem Zoll von einander placirt seyn. Werden die Stäbe befestigt, so können solche sich durch die Abwechselung der Kälte und Hitze nicht frey zusammenziehen und ausdehnen. Die Pfanne muß 10 bis 15 Zoll hoch über dem Roste angebracht werden; insbesondre aber wird die Höhe durch die Natur des anzuwendenden Brennmaterials bestimmt, so wie man solche nach dem Maaße einrichtet, als man mehr oder weniger Flamme geben, oder das Brennmaterial, mehr oder weniger lebhaft verbrennen soll.

Die sich aus dem Feuerheerde erhebende Hitze besitzt ihr Maximum der Wirkung bey einer Höhe, welche bekannt seyn muß, welche aber nach den verschiednen Umständen differirt, welche wir anzeigen wollen. Allgemein erfordern diejenigen Brennmateriale, welche viel Flamme geben, auch die größte Höhe des Brennraumes. Diejenigen welche lebhaft brennen, und wenig Rückstand übrig lassen, erfordern eine mindere Höhe des Brennraumes. Man muß indessen unter beyden Extremen immer die zuträglichste Höhe auswählen.

Hat man eine runde Pfanne über einen Ofen placirt, so müssen im Bau des Ofens einige Abweichungen beobachtet werden, und zwar vorzüglich in Hinsicht des Ortes, wo der Rost angebracht wird. Fast in allen Werkstätten setzt man den Kessel so, daß die Mitte von dessen Boden, über der Mitte des Rostes zu stehen kommt.* Diese Einrichtung würde dann die beste seyn, wenn sich die Hitze aus dem Feuerheerde senkrecht emporhöbe, um den Kessel zu berühren. Aber der Luftstrom, welcher die Flamme durchstreicht, und nach dem Rauchfang zu entweichen trachtet, gibt der aufsteigenden Hitze eine schiefe Richtung: so daß der Wärmestrom nur den, dem Rauchfang am nächsten belegnen Theil des Kessels berührt. Um diesem Nachtheil abzuhelfen, ist es hinreichend, den Rost mehr vorwärts zu legen, so, daß die Kante des Rostes nach dem Rauchfang zu, unter der Mitte des Kesselbodens zu liegen kommt; und daß die Seite

der

der zum Feuerheerd führenden Thüre, mit der vordern Kante des Rostes gleich stehet, wie man solches (Tab. V. Fig. 1.) sehen kann. Bey dieser Stellung schlägt die sich erhebende Flamme sehr stark gegen alle Flächen des Kesselbodens, bevor sich solche im Rauchfange verlieren kann.

Vorzüglich hat man aber in unsern Zeiten in der Einrichtung der Rauchfänge sehr glückliche Veränderungen angebracht. Statt daß solche sich sonst vom Feuerheerde abwärts senkrecht erhoben, hat man solche gezwungen, die Seiten der Kessel zu umgeben, und sich um solche herum zu winden, bevor sie in den perpendikulairen Schornstein entweicht, um sich in der Luft zu verlieren: so, daß der Rest der entweichenden Hitze aus dem Feuerheerde, die Oberflächen der Seitenwände des Kessels berührt, und sich an selbigen absetzt.

Zuweilen findet man der Thüre gegenüber, am Boden des Feuerheerdes zwey Oeffnungen angebracht, welche den Anfang des sich windenden Rauchfanges bilden, und sich über der Thüre des Feuerheerdes in ein einziges Rohr vereinigen, durch welches der Luftstrom, welcher zur Nährung des Feuers bereits gedienet hat, in den Dunstkreis entweicht. (Tab. V. Fig. 2.) In diesem Fall findet sich der perpendikulaire Rauchfang über der Thüre des Feuerheerdes.

Oefter aber gehet der Zug der Flamme nur zu einer Oeffnung aus: in diesem Fall begibt sich der gewundene Rauchfang in den perpendikulairen, welcher den äussersten Punkten der Flamme und des Aschenraums entgegengesetzt ist (Tab. V. Fig. 3).

Sind die Kessel sehr groß, und ist es beschwerlich, ohne Aufwand einer großen Masse an Brennmaterial den Boden zu erhitzen, so bringt man hier noch solche gewundene Züge an, welche sich in dem allgemeinen Schornstein öffnen. (Tab V. Fig. 4).

Diese letztere Construktion hat den Vortheil, die Pfannen zu schützen und zu verhindern, daß solche sich nicht biegen, welches vorzüglich oft bey bleyernen und kupfernen Pfannen der Fall ist, und ihre Zerstörung herbeyführt.

Die Mauern welche die Windungen des Rauchfanges unter der Pfanne scheiden, müssen dünn seyn; ihre Breite darf höchstens ungefähr die eines Mauersteins betragen.

Bevor man man eine Pfanne in den dazu bestimmten Ofen placirt, muß man alle innern Seitenwände des Ofens mit einer Lage Lehm bedecken, welcher mit Abgängen von Haaren, und gebranntem Thon gemengt ist, damit die Pfanne in allen Punkten anschließt, und die Flamme, oder der Luftzug, welcher vom Feuerheerde ausgehet, gezwungen wird, alle Oeffnungen im Rauchfange zu durchlaufen.

Der Ofen von welchem wir so eben geredet haben, gewähret vorzüglich dann sehr große Vortheile, wenn man sich des Holzes als Brennmaterial bedient, weil die Flamme, welche dadurch hervorgebracht wird, die innern Räume der Feuergänge fast nach ihrem ganzen Umfang durchläuft, und die Hitze alle Oberflächen der Pfanne berühren muß.

So vortheilhaft indessen auch die gewundenen Feuergänge in den Oefen seyn mögen, so gibt es doch Fälle, wo solche bey der Ausübung nachtheilig wirken können. So würde man z. B. bey einer solchen Einrichtung des Ofens keine Seifensiedung veranstalten können, ohne die Seife zu verbrennen, weil hierbey die Seitenwände des Kessels zu sehr erhitzt werden, oder man würde ein beschwerliches Abkühlen derselben unterhalten müssen. Daher erbauet man auch in den Seifensiedereyen nur allein den untern Theil des Kessels von Kupfer, und den übrigen von Stein.

Ein zweyter Unterschied, welchen die zur Seifensiederey bestimmten Kessel erkennen lassen, besteht darin, daß der Rost, statt vorne zu liegen, auf der Seite der zum Feuerheerde angebrachten Thüre, hinter dem Boden des Kessels angebracht, und der Rauchfang unmittelbar über der Feuerthüre befindlich ist: so daß die Flamme des Brennmaterials gerade nach der Feuerthüre zu schlägt, um, nachdem sie unter dem Kessel weggestrichen ist, im Schornstein zu entweichen; und dies ist wie man siehet, eine der in andern Oefen völlig entgegengesetzte Richtung der Flamme. (Tab VI. Fig. 1.) Man hat diese widernatürliche Construktion aber aus dem Grunde aufgenommen, weil man bemerkt hat, daß durch dieses Mittel die Wirkung der Hitze weit gleichförmiger, als in andern Oefen regiert werden kann.

Es ist uns nun noch übrig, von den Abdunstungsgefäßen zu reden, welche, wie bereits bemerkt worden, diejenigen Geschirre ausmachen, in denen die zu verdunstenden Flüssigkeiten enthalten sind.

Die Abdunstungsgefäße sind entweder von Metall, von Glas, von Porzellan, oder von Töpferzeug. Man nennt sie bald Kessel, bald Pfannen, bald Becken, bald Schaalen zufolge ihrer Größe.

Der Kessel oder die Pfanne wird gewöhnlich fest in dem dazu bestimmten Ofen eingemauert. Die Form ist bald rund,

bald

bald viereckigt, bald ein längliches Viereck. Man verfertigt sie von Kupfer, von Eisen, von Bley oder auch von Zinn, nach der Natur der Substanzen, welche darin bearbeitet werden sollen. Die kupfernen Kessel werden vorzüglich in den Färbereyen angewendet, und überhaupt bey allen denjenigen Operationen, bey welchen man mit Vegetabilien arbeitet, um einige Bestandtheile aus ihnen zu extrahiren. Die von Eisen sind in den Salzsiedereyen und in denjenigen Fabriken gebräuchlich, wo man Neutralsalze aus ihrer Auflösung abscheiden will. Der bleyernen, welche weniger als die eisernen von den Salzen angegriffen werden, bedient man sich in den Alaun-Fabriken so wie in den Vitriol und Vitriolölfabriken ꝛc. Von den zinnern kenne ich keinen Gebrauch *), außer dem daß man sie in den Färbereyen zur Hervorbringung des Scharlachs anwendet; weil die dazu erforderliche saure Beize die andern Metalle mehr oder weniger angreift, und die Farbe verändert.

Die Form der Kessel oder Pfannen hat mir immer sehr indifferent zu seyn geschienen, wenn nur der Ofen gut construirt ist **). Man muß gestehen, daß die runde Form eine weit leichtere Erhitzung als jede andre zuläßt, und die runden Kessel weit schwerer der Zerstörung unterworfen sind. Ich würde solche daher allemal da vorziehen, wo es bloß darauf ankommt, abzudunsten; wenn man aber gezwungen ist, im Bade des Kessels zu arbeiten, so werden die Arbeiten durch die viereckige Form sehr erleichtert: so daß also die Natur der Operation, die Form der Gefäße bestimmt.

Der platte Boden der Kessel scheint mir stets viel Unbequemlichkeiten darzubieten. Denn 1) ist es schwer einen Kesselboden von solcher Form zu treiben; 2) bleiben die Unreinigkeiten, welche einem Bade beygemengt sind, und sich auf einer großen Fläche niederschlagen, der brausenden Bewegung der Flüssigkeit ausgesetzt; 3) drücken die Flüssigkeiten mit ihrem ganzen Gewicht, auf den schon durch die Hitze geschwächten Boden.

Gibt man hingegen dem Kesselbade eine koncave, oder nach außen zu gebogne Form, so werden dadurch nicht nur alle vorige Mängel hinweg geräumt, sondern zugleich andre Vortheile hervorgebracht: denn 1) die Flamme theilt sich nun viel gleichförmiger

*) In Deutschland bedient man sich der zinnern Pfannen auch in den Salmiakfabriken, um die Laugen abzudunsten. Auch haben solche einen ausgedehnten Gebrauch, in der Pharmacie. H.

**) Dies scheint mir nicht der Fall zu seyn. Runde Gefäße können weniger in allen Punkten von der Hitze bestrichen werden als länglich viereckige, sie erfordern also mehr Aufwand an Brennmaterial als die Letztern.

miger allen Punkten mit, und zwar aus dem Grunde, weil die größte Hitze sich vom Mittelpunkte aus erhebt; 2) die außerhalb konvexe Form, setzt der Wirkung der Flüssigkeiten und der Wärme mehr Widerstand entgegen; 3) die Niederschläge welche sich im Bade bilden, werden auf die Seiten des Kessels zurückgeworfen, welche an der Mauer ruhen, so daß das Feuer, welches hier weniger wirksam ist, und aus dem Grunde hier weniger gefährlich wirkt, hier keine Kruste bildet und das Metall nicht austrocknen läßt, indem solches zwischen diesen Theilen und der Flüssigkeiten eingeschlossen ist, wodurch sonst oft das Schmelzen der Kessel veranlasset wird. (Tab. VI. Fig. 2).

Man hat sich lange Zeit über die vortheilhaftesten Verhältnisse gestritten, welche man bey der Construktion eines Kessels beobachten müsse. Gegenwärtig hat man aus den darüber angestellten Erfahrungen, folgende Grundsätze abstrahirt: die Quantität des Brennmaterials welche erfordert wird, um die Evaporation zu bewirken, vermehrt sich nicht in demselben Verhältniß, als das Volum der Flüssigkeit: so daß es also vortheilhaft ist, sich großer Kessel zu bedienen; es ist aber auch mehr Zeit erforderlich, um solche ins Sieden zu setzen. Da indessen die Zeit bey dem Interesse des Fabrikanten mit in Rechnung gesetzt werden muß, so hängt es von ihm ab, die Größe der Kessel zu bestimmen *).

Herr Graf von Rumford ließ nach und nach während einer Stunde 440 und 280 Pfund Wasser ins Sieden kommen. Im ersten Fall war ein Pfund Brennmaterial erforderlich, um 18 Pfund Wasser zum Sieden zu bringen; im zweyten Fall wurden durch dieselbe Quantität Brennmaterial nur 12 Pfund Wasser zum Sieden gebracht **).

Nach

*) Aus eigner Erfahrung ist mir bekannt, daß bey großen Pfannen, z. B. für Salzsiedereyen, wo es darauf ankommt, mit der möglichsten Menage an Zeit und Brennmaterial große Quantitäten von Flüssigkeiten zu verdampfen, die besten Dimensionen in folgenden bestehen: 1) für 28′ Länge, 26′ Breite, und 16″ Tiefe; 2) für 10′ Länge, 8′ Breite, und 14″ Tiefe. H.

*) Eine Hauptsache zur Ersparung des Brennmaterials bey großen Vorrichtungen bestehet darin, daß man alle Ableitung der Hitze durch die Wände der Ofenmauern, so wie durch die auf die Oberfläche der Flüssigkeit wirkende kalte Luft zu vermeiden sucht. Den ersten Zweck erreicht man, wenn man der Pfanne oder dem Kessel eine doppelte Mauer giebt, und den Zwischenraum mit gestoßner Kohle, mit ausgelaugter Asche, oder mit einem andern schlechten Wärmeleiter ausfüllet. Den zweyten erreicht man, wenn man die siedende Oberfläche mit einem Dach umgibt, um die Einwirkung der kalten Luft abzuhalten. H.

Nach Herrn von Rumford kann man es als einen Grundsatz aufstellen, daß die Ersparung an Brennmaterial so viel größer ist, als die Zeit welche zum herankommenden Sieden erfordert wird, größer ist.

Die Becken oder Schaalen, deren man sich in den Werkstätten der Konditor, so wie in den Apotheken bedienet, um Säfte einzudicken, Abkochungen zu machen ꝛc. bestehen in kleinen tragbaren Kesseln, welche man ohne Befestigung über die Flamme der Oefen setzt; oder man setzt solche auch bloß auf einen Dreyfuß, unter welchem Holz angezündet wird. Sie sind entweder von Kupfer oder von Silber angefertiget. Die Letztern werden vorzüglich zur Verdunstung der in der Arzneykunst gebräuchlichen Säfte oder Salzauflösungen gebraucht; weil solche das Kupfer leicht anfressen und auflösen, und dadurch die Arzneyen der Gesundheit nachtheilig machen können. Da man indessen nicht allerwärts, vorzüglich bey Zubereitung der Speisen, silberne Geschirre anwenden kann, so muß beym Gebrauch der kupfernen, die strengste Vorsicht angewendet werden. Man muß sie zu dem Behuf von allem anklebenden Rost und Grünspan reinigen, welche sich auf ihrer Oberfläche sehr leicht erzeugen. In den Mittägigen Provinzen, wo man eine große Quantität Weintrauben-Extrakt bereitet, welches Traubenmus genannt wird, verbessert man zum Theil die Unbequemlichkeit der kupfernen Geschirre in welchen man jene Zubereitung veranstaltet, daß man während der Zeit der Operation eiserne Schlüssel hineinlegt, welche beym Herausnehmen mit einer rothen Kupferhaut überzogen sind: hier wird das Kupfer durch das Eisen nach dem Maaße gefället, als solches sich auflöst, und nimmt nun dessen Stelle ein *). Die Bewegung welche man der Flüssigkeit ertheilt, um die Verdunstung zu erleichtern, die Reibung welche man mittelst den Spateln auf die Seitenwände der Gefäße veranlasset, um zu verhüten, daß die Substanz sich nicht anhängen und bis zur Verkohlung austrocknen kann, dienet noch mehr dazu, dieß Anfressen und Auflösen des Kupfers zu erleichtern.

Die Schaalen oder Abdunstungsgefäße, deren wir uns in den Laboratorien bedienen, haben gemeiniglich die Gestalt von Kugel-

*) Zinnerne Geschirre, von reinem bleyfreyen Zinn, qualificiren sich zu solchem Behuf weit mehr, weil solche von den süßlich sauren Pflanzensäften wenig oder gar nicht angegriffen werden. Die Reinigung der kupferhaltigen Säfte vom Kupfer durch Eisen, erfolgt allemal nur unvollkommen; und wenn sie auch vollkommen erfolgen sollte, so bleibt doch der Saft allemal mit Eisenoxyd verunreinigt zurück. H.

Kugelschnitten, und sind entweder von Glas, von Porzellan, oder von Metall verfertiget.

Die gläsernen Schaalen werden am häufigsten angewendet; diejenigen welche man in den Glashütten verfertiget, besitzen aber gewöhnlich mehrere Fehler: 1) sind sie fast immer von ungleicher Dicke, welches veranlasset; daß sie sich in der Wärme ungleich ausdehnen, und leicht springen; 2) sie sind gemeiniglich auf der convexen Fläche mit 2 oder 3 hervorragenden Knöpfen versehen, welche oft ihr Zerspringen begünstigen.

Die besten gläsernen Abrauchschaalen sind diejenigen, die man sich selbst verfertiget, indem man einen gläsernen Recipienten in zwey Hälften zerschneidet *).

Um die gläsernen Abrauchschaalen zu verfertigen, kann man auf verschiedene Weise operiren: 1) man umgürtet den Recipienten, welchen man zerschneiden will, an der verlangten Stelle mit einem Faden, den man mit einem Kitt von Thon und Haaren befestiget. Man macht die Spitze eines eisernen mit einem Handgriff versehenen Stabes glühend, und applicirt den glühenden Theil da, wo man spalten will, indem man ihn in der erforderlichen Direktion herum führt. Das Glas spaltet sich hier durch den Eindruck der Hitze, und die Spaltung folgt den heißesten Theilen: so daß wenn die Spaltung nun einmal angefangen ist, man ihr mit dem glühenden Eisen folgen darf, um den Recipienten in zwey Halbkugeln zu theilen. Ich rathe hierbey die Theilung nach der Richtung der Recipientenöffnung zu veranstalten, weil alsdann jede Schaale mit einem Ausgußschnabel versehen ist, um das Abgießen durch selbigen zu veranstalten.

Wenn die Gefäße durch den mit dem glühenden Stabe gemachten Eindruck der Hitze sich nicht spalten so kann der Erfolg begünstiget werden, wenn man mit einem nassen Körper über die heißeste Stelle hinfährt, oder wenn man einen Tropfen Wasser darauf fallen läßt.

2) Will man aus einem Recipienten mehrere kleine Schaalen verfertigen, so bedient man sich eines eisernen Ringes (ein Sprengeisen) welchen man im rothglühenden Zustande auf diejenige Stelle bringt, welche zerschnitten werden soll; und die kleinen Schaalen werden augenblicklich abgesondert.

Diese

*) Hier in Berlin werden dergleichen Schaalen von verschiedner Größe aus Sanitätsmasse verfertiget, die man auf der Königlichen Porzellanmanufaktur sehr billig kauft. Sie sind allen übrigen vorzuziehen. H.

Diese Schaalen haben den großen Vortheil, daß sie in allen Punkten gleich dick sind; aber sie besitzen scharfe Kanten, welche die Hände leicht verletzen, und solche auch zum Zerspringen disponiren; daher es gut ist jene Kanten vor dem Gebrauch an einer Glaslampe abzurunden.

Die gläsernen Schaalen können die unmittelbar darauf wirkende Hitze nicht aushalten, ohne zu zerspringen. Um diesem Nachtheil vorzubeugen, beschlägt man selbige mit einem Kitt aus Thon und Haaren bereitet. In diesem Zustande können solche auch zur Abdunstung über freyem Feuer angewendet werden, ohne zu reissen, nur muß die rückständige Substanz allemal noch liquide seyn, wenn eine neue Portion hinzugegossen werden soll.

Die Schaalen von Porzellan und von Steingut ertragen die Anwendung der freyen Hitze ohne zu springen; die erstern finden eine häufige Anwendung, die letztern weniger, weil sie fast immer poröse sind.

Es gibt Fälle, wo die Wärme, welche die Abdunstung veranlasset, nur auf der Oberfläche der Flüssigkeit wirksam ist; wie diejenige Abdunstung, welche an der Sonne veranstaltet wird. In den mittägigen Climaten verdichtet man auf diese Art fast durchgängig das Meerwasser, um das Seesalz daraus zu scheiden *).

In mehrern Anstalten hat man versucht, die Wärme zur Verdunstung so anzuwenden, daß man einen Strom heiße Luft, über die vorher erwärmte Flüssigkeit hingeleitet hat: so daß auf solche Art die Wärme in allen Flächen wirksam ist; und der Luftstrom alsdann in eben den Rauchfang abgeleitet wird, welcher die Dünste, und den Rauch aufnimmt. Auf diese Art erfolgt die Operation unbezweifelt viel schneller; man muß dabey aber auch befürchten, daß viele Unreinigkeiten mit der verdunstenden Flüssigkeit verbunden werden; daher diese Verfahrungsart nur eine begrenzte Anwendung findet. Man könnte dieselbe z. B. zum Abdunsten der Laugen in den Pottaschensiedereyen anwenden, und anstatt solche in Pfannen abzudunsten, würde es besser seyn, sich eines Reverberirofens dazu zu bedienen, wobey die Luft

*) Daß man auch in unserm Clima die Abdunstung der Salzsaalen durch die Sonnenwärme bewirken kann, habe ich in einer eignen Abhandlung auseinandergesetzt. Man sehe darüber meinen Aufsatz: Observation sur une methode d'évaporation spontanée de l'eau des puits salans à la température de l'atmosphère etc. In den Mémoires de l'Academie des Sciences de Berlin. MDCCCIII. pag. 91 etc. H.

Luft zugleich zum Reservoir der Dünste dienen würde; so wie derselbe Ofen dann auch zugleich zur Darstellung der Pottasche selbst dienen könnte.

Die Art und Weise das Feuer auf die Abdunstungsgefäße anzuwenden, unterscheidet sich auch noch nach der Natur der Gefäße, so wie nach der Natur der Materien, welche man darin behandelt.

Wir kennen drey Arten der Abdunstung: eine bey bloßem Feuer, wobey die Abdunstungsgefäße dem Feuer unmittelbar ausgesetzt sind; die zweyte im Sandbade, wobey die Abdunstungsgefäße sich durch eine Schicht Sand vom Feuer getrennt befinden; endlich kann man zwischen das Feuer und die Gefäße ein liquides Mittel setzen, in welchem Fall man das Ganze eine Abdunstung im Wasserbade oder Marienbade zu nennen pflegt.

Die erstere Abdunstungsart gebraucht man nur dann, wenn man sich metallener Geschirre bedient, die der Einwirkung des Feuers Widerstand leisten. Sie sind nicht nur die genauesten, sondern auch die wirthschaftlichsten, weil bey ihnen sich die Hitze den Gefäßen unmittelbar mittheilt; sie erfordern aber auch viel Sorgfalt, um das Feuer gehörig zu regieren; und zwar nicht allein, um jedesmal den convenabelsten Grad der Hitze zu veranlassen, sondern auch, den ungleichen Gang derselben zu vermeiden, welcher, indem er die Temperatur des Bades verändert, zugleich eine Veränderung in der Natur der Produkte mit sich führt (Tab. VI. Fig. 3 und 4.).

Wendet man zerbrechliche Gefäße an, wie die von Glas, so verrichtet man die Abdunstung im Sandbade: so daß man die Gefäße zur Hälfte mit trocknem Sande umgibt; und daß der Grund des Gefäßes durch ein Gefäß von Eisen von der Flamme getrennet ist; wobey der Sand nach und nach von der Hitze durchdrungen wird, und die Abkühlung ebenfalls wieder nur nach und nach erfolgen kann, so daß die Gefäße weder einen zu schnellen Eindruck von der Hitze, noch von der Kälte erleiden können, und die Operation selbst dann, wenn die regelmäßige Direktion des Feuergrades vernachlässiget, einen geordneten Gang behauptet (Tab. VI. Fig. 5.).

Hat man ein sehr leichtes Fluidum zu verdunsten, so kann man das Gefäß in ein anderes Fluidum von größerer Dichtigkeit einschließen. Der Grad der Hitze, welcher hinreichend ist, das Letztere zum Kochen zu bringen, bringt auch das Zweyte zum Sieden, welchem solches seine Wärme mittheilt: und in diesem Fall nennt man den Erfolg eine Abdunstung im Wasserbade.

bade. Man bedient sich dieser Verfahrungsart allemal da, wo man ein flüchtiges Fluidum von seiner Vermengung mit einem feuerbeständigern trennen; oder wenn man einen sehr subtilen Stoff aus seiner Verbindung mit einem andern Körper ausscheiden will; und man gewinnt dadurch den Vortheil gegen die erstern Abdunstungsarten, daß man die abgeschiedene Substanz dadurch nicht durch das Feuer verändert erhält. Man siehet leicht, daß dem Gesagten zufolge, das mit Salztheilen beladene Wasser, welches sich nun weniger leicht verflüchtiget, zur Destillation anderer Flüssigkeiten, welche sich schon beym Siedpunkte des Wassers erheben, aus dem Wasserbade, mit Nutzen angewendet werden kann. (Tab. VI. Fig. 6.).

Unabhängig von den Ursachen, welche wir von der Feuerbeständigkeit der Körper erörtert haben, und welche sich folglich der Abdunstung mehr oder weniger entgegensetzen, gibt es eine der vorzüglichsten, die fast stets mit gelinder Luft wirkt, dieß ist die atmosphärische Luft.

Wenn entweder mittelst der Luftpumpe, oder indem man sich auf die Gipfel hoher Berge begibt, man den Druck der atmosphärischen Luft vermindert: so siehet man viele liquide Substanzen in die Dunstform übergehen, und in diesem Zustande beharren. Auf jenen Grundsatz gestützt, hat man noch mehrere Mittel vorgeschlagen, um die Destillation oder die Abdunstung in luftleeren Räumen zu verrichten. Bis jetzt haben aber alle dazu vorgeschlagene Vorrichtungen, den von ihren Erfindern beabsichtigten Zweck, nur unvollkommen erfüllet.

Siebenter Abschnitt.

Anwendung der vorhergehenden Grundsätze auf die Destillationsöfen.

Die Destillation ist von der Abdunstung bloß darin verschieden, daß man dabey die ausdunstenden Substanzen sammlet, während man solche bey der Abdunstung in die Luft entweichen läßt.

Man bedient sich der Destillation, um mit einander gemengte Substanzen von einander zu scheiden; welches aber nur dann Statt finden kann, wenn die eine flüchtiger als die andre ist.

In unsern Laboratorien veranstaltet man die Destillation aus gläsernen Gefäßen, welche Retorten genannt werden; in

 den

den Werkstätten der Künstler und Fabrikanten, wird diese Arbeit in kupfernen Geschirren veranstaltet, welche man Destillirblasen nennt.

Erster Artikel.

Destillation aus der Retorte.

Obgleich der Ofen mit dem Sandbade, bey den Destillationen aus Retorten, in unsern Laboratorien sehr häufig gebraucht wird; so muß dennoch auch bey dieser Operation, der Reverberirofen, als wesentlich nothwendig betrachtet werden. Dieser ist aus vier wesentlichen Theilen zusammengesetzt: dem Aschenheerd, dem Feuersack, dem Arbeitsort, und der Haube oder dem Dohm. Der Arbeitsort ist durch einen Theil eines Cylinders gebildet, der sich vom Feuersack nur durch ein Paar eiserne Stäbe trennt, welche dazu bestimmt sind, die Retorte zu tragen. Der Dohm bedeckt den Arbeitsraum, und ist in der Mitte durchbrochen, um der Luft, welche den Feuersack durchstreicht, einen freyen Abzug zu gestatten. Auf den Kanten des Dohms und des Arbeitsraums ist ein halbkugelförmiger Einschnitt angebracht, um den Retortenhals hindurch zu leiten (Tab. VII. Fig. 1.).

Die Retorte ist das Gefäß, in welches man die Substanz bringt, welche der Destillation unterworfen werden soll: Sie ist gemeiniglich eyförmig, und mit einem geneigten, am äußersten Ende offenen Halse verbunden (Tab. VII. Fig. 2.). Wird die Destillation aus einem Sandbade veranstaltet, so wendet man Retorten an, welche auf der obern Fläche mit einer röhrenförmigen Oeffnung versehen sind: sie sind dazu bestimmt, um die zu destillirenden Materien hineinzufüllen, ohne den Apparat auseinander zu nehmen (Tab. VII. Fig. 3.).

An den Hals der Retorte wird ein andres Gefäß angebracht, welches dazu bestimmt ist, das Produkt der Destillation aufzunehmen, und Vorlage (Recipient) genannt wird. Die Vorlage oder der Recipient, bestehet gemeiniglich aus einer gläsernen Kugel mit zwey Oeffnungen, deren eine weit genug ist, um den Retortenhals aufnehmen zu können; die andre hingegen sehr eng ist, um nur den nicht verdichtbaren Dünsten und Gasarten einen Ausweg zu bahnen (Tab. VII. Fig. 4.).

Oft bringt man zwischen dem Recipienten und der Retorte ein andres gläsernes Gefäß an, welches Vorstoß genannt wird, und den doppelten Vortheil gewährt: nämlich, erstens den Recipienten

cipienten mehr von der Hitze zu entfernen; zweytens einen Theil der Produkte aufzunehmen (Tab. VII. Fig. 5.).

Wollte man indessen eine gläserne Retorte der Wirkung des Feuers gewaltsam aussetzen, und sich damit begnügen, den Recipienten bloß vorzulegen, um die Destillation zu veranstalten: so würde man Gefahr laufen, die Retorte zu zersprengen; und die Produkte der Destillation, durch die Fugen, zwischen dem Recipienten und der Retorte, fast ganz in die Luft entweichen sehen. Um diesen Zufällen zu begegnen, pflegt man die Retorte mit einem Kitt zu begleiten, welcher dem unmittelbaren Eindruck des Feuers entgegenwirkt; so wie man auch alle Ausgänge der Vorrichtung, sorgfältig mit selbigem zu verschließen pflegt.

Ich bediene mich, zu solchem Behuf mit Vortheil, eines Kittes von fettem Thon und Pferdemist (Pferdeäpfeln) gemengt. Man läßt die Erde einige Stunden in Wasser weichen; und wenn sie hinreichend damit durchdrungen ist, so knetet man solche mit dem Mist zusammen, um einen weichen Teig daraus zu bilden, welchen man mit der Hand ausdehnet und auf alle Oberflächen der Retorte trägt, welche der Wirkung des Feuers ausgesetzt werden sollen. Der Pferdemist vereiniget mehrere Vortheile in sich: er enthält einen schleimigen Saft, welcher in der Wärme erhärtet, und alle Theile stark zusammen bindet. Ist aber dieser Saft durch Alter oder durch die Gährung verändert, so geht jene Eigenschaft an selbigem verloren. Die feinen Strohblätter, welche man sehr leicht im Pferdemist wahrnimmt, wirken hierbey zugleich mit, um, so zu sagen, alle Theile des Kittes ineinander zu verketten.

Die auf solche Art beschlagenen Retorten, widerstehen sehr gut dem Eindruck des Feuers, und der Zusammenhang dieses Kittes mit der Retorte ist so groß, daß, selbst dann wenn die Retorte, während der Operation schmelzt, der Fortgang der Destillation dennoch nicht unterbrochen wird. Der Kitt muß indessen mit Sorgfalt angewendet werden, man muß ihn langsam trocknen lassen, um sein Reissen zu verhüten. Man beugt jenem aber vorzüglich dadurch vor, daß man den Kitt nur in kleinen Portionen auf die Retorte streicht, und immer die erste Portion erst abtrocknen läßt.

Um dem Entweichen der Dünste, während der Destillation, vorzubeugen, verkittet man auch noch die Fugen, welche sich zwischen dem Halse der Retorte, und dem des Recipienten befinden.

Der einfachste Kitt, welchen man zu diesem Behuf bisher angewendet hat, bestehet in mit Leim überstrichenem Papier, oder in nasser Blase, mit welchen man die Oeffnungen bedeckt. Da dieser Kitt aber von den Dünsten erweicht wird, so kann solcher leicht zerstört werden, so daß man in die Nothwendigkeit gesetzt wird, wieder eine neue Verkittung aufzulegen *).

Derjenige, welchen man unter dem Namen fetten Kitt kennet, ist indessen der beste von allen: er befestiget sich nicht nur sehr genau an den Seitenwänden des Glases, und widersteht dem Austritt der Dünste; sondern er widerstehet auch der Zerfressung durch scharfe Säuren oder deren Dämpfe. Um solchen zu bereiten, knetet man, durchs Kochen eingedicktes Leinöl, in einem eisernen Mörser mit fein gepulvertem Thon zusammen, so lange, bis die Masse recht geschmeidig worden ist, und sich zwischen den Fingern gut kneten läßt. Will man jenen Kitt anwenden, so bildet man davon zwischen den Fingern kleine Cylinder, welche man auf die Finger legt, und nachdem man alle Oeffnungen wohl verstopft hat, so befestigt man den Kitt noch mit Papierstreifen die mit Leim bestrichen sind; oder noch besser, mit Bändern die mit einem Kitt aus Kalk und Eyweiß bestrichen sind. Man trägt nämlich diese Massen auf Streifen von alter Leinewand, mittelst einem Spatel auf, und befestigt diese auf den Oeffnungen. Dieser Kitt trocknet sehr schnell, klebt fest an dem Glase, und widersteht den Dünsten außerordentlich stark.

Lutirt man bloß mit Papier oder nasser Blase, so muß man den Apparat vor dem Gebrauch gut austrocknen lassen; ohne diese Vorsicht heben schon die ersten Dünste das Lutum empor, und es ist nun unmöglich die nachfolgenden zurückzuhalten.

Bey Arbeiten im Großen bedienet man sich des bey den Retorten angegebenen Kittes: man trägt ihn sehr dick auf, läßt ihn in der Wärme erhärten, und er widersteht nun dem Austritt der Dünste.

Da man sich vormals damit begnügte durch den Weg der Destillation bloß Dünste zu verdichten; so konnte es nicht fehlen, es mußten immer uneinsperrbare luftförmige Flüssigkeiten entweichen, welche sehr incommodirten, und welchen die Chemiker nur dadurch einen Ausgang bahneten, daß sie den Tubus des Reci=

*) Bloßes Roggenmehl mit Wasser angeknetet und auf Papier oder Leinwand gestrichen, gewährt eine gute Verkittung, selbst für saure Destillate. Man muß dabey nur Sorge tragen, daß alle Fugen Luftdicht verkittet werden, und die Destillation nicht eher angefangen wird, als bis die Verkittung völlig ausgetrocknet ist. H.

Recipienten von Zeit zu Zeit öffneten. Indessen ist es von Wichtigkeit dergleichen Gasarten zu sperren und solche zurückzuhalten.

Woulfe war der Erste, welcher uns einen eignen Apparat zu dem Behuf bekannt gemacht hat; den man während der Zeit daß solcher von jenem geschickten Chemiker erfunden wurde, noch wesentlich verbessert hat. Ich werde hier denjenigen bekannt machen, welcher gegenwärtig in unsern Laboratorien gebraucht wird.

Wollen wir die Natur flüchtiger Substanzen untersuchen, welche sich bey der Destillation ausdehnen: so sehen wir daß einige derselben sehr bald den Wärmestoff von sich lassen, welcher sie ausgedehnt hatte, und sich verdichten, während andre sich nicht verdichten lassen; es sey denn, daß man ihnen ein liquides Mittel darbietet, mit welchem sie sich vereinigen oder sich lösen können; wogegen es eine dritte Art elastischer Flüssigkeiten gibt, welche, wenn ihre Verbindung durch den Wärmestoff einmal aufgehoben worden ist, nun beständig die Gasform beybehalten.

Im erstern Fall ist ein gewöhnlicher Recipient hinreichend, um die Verdichtung der Dämpfe zu veranlassen. Im zweyten Fall muß man die Dünste oder die Gasarten durch ein liquides Mittel steigen lassen, welches solche einsaugt. Im dritten Fall kann man den nicht verdichtbaren Flüssigkeiten mit Wasser gefüllete Gefäße darbieten, um solche darin aufzufangen: so daß in dem Maaße, daß das Gas sich in das Gefäß hineinbegibt, das Wasser aus ihm herausgetrieben wird Tab. VIII. Fig. 1. Ich werde hier eine genauere Darstellung von einem solchen Apparate geben.

Zwischen dem Recipienten und der mit Wasser gefülleten Wanne ll, werden drey Flaschen placirt, von denen eine jede drey Oeffnungen hat. Man verbindet nun die gekrümmten Röhren ssss an der Mündung des Recipienten, und an die beyden Oeffnungen einer jeden Flasche; wogegen sich das Ende der letztern Röhre unter einem mit Wasser gefülleten Becher öffnet, welcher in der Wanne so placirt ist, daß die Kanten seiner Oeffnung im Wasser eingetaucht sind.

Der zweyte Arm eines jeden Rohrs, senkt sich bis auf den Grund des innern Raums der Flasche, während der andre sich an deren Oberfläche öffnet.

In der mittlern Oeffnung einer jeden Flasche, findet sich gleichfalls ein Rohr angebracht, welches bis auf den Boden reicht, und sich in der Luft öffnet, woselbst dieser Theil mit einem kleinen Trichter versehen ist.

In

In der Mitte der Krümmung einer jeden der zweyschenklichen gebogenen Röhren s s findet sich ein dünnes Röhrchen angeschweißt, welches gegen die Mitte seines Stammes zu, bauchig erweitert ist.

Jedes Rohr findet sich in einem Korkstöpsel o o o o befestiget, so daß solcher die Mündung einer jeden Flasche genau schließt. Man disponirt die Stöpsel zur Aufnahme der Röhren, indem man solche in der Mitte mit einem runden glühend gemachten Eisen durchbohrt.

Ist alles solchergestalt vorgerichtet, so gießt man durch die Trichter x x x Wasser oder ein andres Fluidum, welches dazu bestimmt ist, um sich mit den sich entwickelnden Gasarten zu verbinden, oder solche aufzulösen. In so fern aber die Quantität der Flüssigkeit bekannt ist, welche erfordert wird, die Masse des Gases zu absorbiren welches entwickelt wird; so kann man das Fluidum in deren erste und zweyte Flasche vertheilen. Das Fluidum der dritten Flasche, welches sich nicht mit der Gasart sättigen kann, hebt man zu einer zweyten Operation auf, und macht nun damit den Anfang. Das Fluidum welches in jede Flasche gegossen wird, muß die Enden der Röhren p p so wie die längern Schenkel der Röhren s s bedecken. Eben so gießt man zu gleicher Zeit in die kleinen Kugeln q q etwas Wasser.

Jetzt siehet man wohl ein, daß so wie etwas dunstförmiges aus dem ersten Recipienten entwickelt wird, dieses doch das Ende des ersten Rohrs, welches sich in der Flüssigkeit der ersten Flasche öffnet, das darin enthaltene Fluidum durchstreichen muß. Hier muß also jenes elastische Fluidum sich mit dem liquiden in der Flasche verbinden, oder sich darin auflösen, so daß der Theil, welcher nicht absorbirt wird, emporsteigt, und durch das zweyte Rohr entweicht, um sich in das Fluidum der zweyten Flasche zu begeben. Von hier gehet solches in die dritte Flasche über, und aus dieser endlich in den Becher m, und treibt das Wasser y daraus hinweg.

Ist die Destillation beendigt, so findet man: 1) in dem Recipienten, die verdichtbaren Flüssigkeiten rc. 2) In den Flaschen, die dunstförmigen Flüssigkeiten, welche mit dem Wasser mischbar waren; 3) im Becher, die nicht verdichtbaren Flüssigkeiten.

Da indessen die im Recipienten, so wie in den Flaschen enthaltenen luftförmigen Substanzen, durch die Wärme verdichtet worden sind, so muß man befürchten, daß während der Abkühlung des Apparates, oder der Vermindrung der sich entwickelnwickelnden Gasarten, ein Druck der äußern Luft entstehen kann, welcher das Wasser der Wanne in die dritte Flasche treiben könnte, aus welcher solches dann in die Zweyte, und in die Erste, und aus dieser selbst in den Recipienten übersteigen kann. Diesem Nachtheil, welcher mit dem Woulfschen Apparate verbunden war, hat aber Herr Walther begegnet, indem er die Sicherheitsröhren xxxx angebracht hat; denn es ist einleuchtend, daß durch diese Röhren sich die äußre Luft niederschlagen, und das Gleichgewicht des Drucks wieder herstellen muß, und zwar in dem Augenblick, als man solche über dem Wasser in den Flaschen empor ziehet. Da jene Röhren in der Flüssigkeit der Flaschen eintauchen, und diejenigen, welche auf die Krümmungen angeschweißt sind, in den Kugeln qq etwas Wasser enthalten, so ist hierdurch jeder Entweichung der Gasarten während der Destillation vorgebeugt.

Wie Tab. VIII. Fig. 2. lehret, kann mit diesem Apparat auch die Destillation aus dem Sandbade veranstaltet werden.

Jener Apparat ist eine sehr glückliche Vervollkommnung unsrer Laboratorien; denn er bietet uns nicht nur ein Mittel dar, alle Produkte einer solchen Operation zu sammeln; sondern er gewährt auch noch den Vortheil, daß wir sie abgesondert von einander erhalten. Er erlaubt kein Zersprengen durch Explosion; keine Verflüchtigung von ätzenden Substanzen, welche für den Arbeiter allemal unbequem und nachtheilig zu seyn pflegen.

Man bedient sich dieses Apparats bereits in großen Fabrikanstalten: vorzüglich zur Abscheidung der Salzsäure, des Ammoniums ꝛc.

Die Destillation ist eine von denjenigen Arbeiten, welche in den chemischen Laboratorien vielfältig veranstaltet werden. Man gebraucht selbige, um die Bestandtheile der Körper zu scheiden, in so fern selbige bey einem gewissen Grade der Wärme flüchtig sind; ferner um gasförmige Flüssigkeiten zu sammlen, welche man aus der Stelle treibt, indem man ihren Basen ein Mittel darbietet, welches mit stärkerer Anziehung darauf wirkt. Die Zerlegungen vegetabilischer und animalischer Substanzen mittelst der Retorte, gewähret uns eine Anwendung vom ersten Fall. Die Zerlegung des Salmiaks durch den Kalk oder des Küchensalzes durch die Schwefelsäure, gibt uns ein Beyspiel vom Zweyten. Wir wollen hier indessen noch einiges über die Destillation einer Pflanze sagen, um eine Anwendung der Grundsätze zu machen, welche wir festgestellt haben.

Die Destillation der Pflanzen war fast die einzige Zergliederungsart, welche man bis gegen die Mitte des vorigen Säkulums

lums befolgte, um solche zu analysiren. Man wurde aber endlich aus der Uebereinstimmung der Produkte, die man auf diesem Wege aus fast allen Vegetabilien erhielt, überzeugt, daß diese Verfahrungsart sehr fehlerhaft sey: denn der Wärmestoff, welcher sich bey der Destillation in Wirksamkeit befindet, ertheilt denjenigen Stoffen, auf welche derselbe wirkt, und sich mit ihnen verbindet, andere Formen und andere Eigenschaften *); er trennt sogleich die mehr elastischen Stoffe aus ihren Verbindungen, und zerstört also die Letztern. Eben so bildet der Wärmestoff neue Verbindungen, indem er einige Stoffe für sich absondert, andere hingegen, welche von übereinstimmender Flüchtigkeit sind, in gegenseitige Wirkung setzt: so daß dadurch Wasser, Säuren und Ammonium erzeugt werden, welche keine Bestandtheile der Pflanze ausmachten; ja mit einem Wort: die Produkte der Destillation einer Pflanze, zeigen weder die Natur noch die organische Beschaffenheit der Pflanze selbst; und der verbrannte Rückstand hat seine vorige Beschaffenheit ganz verloren. In beyden Fällen findet man das Entgegengesetzte einer wahren Zergliedrung, und nur eine Vermengung von einigen Elementen in ihrer ersten Natur erhalten, mit vielen andern, deren Natur verändert ist; und mannigfachen neu erzeugten Substanzen. Jene Produkte mögen indessen von der einen oder von der andern Art seyn, nämlich primitiv oder secundair; so besitzen solche Eigenschaften, welche die menschliche Gesellschaft in Nutzanwendung gesetzt hat; und dieß macht die trockne Destillation sehr interessant für die Künste und Manufakturen: denn durch jene Operation ziehet man aus den Vegetabilien flüchtige Oele, riechbare Stoffe, destillirte Wässer, Holzsäure, Wasserstoffgas ꝛc.

Da indessen dergleichen Operationen gemeiniglich im Großen veranstaltet werden, und einige, wie bey den Parfümeurs und Destillateurs, besondre Kunst- oder Fabrikanstalten ausmachen, so bedient man sich hierzu weit größerer Gefäße als die Retorten sind: nämlich man bedient sich dazu der Destillirblasen, wovon wir jetzt eine Beschreibung geben wollen.

*) Dieß ist jedoch nur dann der Fall, wenn die Destillation auf dem trocknen Wege veranstaltet wird. Bey Destillationen auf dem nassen Wege, also mit Zusatz von Wasser, wird die Temperatur nie so hoch, daß eine Verändrung der Grundmischung in den Vegetabilien erfolgen kann. H.

Zweyte Abtheilung.

Destillation mittelst der Destillirblase.

Die Destillirblase ist eine Art von metallener Retorte, deren Hals an eine lange spiralförmig gewundene Röhre befestiget, und in einem mit Wasser gefülleten Fasse eingeschlossen ist, um dadurch die Verdichtung der Dämpfe zu veranstalten.

Obgleich man die Destillirblase zur Extraktion riechbarer Stoffe aus mehrern Substanzen gebraucht, wie z. B. die flüchtigen Pflanzenöle ꝛc., so wollen wir doch hier vorzüglich die Grundsätze der Branntweindestillation in Anwendung setzen, weil solche unstreitig von allen Uebrigen die interessanteste ist. Die Verbesserungen, welche wir dem Destillirapparate geben werden, können auch auf jede andre Destillation aus der Blase in Anwendung gesetzt werden.

Die ersten Destillirblasen, deren man sich in ältern Zeiten zu bedienen anfing, als die Destillation der Weine bekannt wurde, bestanden in einem Kessel, der mit einem langen cylindrischen Hals versehen war, der sich in einen halbkugeligen hohlen Kopf endigte, aus welchem ein etwas breites Rohr ausging, um die Flüssigkeit in die Schlange überzuführen.

Arnold von Villeneuve scheint der erste gewesen zu seyn, welchem wir eine genaue Darstellung von der Destillation des Weins verdanken; von ihm rührt auch die Form der eben beschriebenen Destillirblase mit dem langen Hals her, die man noch oft in den Anstalten der Parfümeurs vorfindet.

Die Vorstellung daß die Produkte der Destillation um so feiner, zärter und reiner seyn müßten, je höher man selbige empor zu steigen zwingt, und sie durch enge Röhren steigen läßt, hat die Gestalt der Destillationsgeschirre veranlasset: seit einiger Zeit hat man aber angefangen, mancherley Verändrungen mit diesen Apparaten vorzunehmen. Man hat jene Form wenigstens als Hindernisse angesehen, welche sich dem Emporsteigen der Dünste entgegenstellen, und daß es einzig und allein von der Graduation der Feuerung abhänge, um den Produkten der Destillation mehr oder weniger Reinheit zu geben.

Von dem Zeitpunkte an, wo die Chemie ihre Aufklärungen in die Operation der Künste übergetragen hat, hat man sich aber in den Stand gesetzt gesehen, viel vortheilhaftere Destillationsapparate zu construiren.

Man hat gefunden, daß der Blasenkessel zu hoch und nicht breit genug sey, so daß die Feuerung nur den Boden berühre,

und

und die Destillation langsam von Statten gehe; wogegen der Bodensatz, welcher sich während der Verdunstung bildet, zu heftig erhitzt wird, dadurch einen unangenehmen Geschmack bekommt, und diesen dem Brannteweín mittheilt.

Die Verengerung des obern Theils am Blasenkessel, schien sich der freyen Aufsteigung der Dünste entgegenzusetzen; und man hat geglaubt, daß dieser Theil, welcher nicht mit Mauerwerk umgeben ist, folglich mit der äußern Luft in Berührung stehet, sich auch schneller, als in den übrigen Stellen abkühlen müsse; folglich die Dunstsäule, welche die obern Kanten des Kessels berührt, sich abkühlen, verdichten, und in Streifen in den Kessel zurückfallen müsse: denn man glaubte diesen obern Theil des Kessels mit dem Theil einer Retorte vergleichen zu müssen, welcher, bey der Destillation aus dem Sandbade, nicht mit Sand bedeckt ist; und da man in diesem Fall bemerkt, daß die sich in Dünsten erhebende Flüssigkeit sich zum Theil verdichtet, und in Streifen zurück fließt, so hat man geurtheilt, daß bey der Destillation des Brannteweins, in dem beschriebenen Destillirapparat, ein ähnlicher Erfolg Statt finden müsse.

Beaume hat die Verengerung, die an den alten Destillirapparaten, am obern Theil des Kessels angebracht ist, mit einer Art Dampfkugel verglichen, aus welcher die Dünste nur mit Gewalt heraustreten können, welches ihm zufolge, auch eine gewaltsame Aufsteigung nothwendig macht.

Da übrigens auch die Destillirhelme, selbst der einwirkenden äußern Luft ausgesetzt sind, so hat man eingesehen, daß hier alle schon genannte Hindernisse aufs neue veranlasset werden müssen, welche sich durch die Verengerung der obern Kesselfläche darbieten.

Die Direktion der Feuerung schien gleichfalls unbequem zu seyn: denn der Blasenkessel, welcher über dem Heerde ruhet, wird nur auf seiner Bodenfläche geradezu von der Hitze berührt, so daß der Luftstrom, welcher durch die Ofenthür eingehet, nachdem solcher das brennende Material durchstrichen hat, sich nur an dem hintern Theil des Kessels, und von da in den Rauchfang absetzt.

Es ist also einleuchtend, daß diese Construktion des Blasenofens sehr unbequem ist, daß dabey ein großer Theil der Hitze geradezu verloren gehet, und der übrige Theil der zu erhitzenden Flüssigkeit nur in einigen Punkten mitgetheilt wird, und sich der ganzen Masse nur langsam mittheilen kann.

Da

Da man jene nachtheiligen Wirkungen theils durch die Form der Destillirblase, theils durch die Construktion des Ofens herbey geführt glaubte, so hat man folgende Verbesserungen darauf gegründet.

Man hat die Höhe des Blasenkessels beträchtlich vermindert, die Seitenwände erweitert, und inclinirend gemacht, so daß der Durchmesser sich gegen den Boden um 3 bis 4 Zoll erweitert; und da die Seiten bogenförmig gekrümmt sind, und sich in einem gewissen Punkte vereinigen, so ist die Oeffnung des Blasenkessels von einerley Durchmesser mit dem des Bodens. Tab. IX. Fig. 1.

Der Kessel findet sich mit einem conischen Huthe bedeckt, an dessen innerer Kante eine Rinne angebracht ist, welche dazu dienet, die an den Wänden desselben sich verdichtenden Dämpfe aufzunehmen, die sonst in den Kessel zurück fließen würden, und welche dadurch in die Schlangenröhre abgeleitet werden.

Der Destillirhuth ist mit einem Refrigerator umgeben, welcher dazu bestimmt ist, kaltes Wasser aufzunehmen, um diejenigen Dämpfe zu verdichten, welche die Seitenwände berühren.

Nach der ältern Construktion war der Destillirhelm mit der Schlange durch ein gekrümmtes, sehr enges Rohr verbunden; wogegen in den jetzt vervollkommten Apparaten, von welchen wir reden werden, das Communikationsrohr eine mit dem Helm gleiche Höhe und Weite besitzt, und nur da verengert zuläuft, wo sich solches mit der Schlange verbindet, in welcher dasselbe sich öffnet.

Die Schlange ist von der ältern bloß dadurch verschieden, daß die ersten Windungen weiter sind. Tab. IX. Fig. 2. *).

Wir dürfen hier nicht die Vervollkommnung mit Stillschweigen übergehen, welche man dem Boden des Blasenkessels gegeben hat. Statt daß derselbe vormals platt war, hat man ihm eine leichte Vertiefung gegeben, so daß er eine Kuppel bildet, die nach innen zu erhaben ist. Vermittelst dieser Form muß die Hitze in allen Punkten beynahe gleich wirken; der Boden des Kessels ist stärker, und wird durch die Flüssigkeit weniger gedrückt.

Der

*) Seitdem man weiß, daß die Verdichtung der Dünste während der Destillation nur allein durch das Kühlfaß veranlasset wird, hat man an einigen Orten den Gebrauch der so schwer zu reinigenden Schlangenröhren ganz abgeschaffet, und entweder gerade, unter rechten Winkeln gebogne 4 Zoll weite Kühlröhren; oder auch den vom Baron von Gedda (S. meine Sammlung praktischer Abhandlungen für Branntweinbrenner rc. 2tes Heft) vorgeschlagnen Refrigerator mit vielem Vortheil eingeführt. H.

Der Bodensatz, welcher sich während dem Fortgang der Destillation bildet, wird leicht gegen die Seitenwände hingeworfen, bekommt keine unmittelbare Hitze, und ist also auch weniger dem Anbrennen unterworfen.

Unabhängig von jenen mehr oder weniger glücklichen Abändrungen, welche man der Destillirblase gegeben hat; hat man sich auch sehr wesentlich damit beschäftiget, den Feuerheerd zu vervollkommnen; und dieß ist eine ganz vorzügliche Verbesserung die man dieser Art der Destillation gegeben hat, der man alle Vortheile verdankt, welche aus der neuen Verfahrungsart gezogen werden.

Wir haben bereits bemerkt, daß bey der ältern Construktion des Destillirofens es nicht möglich war, daß die Wärme ihrer ganzen Masse nach, sich dem Kessel mittheilen konnte, sondern nur den Boden des Blasenkessels berührte. Der Luftstrom, welcher durch die Thür des Feuerheerdes eintrat, durchstrich die Flamme mit Schnelligkeit, und ging in den Rauchfang hinein, nach dem solche den Blasenboden kaum leicht berührt hatte Eine solche Construktion veranlasset aber den Verlust von $\frac{9}{10}$ der Wärme, welche das Brennmaterial producirt. Die Destillation wurde also unendlich langsam, so wie die Produkte derselben schlecht waren; weil die Flüssigkeit immer nur auf einem Punkte erhitzt wurde, und sich die Hitze fortwährend auf einen Theil der Masse hinwerfen mußte. Hierdurch mußten nothwendig die sich bildenden Bodensätze anbrennen, welches ihnen einen brenzlichen Geschmack und Geruch mittheilt ꝛc.

Jene nachtheilige Construktion ist durch die nachfolgende verbessert worden. Vorausgesetzt, man wolle in einem Ofen einen Blasenkessel anbringen, der 2 Fuß Durchmesser an seinem Boden, und über 3 Fuß in seinem Bauche besitzt, so fängt man damit an ein Viereck zu ziehen, von welchem jede Seite 5 Fuß beträgt. Man erhebt nun das Mauerwerk über 3 Seiten jenes Vierecks, während man an der vierten einen Bogen anbringt, welcher die Oeffnung zum Aschenheerd bildet, sich etwa 2 Fuß über der Sohle emporhebt, und sich in ein 2 Fuß langes Gewölbe über dem Grunde der viereckigen Grundmauer ausdehnt. Man gibt dem Eingang 8 Zoll Dicke, und bringt darauf die Feuerthüre an.

Auf dem obern Theil des Gewölbes und bey 15 Zoll Tiefe des Ofens, theilt man die Seiten des Mauerwerks so wie vorher ein, man bringt eine Oeffnung von einem Fuß ins Gevierte an, welche den Rost aufnimmt, auf den das Brennmaterial zu liegen kommt, Die Stäbe des Rostes müssen so viel Zwischen-

raum

raum zwischen sich lassen, als hinreichend ist, um die Asche und die kleinen Kohlenstückchen hindurch fallen zu lassen, so daß der Luftzug dadurch nie unterbrochen wird.

Man siehet sehr wohl, daß nach dieser Construktion der Rost nicht in der Mitte des Ofens liegt, sondern in seinem vordern Theil, so daß wenn der Blasenkessel in der Mitte angebracht ist, nur die äußersten Enden des Rostes unter der Mitte des Kessels zu liegen kommen.

Gebraucht man Holz zur Feuerung, so ist gar kein Aschenheerd erforderlich: der Luftzug bildet sich alsdann durch die Aschenthüre, und das Brennmaterial brennt ruhiger. Aschenheerd und Feuerheerd fallen alsdann in Eins zusammen.

Ist der Rost befestiget, so setzt man die Spitze eines Cirkels auf die Mitte des Rostes, und zwar in demjenigen Theil welcher vom Feuerheerde am meisten entfernt ist, und ziehet einen Kreis von 20 Zoll Diameter; wobey immer vorausgesetzt bleibt, daß man eine Blase von 2 Fuß Bodendurchmesser placiren will.

Außerhalb dem Kreise führt man eine runde Mauer auf, oder man erhebt auch die viereckige Mauer, welche den Grund des Ofens bildete, wobey aber der Theil, welcher die Feuerthüre aufnehmen soll, gewölbt seyn muß. Man gibt jenem Gemauer eine Höhe von 12 bis 15 Zoll, je nachdem das Brennmaterial, dessen man sich bedient, mehr oder weniger Flamme gibt.

In dem der Feuerthüre entgegengesetzten Theil, etwas rechter Hand zu, bringt man in der runden Mauer einen Einschnitt an, von 6 Zoll Breite, und 10 Zoll Tiefe, welcher die Oeffnung zum Rauchfang bildet.

Auf jenes Mauerwerk wird nun der Boden des Blasenkessels gesetzt, und so genau verklebt, daß zwischen dem äußern und dem innern Theil des Ofens keine Gemeinschaft mehr Statt finden kann. Man siehet, daß nach dieser Disposition der Blasenkessel nach seinem Umkreis 2 Zoll auf der Mauer ruhen muß.

Ist der Blasenkessel solchergestalt auf dem Mauerwerk befestigt, so fasset man den Kessel rund herum, mit einer 8 Zoll dicken Mauer ein, und erhebt solche senkrecht, bis zum Niveau seines größten Durchmessers; von wo aus selbige aber so dem Kessel genähert wird, daß sie sich mit demselben verbindet; worauf man nun alle Theile des Kessels bis zur Mündung zudeckt. Man muß indessen hier noch bemerken, daß der leere Raum um den Kessel, durch eine Scheidewand unterbrochen ist, welche man an einer derjenigen Seitenöffnungen anbringt, welche der Feuerheerd trägt, und wo die Mündungen des Feuerganges anfangen:

fangen: so daß der Luftzug, welcher vom Feuerheerde entweicht, und in jenen sich um den Kessel windenden Feuergang verläuft, keinen Ausgang finden würde, wenn man nicht Bedacht nähme, nach hinten zu, die gedachte Scheidemauer zu errichten. So gehet nun der Luftzug, nachdem er sich um den Kessel herum gewunden, und die ganze Masse der Flüssigkeit erwärmt hat, durch die Oeffnung, welche der Boden des Rauchfanges bildet, hinweg, wie man solches Tab. IX. Fig. 4. sehen kann. Dem senkrechten Rauchfang, kann man 8 bis 10 Zoll Oeffnung ins Gevierte geben.

Jenes sind die Vervollkommnungen, zu welchen man nach und nach die Destillirkunst emporgebracht hat. Ich habe selbst zu dieser Vervollkommnung mit gearbeitet; aber indem ich die gemachten Verbesserungen mit dem größten Vortheil in Ausübung gesetzt habe, bin ich überzeugt worden, daß die wahre Güte der verbesserten Operation, am wesentlichsten von denjenigen glücklichen Veränderungen abhängt, welche in der Construktion des Ofens angebracht worden sind. Ich habe gefunden, daß die Vortheile, welche man den Refrigeratoren zugeschrieben hat, so wie die Vorstellung, daß der Druck der Dünste, und ihr Austritt ihrem Emporsteigen entgegenwirkt.-c., mehr eine Resultat der theoretischen Voraussetzung, als der Erfahrung ist. Ich habe daher den Refrigerator bereits ganz hinweg gelassen; ich habe mich begnügt, zwischen den Helm und der Kühlröhre eine geräumliche Communikation zu bewirken, welche mit dem Helm gleich weit, und gleich hoch ist, und sich mit der ersten Windung des Schlangenrohrs verbindet. Die Weglassung des Refrigerators, gewährt überdieß noch den Vortheil, daß die Kosten vermindert, und der Apparat vereinfacht wird.

Wie man im Artikel Wein, in *Roziers* Dictionnaire d'Agriculture sehen kann, habe ich den Refrigerator bereits seit 1800 abgeschaffet, und bin zur ältern Construktion des Blasenhelms zurückgegangen; und es gibt dieses einen Beweis, wie leicht es ist, sich zu betrügen, wenn man die Theorie oder das bloße Räsonnement zum Wegweiser nimmt.

Wir können das Ganze der Destillation billig auf zwey Hauptsätze zurückführen:

1) Daß man alle Theile der Flüssigkeitsmasse völlig gleichförmig erwärmt; und jeden Verlust der Wärme verhütet.
2) Daß man alle sich emporhebende Dünste so vollkommen und so schnell wie möglich zu verdichten sucht.

Die Construktion des Ofens gewährt den ersten Erfolg.

Die

Die Anordnung des Rostes bildet den Feuerheerd unter der vordern Hälfte des Kesseldurchmessers, so daß dieser Theil die direkte Wirkung der Hitze vom Feuerheerd bekommt; und weil der Luftzug jederzeit die Flamme und die Hitze gegen den Rauchfang hinzutreiben trachtet, so schlägt sie während dem Durchgang auch an den andern Theil des Kesselbodens.

Derselbe Zug schlägt sich alsdann um die gewundenen Feuergänge herum, und verbreitet sich auf allen Seitenflächen des Kessels, wo alle Hitze abgesetzt wird, so daß das Fluidum in der Blase, in allen Seiten von der sich entwickelnden Hitze umgeben ist

Die Gestalt der Blase erleichtert die Wirkung des Feuers: die Concavität, welche der Kesselboden besitzt, gewähret außer den schon erwähnten Vortheilen auch noch den, daß sie die Wirkung der Hitze vermehrt, indem sie dadurch über eine größere Fläche verbreitet wird.

Um den zweyten Effekt hervorzubringen, nämlich, um die Dünste schnell und vollkommen zu verdichten, welche die Windungen des Schlangenrohrs durchlaufen, ist es hinreichend, solches in kaltes Wasser zu stellen: und zu dem Behuf gibt man dem Ganzen eine solche Einrichtung, daß das kalte Wasser am untern Theil der Schlange hinzu, und am obern Theil derselben wieder austritt.

Ist es möglich einen ununterbrochenen Wasserstrom zu haben, so erhält das Wasser sich stets bey einer kalten Temperatur, und der im Schlangenrohr herabfließende Branntewein, dunstet dann fast gar keinen Geruch aus, weil solcher vollkommen verdichtet ist.

Man ist bemüht gewesen auch diejenige Wärme zu benutzen, welche die Dünste des Branntweins absetzen, während sie sich im Schlangenrohr verdichten; man hat selbst das Schlangenrohr mit einem Helm bedeckt, um den Theil des Branntweins zu sammlen, welcher sich in Dünsten erhebt, und solchen mittelst einem Rohr wieder in die Windungen der Schlange zu leiten. Jenes Mittel ist indessen, so sinnreich solches auch seyn mag, doch nicht allgemein im Gebrauch gekommen, so schwer es auch seyn möchte, seine Vortheile abzuläugnen.

In unsren Tagen hat die Branntweindestillation noch mehrere Verbesserungen erhalten; und jene neuen Verfahrungsarten sind von der Art, daß die ältern Verbesserungen nicht mit denjenigen Anstalten vereinigt werden können, welche nach den neuern Grundsätzen errichtet sind. Jene Verfahrungsarten machen

chen noch Geheimnisse ihrer Erfinder aus: da aber mehrere Künstler sich die Erfindung streitig machen, und Brennereyen, mit einigen Modifikationen, nach einerley Grundsätzen eingerichtet haben; so glaube ich hier dasjenige bekannt machen zu dürfen, was zu meiner Kenntniß gelangt ist.

Der neue Destillirapparat besteht in einem wahren Woulfschen Apparate. Er besteht in einem Kessel den man in einen Ofen stellt, und in einer Anzahl andrer runder Kessel, welche durch Röhren mit einander in Gemeinschaft gesetzt sind. Dieser Apparat endigt sich in eine Schlange.

Man füllet die zu destillirende Substanz in den Kessel, so wie in alle übrige, welche zwischen ihm und der Schlange befindlich sind. Der Schnabel des Destillirhelms vom ersten Kessel, taucht in die Flüssigkeit des ersten Gefäßes auf 10 bis 12 Zoll tief ein.

Aus dem leeren Raume des ersten Gefäßes geht ein Rohr in das zweyte über, welches in die darin enthaltene Flüssigkeit eintaucht, und zwar eben so tief wie im erstern.

Aus dem zweyten Gefäß geht ein Rohr heraus, welches mit der Schlange verbunden ist, welche nach der oben gedachten Art abgekühlt wird.

Wird der Wein, oder das zu destillirende geistige Fluidum, im Kessel erhitzt, so treten die sich daraus erhebenden Dünste in die Flüssigkeit des ersten Gefäßes, und theilen derselben eine Wärme mit, welche hinreichend ist, um Weingeist daraus zu entwickeln. Diese Dünste des Weingeistes treten in die Flüssigkeit des zweyten Gefäßes, und veranlassen hier eine Verflüchtigung des darin enthaltenen Alkohols. Nach dieser Art ist ein mittelmäßiges Feuer hinreichend, um eine große Masse von Flüssigkeit ins Sieden zu bringen, welche in verschiedenen Gefäßen vertheilt ist; und die Verdichtung jener bedeutenden Masse von Dünsten, geht nun in der Schlange wie gewöhnlich vor sich.

Nimmt man das Destillat aus der ersten, oder der zweyten Vorlage, so kann man sich auf diesem Wege, nach Gefallen, jeden Grad von Geistigkeit des Destillats verschaffen, den man verlangt.

Setzt man in den Kessel Wasser, in die andern Gefäße aber weinige Flüssigkeiten, so gewinnt man einen viel lieblichern und angenehmern Branntewein, als außerdem, wenn auch der Kessel weiniges Fluidum enthielt.

Kaum

Kaum ist es nöthig hier zu bemerken, daß man das Wasser im Kessel nach dem Maaße erneuern muß, als sich solches durch die Ausdünstung vermindert. Indessen ist es wahrscheinlich, daß man die Menge des Wassers berechnet und bestimmt hat, welche nothwendig erfordert wird, um die Verflüchtigung alles Alkohols zu veranlassen, welcher im Wein enthalten war, den man der Destillation unterwarf. Außerdem ist es aber leicht, die verdunstete Masse der Flüssigkeit im Kessel, durch einen einfachen Mechanismus wieder zu ersetzen, ohne die Destillation aufzuhalten noch zu vermindern.

Dieß Verfahren gewährt den doppelten Vortheil: einmal die Kosten des Brennmaterials bedeutend zu vermindern, weil man in Rücksicht der Menge der zu destillirenden Flüssigkeit, nur eines kleinen Kessels bedarf; und zweytens, weil man auf diesem Wege, aus derselben Masse, der der Destillation unterworfenen Flüssigkeit, eine größere Quantität Branntewein gewinnt, als auf dem gewöhnlichen Wege.

Diese nach und nach bey der Destillation eingeführten Verbesserungen, haben den dadurch bereiteten Branntewein viel angenehmer gemacht, als es der nach der ältern Art bereitete war. Die letztern Branntweinarten besitzen immer einen brenzlichen Geruch. Indessen haben, besonders die nördlichen Käufer, denselben jenen brenzlichen Geruch und Geschmack so sehr angeeignet, daß die angenehmen und wohlriechenden Arten des Brannteweins von ihnen verworfen worden sind; und man hat sich daher gezwungen gesehen, dem reinen Branntewein, durch die Beymengung eines angebrannten, jenen Geschmack absichtlich zu ertheilen.

Die wahren Weine liefern, nach dem Grade ihrer Geistigkeit, bald mehr bald weniger Branntewein. Ein sehr geistreicher Wein, liefert bis zum dritten Theil seines Gewichts, Branntewein. In Languedoc ist die mittlere Quantität der vierte Theil. Die Bordeauer Weine liefern den fünften Theil. Die Bourgogner geben die geringste Ausbeute.

Der aus alten Weinen gezogene Branntewein ist von einer weit bessern Qualität als der aus jungen Weinen. Die süßen Weine liefern einen vortrefflichen Branntewein

Die verdorbenen Weine geben einen sehr schlechten Branntewein, und zwar zufolge der großen Quantität Aepfelsäure, welche nicht aus ihnen zu scheiden ist.

Wenn man das Mark der Weinbeere in Wasser vertheilt, und sie der Destillation unterwirft, so erhält man noch einen Branntewein,

tewein, welcher **Markbranntewein** genannt wird, und nur schlecht ist.

Wird eine weinige Flüssigkeit destillirt, um Branntewein daraus zu extrahiren, so unterhält man die Destillation so lange, bis kein Branntewein mehr übergeht, und das Destillat nicht mehr entzündlich ist.

Die Destillateurs beurtheilen den Grad des destillirten Branntewein durch die Anzahl und die Größe der Blasen, welche sich bilden, wenn solcher geschüttelt wird; so wie nach der kürzern oder längern Zeit, in welcher solche verschwinden: zu gleichem Behuf läßt man den Branntewein aus einem Glase in das andere überfließen, indem man das Fluidum hinreichend hoch herabfallen läßt; oder man füllt eine Flasche zwey Drittheil damit an, stopft selbige mit dem Daumen zu, und schüttelt und stoßt solche gegen die Hand, um Blasen hervorzubringen.

Um die Geistigkeit des Branntweins zu bestimmen, hat man nach und nach sehr verschiedene Verfahrungsarten angegeben.

Das Reglement von 1729 schreibt vor, Schießpulver in einen Löffel zu schütten, Branntewein darauf zu gießen, und solchen anzuzünden.

Man beurtheilte hierbey die Geistigkeit des Branntweins, je nachdem die Flamme nach ihrer Abbrennung geschickt war, das Pulver anzuzünden oder nicht. Man bemerkt indessen, daß ein und eben derselbe Branntewein das Pulver bald entzündet bald unentzündet läßt, je nachdem man viel oder wenig darauf gegossen hat. Eine kleine Quantität Branntewein, entzündet das Pulver allemal, eine große hingegen niemals: weil alsdann das Wasser, welches der Rückstand nach der Abbrennung enthält, hinreichend ist, solchen feucht zu erhalten und vor der Entzündung zu schützen.

Ebenso hat man kohlenstoffsaures Kali angewendet, und nach dessen schwerern oder leichtern Lösbarkeit im Branntewein, auf die größere oder geringere Menge, des darin enthaltenen Wassers geschlossen.

Das spanische Gouvernement schrieb im Jahr 1770 das Oel als ein Probefluidum für den Branntewein vor. Das Verfahren hierzu bestehet im folgenden: man läßt einen Tropfen Oel in den Branntewein fallen; und je nachdem der Oeltropfen mehr oder weniger tief im Branntewein untersinkt, hat man dessen Grad der Spirituosität hieraus beurtheilen zu können.

Im

Im Jahr 1772 unternahmen es die Herren Poujet und Bové, diesen Gegenstand gehörig zu bearbeiten, und sie sind zu Resultaten gelangt, durch welche dem Handel eine Dichtigkeitswaage dargeboten wurde, welche hinreichend sicher ist, um in den täglich vorzunehmenden Schätzungen der Güte des Branntweins, keine Irrthümer einfließen zu lassen.

Nachdem sie vorher sehr genaue Arbeiten über die Verhältnisse des Wassers und des Alkohols, und die Wirkung der Temperatur auf das Gemenge bey jedem möglichen Grad angestellt hatten, haben sie das Thermometer mit der Branntweinwaage verbunden, und auf einer Skale den vergleichenden Gang der Geistigkeit mit der Temperatur entworfen, so, daß ihre Branntweinprobe selbst die Berichtigungen andeutet, welche die Temperatur nöthig macht. Jenes Instrument ist gegenwärtig das Einzige, dessen man sich im südlichen Frankreich im Handel bedienet.

Der Gebrauch eines solchen Instruments ist dem Handel so unentbehrlich, daß ich während 15 Jahren unsre südlichen Negocianten habe spanischen Branntewein kaufen sehen, dessen Grad der Geistigkeit nicht immer derselbe war; und den sie auf den im Handel üblichen Grad brachten, indem sie ihm bald Wasser, bald Weingeist zusetzen, um ihn verkaufbar zu machen.

Im Handel nennt man denjenigen Branntewein, welcher aus Wein destillirt ist, Branntewein von holländischer Probe. Wird derselbe aber aufs neue destillirt, und nur ein Theil davon übergezogen, so gewinnt man alsdann ein sehr geistreiches Fluidum, welches Dreyfünftheil (trois-cinq) genannt wird; weil 3 Theile dieses Fluidums, mit 2 Theilen reinem Wasser gemengt, 5 Theile Branntewein von holländischer Probe liefern.

Mittelst der Branntweinwaage der Herren Bové und Poujet, werden die verschiedenen Grade der Spirituosität sehr leicht mittelst silbernen Gewichten von verschiedenen Schweren bestimmt: das Schwerste ist mit dem Wort holländische Probe bezeichnet, und das Leichteste mit Dreysiebentel (trois-sept). Zwischen diesen beyden Bestimmungen finden sich die übrigen Gewichte, welche die Zwischengrade zu bestimmen dienen. Wenn man daher auf das äusserste Ende der Röhre der Branntweinwaage das Gewicht der holländischen Probe schraubt, und man taucht es nun in eine Flüssigkeit von Dreysiebentel, so sinkt das Instrument tiefer, als zum Grade der holländischen Probe ein. Wird aber $\frac{2}{5}$ Wasser hinzugegossen, so erhebt es sich wieder auf den vorigen Punkt: folglich wird der Branntewein von $\frac{3}{5}$ dadurch in Branntewein von holländischer Probe umgeändert.

Schraubt

Schraubt man hingegen das Gewicht $\frac{3}{7}$ auf, und senkt das Instrument in Branntewein von holländischer Probe, so erhebt sich das Instrument über jenen Grad und man kann solches nun durch Zugießung von Alkohol oder Weingeist, auf jenen Grad führen.

Destillirt man Branntewein, um Alkohol oder Weingeist daraus zu ziehen, so wendet man gemeiniglich das Wasserbad an: denn hierbey ist die Hitze viel sanfter und gleichförmiger, und das Produkt der Destillation von besserer Qualität.

Der Alkohol so wie der Weingeist, wird theils als Getränk angewendet; theils macht er ein Auflösungsmittel der Harze, und also die Grundlage der austrocknenden spiritußsen Firnisse aus.

Der Weingeist dient auch als ein Mittel, um die gewürzhaften Stoffe der Pflanzen aufzunehmen, und erhält alsdann den Namen von Spiritus nach dieser oder jener Pflanze.

In der Pharmacie wendet man den Weingeist an, um harzige Arzneyen darin zu lösen. Dergleichen Auflösungen werden Tinkturen genannt.

Eben so bildet derselbe die Grundlagen der Liqueure, denen man durch aromatische Substanzen Geruch und Geschmack, und durch den Beysatz des Zuckers Süssigkeit ertheilt.

Der Weingeist schützt die vegetabilischen Substanzen vor der Gährung und Fäulniß. Man bedient sich desselben daher zur Conservation der Früchte, der Gartengewächse; so wie zur Aufbewahrung animalischer Objekte Behufs der Naturgeschichte.

Alle Flüssigkeiten welche durch die Fermentation zuckerartiger Materien gewonnen worden sind, liefern in der Destillation Alkohol: aber seine Quantität und Qualität ist nach der Natur jener Körper verschieden. Der Branntewein aus Obstwein, besitzt von Seiten der darin befindlichen Schleimtheile, einen unangenehmen Geschmack: wird aber die Destillation vorsichtig veranstaltet, so gewinnt man guten Branntewein.

Der aus Kirschwein gezogne Branntewein, wird Kirschwasser genannt.

Der aus Zuckersyrup oder Melasse gewonnene, wird Rhum oder Taffia genannt.

Pallas sahe bey Pinbirk aus gegohrnem Getraide Branntewein aus Blasen mit hölzernen Helmen destilliren. Derselbe Naturforscher berichtet, daß die Kalmuken die Milch von Kuhen und Stuten, mittelst einem Ferment von Mehl und Salz säuern, ohne

ohne solche abzurahmen, und dann durch die Destillation in hölzernen Blasen, Branntewein daraus ziehen.

Aus den Getraidearten bereitet man fast in allen Ländern Branntewein, er ist aber von üblem Geschmack *). Um diesen zu verstecken, destillirt man ihn in Vermengung mit Wachholderbeeren, und gibt ihm nun den Namen Wachholderbranntewein.

Achter Abschnitt.

Resultate der Wirkung des Wärmestoffes bey verschiedenen Graden, auf mehrere mineralische Substanzen.

Man hat von jeher erkannt, wie wichtig es ist, die Wirkung des Wärmestoffs bey verschiedenen Graden, auf die Körper zu kennen und zu bestimmen; und wir finden fast in allen Werken zahlreiche Erfahrungen über diesen Gegenstand angestellt. Da man indessen eines Theils nicht die Mittel in Händen hatte, eine konstante, gleichförmige, und hinreichend starke Hitze zu veranlassen; und andrerseits man in der chemischen Analyse noch nicht so weit gediehen war, um mit reinen gleichartigen Materien, deren Natur stets dieselbe war, arbeiten zu können: so sind auch die dadurch gemachten Erfahrungen sehr unzuverlässig, und für die Wissenschaft ist nichts durch sie gewonnen worden.

Ob die Gesteine der Alpen oder Pyreneen schmelzbar sind oder nicht? Dieß zu wissen, ist von keiner Bedeutung. Dasjenige was uns indessen, durch gut angestellete Versuche ausgemittelt, ein wahres Interesse gewähren kann, besteht im Folgenden:

1) Die Kenntniß von dem Verhalten einer reinen Erde, oder eines Metalls bey einem bestimmten Grade der Hitze.

2) Die Wirkung desselben Feuergrades auf die Produkte der Mengung jener einfachen Substanzen, unter bekannten Quantitäten.

3) Die

*) Wie man den Branntewein regelmäßiger, in Hinsicht seiner Spirituosität prüfen; und wie man aus jeder nährungsfähigen Substanz, außer dem Wein, einen dem französischen ähnlichen Branntewein gewinnen kann, darüber lese man meine Abhandlung über die Verbesserung der Branntweinbrennerey. In Hermbstedts Archiv der Agrikulturchemie 2c. 2ter Band. Berlin 1806. H.

3) Die Wirkung der Flüsse auf dieselben Substanzen.

Sind die Resultate von solcher Natur gut erwiesen, so kann man solche zu jeder Zeit, und an jedem Orte wieder veranlassen; und sie können nun als ausgemachte Thatsachen für die Künste angesehen werden.

Es schien mir nützlich zu seyn, die vorzüglichsten Schmelzversuche in einer Tabelle zusammenzustellen, welche die Merkmale angibt, durch welche sie sich auszeichnen; und aus dem Grunde habe ich aus dem großen Reiche, der darüber bekannten Thatsachen, diejenigen Resultate ausgehoben, welche dem Künstler oder Fabrikanten den Weg bahnen, und die Operationen, welche durchs Feuer bewirkt werden müssen, aufzuklären geschickt sind.

Darcet war einer der ersten Chemiker, welcher die vergleichende Wirkung des Feuers, auf eine große Anzahl Körper versuchte. Er stellte seine Versuche während 1766 bis 1768 im Porzellanofen an, in welchem die Hitze während mehrern Tagen einerley Intensität behielt.

Lavoisier und Ehrmann untersuchten fast die meisten bekannten Körper vor dem mit Sauerstoffgas betriebnen Blaserohr.

Herr von Saussüre stellte zahlreiche Versuche vor der Flamme des gewöhnlichen Blaserohrs an.

Macquer bediente sich des Brennglases, um dessen Wirkung viele mineralische Substanzen zu unterwerfen.

Die Herren Guyton = Morveau und Kirwan wendeten bestimmte Grade des Feuers an, um die Schmelzbarkeit vieler einfachen und gemischten Substanzen kennen zu lernen.

Jene Arbeiten mehrerer geschickter Chemiker sind es, deren Resultate wir zur Bildung der gedachten Tabelle auswählen werden.

Siehet man jene Tabelle durch, so wird man bald überzeugt, daß die Resultate der von verschiedenen Chemikern gemachten Erfahrungen, nicht immer mit einander übereinstimmen; welches also beweiset, daß die untersuchten Substanzen entweder nicht genau dieselbe Natur besaßen, oder daß die Schmelztiegel, so wie die Unterlagen, auf solche zurück gewirkt haben. Da indessen gemengte Substanzen allemal schmelzbarer sind, als einfache, so darf man urtheilen, daß da, wo eine

eine Schmelzung Statt findet, die Substanz nicht einfach war; welche gegenseitig sich allemal absolut unschmelzbar verhält.

Man könnte daher behaupten, daß jene Tabelle sehr unvollkommen sey: da in derselben aber nur solche mineralische Substanzen aufgenommen sind, welche in der Natur am häufigsten verbreitet liegen, und in den Künsten die meiste Anwendung finden; so glaube ich, daß man sich mit dieser Auswahl begnügen kann *).

*) Jene Erfahrungen sind hier allerdings interessant; aber sie würden noch weit interessanter seyn, wenn der Grad der Hitze bey welchem ein Gemenge in vollkommnen Fluß kommt, mit Hülfe eines Wedgwoodschen Pyrometers bestimmt worden wäre, welches leider nicht geschehen ist. H.

Erste Ab-

Ta-

über die Wirkung der Hitze, auf meh-

Namen der Substanzen.	Beym Porzellanfeuer.	Vor dem Blaserohr mit atmosphärischer Luft.
Reine Talkerde.	Unschmelzbar. Verglaste an den Punkten die mit dem Schmelztiegel in Berührung sind.	Unschmelzbar. Sie löste die Sappere (Kyanit) auf, auf welcher sie placirt war, und bildete damit ein milchweißes Glas.
Talkerde.	Darcet sahe die aus der Salpetermutterlauge geschiedene Erde schmelzen. Die aus dem Bittersalz geschiedene schmolz nicht.	Unschmelzbar.
Reine Kiesel.	Der Bergkristall wird brüchich, weiß, ohne sich an den Tiegel zu hängen, und zeigt keine Schmelzung. (Darcet).	Auf Sappere befestigt, sahe Saussüre ihn zu einem weißen Glase schmelzen, ohne daß die Sappere angegriffen war.
Reine Thonerde.	Sowohl der weiße rein gewaschene Thon, als auch die reine Thonerde, waren unschmelzbar. (Darcet).	Bildete eine mattweiße, ins blaue schillernde bröckliche Masse, die an einigen kleinen Punkten durchsichtig ward. (Saussüre).
Reine Baryterde.		Bildete eine schwammige Substanz, welche anfangs grau war, hernach aber schneeweißmatt, hernach aber an einigen Stellen durchsichtig wurde. Sie löste die Sappern auf, und bildete damit ein fast durchsichtiges Glas, welches doch etwas milchigt war. (Saussüre).

theilung.

belle

rere einfache mineralische Substanzen.

Mittelst dem Brennglase.	Vor dem Blaserohr mittelst Sauerstoffgas.
Sie ging in den Zustand des gebrannten Kalks über, ohne zu schmelzen.	Unschmelzbar. Guyton bemerkte, daß einige Theile an den Kanten zu einem weißen Emaille flossen, wenn man sie auf einem Löffel von Platin behandelte.
Unveränderlich, nach Lavoisier.	Sie zog sich zusammen, und erhärtete ohne zu schmelzen, und wurde knirschend unter den Zähnen. (Lavoisier und Guyton). Ehrmann sahe sie zu Glas schmelzen. Er hatte aber wahrscheinlich keine reine Erde.
Er sprang in Stücke, ohne zu schmelzen. (Macquer).	Lavoisier u. Guyton bemerkten keine Schmelzung. Geyer sahe solchen an den Winkeln vorgehen. Ehrmann meint ein schäumendes Schmelzen wahrgenommen zu haben.
Wurde hart, ohne ein Zeichen von Schmelzen zu geben, und zog sich zusammen. (Macquer und Lavoisier).	Schmolz zu einer weißen Emaille, von halb durchsichtiger Beschaffenheit, und nahm eine glasharte Textur an. (Lavoisier, Guyton und Ehrmann). Geyer konnte nur kleine Kanten zum Fluß bringen.
	Schmolz nach einigen Sekunden, und hing mit der Kohle zusammen; endlich entzündete sie sich und verschwand unter Verpuffung. Der kleine Rückstand den man sammlen konnte, schmeckte ätzend, und zerfiel an der Luft. Jene Art von Verbrennung ist ein Karakter den diese Erde mit den Metallen gemein hat.

Namen der Substanzen.	Im Porzellanfeuer.	Vor dem Blaserohr mit atmosphärischer Luft.
Platin.	Die Platinkörner hingen zusammen. Die Masse wurde schwarz wie Eisen, und man konnte ein dem Magnet folgsames schwarzes Pulver davon absondern. Der Rückstand hatte seine Ziehkraft zum Magnet verloren. Wurde das Platin in porzellanenen Kapseln demselben Feuer ausgesetzt, so änderte solches sich nicht, ward aber dem Magnet noch folgsamer. (Darcet).	Erlitt gar keine Veränderung. (Bergmann).
Gold.	38½ Gran, verloren bey einem dreymaligen Aussetzen im Porzellanfeuer, ½ Gran beym ersten Mal, beym zweyten nichts.	Schmolz und blieb unverändert. (Bergmann). Verdampfte ganz. (Saussüre).
Silber.	85 Gran verloren in einer Kapsel dem Feuer ausgesetzt 8 Gran. Es hatte sich ein Oxyd gebildet, welches eine schwammige Fritte erzeugte. Es verflüchtigte sich und sprengte die Kapsel.	Schmolz und verflüchtigte sich.
Kupfer.	Schmelzt und wird in ein schönes rothes Oxyd umgeändert, das in der Porzelankapsel bleibt.	Lauft auf der Sappere, und überzieht sie mit einem schwarzen glänzenden Firniß, welcher an der äußersten Flamme grün wird, und endlich ganz sich verflüchtigt.
Zinn.	Wird oxydirt und verglast. Zuweilen bedeckt es sich mit einem schönen durchsichtigen goldgelben Glase.	Reines Malacca-Zinn auf Sappere der Hitze ausgesetzt, verschwand unter brennenden Funken. Die äußerste Flamme färbte sich hellpurpurroth. Auf den Sappern blieb ein gelbes Glas zurück. Der äußersten Flamme ausgesetzt, wurde das Zinn oxydirt, und das Oxyd

Mittelst dem Brennglase.	Vor dem mit Sauerstoffgas getriebenen Blaserohr.
Im Tschirnhausischen Brennglase klebten die Körner zusammen, konnten aber nicht zum Schmelzen gebracht werden. (Macquer). Im Parkerschen Brennglase floß das Platin binnen 2 Minuten. (Kirwan).	Rohes Platin schmolz komplett zu runden Kügelchen. Das vom magnetischen Sande gereinigte Platin verhielt sich eben so. (Lavoisier).
Homberg und Macquer, sahen es schmelzen und verflüchtigen. Der Letztere erhielt auch ein violettes Oxyd.	Schmolz sehr leicht, und vergoldete ein Silberdrath, daß man über das fließende Metall hielt. (Lavoisier).
Ein Theil des Metalls verflüchtigte sich, ohne oxydirt zu werden.	Es schmolz in 10 Sekunden, und verflüchtigte sich ohne Verbrennung. Gab man weniger Hitze, als zur Verflüchtigung nöthig war, so oxydirte sich das Silber, wurde hernach aber wieder reducirt. (Ehrmann).
Auf einer andern Kapsel dem Brennpunkte ausgesetzt, wird es vollkommen oxydirt.	Schmelzt in 15 Sekunden, schäumt, brennt mit grüner Flamme, und wird völlig verflüchtiget. (Lavoisier u. Ehrmann).
Schmolz zu einer weißen, wie Silber glänzenden Kugel. Es erhob sich ein weißer Rauch, und vom Feuer zurückgezogen, fand man eine harte brüchige, glasartige Substanz. Das Zinn verflüchtigte sich endlich ganz.	Es schmelzt mit Schäumen, und wird roth. Es erhebt sich ein weißer Rauch, der dick, und mit einer weißen Flamme begleitet ist. Das Metall wird oxydirt. (Lavoisier). Ehrmann sahe eine weiße Flamme. Ein Gran Zinn verflüchtigte sich während 30 bis 40 Sekunden.

Namen der Substanzen.	Im Porzellanfeuer.	Vor dem Blaserohr mit atmosphärischer Luft.
Zinn.		schmolz nicht, schien sich aber zu verflüchtigen. Die unter dem Oxyd liegende Sappern waren gelb gefärbt.
Bley.	Es bildet sich ein gelbes durchsichtiges Glas.	Die äußerste Flamme färbt sich blau. Es bildet sich ein gelbgrünes Glas, welches verdunstet, und eine gelbe Farbe zurück läßt.
Eisen.	Das Eisen oxydirt sich, und bildet mit der Porzellankapsel einen Teig.	Schmelzt mit Wallung und Funken, durchdringt endlich die Sappere, färbt sie schwarz, dann glänzend, dann matt, dann bouteillengrün.
Zink.	Schmelzt, entzündet sich, und vertheilt sich in ein flockiges Oxyd.	Schmelzt, entzündet sich, und vertheilt sich in ein weißes wolliges Oxyd.
Wißmuth.	Schmelzt und verwandelt sich in ein violettes, durchsichtiges Glas, das nachher eine Weinfarbe annimmt.	Fließt auf der Sappere, und der Flamme langsam genähert, kocht es, entzündet sich, nimmt an der äußersten Flamme eine violette Farbe an, und bildet einen gelben Rauch, welcher sich an die benachbarten Körper legt, und sich in ein gelbgrünes Glas umändert, welches nach und nach verraucht, und eine mattpurpurrothe Farbe zurück läßt.
Kobalt.	Schmelzt nach Darcet in eine undurchsichtige dunkelblaue Masse.	Geht in Schmelzung bey einem anhaltenden Feuer, und bildet endlich eine schwarzviolette Masse.

Mittelst dem Brennglase.	Vor dem mit Sauerstoffgas getriebenen Blaserohr.
Die Mennige ändert sich in eine schöne Bleyglätte um, ohne sich zu reduciren. Das Bleyweiß schmelzt augenblicklich, und bildet viel Rauch. Ein Theil bedeckt sich mit Glätte; der andre verglast sich auf der irdenen Unterlage.	Schmelzt auf der Stelle, und bildet einen röthlichen brennenden Rauch. Beym langsamen Feuer oxydirt sich das Bley, das Oxyd kommt endlich in Fluß, verdunstet und brennt mit einer weißen Flamme, wenn die Hitze vermehrt wird. (Lavoisier).
Brennt im Brennpunkte, und bildet sehr deutliche federartige Kristalle.	Schmelzt, wird roth, und brennt mit Aussprühung kleiner Feuerfunken, die sich in kleine spröde Kügelchen vereinigen.
Schmelzt, und bedeckt sich mit einem weißen Oxyd; und geräth in Entzündung, wenn jenes Oxyd hinweg genommen wird.	Schmelzt und brennt mit rother Flamme, die ins Blaue schillert; und verstreuet viel weißes flockiges Oxyd in die Luft.
	Brennt mit einer weißen Flamme, welche späterhin gelb wird. Das Metall wirft sich aus dem Tiegel, und veranlasset auf den benachbarten Gegenständen gelbe Flecke. Ein Gran verflüchtigt sich in 15 Sekunden. (Ehrmann).
Eben so.	Wird roth, schmelzt, und brennt mit einer bläulichen Flamme, die sich ins violette ziehet. Einige Funken springen aus dem Tiegel.

Namen der Substanzen.	Im Porzellanfeuer.	Vor dem Blaserohr mit atmosphärischer Luft.
Arsenik.	Greift das Porzellan an und erweicht dasselbe.	Schnell dem Feuer ausgesetzt entzündet es sich. (Bergmann). Es schmelzt, wenn es nur dem zum Schmelzen nöthigen Feuersgrade ausgesetzt wird.
Spießglanz.	Von 54 Gran blieb nur eine kleine Quantität oxydirter und verglaster Regulus zurück. Das Glas ist von schöner gelber, durchsichtiger Farbe.	In der äußersten Flamme raucht es, und färbt sie mattblau; zuletzt läßt es einen grünen Fleck zurück.

Zweyte Ab-

Ta-

über die Wirkung der Hitze auf

Namen der Substanzen.	Im Porzellanfeuer.	Vor dem Blaserohr mit atmosphärischer Luft.
Schwefelsaurer Kalk.	Kristallisirter Gips von Montmartre gibt ein schönes durchsichtiges Glas. Es röthet den Tiegel, greift ihn an, und löset ihn auf. Der seidenartige Strahlgips stellt dieselben Phänomene dar.	Der Strahlgips von Montmartre wird weiß, blättert sich, und fließt zu einer schneeweißen Fritte. Auf der Sappere kocht er, wird halb durchsichtig, durchdringt die Sappere, und greift sie an.

Mittelst dem Brennglase.	Vor dem mit Sauerstoffgas betriebenen Blaserohr.
	Brennt mit einer weißblauen Flamme, und verstreuet sich mit einem Knoblauchgeruch.
Es schmelzt, raucht, und entweicht ganz. Der kleine irdene Tiegel auf welchen der Regulus gelegt war, ist mit einer Verglasung umgeben, welche mattgelb, grünlich, und mit einigen schwarzen Flecken durchsetzt ist, welche wie purpurne Adern erscheinen.	Schmelzt in 10 Sekunden, und stößt einen weißen Dampf aus. Es wird dann roth, und brennt mit weißer Flamme. (Lavoisier). Ein Gran wird in 30 Sekunden verflüchtiget. (Ehrmann).

theilung.

belle

einige zusammengesetzte Substanzen.

Mittelst dem Brennglase.	Vor dem mit Sauerstoffgas betriebenen Blaserohr.
Der Gips von Montmartre kalzinirt, schwillt auf, dringt langsam aus dem Brennpunkte hinaus, und gibt etwas Rauch. Wird er wieder in den Brennpunkt gebracht, so ziehet er sich zusammen, und schmelzt endlich zu einer milchweißen Masse, welche gleich dem Porzellan milchweiß ist. (Macquer).	Der Gips von Montmartre schmelzt nach dem Kalziniren. (Lavoisier). Ehrmann sahe jeden Gips schmelzen, den er untersuchte.

Anmerk. Gerhard hat bemerkt, daß die Gipsarten im Kalk und Kohlentiegel fest blieben, während sie im Thontiegel verglasten. Es scheint also, daß Lavoisier ihm vorangegangen ist, und daß, nachdem alle Schwefelsäure entwichen ist, der Rückstand unschmelzbar seyn mußte.

Namen der Substanzen.	Im Porzellanfeuer.	Vor dem Blaserohr mit atmosphärischer Luft.
Flußsaurer Kalk.	Der Flußspath schmelzt bey einem mehr oder weniger gewaltsamen Grade der Hitze, zufolge seiner Reinigkeit; und das Glas ist mehr oder weniger gefärbt. Es greift den Tiegel an, zerfrißt ihn, und löset ihn auf.	Der octaedrische, durchsichtige, grüne Flußspath, vegetirt wie Blumenkohl, und wird mattweiß wie Schnee, und undurchsichtig. Auf der Sappere schmolz ein Stückchen zum farbenlosen durchsichtigen Glase. (Saussüre).
	Er schmelzt im Porzellanfeuer, röthet den Tiegel, und überzieht ihn mit Glas.	Der durchsichtige Schwerspath verprasselt ohne zu fließen, färbt die äußerste Flamme grün, und schmelzt dann zu einem rauhen, fast undurchsichtigen Glase. Auf der Sappere färbt er erst die Flamme grün, fließt dann zum durchsichtigen Glase, das etwas gelb ist. (Säussüre).

Mittelst dem Brennglase.	Vor dem mit Sauerstoffgas betriebenen Blaserohr.
Der würfliche Flußspath, und auch der gefärbte, kamen von dem Tschirnhausischen Brennglase nicht in Fluß, wenn sie auf einem irdenen Tiegel lagen. Sie bildeten aber eine runde weiße emaillenförmige Kugel. (Lavoisier). Er kalzinirt sich auf der irdenen Unterlage ohne zu schmelzen. Im Kohlentiegel erleidet er eine Art Verbrennung, und stößt schwefelige Dünste aus. Zuletzt bleibt ein wie Schwefelkali schmeckender Rückstand übrig. (Lavoisier).	Der würfliche Flußspath floß zu einer durchsichtigen Kugel, die beym Erkalten undurchsichtig wurde, und den Glasglanz des Spaths verloren hatte. Sie sahe dem geschmolzenen Kochsalz ähnlich, und zerfiel in der Luft in Pulver. (Lavoisier). Er verbrennt mit Verpuffung. Auf der Kohle findet sich ein weißer Ueberzug, der scharf, bitter, und wie Schwefelkali schmeckt. Er ist eine Schwefelbaryterde. (Lavoisier).

Den Herren Darcet, Ehrmann, Guyton-Morveau, Kirwan und mehrern Chemikern, verdanken wir sehr interessante Versuche über das Verhalten mehrerer gemengter Substanzen bey bestimmten Graden der Hitze. Ich hielt es daher für Pflicht, hier die Resultate mitzutheilen; sie werden denen sehr vortheilhaft seyn, die sich mit dergleichen Arbeiten beschäftigen.

1) Versuche des Herrn Darcet im Porzellanfeuer.

Mengungen	Resultate.
a) Gleiche Theile Quarz und zerfallner Kalk	Eine wenig zusammenhängende Substanz.
b) Gleiche Maaße sehr harter Spath und zerfallner Kalk	Flossen und bildeten eine undurchsichtige Glasmasse.
c) Gleiche Maaße Gips, Kalk, und zerfallner Marmor	Gaben ein undurchsichtiges Glas.
d) Gleiche Maaße feiner Gips und weißer Thon	Gaben eine halbdurchsichtige weiße Emaille.
e) Drey Maaß Gips, und ein Maaß gewaschner Porzellanthon.	Gaben ein hartes weißes undurchsichtiges Glas. Eine schöne Emaille.

 f) Glei-

Mengungen.	Resultate.
f) Gleiche Maaße Gips und Feuerstein	Gab eine feste harte, am Stahl, Funken gebende Masse.
g) Zwey Maaß Gips, und ein Maaß Flußspath	Gab ein durchsichtiges smaragdfarbnes Glas.
h) Gleiche Maaße Gips und feiner Sand von Nevers	Gab ein schönes halbdurchsichtiges Glas.
i) Acht Maaß Sand von Nevers, und ein Maaß Flußspath	Gab eine harte gleichförmige Masse: eine halbdurchsichtige Emaille.
k) Acht Maaß Flußspath und zwey Maaß briançoner Kreide	War schlecht geflossen.
l) Ein Maaß Feuerstein, zwey Maaß Flußspath, und drey Maaß Gips	Ein undurchsichtiges milchweißes Glas.
m) Gleiche Maaße Gips, Thon, und harter Spath	Gab ein undurchsichtiges Glas; eine gute Emaille.
n) Gleiche Maaße feiner Gips, weißer Spath und champagner Kreide	Gab eine weiße undurchsichtige schwammige Substanz.
o) Gleiche Maaße feiner Gips und weißer Spath, und zwey Maaß champagner Kreide	Gab ein undurchsichtiges gelbgrünes Glas.
p) Gleiche Maaße Gips, Thon und champagner Kreide	Gab ein halb durchsichtiges schönes weißes Glas.
q) Gleiche Maaße Gips, Thon und Kieselstein	Gab ein helles durchsichtiges gelbes Glas.
r) Gleiche Theile Gips, Thon und Feuerstein	Gab ein grüngelbes durchsichtiges Glas.

Herr Guyton-Morveau hat über die erdigen Gemenge, bey zwey verschiedenen Feuersgraden, Versuche angestellt, nämlich bey 23 und bey 28 Grad nach der Wedgwoodschen Skale; und selbst bey 134 Grad derselben.

Zur Annahme des ersten Feuersgrades, wurden die Tiegel unter die Muffel des Probirofens gesetzt.

Zur Annahme des zweyten Grades, brachte man sie unter einen umgekehrten Tiegel in den Macquerschen Ofen.

Hier folgen die Resultate derselben *):

Thon=

*) Interessant würde es gewesen seyn, ähnliche Versuche mit andern Mengungen bey höhern Feuersgraden mit dem Wedgwoodschen Pyrometer anzustellen, gewiß werden auf diesem Wege noch manche nützliche Compositionen auszumitteln seyn, die die Basis nützlicher Manufakturanstalten abgeben können. H.

Mengung.	Resultat beym ersten Feuersgrade.	Resultat beym zweyten Feuersgrade.
Thonerde und Talkerde, von jeder ein Quentchen	Die Masse hatte 0,135 am Gewicht verloren, und war zu einer weißen zerreibbaren Substanz zusammen gebacken.	Eine weiße pulverige Substanz, welche an den mit dem Tiegel in Berührung gestandenen Punkten verglast war.
Kiesel und Talkerde, von jeder ein Quentchen	Hatte 0,108 am Gewicht verloren, war weiß und pulverig.	Eine weiße Fritte, welche schwach zusammenhing, und 0,135 am Gewicht verloren hatte.
Kiesel und Baryt, von jedem ein Quentchen	Eine graue, solide Substanz, welche mit dem Tiegel zusammenhing. Sie hatte 0,01 am Gewicht verloren.	Ein graugrünes Glas, sehr hart, zellig, und nur durch den Bergkristall schneidbar.
Thonerde und Baryt, von jedem ein Quentchen	Eine blaugraue, schwach zusammengebackne Masse, die nicht am Tiegel hing, und 0,105 am Gewicht verloren hatte.	Eine weiße pulverige Materie, welche 0,275 am Gewicht verloren hatte.
Kalk und Talkerde, von jedem ein Quentchen	Eine weiße Masse ohne Spur einer Vereinigung, und ohne merklichen Gewichtsverlust.	Eine auf der Oberfläche weiße, unten aber rothe Fritte, deren inneren Theile halb verglast waren. Der Boden des Tiegels war mit einer weißen Emaille belegt.
Kalk und Baryt, von jedem ein Quentchen	Eine weiße pulverige, leicht zusammengebackne Substanz, ohne Gewichtsverlust.	Ein vollkommnes, etwas grünes Glas, an dem Tiegel hängend.
Talkerde und Baryt, von jedem ein Quentchen	Eine ziemlich zusammengebackne Masse.	Weiß, glänzend, in kleine Krumen vereinigt, ziemlich fest, emailleartig, und stark an dem Tiegel hängend.

Ehrmann unterwarf verschiedene Mengungen von Metallen der Wirkung des durch Sauerstoffgas verstärkten Feuers, welche ihm folgende Resultate darboten:

1) Gold

Mengungen zu gleichen Theilen.	Resultate.
1) Gold und Platin	Eine weiße Verbindung, wie mattes Silber, unter dem Hammer dehnbar.
2) Gold und Kupfer	Schmolz mit einer grünen Flamme, welche so lange dauerte, bis alles Kupfer verflüchtigt war. Gold, Kupfer und Silber zusammengeschmolzen, gewährten dieselben Phänomene.
3) Platin und Silber	Eine sehr harte Masse, welche dunkler als Silber war.
4) Platin und Kupfer	Eine weiße Verbindung, ziemlich weich, dehnbar, und ließ sich poliren.
5) Platin und Eisen	Verband sich schlecht. Beyde Metalle schienen sich anfangs sogleich zu vereinigen, trennten sich aber nach dem Erkalten.
6) Platin und Spießglanz	Im Tiegel schmolzen beyde zusammen, bey der Einwirkung war Sauerstoffgas, sie trennten sich aber, und das Spießglanz verdampfte.
7) Silber und Kupfer	Schmolz mit grüner Flamme, und verflüchtigte sich nach und nach ganz.
8) Kupfer u. Zinn	Wenn die Masse im Fluß ist, so verbrennt das Zinn mit weißer Flamme, die mit einer blauen umgeben ist, welche letztere sich aber in dem Maaße vermehrt, als das Zinn sich vermindert.
9) Kupfer u. Eisen	Jene Metalle verbinden sich gar nicht. Das Kupfer liegt im Mittelpunkte, und das Eisen bildet eine Rinde, welche verbrennt.

Ehrmann untersuchte auch folgende Gemenge, wobey das Metall in verschiedenen Verhältnissen angewendet wurde.

1) Eine zu Messing geschmolzene Verbindung von Kupfer und Zink	Anfangs wallete die Masse, und brannte mit einer weißblauen Flamme, der eine dunkelblaue nachfolgte.
2) Eine zur Schriftmasse zusammengeschmolzene Verbindung, von Spießglanz und Bley	Gab einen starken Dampf, und eine blauweiße Flamme.

Herr **Kirwan** in der zweyten Ausgabe seiner Mineralogie, hat eine Tabelle über die Schmelzbarkeit der einfachen Erden mitgetheilt, die er in verschiedenen Verhältnissen mengte, und die Gemenge 106 Grad nach dem **Wedgwoodschen** Pyrometer aus-

aussetzte. Herr Achard hat die Resultate seiner Erfahrungen über denselben Gegenstand mitgetheilt. Es ist indessen glaublich, daß die Schmelzungen, welche Statt fanden, oftmals der Substanz der Tiegel beyzumessen sind, welche lange dem Porzellanofen ausgesetzt waren. Herr Kirwan glaubte jene Fehler zu vermeiden, wenn er ein gewaltsames, aber kürzere Zeit unterhaltenes Feuer vor dem Gebläse anwendete. Herr Achard hat seine Versuche mit kohlensaurem Kalk angestellt. Herr Kirwan bediente sich nur des gebrannten Kalks, welches also sehr verschiedene Produkte liefern mußte. Die vorzüglichsten Resultate, welche beyde aus ihren Versuchen gezogen haben, bestehen in folgenden.

Zweyfache Verbindungen.

1) Die zweyfachen Verbindungen von fünf Erden (Kalk, Talkerde, Thonerde, Kieselerde und Baryt), sind unter allen Verhältnissen unschmelzbar, außer 1) wenn gleiche Theile Kalk und Kiesel verbunden werden, welche allein bey 150 Grad Wedgwood und darüber eine Emaille bilden. 2) Die Verbindung von Baryt und Kiesel. Diese beyde Substanzen wirken bey 150 Grad nur dann auf einander, wenn der Kiesel und der Baryt im Verhältniß wie 3 zu 1, oder wie 2 zu 1; oder wenn Baryt und Kiesel im Verhältniß wie 4 zu 3, oder wie 2 zu 1, angewendet werden. Sind aber diese Erden in gleichen Theilen gemengt, so ist ihre Ineinanderwirkung kaum merkbar.

2) Bey der Verbindung von fünf Erden mit Eisenoxyd, hat man bemerkt, daß wenn der gebrannte Kalk im Verhältniß wie 9 zu 1 oder wie 3 zu 1 oder wie 2 zu 1 mit dem Eisenoxyd gemengt war, sich bey 150 Grad eine Art von Fritte bildete, welche den Tiegel angreift; bey der Vermehrung des Eisenoxyds aber sehr flüssig wird.

Der Baryt und das Eisenoxyd zeigen eine weit merkbarere Wirkung auf einander: ihre Vermengung ist, wenn beyde Theile im Verhältniß wie 1 zu 4 genommen werden, allemal schmelzbar.

Talkerde und Eisenoxyd zeigen keine Wirkung auf einander, wenn solche zu gleichen Theilen gemengt werden. Wenn sich aber das Eisenoxyd im Verhältniß wie 4 zu 1 mit der Talkerde gemengt findet, so schmelzt das Gemenge vollkommen. Sind sie aber im Verhältniß von 2 zu 1 gemengt, so ist die Schmelzung unvollkommen.

Thonerde und Eisenoxyd geben bey 166 Grad keine Spur von Schmelzung, wenn sie zu gleichen Theilen gemengt sind. Findet sich aber das Eisenoxyd im Verhältniß wie 4 zu 3, oder wie 2 zu 1 mit der Thonerde gemengt, so sind die Gemenge

schmelz=

schmelzbar, bey jenem Grade der Hitze. Der Kiesel und das Eisenoxyd sind allemal unschmelzbar, wenn der Kiesel vorwaltet; im umgekehrten Fall ist das Gemenge schmelzbar.

Dreyfache Verbindungen bey 150 Grad Wedgwood.

Kalk, Talkerde und Thonerde.

1) Die Gemenge dieser drey Erden sind selbst bey 160 Grad nicht schmelzbar, wenn die Talkerde vorwaltet.

2) Das Gemenge in welchem der Kalk vorwaltet, verglast nur dann, wenn 3 Theile Kalk gegen 2 Theile Talkerde und 1 Theil Thonerde genommen worden sind. Nähern sich die Verhältnisse diesen, so erhält man Arten von Porzellan oder Emaille.

3) Die Verhältnisse in welchen die Thonerde mit den andern gleich ist, oder die eine oder die andre im Verhältniß wie 3 zu 1 übersteigt, liefern Porzellan.

Kalk, Talkerde und Kiesel.

1) Die Verbindungen dieser Art, in welchen der Kalk vorwaltet, sind schmelzbar.

2) Wenn die Talkerde vorwaltet, findet keine Schmelzung Statt.

3) Ist der Kiesel vorwaltend, so schmelzen die Verbindungen nur sehr selten.

Thonerde, Talkerde und Kieselerde.

1) Ist die Thonerde vorwaltend, so gewinnt man nur eine Art von Porzellan.

2) Ist die Talkerde vorwaltend, so erhält man nur eine sehr unvollkommene Schmelzung.

3) Ist der Kiesel vorwaltend, so gewinnt man in vielen Fällen ein Porzellan; und ein Glas, wenn 3 Theile Kiesel, 2 Theile Talkerde, und 1 Theil Thonerde gemengt waren.

Thonerde, Kalk und Kiesel.

1) Ist der Kalk vorwaltend, so erhält man Glas, Porzellan, oder eine unschmelzbare Masse, nach den Verhältnissen der Gemengtheile.

2) Ist die Thonerde vorwaltend, so gewinnt man oft Porzellan, aber nie Glas.

3) Ist die Kieselerde vorwaltend, so erhält man bald eine Emaille, bald Porzellan, und wahrscheinlich auch ein Glas; denn die Hitze ist bey diesen Versuchen nicht sehr beträchtlich gewesen.

Neunter Abschnitt.

Bey den Feueroperationen mit welchen wir uns beschäftiget haben, kommt es sehr darauf an, den Feuersgrad bestimmen zu können, bey welchem operirt wird: denn dieß ist das einzige Mittel, um nicht nur stets übereinstimmende Resultate zu erhalten, sondern solche auch in Vergleichung setzen zu können.

Diejenigen Instrumente, welche dazu bestimmt sind, die atmosphärische Wärme zu messen, werden Thermometer genannt; diejenigen im Gegentheil, welche dazu bestimmt sind, den Grad der Hitze der Oefen zu bestimmen, werden Pyrometer genannt.

Jene Instrumente sind darauf gegründet, daß die Hitze, die Körper ausdehnet; sie können also nur dazu dienen, durch den Grad der Ausdehnung, den Grad der respektiven Hitze kennbar zu machen.

Als thermoscopische Substanzen hat man das Quecksilber und den Alkohol in Anwendung gesetzt. Die Verändrung ihres Volums ist schon bey der kleinsten Temperaturveränderung des Dunstkreises merkbar. Und um diese Veränderung ihrer Volumerweiterung wahrnehmen zu können, schließt man jene Flüssigkeiten in gläserne Röhren ein, welche in Grade abgetheilt sind.

Das Quecksilber verdienet dem Alkohol vorgezogen zu werden, weil solches eine sehr lange Skale darstellt, die immer gleiche Grade der Ausdehnung behauptet, während der Alkohol, bey zunehmender Temperatur sich nicht mehr gleichförmig ausdehnt.

Mittelst dieser beyden, in gläsernen Röhren eingeschlossenen Flüssigkeiten, können indessen nur die Grade der Hitze gemessen werden, bey welchen das Glas noch nicht selbst schmelzt, oder sie in Dämpfe aufgelöst werden. Man hat sich daher gezwungen gesehen, zu andern Mitteln zu schreiten, um höhere Grade der Hitze zu messen. **Boerhave** und **Muschenbroek** haben dazu Pyrometer vorgeschlagen, welche auf die Ausdehnung des Eisens in der Hitze gegründet waren. Aber **Wedgwood** hat ein Pyrometer angegeben, welches die größte Aufmerksamkeit der Chemisten verdienet: es ist auf den Grundsatz gestützt, daß der reine Thon sich im Feuer regelmäßig zusammenzieht *).

Jenes

*) Dieß Phänomen scheint demjenigen entgegengesetzt zu seyn, welches wir wegen der Ausdehnung aller Körper durch die Wärme festgesetzt haben. Dieser Widerspruch ist indessen bloß scheinbar: denn der Thon ziehet sich nur in so fern zusammen, in so fern er Wasser ausdunstet, welches er bis auf den äußersten Grad der Hitze zurück hält. A. d. V.

Jenes Pyrometer ist aus zwey Theilen zusammengesetzt: 1) einem Maaßstab welcher dazu bestimmt ist, die Grade der Hitze zu messen; 2 aus kleinen Stückchen Thon, die zum Messen angewendet werden, zufolge der Zusammenziehung, die sie bey verschiedenen Graden der Hitze erleiden. Der Maaßstab ist aus einer gebrannten erdenen Platte geformt, auf welcher zwey Gradmesser von derselben Substanz angebracht sind. Diese sehr genaue Gradmesser haben an der einen Seite eine Einschnittsöffnung von einem halben Zoll, und auf der andern $\frac{3}{10}$ eines Zolles. Das Ganze ist nach der Länge in 240 gleiche Theile getheilt, wovon jeder den zehnten Theil eines Zolles ausmacht.

Um die thermometrischen Thonstücke zu verfertigen, siebt man den Thon genau durch, knetet ihn dann mit Wasser an, und drückt den Teig durch ein eisernes Rohr, wodurch er eine lange Stockform erhält, die man in kleine Cylinder von gehöriger Länge zerschneidet. Sind die Cylinder trocken, so passet man solche in den Nullgrad der Skale ein. Gehen einige um einige Grad tiefer hinein, so wird dieß am Grunde derselben bemerkt, und muß dann, wenn man sich derselben bedient, vor dem erhaltenen Grade der Hitze abziehet. So vorgerichtet, werden jene Thonstücke in einem Ofen rothglühend gemacht, um ihnen die nöthige Festigkeit zu geben. Die Wärme, welche man ihnen gibt, beträgt gemeiniglich 6 Grad, welches aber gegen die Hitze, der man die Cylinder unterwirft, wenig sagen will. Will man geringere Grade der Hitze messen, so muß man die Cylinder im ungebrannten Zustande anwenden.

Will man sich dieses Pyrometers bedienen, so setzt man einen der Cylinder der Hitze aus, die man anwenden will; und wenn man glaubt, daß solcher diese Hitze vollkommen angenommen hat, ziehet man ihn heraus, und läßt ihn erkalten. Hierauf schiebt man ihn in die Skale, indem man ihn zwischen den beyden Flächen hingleiten läßt, bis er nicht mehr weiter rückt; und man berechnet nun den Grad der Hitze mit seiner erlittnen Zusammenziehung.

Herr Wedgwood selbst, hat uns folgende Tabelle von seinem Pyrometer, in Vergleichung mit dem Fahrenheitschen Thermometer gegeben.

	Wedgwood.	Fahrenheit.
1) Am Tage sichtbare Rothglühhitze =	0	1077
2) Schwedisches Kupfer schmolz = =	27	4587
3) Silber schmolz = = =	28	4717
4) Gold schmolz = = =	32	5237
5) Hitze des schweißbaren Eisens vor dem Schweißen = =	90	12777
während dem Schweißen = =	95	13427
6) Die größte Hitze einer Schmiede=Esse	125	17327
7) Die größte Hitze welche in einem viereckigen Windofen von 8 Zoll Durchmesser erregt werden konnte = =	160	21877

Das Wedgwoodsche Pyrometer, besitzt indessen den Fehler, daß man nicht immer komparative Effekte damit hervorbringen kann, weil es unmöglich ist, die Cylinder überall aus einerley Thon zu bilden. Herr Guyton=Morveau hat daher ein Pyrometer von Platin vorgeschlagen, (Annales de Chimie. Tom. 46. pag 276.). Es besteht in einer Platinstange, die in eine in einen Teig von unschmelzbarem und auf den letzten Grad gebrannten Thon gemachte Rinne eingesetzt wird. Dieser Stab verbindet sich an dem einen Ende mit der massiven Masse, in welcher die Rinne angebracht ist; das andre Ende ist mit einem Winkelhebel verbunden, dessen langer Arm eine Nadel bildet, die auf einem graduirten Kreisbogen ruhet, so daß die Verrückung der Nadel die Verlängerung des Metalles andeutet, welche solches in der Hitze erleidet.

Da alle diese Theile von Platin sind, so kann weder eine Schmelzung noch eine Oxydation derselben Statt finden.

Es ist indessen nicht zu verkennen, daß die verschiedenen Apparate, welche dazu bestimmt sind den Grad der Hitze kennen zu lehren, nicht den Grad der Hitze messen können, welcher in einem Körper enthalten ist; welches doch oft zu wissen nöthig ist. Um diese Unvollkommenheit zu verbessern, und diese Leere in der Pyrometrie auszufüllen, haben die Herren Laplace und Lavoisier einen Apparat ausgeführt, der dazu bestimmt ist, die ganze Quantität der Wärme anzugeben, welche sich aus einem Körper entwickeln kann, wenn er sich bis zum Gefrierpunkt abkühlt. Sie haben jenes Instrument Calorimeter genannt; und solches auf den Grundsatz construirt, daß das Eis so lange Wärme einsaugt, bis solches geschmolzen ist.

Um genaue Resultate zu erhalten, muß man dahin trachten: 1) ein Mittel ausfindig zu machen, um alle Wärme durch

das

das Eis absorbiren zu lassen, welche aus einem Körper entwickelt wird. 2) Das Eis mit allen andern Körpern außer Verbindung zu setzen, welche dessen Schmelzung m[illegible] bewirken können; 3) alles Wasser genau zu sammlen, welches durch eine solche Schmelzung gebildet wird.

Der durch jene berühmten Akademiker zu dem Behuf angegebene Apparat, bestehet in drey runden Gefäßen, welche fest in einander passen, so daß drey Zwischenräume entstehen (Tab. V. Fig 1 und 2.). Der innere Raum eeee (Fig. 2.), welcher durch ein eisernes Gitter (Fig. 3.) gebildet ist, wird durch einige Stützen von demselben Metall getragen. In diesen Raum werden die Körper gebracht, die man den Versuchen unterwerfen will, indem man solche mit einem runden Drahtgitter bedeckt. Der mittlere Raum bbbb (Fig. 2.) ist dazu bestimmt das Eis aufzunehmen, mit welchem man den inneren Raum umgeben will; und welches im Boden durch ein gewebtes Drahtgitter getragen und unterstützt wird: dieser Raum ist also vom Innern bloß durch das eiserne Drahtgitter getrennt. Nach dem Maaße daß das Eis schmelzt, fließt das Wasser durch das Gitter in die Höhlung ee (Fig. 2.), und wird von dem Gefäße e (Fig. 1.) aufgenommen, wenn der Hahn d (Fig. 2.) geöffnet wird. Der äußere Raum aaaa enthält das Eis welches den mittlern Raum umgibt, und schützt solchen vor der Einwirkung der äußern Wärme. Das Wasser welches sich in dieser Höhlung bildet, gehet durch das Rohr hh (Fig. 2.) hinweg, und sammlet sich in einem besondern Gefäß. Dieser Raum ist vom mittlern, durch eine Decke von verzinntem Eisen oder Kupfer abgesondert, so daß zwischen beyden keine Communikation Statt finden kann.

Um diesen treflichen Apparat in Wirkung zu setzen, füllet man die mittlere Höhle mit gestoßnem Eis, und eben so den innern sphärischen Deckel. Desgleichen umgibt man auch die äußere Höhle mit Eis, und bedeckt den allgemeinen Deckel des Apparats damit. Man läßt nun das innere Eis auströpfeln, dann eben so das der äußern Höhle, so wie das, der allgemeinen Bedeckung gg (Fig. 1.).

Wenn das innere Eis kein Wasser mehr ausfließen läßt, so öffnet man den Deckel, um den zu bearbeitenden Körper hinein zu bringen, und verschließt ihn gleich wieder: und man sammlet nun alles abfließende Wasser so lange genau, bis der Körper auf die Temperatur des Gefrierpunktes herab gekom[men] ist. Es ist einleuchtend, daß die Quantität des Wassers, welches

ches man gewinnt, mit der Quantität der frey gewordenen Wärme aus dem Körper, im genauen Verhältniß stehet.

Indessen ist es nothwendig, daß die Temperatur der Atmosphäre, nicht unter dem Gefrierpunkte sey, weil sonst das innere Eis gleichfalls diese Temperatur annehmen würde.

Die specifike Wärme steht mit derjenigen Quantität im Verhältniß, welche erfordert wird, um die Temperatur eines Körpers auf eine gewisse Anzahl Grade zu erheben, wenn die Massen beyder gleich sind. Will man daher die specifike Wärme eines festen Körpers bestimmen, so erhebt man dessen Temperatur auf eine bestimmte Anzahl von Graden, setzt ihn dann schnell in die innere Kugel, und läßt ihn so lange darin, bis er auf den Gefrierpunkt erkaltet ist. Man sammlet das hierbey abfließende Wasser, und seine Quantität, dividirt durch die Masse des Körpers, und die Anzahl der Wärmegrade, seiner ersten Temperatur über dem Gefrierpunkte, wird dann seiner specifiken Wärme gleich seyn.

Will man den Flüssigkeiten ihre Wärme entziehen, so verschließt man die Gefäße des Calorimeters, um sie auf die Temperatur des Gefrierpunktes zurück zu bringen, und gießt dann schnell die Flüssigkeiten hinein.

Um die Wärme zu bestimmen, welche durch die Respiration, und die gasförmigen Flüssigkeiten gebildet wird, so bildet man mittelst Röhren zwischen der innern Höhle, und dem äußern Körper, welcher die Luft enthält, welche dem Versuch unterworfen werden soll, eine Communikation, und veranstaltet dadurch sehr gut eine Cirkulation von außen nach innen; welche so lange unterhalten wird, bis die Luft das Eis nicht mehr schmelzt. Die Wärme welche die Luft während ihrem Durchgang durch die Röhren von sich läßt, kann man schützen, indem man zwey harmonirende Thermometer, in die beyden Oeffnungen befestiget.

Ende des ersten Theils.

Erklärung der Kupfertafeln
des ersten Theils.

Erste Tafel.

Erklärung der ersten Figur, welche den Schmelzofen eines Laboratoriums, mit dem Blasebalg darstellt.

aa. Der Blasebalg des Ofens eines Laboratoriums.
bb. Der Ofen.
c. Die Unterlage derselben.
d. Der Feuerheerd.
e. Die Haube oder der Dohm des Ofens.
f. Der Rauchfang des Ofens.
g. Die Thür zur Haube oder der Dohm.

Erklärung der zweyten Figur, welcher den Schmelzofen eines Laboratoriums, mit dreyfachem Luftzuge darstellt.

aa. Der doppelte Blasebalg.
bb. Der Luftbehälter.
ccc. Röhren welche die Luft zum Ofen führen.
dddd. Viereckiger Ofen.
e. Inneres des Ofens.
ff. Absatz des Ofens um den Deckel aufzunehmen.
gggg. Dicke der Seitenwände des Ofens.

Die zweyte Figur 2 stellt den Deckel des Ofens dar.

Die dritte Figur 2 stellt den Rost dar.

Die dritte Figur der ersten Tafel stellt den senkrechten Durchschnitt des Ofens mit dreyfachem Gebläse dar.

ccc. Die Oeffnungen, durch welche die Luft mittelst drey Röhren in den Ofen tritt.
ee. Grund oder Sohle des Ofens.
dd. Verengerung des Ofens, um den Rost aufzunehmen.
gg. Obere Verengerung, um den Deckel aufzunehmen.
ffff. Dicke der Seitenwände des Ofens.

Die erste Figur 4 stellt einen Schmelztiegel dar.

Die zweyte Figur 4 stellt einen Deckel des Tiegels dar.

Die fünfte Figur stellt einen Inguß dar.

Die sechste Figur stellt eine Tiegelzange dar.

Zweyte Tafel.

Erklärung der ersten Figur, welche eine Wassertrommel darstellt.

aa. Hebel der Trommel.
b. Der Theil des Hebels, welcher sich in den Trichter öffnet.
ccc. Drey Saugröhren.
dd. Bodenloses Faß, welches im Wasser steht.
e. Kegelförmiger Stein, welcher in der Mitte des Fasses placirt ist.
ff. Wasserfall, welcher die innern Wände des Fasses bestreicht.
g. Leiter, welcher die Luft zum Ofen führt.
h. Wasserstrom, welcher sich in die Trommel wirft.
ii. Ofen, in welchen sich die Luft aus der Trommel begibt.

Erklärung der zweyten Figur, die Trommel welche einen senkrechten Durchschnitt darstellt.

aa. Hebel der Trommel im Längendurchschnitt.
b. Trichter, über derselben.
cc. Zwey Zugröhren an den Seiten.
dd. Bodenleeres Faß.
e. Konischer Stein in der Mitte des Fasses.
ff. Wasserstrom, in welchen das Faß mit seinen innern Wänden eintaucht.
g. Leiter, welcher die Luft zum Ofen führt.

Erklärung der dritten Figur, welche einen Schmelzofen für die Eisenmienen, oder Hohenofen mit Blasebälgen darstellt.

Die vierte Figur der ersten Tafel, stellt einen Durchschnitt dieses Ofens dar.

c. Figur 3 und 4. Oeffnung für die Blasebälge.
d. Figur 3. Einschnitt durch welchen das Metall abfließt.
e. f. Figur 4. Innere Höhe des Ofens.
gg. Figur 4. Größte Weite desselben. Dieser Ofen ist von i bis k rund, der übrige Theil aber ist viereckig.

Dritte Tafel.

Erklärung der ersten Figur, welche den Schmelzofen eines Laboratoriums darstellt.

aaaa. Der Rauchfang.
bb. Der Feuersack.
c. Thüre zum Feuersack.

d. Innere Thüre des Heerdes, um den Zustand des Schmelztiegels zu beurtheilen.
eee. Dreyfuß, welcher den Ofen trägt.
ff. Rost des Ofens.

Erklärung der zweyten Figur, welche einen Windofen zum Schmelzen darstellt.

a. Der Aschenheerd.
b. Der bewegliche Rost.
c. Die Thüre zum Aschenheerd.
d. Der Feuersack.
f. Ausgang des Ofens.
g. Rauchfang.
h. Mauerwerk.
i. Mauer, an welche sich der Ofen anlegt.

Erklärung der dritten Figur, welche einen Schmelzofen mit freyem Luftzug darstellt.

a. Treppe nach dem Aschenraum.
b. Der Aschenraum.
cc. Der Rost im Feuerraum.
dd. Sohle, Altar oder Laboratorium.
ee. Der Rauchfang.
f. Das Mauerwerk.
gg. Gewölbe zum Altar.
hh. Aeußere Mauer zum Rauchfang.
i. Schieber.

Vierte Tafel.

Erklärung der ersten Figur, welche einen Abdampfungsofen darstellt.

aa. Der Aschenheerd.
bb. Thüre zum Aschenheerd.
cc. Feuerraum.
dd. Thüre zum Feuerraum.
ee. Abdunstungsgefäß.

Erklärung der zweyten und dritten Figur, welche einen Ofen mit gewundenen Feuergängen darstellt.

aa. Mauerwerk, in welchem der Ofen eingerichtet ist.
bb. Feuerfestes Mauerwerk über den Seiten des Rostes, auf welchen der Kessel getragen wird.

cc. Rost

cc. Rost des Ofens.
dddd. Zug der Wärme unter dem Kessel und nach der Seite des Rauchfanges.
eeee. Parallele Mauern, welche den Kessel tragen, und den untern Feuergang von dem zur Seite trennen.
ff. Senkrechter Rauchfang, dem Feuerheerde gegenüber.
gg Vordertheil des Ofens.

Erklärung der vierten Figur der vierten Tafel, welche den Kesselofen mit gewundenen Feuergängen im senkrechten Durchschnitt darstellt.

aa. Mauerwerk, welches den Ofen befestigt.
bb. Durchschnitt des Aschenheerds.
cc. Durchschnitt des Feuerheerds
dddd. Mauern, welche den Kessel halten, und die Feuergänge trennen
ee. Feuergang, welcher unter dem Kessel weggehet.
ff. Feuergang, welcher um die Seiten des Kessels herumgeht.
g. Der Kessel.

Die fünfte Figur, Tafel 7. Ansicht eines auf dem Ofen stehenden Kessels, mit den Feuergängen gegen die Mauer, über dem Feuerheerd.

Fünfte Tafel.

Erklärung der ersten Figur, welche einen runden Kessel im Queerdurchschnitt darstellt, mit einem mit gewundenen Feuergängen versehenen Ofen.

aaaa. Viereckige Mauer, in welcher der Kessel angebracht ist.
bb. Durchschnitt des Rostes.
cc. Rand, welcher den Kessel trägt.
dd. Mauerwerk unter dem Boden des Kessels.
ee. Gewundener Feuergang.
ff. Anfang des gewundenen Feuerganges.
gg. Anfang des senkrechten Feuerganges.
hh. Durch Punkte angedeuteter Kessel.

Erklärung der zweyten Figur, welche den runden Ofen für einen runden Kessel mit gewundenen Feuergängen, und einem Rauchfang über der Thür des Heerdes darstellt.

aaa. Mauer, in welcher der Ofen aufgestellt ist.
bb. Thüre zum Feuerheerd.

cc. Füße, auf welchen der Ofen ruhet.
dd. Kanten, welche den Kessel tragen.
ee. Anfang des gewundenen Feuerganges.
ff. Der gewundene Feuergang selbst.
gg. Senkrechter Rauchfang.

Erklärung der dritten Figur, welche den Ofen für einen runden Kessel mit gewundenem Feuergang, und mit der Thür gegenüberstehendem senkrechten Rauchfang darstellt.

aaaa. Mauerwerk, in welchem der Ofen angebracht ist.
bb. Thüre des Feuerheerdes.
cc. Füße, auf welchen der Ofen ruhet.
dd. Kante, auf welcher der Kessel ruhet.
ff. Gewundener Feuergang.
gg. Senkrechter Feuergang.
hh. Mauer, welche den Anfang des gewundenen Feuerganges mit dem senkrechten Rauchfang trennt, und den Wärmestrom zwingt, sich um den Kessel herum zu begeben, bevor er in den senkrechten Rauchfang entweicht.

Sechste Tafel.

Erklärung der ersten Figur, welche den vertikalen Durchschnitt eines Seifensiederofens darstellt.

aa. Kessel, in welchem die Seife gekocht wird.
bb. Kupferner Boden des Kessels, dessen Seiten gemauert sind.
cc. Mauer von Backsteinen, welche die Seitenwände des Kessels bildet.
dd. Mauer von hervorspringenden Steinen über der Mauer cc, welche den obern Theil des Kessels umgibt.
eee. Mauer von geschnittenen Steinen.
f. Rost des Feuerheerdes.
ggg. Der Aschenheerd.
hh. Der Feuergang.
ii. Der Rauchfang.
k. Verlängerung der Mauer, welche den Rauchfang vom Feuergange trennt.

Erklärung der zweyten Figur, welche den vertikalen Durchschnitt eines Kessels darstellt, dessen Boden eingebogen ist, und welcher sich auf dem Ofen placirt findet.

aa. Durchschnitt des Kessels.
bb. Eingebogener Boden des Kessels.

cc. Kan-

cc. Kanten, welche den Boden des Kessels tragen.
d. Durchschnitt des Rostes.
eee. Gewölbe des Aschenheerdes.
ff. Gewundener Feuergang.
ggg. Mauerwerk des Ofens.

Erklärung der dritten Figur, welche die Abdunstung im freyen Feuer darstellt.

aa. Der über dem Heerde eines Ofens placirte Kessel.
bbb. Seitenöffnungen, um den Luftzug zu veranlassen.
cc. Die Feuerthüre.
dd Untertheil des Feuerheerdes.
eee. Die Ofenmauer.
ff. Unterlage des Ofens.

Erklärung der vierten Figur, welche eine im Feuer liegende Retorte, nebst Recipienten darstellt.

a. Bauch der Retorte.
b. Hals der Retorte.
c. Der Recipient.
dd. Der Ofen.
ee. Unterlage des Recipienten.

Erklärung der fünften Figur, welche die Abdunstung im Sandbade darstellt.

aa. Der Ofen.
b. Die Thüre zum Feuerheerd.
c. Die Thüre zum Aschenheerd.
dd. Das Gefäß, welches den Sand enthält, auf dem Ofen placirt.
ee. Abdunstungsgefäß, auf dem Sande stehend.
ff. Der Sand, welcher im Gefäß dd enthalten ist.

Erklärung der sechsten Figur, welche die Abdunstung im Wasserbade darstellt.

aa. Kessel, in welchem das Wasserbad eingelassen ist.
bbbb. Durch Punkte angedeutetes Wasserbad im Kessel, außerhalb durch Linien angedeutet.
cc. Handgriffe des Kessels.
dd. Handgriffe des Wasserbades.
ee. Oeffnung des Wasserbades.

Siebente Tafel.

Erklärung der ersten Figur, welche einen zur Destillation bestimmten Reverberirofen darstellt.

aa. Aschenheerd und Feuerheerd des Ofens.
bb. Arbeitsraum des Ofens.
cc. Dohm oder Reverbere des Ofens.
dd. Feuergang.
ee. Thüre zum Aschenheerde.
ff. Thüre zum Feuerheerde.
gg. Unterlagen im Arbeitsraum.
h. Oeffnung, aus welcher der Retortenhals herausgehet.
ii. Handgriffe der Kuppel.
k. Die Vorlage.
ll. Unterlage des Recipienten.
mm. Die Retorte im Arbeitsraum, durch punktirte Linien angedeutet.

Erklärung der zweyten Figur, welche eine Retorte darstellt.

aa. Bauch der Retorte.
bb. Hals der Retorte.

Erklärung der dritten Figur, welche eine tubulirte Retorte darstellt.

aa. Bauch der Retorte.
bb. Hals der Retorte.
cc. Tubulirte Oeffnung der Retorte.

Die vierte Figur. Sie stellt einen tubulirten Recipienten dar.

Die fünfte Figur. Sie stellt einen Vorstoß dar.

Die sechste Figur. Sie stellt einen vertikalen Durchschnitt, des Aschenheerdes und des Feuerheerdes, im Reverberirofen dar.

Achte Tafel.

Erklärung der ersten Figur, welche eine Destillation im pneumatisch-chemischen Apparate darstellt.

aa. Der Aschenheerd.
bb. Die Thüre zum Aschenheerd.
cc. Der Feuerheerd.
d. Thüre zum Feuerheerd.
ee. Der Arbeitsraum.
f. Eine durch punktirte Linien angedeutete Retorte.
gg. Oeffnung, aus welcher der Retortenhals herausgehet.
hh. Der Recipient.
i. Die Thüre zur Kuppel.
kk. Anfang des Feuerganges.
ll. Ein Theil der mit Wasser gefülleten Wanne.
m. Mit Wasser gefüllete, und über der Wanne umgestülpte Becher.
nn. Höhe, auf welche sich die in die Flaschen gegossene Flüssigkeit erhebt.
ooo. Tubulirte Oeffnungen des Recipienten in den Flaschen.
pp. Tiefe, auf welche die Röhren x in der Flüssigkeit der Flaschen eintauchen.
qq. Halb mit Wasser gefüllete Erweiterung, welche an den Röhren ss angebracht sind.
rr. Pneumatische Wasserwanne.
sss. Röhren, welche den Raum der Flaschen und des Recipienten verbinden, und sich mit ihren Enden unter Wasser öffnen.
xx. Senkrechte Röhren, welche in der Flüssigkeit der Flaschen eintauchen.

Die zweyte Figur. Sie stellt eine mit dem pneumatischen Apparate verbundene Destillation im Sandbade dar.

Die Erklärung ist der der erstern Figur gleich, nur mit dem Unterschied, daß das Destillirgefäß ein Recipient mit langem Halse ist, und daß die letztern Dunst- oder Gasarten, durch die letztere Röhre in der Luft verlieren.

Erklärung der dritten Figur, welche einen pneumatischen Wasserapparat darstellt.

aaaa. Die Wasserwanne.
bb. Ausgehöhlter Raum, über $\frac{4}{5}$ des Raumes der Wanne.

cc. Eincc. Ein Theil der Aushöhlung, in der ganzen Tiefe.

dd. Oberer Theil von cc.

ee. Ein Bret, welches queer über dd. gelegt ist.

f. Oeffnung in der Mitte des Bretes.

g. Ausschnitt auf einer Seite des Bretes.

hh. Oberer Theil der Wanne, welcher nur eine Tiefe von 2 bis 3 Zoll unter dem Rande der Wanne darstellt.

ii. Einschnitte, um die gekrümmten Hälse der Flaschen, oder die damit verbundenen gekrümmten Röhren aufzunehmen.

kk. Ueber dem obern Raum der Wanne umgestürzte Becher.

Neunte Tafel.

Erklärung der ersten Figur, welche eine Destillirblase darstellt.

aaa. Bauch des Blasenkessels.

bbb. Eingedrückter Boden des Kessels.

c. Oeffnung, um die zu destillirende Flüssigkeit hinein zu gießen.

dd. Handgriffe, um den Kessel aufzuheben und zu bewegen.

ee. Oeffnung des Kessels.

Erklärung der zweyten Figur, welche ein Schlangenrohr darstellt.

aaa. Die Schlange.

bbb. Das Faß, in welchem solche placirt ist.

ccc. Grundlage, auf welche das Faß ruhet.

dd. Hals des Schlangenrohrs, durch welchen die destillirende Flüssigkeit fließt.

e. Obere Oeffnung der Schlange, welche den Schnabel des Blasenhelms aufnimmt.

Erklärung der dritten Figur, welche einen Ofen mit Blase und Schlangenrohr darstellt.

aa. Der Ofen in dem die Blase angebracht ist.

bb. Erweiterung am obern Theil der Blase.

cc. Oeffnung, durch welche die Blase fällt.

dd. Helm, welcher die Blase verschließt.

ee. Schnabel des Helms.

ff. Verbindung des Blasenhelms mit der Schlangenöffnung.
gg. Schlangenrohr in dem Fasse, durch punktirte Linien angedeutet.
h. Unteres Ende der Schlange.
iii. Röhre, durch welche das Wasser abläuft, wenn das Faß zu voll ist.
hh. Röhre, welche dazu bestimmt ist, dem Boden des Fasses kaltes Wasser zuzuleiten.
lll. Das Faß, in welchem das Schlangenrohr angebracht ist.
mm. Unterlage für das Faß.

Die vierte Figur. Sie stellt das Innere des Ofens dar. S. die erste Figur der fünften Tafel.

Zehnte Tafel.

Erklärung der ersten Figur, welche den Calorimeter darstellt.

aa. Hüllen des Calorimeters.
bb. Deckel der drey Höhlen des Calorimeters.
c. Hahn und Kanal, um das geschmolzene Eis aus der dritten Höhlung abzuleiten.
d. Hahn und Kanal, um das geschmolzene Eis aus der mittlern Höhlung abzuleiten.
e. Gefäß, welches zur Aufnahme des Wassers aus der mittlern Höhle bestimmt ist.
f. Unterlage.
gg. Großer Deckel, welcher zur Bedeckung des Calorimeters bestimmt ist.

Erklärung der zweyten Figur, welche den Calorimeter im vertikalen Durchschnitt darstellt.

aa. Aeußere, mit gestoßenem Eis gefüllte Höhle.
bb. Mittlere, mit gestoßenem Eis gefüllte Röhre.
cc. Höhle des Mittelpunktes, welche durch ein eisernes Gitter von der mittlern getrennt ist.
d. Aeußeres Ende des Rohrs, welches das geschmolzene Eis aus der mittlern Höhlung ausfließen lässet.
ee. Untertheil des Gitters, welcher das Eis der mittlern Höhlung enthält.

f. Deckel

f. Deckel des innersten Raumes.

gg. Oberer Theil des Calorimeters, welcher alle drey Höhlungen verschließt, und mit Eis bedeckt ist.

hh. Kanal, aus welchem das Wasser der dritten Höhlung abläuft.

ii. Oberer Theil des mit Eis bedeckten Deckels der innersten Höhlung.

Die dritte Figur. Sie stellt das innere Gitter dar.

Ende der Erklärungen der Figuren des ersten Theils.

Anwendung der Chemie
auf
Künste und Manufakturen.

Zweyter Theil.

Zweyter Titel.

Von den Körpern auf welche eine chemische Wirkung sich äußert.

Ohne Zweifel äußern alle Körper eine mehr oder minder große chemische Wirkung auf einander; aber wir können diese nur dann gehörig kennen lernen, wenn wir sie auf ihre Elementargrundsätze zurückführen, um sorgfältig und für sich allein die eigenthümliche Wirkung eines jeden Elementes kennen zu lernen.

Durch diesen eben so einfachen als natürlichen Gang, bringt der Chemiker die wahren Materialien der chemischen Wirkung sich handgreiflich nahe und vor die Augen; er studirt den Character und die Eigenschaften eines jeden von ihnen, vereiniget jedes besonders mit einem andern, um dadurch Wirkungen hervorzubringen, und gelangt endlich zu Resultaten, die man als die Grundsätze aller Operationen der Kunst und der Natur, und die Grundbasen der Chemie betrachten kann.

Diese Verfahrungsart hat noch den Vortheil, daß sie uns die Körper in dem höchsten Grade der Energie ihrer Verwandtschaftsfähigkeit zeigt; denn, je nachdem man sie wieder zu ihrem Elementar-Zustande bringt, gibt man ihnen stufenweise, auch alle die Kraft zurück, welche sie in ihren Verbindungen verloren.

Wir werden damit beginnen die gasartigen Flüssigkeiten kennen zu lehren, und uns sodann mit den andern, sowohl flüssigen als festen Stoffen beschäftigen, die von vorzüglicher Wirksamkeit bey der chemischen Wirkung sind.

Erstes

Erstes Kapitel.

Von den gasartigen Flüssigkeiten.

Bey Abhandlung der Eigenschaften des Wärmestoffs haben wir bereits bemerkt, daß diese Flüssigkeit alle Körper erweitere, und daß es einige darunter gebe, die in einem solchen Grade von Verwandtschaft mit ihm stünden, daß sie sich bey der Temperatur der Atmosphäre gänzlich darin auflösten, und sich dann uns beständig in einem Zustande unsichtbarer und luftförmiger Flüssigkeiten zeigten; diese aber nennen wir gasartige Flüssigkeiten, Gas u. s. w.

Die Gase sind von den Dünsten oder den Dämpfen, den sichtbaren sowohl als den unsichtbaren, im Wesentlichen darin verschieden, daß die letzteren, von dem Augenblicke an, wo der Wärmestoff, der sie verdampfte, sie verläßt, um sich unter die ihn umgebenden Körper von nicht so erhöhter Temperatur zu vertheilen, ihren ursprünglichen Zustand wieder annehmen, während die Gase ihren bleibenden Zustand behalten, welchen Grad der Abwechselung auch die Atmosphäre erleide.

Der Kenntniß dieser gasartigen Substanzen, von denen die Alten nur sehr unvollkommene Begriffe hatten, verdankt die neuere Chemie fast alle ihre Fortschritte. Man wird dieß wenig auffallend finden, wenn man beachtet, daß diese gasartigen Materien, welche unsern Erdball von allen Theilen her, drücken, fast bey allen Operationen der Natur wirksam sind, daß sie sich mit den meisten Körpern verbinden, daß sie sich durch alle Veränderungen, welche in denselben vorgehen, daraus entwickeln; so daß die Atmosphäre und die Erde sich in einem immerwährenden Zustande des Austausches der Grundstoffe gegen einander, der Wirkung und Gegenwirkung befinden.

Die Entdeckung dieser verschiedenen Gasarten hat die Chemiker die Körper in Rücksicht einer neuen Art zu seyn kennen gelehrt; sie hat ihnen gezeigt, daß diese ungeheure Masse von Flüssigkeit, welche man Atmosphäre nennt, aus Grundstoffen von einander so verschieden, als Flüssigkeiten und Mineralien, zusammengesetzt oder damit vermischt sey und diese nichts mit einander gemein haben, als die Unsichtbarkeit.

Die Wissenschaft der Chemie kann eigentlich nur von diesem Zeitpunkte an, rechnen; vorher waren die Verbindungen der Luft unbekannt; die Gase, die bey unsern Operationen, oder durch freywillige Zersetzungen verflogen, konnte man weder recht kennen lernen, noch würdigen; so daß die Analysen immer unvoll-

unvollständig blieben, und der Chemiker, der von den in der Natur wirkenden Dingen nur einen Theil kannte, mußte sich natürlich allen Täuschungen der Einbildugskraft hingeben.

Wenn man heut zu Tage einen Blick wirft auf die Einfachheit der Mittel, deren man sich zur Extrahirung und Analyse der Gase bedient, so muß man darüber erstaunen, daß unsere Vorfahren uns diese Entdeckungen nicht raubten. Uebrigens hat man dieß Gefühl fast immer bey Entdeckungen des ersten Ranges, die sich gewöhnlich mit einer solchen Einfachheit ankündigen, daß jedermann sich wundert, nicht darauf gekommen zu seyn.

Der nach und nach vervollkommnete Apparat, dessen man sich in den Laboratorien bedient, um die Gase zu bearbeiten, ist eine hölzerne, mit dünnem Bley ausgefütterte Kufe, in Gestalt eines länglichen Vierecks, breit und ungefähr achtzehn Zoll tief. (Siehe Tafel I. Figur 1.) Etwa drey Zoll tief vom obern Rande angerechnet und auf einem der Böden, bringt man von beyden Seiten Fugen an, in die man ein hölzernes Brettchen bb einschiebt, welches in seiner Mitte gegen die unterste Fläche hin ausgehöhlt und noch mit einer Oeffnung in der Mitte der Aushöhlung selbst versehen ist, c. Dieses Brettchen hat noch zwey Ausschweifungen auf den Seiten, d durch die man den gekrümmten Schnabel der Röhren ziehet, die zur Herbeyleitung der Gase dienen.

Um nun mit dieser Wanne zu operiren; füllt man sie dergestalt mit Wasser an, daß das Brettchen darunter zu stehen komme, und setzt auf das Loch in der Mitte dieses Brettchens umgestülpte und mit Wasser angefüllte Gefäße. Die Röhren, welche die Gase leiten, ragen mit ihrer gekrümmten Extremität in eine der Seitenfugen dd; so daß diese ihre Extremität sich in der unter dem Brettchen angebrachten Höhlung öffne; (siehe Tafel I. Figur 2.) und dann gehen die Gasblasen durch die Oeffnung des Brettchens c heraus und erheben sich in den umgestülpten Bocal; so wie sie aber aufsteigen, steigt das Wasser herab, so daß der Bocal sich mit Gas anfüllt. Man schiebt ihn sodann an den Rand des Brettchens und nimmt ihn auf eine gläserne Platte hin, die sich an seine Seiten genau anschließen, und weder gestatten muß, daß das Gas verfliege noch daß atmosphärische Luft eindringe. Man kann das Gas auch noch in Flaschen auffangen, die man nur zupfropfen darf, sobald sie voll sind, um die Gase conserviren und allen Versuchen aussetzen zu können, die über deren Natur und Eigenschaften Aufklärung zu geben im Stande sind.

Wenn

Wenn es der Wirkung des Feuers bedarf, um die Gase zu entwickeln; so sind es fast immer Retorten oder kleine Medicinflaschen, an welche die Röhren, von denen wir eben sprachen, angebracht werden. (Siehe Tafel I. Figur 3.) Werden die Gase aber im Kalten entwickelt, wie zum Beyspiel, wenn man verdünnte Schwefelsäure auf kohlensauren Kalk gießt, um das kohlensaure Gas daraus zu ziehen; so kann man sich einer Flasche mit gekrümmtem Schnabel bedienen. (Siehe Tafel I. Figur 4.).

Dieser Apparat für die Gase ist unter dem Namen pneumato-chemischer, hydropneumatischer Apparat u. s. w. bekannt. Oft sind die Gase, die man extrahirt, von der Natur, daß sie sich im Wasser auflösen, wie zum Beyspiel die sauren, und das Ammoniumgas. In diesen Fällen bedient man sich eines kleinern Apparats, und nimmt, statt des Wassers, Quecksilber. Diese Eigenschaft einiger Gase, sich in Wasser aufzulösen, hat ein Mittel geliefert, sich das Ammonium und einige Säuren mit größerer Oekonomie und Leichtigkeit zu verschaffen, als zuvor, nämlich, wenn man diese Gase in ein gehöriges Maaß von Wasser auffängt; so erhält man diese Produkte in einem Grade von Reinheit und Konzentration die schwerlich durch das sonstige Verfahren der Destillation zu erreichen gewesen wären.

Da der pneumato-chemische Apparat heut zu Tage von der höchsten Unentbehrlichkeit in einem Laboratorio ist; so hat man gesucht, ihn bequemer einzurichten; ich habe bis jetzt aber keinen gesehen der einen größern Vortheil gewährte, als der Tafel II. Figur 1. mitgetheilte. Mit dem Brettchen gleich und ungefähr zehn Zoll davon abstehend, bringt man ein breites Wagbrett an, auf welches man die zur Auffangung der Gase nöthigen Gefäße stellt; der untere Theil des Wagbretts, welcher hohl ist, bietet noch einen vortrefflichen Raum dar, um darauf alles das zu setzen was zu dieser Art von Operationen erforderlich ist. Die Kufe braucht ihre ganze Tiefe nur von dem Wagbrette an, bis zum entgegengesetzten Rande zu haben; dieser Raum ist hinreichend, um Gefäße von dem größten Durchmesser und der bedeutendsten Höhe darin füllen zu können. Eine solche Construction erfordert bey weitem weniger Wasser und die Bewegungen dieser Flüssigkeit sind fast null; nichts destoweniger können darin aber doch so viele Gefäße gefüllt werden, als in jedem andern Apparate, weil das Wagbrett mit dem Brettchen gleich steht, und man, zur Füllung der Bocale nur die oben befindliche Wasserschicht anwenden darf.

Die Gase sind nicht immer in einem Zustande von Verbindung, aus dem man sie durch Destillation oder Gegenwirkungs-

mittel

mittel ziehen muß; sondern man trifft sie oft frey und von aller Verwickelung ledig, an; in diesem Falle sammelt man sie, wenn man in ihrer Atmosphäre eine Flasche reinen Wassers ausleert; diese Gefäße füllen sich mit dem Gas in dem Maaße an, in welchem die Flüssigkeit entweicht, und man pfropft sie sodann zu, um sie in das Laboratorium zu bringen, wo man mit den Gasen, die sie enthalten, die nöthigen Versuche machen kann. Auf diese Weise sammelt man die Luft in unterirdischen Gewölben, das Gas aus abgelesenen Weintrauben, die Luft in Schauspielhäusern u. s. w. ein.

Erster Abschnitt.

Vom Sauerstoffgas.

Das Sauerstoffgas verdient es, wegen seiner Wichtigkeit, zuerst abgehandelt zu werden; es gibt der Respiration, dem Verbrennen, der Oxydation Nahrung, und Natur und Kunst haben wenige Phänomene aufzuweisen, auf welche dieß Gas nicht einigen Einfluß äußert.

Diese gasartige Substanz entdeckte der berühmte Priestley den ersten August 1774 *).

Die Natur zeigt uns das Sauerstoffgas nirgends frey, sondern überall in Vermengung oder Verbindung mit andern Substanzen, von denen man es befreyen muß. Es gibt drey bekannte Mittel, es zu extrahiren:

1) Durch die Wirkung der Wärme.

2) Durch die des Lichtes.

3) Durch die der Säuren.

1) Der Sauerstoff verbindet sich mit mehrerer oder minderer Leichtigkeit allen Metallen; er macht, daß sie ihre metallischen Eigenschaften verlieren, und verwandelt sie in Oxyde (die Metallkalke der Alten).

Um den Sauerstoff aus den Oxyden zu entbinden, ist es bey einigen hinreichend, ihre Temperatur durch Anwendung der Wärme zu erhöhen. Der Sauerstoff trennt sich in Gasform daraus los, und das Metall zeigt sich wieder mit allen seinen Gestalten und metallischen Eigenschaften. Wenn die Operation in einer Retorte geschieht, und man das Produkt davon in

*) Priestley entdeckte das Sauerstoffgas im rothen Quecksilberoxyd; Scheele entdeckte solches zu gleicher Zeit im Salpeter. H.

in dem hydropneumatischen Apparat auffängt, so erhält man das Sauerstoffgas und das Metall, jedes besonders *).

Die Metalle, welche man am schwersten oxydirt, sind die, welche ihren Sauerstoff mit der geringsten Schwierigkeit von sich geben; Platina, Gold, Silber, Quecksilber und Braunstein **) gehören zu dieser Zahl. Die andern Metalle gehen mit dem Sauerstoffe eine so innige Verbindung ein, daß man, um ihre Scheidung davon zu bewirken, dem Sauerstoffe einen Körper darbieten muß, der in einem noch stärkeren Verhältnisse zu ihm stehe, und man bedient sich zu diesem Zwecke des Kohlenstoffes, dessen Wirkung man durch die Wärme nachhilft.

Wenn man die oxydirtsalzsauren und die salpetersauren Alkalien durch Destillation in den Retorten zersetzt, so kann man den Sauerstoff daraus in sehr reiner Gestalt ziehen, und ihn in dem hydropneumatischen Apparate sammeln.

2) Das Licht wirkt bedeutend mit zur Entbindung des Sauerstoffs aus einigen seiner Verbindungen.

Eine Flasche oxydirter Salzsäure, wenn sie der Sonne ausgesetzt wird, läßt allen in ihr enthaltenen überflüssigen Sauerstoff fahren, und geht in den Zustand gewöhnlicher Salzsäure über. Die nämliche Säure erhält sich aber, ohne sich zu zersetzen, in einer, mit schwarzem Papier überzogenen Flasche, wenn man sie gleich der Sonne oder der Wärme, aber an einem dunkeln Orte, aussetzt.

Aber unter allen bey dem Ausflusse des Sauerstoffgases durch die Wirkung des Lichts vorkommenden Phänomenen, gibt es kein auffallenderes, als die Erzeugung dieses Gases durch Vegetabilien; es war im Jahre 1775, als Ingenhouß seine Versuche bekannt machte, durch die er zu beweisen behauptete, daß die Pflanzen am Sonnenlichte eine reine Luft, im Schatten aber ein mephitisches Gas aushauchten. Herr Sennebier bestätigte das erstere Resultat, und läugnete das zweyte. Sein Werk erschien 1782.

Um

*) Nur die Oxyde der edlen Metalle lassen den Sauerstoff durch bloßes Glühen von sich; die der unedlen nicht ohne einen Zusatz von kohligen Substanzen, wodurch solches aber als kohlenstoffsaures Gas entwickelt wird. H.

**) Das Braunstein oder Manganesmetall gehört nicht hierher. Es ist so leicht oxydirbar, daß es in der Luft gar nicht regulinisch erhalten werden kann, weil es sich auch ohne Wärme, von selbst darin, so wie im Wasser oxydirt. Auch läßt das Manganesoxyd sich nur schwer reduciren. H.

Um dieß Phänomen zu beobachten, darf man nur eine lebende Pflanze in Wasser stellen, und einem lebhaften Sonnenlichte aussetzen; man sieht sodann, wie sich auf den Blättern kleine Blasen bilden, welche auf der Oberfläche des Wassers platzen, und die man sammeln kann, wenn man sie in umgestülpten Bocalen auffängt. Diese Blasen sind mehr oder weniger reines Sauerstoffgas.

Herr Sennebier, der in dieser Rücksicht eine lange Reihe sehr interessanter Versuche gemacht hat, hat bemerkt, daß ein schwach gesäuertes Wasser die Entwickelung des Gas erleichtere, und seine Quantität vermehre, daß nur die grünen Theile der Pflanze solches ergeben; daß die Blätter, die sich in vollem Wachsthume befinden, mehr als die jungen, davon liefern, daß der Ausfluß des Gas schneller oder langsamer vor sich gehe, nach der verschiedenen Natur der Pflanzen u. s. w.

Die Conferven ergeben viel Lebensluft, so wie die grüne Materie, welche unter dem Wasser entsteht, und die Ingenhouß bloß für einen Insektenschwarm hielt.

3) Man kann sich das Sauerstoffgas noch verschaffen, wenn man es aus seinen Verbindungen mittelst der Schwefelsäure, und anderer, wenig flüchtigen Säuren entbindet. Man bedient sich zu diesem Zwecke gewöhnlich des schwarzen Manganesoxyds, welches im Handel unter dem Namen Braunstein oder Glasseife bekannt ist. Man kann sich einer Retorte bedienen, und mit der Destillation im hydropneumatischen Apparate verfahren; aber ich nehme lieber eine Medicinflasche mit einem abgenutzten und verkehrten Halse. Man macht das Oxyd sorgfältig klein, thut es in die Flasche, und gießt concentrirte Schwefelsäure so lange darauf, bis es damit einen flüssigen Teig bildet. Dann hat man eine gekrümmte Röhre (Tafel II. Figur 2), bringt einen mit einem rothen Eisen durchlöcherten Korkstöpsel recht genau an das Ende a derselben an, und setzt die Röhre auf die Flasche auf (Tafel II. Figur 3), bringt den Schnabel c unter das Brettchen der hydropneumatischen Kufe, und hilft der Wirkung der Säure nach, indem man die Flasche zur Wärme bringt. Dieser sehr einfache Apparat dient auch zu vielen andern Verrichtungen, und gewährt den Vortheil, daß der Chemiker alles was während der Arbeit vorgeht, dabey sehen kann, und daß er in seiner Anwendung eben so prompt, als ökonomisch ist.

Das Sauerstoffgas ist ein wenig schwerer, als die atmosphärische Luft. Der Cubikfuß Gas wiegt 765 franz. Gran, der Cubikfuß atmosphärischer Luft 760 Gran. Nach der Berechnung des Herrn Kirwan verhält sich dessen Gewicht zu dem der gewöhnlichen Luft wie 1103 zu 1000.

Die specifische Schwere der reinen Luft, mit der des Wassers verglichen, ist 13.3929, und die der gewöhnlichen Luft, nach Brisson, 12,3233. Der nämliche Physiker fand, daß der Cubikzoll reiner Luft 0,5000, und der der gewöhnlichen 0,4600 betrüge, und daß der Cubikfuß der erstern aus einer Unze, 4 Quentchen, 0,0000 Gran, und der zweyte aus einer Unze, 3 Quentchen, 3,000 Gran bestände.

Das Sauerstoffgas scheint das einzige, die Verbrennung zu unterhalten fähige Gas zu seyn. Um dieser Eigenschaft willen ließ ihm Scheele den Namen Feuerluft geben.

Um in einer so delicaten Materie, als die des Verbrennens ist, nach Ordnung zu verfahren, scheint es zweckmäßig, damit anzufangen, unsere Ideen über die Bedeutung dieses Wortes festzustellen.

Der gewöhnliche Mensch versteht im Allgemeinen unter dem Ausdrucke Verbrennen nur die Phänomene, die man auf dem Heerde bemerkt, und deren Resultate jederzeit Flamme, Wärme und Licht sind. Der Chemiker verfährt strenger bey Anwendung dieses Wortes, und nennt jede Operation Verbrennen, welche dazu dient, Sauerstoff zu fesseln oder zu verbinden.

In vielen Fällen ist es nicht genug, daß Licht und Wärme keinen Eindruck auf die Sinne machen, um dazu berechtiget zu seyn, ihr Daseyn zu verwerfen, und ihre Erzeugung zu läugnen; es ist Thatsache, daß das Sauerstoffgas sich nicht verbinden kann, ohne daß sich ein Theil des Wärmestoffes, welcher es im Gaszustande erhielt, entbinde; wenn man zum Beyspiel ein bestimmtes Gewicht von Eisen mit einer hinreichenden Quantität von Sauerstoff verbrennt, so wird die Wirkung sich gleich seyn; man nehme nun den Zeitraum einer Minute an, oder eines Monates; aber im ersteren Falle wird das Verbrennen unter einer sehr merklichen Entbindung von Wärme und Licht erfolgen, während im zweyten diese Summe von Wärme und Licht, vertheilt unter alle Augenblicke einer sehr langen Zeit niemals einen unsere Sinne zu berühren fähigen Eindruck hervorbringen wird. Aus einem ähnlichen Grunde gibt der Phosphor, wenn er bey einer Temperatur von 25 Graden verbrannt wird, Wärme und Licht von sich, bey einem unmerklichen Verbrennen jedoch, und das langsam an der Temperatur der Atmosphäre und in ruhiger Luft erfolgt, zwar ein gleiches Produkt; aber in sofern unter verschiedenen Phänomenen, daß, in diesem letztern Falle, weder Wärme noch Licht zu fühlen sind.

In

In allen den Fällen und Operationen, welche Fesselung oder Verkörperung des Sauerstoffgases nach sich ziehen, wird Wärme und wahrscheinlich auch Licht*) erzeugt, aber die Wärme und das Licht sind nur dann für uns bemerklich, wenn sie sich in großer Quantität und in einem kurzen Zeitraum entbinden; sie können unsre Sinne nicht berühren, sobald ihre Produktion sehr langsam geschieht.

Die Produkte des Verbrennens oder der Verkörperung des Sauerstoffgases, sind verschieden nach der Natur der Körper, mit denen es sich verbindet; ein großer Theil dieser Verbindungen nimmt den Charakter der Säure an.

Die Verbrennung von Pflanzenstoffen durch Sauerstoff bringt Wasser oder Kohlensäure hervor; je nachdem er mit dem Wasserstoff oder dem Kohlenstoff in Verbindung tritt.

Der Sauerstoff ist ferner das Hauptwirkungsmittel bey thierischen, Pflanzen-, oder mineralischen Gährungen und Zersetzungen In allen diesen Fällen wird er durch die Atmosphäre oder die Zersetzung des Wassers hervorgebracht. Hier verbindet er sich mit dem Kohlenstoff; entwickelt sich als kohlensaures Gas, und läßt den Wasserstoff überwiegen, wie bey Weingährungen, dort tritt er mit dem Wasserstoffe und dem Kohlenstoff in Verbindung und erzeuget Säuren. Im Mineralreich oxydirt er die Metalltheilchen und trennt die Massen; verbindet sich mit dem mit vielen Metallen vereinten Schwefel, gibt die Veranlassung zur Bildung der Schwefelsäure, und bringt schwefelsaure Salze hervor.

Der Sauerstoff erzeugt aber die Phänomene des Verbrennens nicht allein im Gaszustande; sondern er wirft sich in vielen Fällen, wo er sich in Verbindungen befindet, auf die ihm dargebotenen verbrennlichen Körper und verbrennt sie; die salpetersauren und die oxydirten salzsauren Salze die man durch Kohle zersetzt, dienen hier zum Beweise.

Die Verbrennungen der Oele durch Zersetzung der Salpetersäure, sind seit langer Zeit bekannt. Die Chemie selbst zieht großen Nutzen aus dieser Eigenschaft; indem sie den Sauerstoff der Salpetersäure auf andere Basen, z. B. Arsenik, Molybdän, Phosphor, Campher, Zucker u. s. w. überträgt, um Säuren zu bilden. In unsern Tagen sind die Herren Westrumb, Scheele und

*) Licht wird nur dann bey der Verbrennung entwickelt, wenn der verbrennliche Körper Lichtstoff erhielt. H.

und Berthollet dahin gelangt, den Phosphor, Schwefel, Campher, die Oele, Alkohol und den größten Theil der Metalle in oxydirtem salzsaurem Gas zu verbrennen. Diese neue Art des Verbrennens ist, eigentlich zu sagen, nichts als die Verdrängung des Sauerstoffes durch ein Brennmaterial, welches mehr Verwandtschaft mit demselben hat, als das mit dem es sich vereint befindet.

3) Eine nicht weniger Erstaunen erregende Eigenschaft des Sauerstoffgases ist, das es allein nur zum Einathmen taugt *), und wegen dieser hervorstechenden Eigenschaft nannte der berühmte Geschichtschreiber der Akademie der Wissenschaften, Condorcet, dasselbe Lebensluft.

Alle Thiere ohne Ausnahme athmen die Lebensluft ein: Herr Vauquelin hat bewiesen, daß auch die Insekten und die Würmer ihrer bedürfen. Aber für alle Thiere ist nicht eine gleiche Reinheit der Luft erforderlich; Vögel und Menschen bedürfen einer reineren, als die vierfüßigen Thiere welche den Winter verschlafen. Die Wasserschnecke und die auf den Weinbergen sich aufhaltende Schnecke trennen vollständig den Sauerstoff in der Mischung der Weinbeeren von dem Stickgas und der Kohlensäure, ohne daß diese letztern sie belästigen.

Das zur Respiration dienende Organ ist mehr oder minder vollkommen, mehr oder weniger gesichert vor jedem Angriffe äußerer Körper, von je größerer oder geringerer Wichtigkeit es bey den verschiedenen Gattungen von Thieren ist. Es ist in dem Mittelpunkte des Körpers verschlossen und durch ein Knochengebäude vor der zerstörenden Wirkung der äußern Körper geschützt,

*) Es ist jetzt fünf und zwanzig Jahre her, daß die berühmten Chemiker Bergmann und Scheele behaupteten, das Wasserstoffgas sey respirabel. Diese Behauptung bestritten Morozzo und Fontana. Die Verschiedenheit der Ansichten der vier berühmten Männer scheint mir aber ihren Ursprung in einer fehlerhaften Weise zu haben, die Respiration zu betrachten; denn es ist in der That nicht hinreichend, um ein Gas respirabel zu nennen, wenn man es ohne Gefahr für seine Person durch die Lungen einziehn und wieder ausathmen kann; es muß dazu die Fähigkeit haben, sich in diesem Organe zu zersetzen, und darin wahrhaft digerirt zu werden; ohne dieß kann man diese Luft, wenn sie nichts weiter thut, als in die Brust steigen, ohne sie anzugreifen, den kleinen Sandkörnern vergleichen, die ohne Gefahr durch den Magen gehn, die man darum aber doch nicht wagt, den Nahrungsmitteln zuzuzählen; das Wasserstoffgas und einige andere sind aber in dem erwähnten Falle; man kann sie zu mehreren Malen ohne Beschwerde mit den Lungen einziehn, aber man verändert sie nicht, und kann also höchstens behaupten, daß sie keine Gifte sind.
Anm. d. Verf.

schützt, bey den Vögeln, bey dem Menschen und fast allen vierfüßigen Thieren; während es bey den Amphibien nichts ist, als eine Art von Haut, die fast aus dem Körper heraus vorspringt und sich erweitert und zusammenzieht; auch kann diese Classe von Thieren eine lange Zeit hindurch die Respiration aufhalten, wie ich es an den Fröschen erfahren habe, und erfordert sie nicht beynahe ganz die nämliche Reinheit der Luft, als die übrigen Thiere? Das Luftröhren-Insekt zeigt uns Einathmungsorgane, die den Körper entlang herablaufen, alle Gefäße auf diesem Laufe begleiten, und endlich in unmerkliche Poren ausarten. Diese Luftröhren haben bey einigen die Oeffnung in den Magen: Herr Vauquelin hat diese Communikation an der großen Heuschrecke beobachtet und Draparnaud sie an allen wiederkäuenden Orthopteren nachgewiesen.

Die Disposition der Einathmungsorgane in den mit Luftröhren versehenen Insekten bringt sie den Vegetabilien nahe, und vermehrt ihre Berührungspunkte; in beyden sind diese Organe über den ganzen Körper des Individuums vertheilt; nach den Beobachtungen von Fontana, von Priestley, von Ingenhouß hauchen sie alle Sauerstoffgas aus, sie liefern analoge Produkte bey der Destillation u. s. w.

Um uns einen genauen Begriff von der Wirkung der Luft bey der Respiration zu bilden, müssen wir

1) die Veränderungen die diese Flüssigkeit in den Lungen erleidet;

2) die Veränderungen die das Thier durch den Akt der Respiration erfährt, einer sorgfältigen Prüfung unterwerfen.

Erster Artikel.

Von den Veränderungen, welche die Luft bey der Respiration erfährt.

Die erste Wirkung der Lunge auf die Luft ist, daß sie ihre Masse vermindert. Borelli hat diese Beobachtung gemacht; Jurin hat berechnet, daß ein Mensch 40 Cubikzoll Luft bey einem mittlern Athemzuge einzöge, und bey dem größten 120 einziehen könne; aber daß in allen Fällen eine Portion absorbirt werde. Hales schätzte diese Absorbtion auf den acht und sechszigsten Theil des Ganzen.

Nachdem die Analyse der Luft bekannter worden war, beschäftigte man sich mit der größten Sorgfalt mit ihren Wirkungen bey der Respiration; Morozzo ließ Vögel in bestimmten

ten Massen atmosphärischer Luft respiriren; Lavoisier, welcher im Jahre 1787 ein Meerschwein unter eine über Quecksilber umgestürzte Glocke brachte, die 1728 Cubikzoll Sauerstoff enthielt, fand nach ein und einer viertel Stunde die Masse auf $1672\frac{1}{4}$ reducirt; und die Analyse zeigte ihm, daß sich $229\frac{1}{2}$ Zoll Kohlensäure gebildet; der Ueberrest war reines Sauerstoffgas (Memoiren der medicinischen Gesellschaft von 1787).

Edmund Goodwin aus London bewies 1789, daß eine an Stickgas 0,80, an Sauerstoffgas 0,18 und an Kohlensäure 0,02 enthaltende Luftmasse nach dem Ausathmen 0,80 an Stickgas, 0,05 Sauerstoffgas und 0,13 Kohlensäure ergebe. Man kann aus den Versuchen des Nämlichen schließen, daß die Verminderung des Sauerstoffgas, und die Vermehrung der Kohlensäure in beständigem und fortschreitendem Maaße in einer gleichen, mehrere Male eingeathmeten Quantität Luft Statt finden; ohne daß jedoch die Veränderungen, welche durch nach und nach erfolgende Respirationen hervorgebracht werden, mit denen zusammenhängen, welche die erstere erzeugt.

Die Absorbtion der Luft bey der Respiration ist also eine sehr feststehende Thatsache, und wenn man, nach den Versuchen von Robert Menzies annimmt, daß die Mittelzahl der eingeathmeten Luft 43,77 Cubikzolle beträgt, daß der Mensch in einer Minute zwanzig Mal Athem schöpft, und daß er bey jedem Athemzuge 0,02 Sauerstoffgas verschluckt; so sieht man, daß die atmosphärische Luft, in welcher wir leben, bald an ihrem respirabeln Grundstoffe ganz erschöpft seyn würde, wenn die Natur nicht große Mittel zur Wiedererzeugung des Sauerstoffs angewendet hätte.

Wenn man den Athem, so wie er aus der Brust steigt, durch Kalkwasser ziehen läßt; so kann man sich leicht davon überzeugen, daß sich in den Lungen Kohlensäure bilde. Lavoisier und Seguin haben es außer Zweifel gesetzt, daß sich so auch Wasser darin erzeuge.

Zweyter Artikel.

Von den Wirkungen der Luft bey der Respiration.

Die ausgezeichneteste Wirkung der Luft bey der Respiration ist, daß sie in der Lunge einen Heerd von animalischer Wärme erzeugt.

Hales und Boerhave hatten schon beobachtet, daß das Blut an Wärme gewinnt, wenn es durch die Lungen geht.

Neuere Physiologen haben diese Produktion an Wärme auf $\frac{11}{100}$ geschätzt. Crawfort hat gefunden, daß sich die Wärme des Blutes der Arterien in einem Hunde, gegen die des Blutes der Venen verhielte, wie 111 zu 100, und in einem Hammel wie 123 zu 100.

Büffon und Broussonet haben festgesetzt, daß die Wärme in jeder Classe von Individuen mit der Masse der Lungen im Verhältnisse stehe, und es war schon Aristoteles nicht entgangen, daß die kaltblütigen Thiere nur ein Herzohr und eine Herzkammer haben. Lavoisier aber, war der erste der behauptete, daß die thierische Wärme von der Fesselung und Verschluckung des Sauerstoffgas in den Lungen abhinge. (Siehe sein 1777 in der Akademie der Wissenschaften verlesenes Memoire). Crawfort nahm diese Meynung an, und unterstützte sie 1779 mit neuen Thatsachen.

Diese Lehre ist eine natürliche Folge der Fesselung von einer Portion Sauerstoffgas in den Lungen.

Es folgt aus diesen Grundsätzen:

1) Daß die Wärme um so beträchtlicher seyn wird, als die Luft reiner ist.

2) Daß die warmblütigsten Thiere diejenigen sind, welche die größten Lungen haben. Alle die Bemerkungen stimmen mit den von den Naturforschern und Physiologen mitgetheilten Thatsachen und gemachten Beobachtungen überein.

Die zweyte Wirkung, welche die Luft in der Respiration hervorzubringen scheint, ist, dem Blute eine rothe Farbe mitzutheilen. Lower hatte bereits dieß Phänomen beobachtet, und es als ein unmittelbares Resultat der Respiration betrachtet.

Jedermann weiß, daß, wenn man das Blut einige Zeit hindurch der Luft aussetzt, seine Oberfläche sich mit einer Lage von einem lebhaften Roth bedeckt, während der untere Theil schwärzlich bleibt. Cigna hat beobachtet, daß die ganze Masse die nämliche schwarze Farbe behält, wenn man sie mit einer Lage Oel überdeckt. Becaria hat die Erfahrung gemacht, daß das Blut im leeren Raume schwarz bleibt, und sich auf der Oberfläche roth färbt, sobald es mit der Luft in Berührung gesetzt wird. Hewson hat das Venenblut roth gefärbt, indem er Luft in den durch zwey Unterbindungen begränzten Raum einer Vene einsprützte. Thouvenel bewies, daß durch das Auspumpen der Luft, die auf dem Blute steht, man ihm einen großen Theil seiner Farbe nehmen kann. Edmund Goodwin der mit einem Blasebalg die Lungen lebendiger Hunde aufblies, denen er das Brust=

Brustbein wegschnitt, und sodann den Stamm der Lungen-Venen und Arterien entblößte, sah, daß das aus der Lunge strömende Blut roth war, in den Venen aber, wie in den Arterien schwarz wurde wenn der Blasebalg eine Minute zu blasen aufhörte. Man kann es an den häutigen Lungen der Eidechsen und Frösche sehen, daß das Blut röther wird, wenn es durch die Lungengefäße strömt; aber schwärzlich bleibt, sobald die Bewegung dieses Organs suspendirt wird. Herr Fourcroy hat den bekannten Beobachtungen noch die hinzugefügt, daß, sobald das Venenblut durch die Berührung des Sauerstoffgases geröthet worden, die Farbe sich, durch den darin verlängerten Aufenthalt des nämlichen Gas, in weinhefenfarbigen Purpur verwandelte. Es geht noch aus den Crawfortschen Experimenten hervor:

1) daß ein Thier, welches man in eine kalte Temperatur bringt, mehr Luft in einer gegebenen Zeit verzehrt, als wenn es in eine warme gebracht wird.

2) Daß die Färbung des Blutes in der kalten, auffallender als in der warmen Temperatur ist.

Man kann schon aus den oben angeführten Thatsachen schließen:

1) daß die rothe Farbe des Blutes durch den Sauerstoff hervorgebracht wird.

2) Daß diese Luft um so viel dichter, als die Luft reiner und condensirter ist.

Die direkten Versuche von Priestley und Goodwin haben bewiesen, daß diese Färbung des Blutes durch das Gewebe der Membranen, die es enthalten, geschehen könne; der erste dieser beyden Physiker füllte eine Blase mit Blut an und setzte sie der reinen Luft aus; der Theil, welcher die Oberfläche der Blase berührte, wurde roth, während das Innere schwarz blieb; der zweyte, welcher einen Strom von Sauerstoffgas gegen die Membranen der Halsvenen leitete, wo er das Blut durch Unterbindungen aufhielt, sah, daß es eine röthere Farbe annahm.

Es bleibt jetzt nichts mehr übrig, als die Natur der Verbindungen kennen zu lernen, welche das Blut mit der Luft eingeht, um den Unterricht über die Theorie dieser Färbung damit zu beendigen. Wir haben bereits gesehen, daß die ausgehauchte Luft die Kohlensäure und das Wasser, welche sich in den Lungen erzeugen nach außen führt, wir dürfen also auch schon schließen, daß in der Respiration eine Entziehung von Wasserstoff und Kohlenstoff Statt finde, und man kann vernünftigerweise muthmaßen, daß das Blut seine rothe Farbe dem Verluste dieser beyden

den Grundstoffe verdankt. Ein direkter Versuch von Hamilton unterstützt diese Meynung; dieser geschickte Beobachter hat gesehen, daß, wenn man Wasserstoffgas in Blut übergehen läßt, welches durch zwey Unterbindungen in der Halsader aufgehalten wird, und wenn man es eine Stunde hindurch damit in Berührung läßt, sich das Blut nach dem Experimente flüssig und fast so schwarz als Dinte zeigt, daß, wenn man dieß Blut in der nämlichen Zeit in den Adern auffängt, es gerinnt, ohne so schwarz zu werden, als wenn man es mit dem Wasserstoffgas in Berührung setzt. Lavoisier, Seguin und Crawfort haben aus diesen Versuchen gefolgert, daß die Veränderung der Farbe des Blutes in der Lunge aus der Verbindung des Wasserstoffs mit dem Sauerstoffe herrühre, wodurch sich Wasser erzeugt.

Die Lunge kann also als ein Ausführungsorgan betrachtet werden, durch welches die Natur das Blut von einigen Stoffen befreyt, die, indem sie sich unaufhörlich darin wieder erzeugen, damit endigen, im Uebermaaße vorhanden zu seyn; während auf der andern Seite der Urin alle Salze und einige Säuren abführt.

Zweyter Abschnitt.

Von dem Stickgas.

Das Stickgas oder Stickstoffgas ist der zweyte Grundbestandtheil der Atmosphäre, von welcher es vier Fünftheile einnimmt. Obgleich dieß Verhältniß auf einen sehr ausgebreiteten Gebrauch und einen großen Einfluß desselben auf die Phänomene und Operationen der Natur und Kunst zu deuten scheint; so ist doch seine Wirkung bey weitem nicht so kräftig, noch so merklich als die des Sauerstoffgases. Man zieht es schwerer aus dem Schooße der Atmosphäre und erhält es auf keine andre Weise, als wenn man sich nach und nach des demselben beygemischten Sauerstoffgases und der Kohlensäure bemächtiget, die es sodann frey lassen.

Doch geht das Stickgas mehrere bekannte Verbindungen ein, und man kann es durch deren Zersetzung erhalten. Herr Berthollet hat gelehrt, daß Salpetersäure, an einer sanften Wärme von ungefähr 15 Graden mit dem größten Theile der animalischen Substanzen digerirt das Stickgas, welches einen der Grundbestandtheile desselben ausmacht, daraus entwickele; die weißen und gallertartigen Theile ergeben davon wenig, das Eyweiß und das Serum, mehr, und die Fiber unter allen thierischen Theilen am meisten. Das Fleisch junger Thiere liefert weniger davon, als das, alter, das der Fleischfressenden ist ein wenig reichhaltiger an Stickstoff, als das derer, die sich von Früchten nähren. Man kann den Stickstoff leichter aus dem Fleische der Fische, als dem der vierfüßigen Thiere scheiden.

Wenn man Ammoniumgas in eine auf Quecksilber umgestülpte und mit oxydirtem salzsaurem Gas angefüllte Glocke hineinläßt; so entsteht plötzlich eine lebhafte, glänzende Flamme; bald trübt ein weißer, sehr dichter Rauch das ganze Gefäß, es entwickelt sich viel Wärmestoff und nach einigen Minuten sind die zuvor sehr trocknen Wände der Glocke mit Wasserstreifen überzogen. Wenn man die oxydirte Salzsäure vollständig gesättiget hat; so findet man nur reines Stickgas, welches aus der Zersetzung des Ammoniums entsteht, das Wasser und die wenige Salzsäure, welche durch die Verbindung des Sauerstoffs der oxydirten Salzsäure mit dem Wasserstoff des Ammoniums entstehen, ruhen auf der Oberfläche des Quecksilbers.

Wenn man, anstatt die oxydirte Salzsäure und den Ammonium im Gaszustande zu nehmen, das oxydirte salzsaure Gas durch, in einer Flasche befindliches liquides Ammonium streichen läßt, und das im hydropneumatischen Apparate sich entbindende Stickgas sammelt; so findet man nichts in der Flasche, als etwas, mit reinem Wasser durchmengte Salzsäure, und das unter die Glocke gestiegene Gas ist reines Stickgas. Herr Fourcroy, dem wir diesen Versuch verdanken, gibt den Rath, die Operation in Gefäßen vorzunehmen, die von einem starken Lichte getroffen werden, und bey einer etwas warmen Temperatur. Er fügt hinzu, daß man mit der Operation in dem Augenblicke inne halten müsse, wo kein Stickgas mehr übergeht.

Das Stickgas ist in der Regel geruchlos, wenn es aus der Atmosphäre gezogen wird, aber das aus animalischen Substanzen extrahirte, wenn man es gleich gut auswäscht, hat einen eigenthümlichen und unterscheidenden Geruch, welcher dem von Fisch-Fleisch, das in Fäulniß überzugehen anfängt, nahe kommt. Dieser Geruch scheint hauptsächlich einem wenig Kohlenstoff zuzuschreiben, den es den animalischen Substanzen raubt; es setzt diesen Kohlenstoff, durch ein langes Ruhen auf dem Wasser, ab, und es bildet sich in diesem Falle ein schwärzlicher Ansatz an den Wänden der Gefäße, die es enthalten.

Das Stickgas taugt weder zum Einathmen, noch zum Verbrennen; in dem Sauerstoffgas modificirt es diese beyden hervorstechenden Eigenschaften oder raubt sie ihm ganz, je nachdem das Verhältniß ist, in welchem es sich damit vereint befindet.

Es ist leichter als die atmosphärische Luft. Ihr Verhältniß zu einander ist, wie 985 zu 1000. Das Gewicht des Cubikzolles beträgt 0,4468 Gran und das des Cubikfußes, 1 Unze, 2 Quentchen, 48 Gran.

Wenn der Stickstoff in den Gaszustand gebracht worden, so ist es sehr schwer ihn zu einer Verbindung zu bewegen. Es scheint als ob er einer sehr starken Temperatur bedürfe, um seine Gasartigkeit zu verlieren. Herr Cavendish hat gelehrt, daß der elektrische Funke eine Mischung von sieben Theilen Sauerstoffgas und dreyen Stickgas, in Salpetersäure verwandle. In dem Augenblicke wo es sich aus den Körpern, deren Grundbestandtheil es ausmacht, entbindet, scheint es weniger sich zur Bildung seiner Verbindungen bestimmen zu lassen; also sehen wir täglich durch Zersetzung von thierischen und Pflanzenmaterien, Salpetersäure und Ammonium entstehen.

Dritter Abschnitt.

Vom Wasserstoffgas.

Das was die Alten inflammable Luft nannten ist jetzt, da man entdeckt hat, daß es eines der Grundbestandtheile des Wassers ausmache, unter dem Namen Wasserstoffgas bekannt.

Das Wasserstoffgas ist in Pflanzen und Thieren im Ueberflusse vorhanden, und diesem ihrem Grundstoffe ist hauptsächlich ihre Eigenschaft, mit einer Flamme zu verbrennen, zuzuschreiben: ihre Destillation liefert viel von diesem Gas; aber der auf diese Weise extrahirte Wasserstoff ist niemals rein; denn ohne Rücksicht darauf, daß er mit Kohlensäure und andern Substanzen gemengt ist, hält er selbst mehr oder weniger Kohlenstoff in Auflösung.

Die Zersetzung des Wassers auf Metalle liefert das reinste Wasserstoffgas. Man bedient sich zu diesem Zwecke gewöhnlich des Eisens oder Zinks.

Wenn man Wasser, Tropfen für Tropfen in eiserne Röhren fallen läßt, welche im Feuer rothgeglüht worden, kann man es vollständig zersetzen; sein Sauerstoff fixirt sich auf dem Eisen, das es oxydirt, während sein Wasserstoff sich im Gaszustande entbindet, und in dem hydropneumatischen Apparate gesammelt werden kann.

Aber man gelangt noch leichter zur Zersetzung des Wassers, wenn man Schwefelsäure damit vermengt und die dergestalt verdünnte

dünnte Säure auf Eisen oder Zink wirken läßt. In diesem Falle zersetzt sich das Wasser auf dem Metalle, welches es oxydirt und der Wasserstoff entweicht in Gasgestalt. Durch dieß Verfahren extrahirt man in unsern Laboratorien, alles zur Darstellung seiner Eigenschaften nöthigen Wasserstoffgas.

Dieß Gas, welches die Eigenschaft besitzt, Wasser, den Kohlenstoff, Schwefel und Phosphor aufzulösen und sich damit in sehr verschiedenen Verhältnissen zu schwängern, bietet große Abwechselungen in seinem Charakter dar. Herr Kirwan hat beobachtet, daß dieß Gas fast gar keinen Geruch hat, wenn man es in dem Apparat zum Quecksilber, und daß es an Masse gewinnt, wenn man es in dem Apparat zum Wasser extrahirt.

Dieß Gas brennt, wie die übrigen brennbaren Körper, nur durch das Hinzutreten und die Verbindung des Sauerstoffgases mit ihm. Man kann sich von der Wahrheit des Gesagten überzeugen, wenn man einen mit Wasserstoffgas angefüllten Bocal umstülpt und in dessen Umfang eine brennende Kerze hält; die Kerze verlischt im Innern des Bocals und entzündet das Gas nur in dem Theile, wo es mit der atmosphärischen Luft in Berührung kommt. Das Wasserstoffgas brennt also auf die Weise aller andern verbrennlichen Körper.

Das Verbrennen des Wasserstoffgases geschieht mit Ruhe, wenn es rein ist; aber wenn es sich im Gemenge mit einem Theile atmosphärischer Luft befindet, geht es mit Heftigkeit vor sich; der Brand greift auf einmal in allen Punkten um sich, und es erfolgt eine Verpuffung, welche durch den leeren Raum entsteht, den die Verbindung der beyden Gase und ihre Verwandlung in Wasser hervorbringen.

Dieß Gas ist leichter als die gewöhnliche Luft. Der Cubikfuß atmosphärischer Luft wiegt 720 Gran, der des Wasserstoffgases 72. Herr Kirwan hat das Gewicht des Wasserstoffgases in Vergleichung mit dem Gewichte einer gleichen Masse von gemeiner Luft bey gleicher Temperatur, und unter dem nämlichen Druck auf das Verhältniß von 1000 zu 84 bestimmt. Die Schwere dieses Gases erscheint als sehr abwechselnd, durch die Schwierigkeit es in großer Reinheit zu erhalten, das, welches man in dem hydropneumatischen Apparate durch die Wirkung der verdünnten Schwefelsäure auf Eisen oder Zink erhält, ist in der Regel sechs bis sieben Mal leichter, als die atmosphärische Luft. Wenn man in dem Apparate mit Mercur operirt, kann man es selbst zwölf bis vierzehn Mal leichter als die atmosphärische Luft erhalten.

Wenn

Wenn man Seifenblasen mit Wasserstoffgas aufbläst; so bilden sich kleine Ballons, die in die Luft steigen, und leicht anzuzünden sind; dieß Schauspiel ist sehr sehenswerth, und man kann es dadurch noch interessanter machen, daß man die Blasen mit vermengtem Wasserstoff- und Sauerstoffgase füllt, wonächst die Entzündung mit einer Explosion geschieht.

Die Leichtigkeit dieses Gases macht, daß man es umgießen kann, wenn man einen damit angefüllten Bocal unter einen andern umgestürzten bringt; in dieser Lage vertreibt das Gas, welches leichter als die atmosphärische Luft ist, diese aus dem obern Bocal, und nimmt ihre Stelle ein.

Diese Grundidee von der Leichtigkeit des Wasserstoffgases war es, welche dem Physiker Charles einleuchtend machte, daß es möglich sey, aerostatische Maschinen zu bilden, wenn man eine ansehnliche Masse von Wasserstoffgas in taffenten Hüllen einschlösse, die durch einen Ueberzug von elastischem Gummi unzugänglich gemacht worden; jedoch so, daß das Gewicht des Gases und der Hüllen geringer seyn müsse, als das einer gleichen Masse atmosphärischer Luft.

Der zu Annonay gemachte aerostatische Versuch, öffnete der aerostatischen Wissenschaft die Bahn; die Herren Montgolfier hatten durch Wärme eine bestimmte Masse atmosphärischer Luft ausgedehnt, so daß sie dadurch unendlich leichter wurde, als ein gleiches Maaß von der uns umgebenden; man überzeugte sich aber bald, daß die Schwierigkeit, die Glut immerwährend zu erhalten, so wie die fast absolute Unmöglichkeit, nach Willkühr den Grad der Ausdehnung zu erhöhen, und zu verhindern, daß die äußere Schicht sich nicht erwärme, und die Wirkung beständig vermindere, diesen Apparat tief unter denjenigen erniedrigten, der mit Wasserstoffgas gefüllt wird.

Der häufige Gebrauch der Luftbälle, die in unsern Tagen zum Schauspiel geworden, hat einige sinnreiche Verfahrungsarten veranlaßt, das dazu nöthige Wasserstoffgas mit Leichtigkeit und zu niedrigen Preisen zu extrahiren; einige nehmen Schmelzcylinder, füllen sie mit Eisenspänen an, und lassen sie rothglühen, um das Wasser zu zersetzen, um das Wasserstoffgas daraus zu ziehen; andere bedienen sich der verdünnten Schwefelsäure, und lassen sie auf Eisen oder Zink wirken, wobey sie ihre Operationen in Tonnen machen.

Zwey-

Zweytes Kapitel.

Von dem mineralischen Theile unseres Planeten.

Die steinige oder mineralische Masse des Erdbodens ist fast sein größter Theil; sie zeigt eine große Verschiedenheit in den Körpern, aus denen sie besteht; aber wenn man diese durch die Analyse auf ihre Grundstoffe zurückführt, und dadurch zur Erkenntniß der Eigenschaften eines jeden kommt, so sieht man ein, daß sie sich füglich in zwey Classen scheiden, von denen eine die trockenen, geschmack- und geruchlosen Körper, von einer 4,5 nicht überschreitenden specifischen Schwere, die andere aber die undurchsichtigen, sehr schweren, und einen charakteristischen Glanz an sich tragenden in sich begreift; die Erden nehmen die erste, die Metalle die zweyte dieser Classen ein.

Obgleich durch die Analyse bereits neun Erdarten, und drey und zwanzig Metalle unterschieden worden; so scheint die Natur doch nur eine sehr kleine Anzahl dieser Körper dazu bestimmt zu haben, eine große Rolle durch ihre Wirkungen zu spielen. Die andern Substanzen, als Grundbestandtheile in einigen wenig bekannten Verbindungen, und nur in kleiner Quantität, enthalten, haben sich lange Zeit hindurch allen Untersuchungen entzogen; ihre Entdeckung bringt dem Chemiker Ehre, weil sie die Vervollkommnung seiner analytischen Mittel beweiset; aber um von dem größern Theile derselben handeln zu können, müssen wir abwarten, daß ihre Existenz die Phänomene der Natur aufklären, und daß ihre besser bekannten Eigenschaften, die Hülfsmittel unserer Industrie, oder unserer Bedürfnisse vermehren.

Aus der steinigen Masse scheint fast der ganze Erdball zu bestehen, und nur an einigen Punkten der Oberfläche desselben, oder in leichten Tiefen findet man Metalle.

Die erdigen Stoffe sind selten frey darin enthalten, man trifft sie vermengt mit Säuren, oder darin aufgelöst und Salze bildend, die sich nur auf der Oberfläche des Erdbodens zu zeigen im Stande sind, weil Säuren nur durch Hinzutreten des Sauerstoffgases entstehen können, und dieß wiederum allein aus der Atmosphäre, oder der Zersetzung des Wassers erzeugt werden kann.

Die metallischen Substanzen sind selten ohne alle Verbindung; Sauerstoff, Schwefel und Phosphor trifft man fast immer vereint mit ihnen an; und die Natur dieser Substanzen bringt auf den Glauben, daß die Entstehung der Metallschichten später erfolgt seyn müsse, als die der Erden; ohne daß wir darum

jedoch

jedoch etwas über die Zeit, noch über die Art dieser ihrer Entstehung anzugeben im Stande wären.

Wir glauben, daß die feuerbeständigen Alkalien von den erdigen Stoffen nicht wohl getrennt werden können. Schon Herr Fourcroy und andre Chemiker haben einige Erden zu den Alkalien gerechnet, von denen sie alle Eigenschaften an sich tragen. Die große Auflöslichkeit, welche fast bis auf diese letzte Zeiten, den Alkalien zum Unterscheidungszeichen von den Erden diente, haben sie mit der Barrterde und der Strontianerde gemein. Der Kalk, obgleich nur wenig auflöslich, hat doch viele Eigenschaften, welche ihn den Alkalien nähern. Die Analyse erweiset täglich die Existenz des Alkalis in Erden oder Steinen, als deren wesentlicher Grundbestandtheil. Wir glauben also, daß man gegenwärtig Erden von Alkalien nicht mehr trennen könne.

Erster Abschnitt.

Von den Erden und Alkalien.

Wir haben bereits die Unterscheidungszeichen der Erden kennen gelehrt; es bleibt uns also nur noch übrig, die Eigenschaften jeder einzelnen in der Kürze zu beschreiben.

Erster Artikel.

Von der Kieselerde.

Die Kieselerde kannte man nach und nach unter den Namen verglasbare Erde, Quarzerde und kieselige Erde.

Diese Erde findet sich fast rein im Bergkristalle. Die Analyse von Bergmann hat gezeigt, daß sie 93 Theile Kieselerde auf 6 Theile Alaunerde, und 1 Theil Kalk enthalte.

Um reine Kieselerde zu bekommen, kann man den Bergkristall mit 4 Theilen Kali schmelzen, sodann in Wasser auflösen, durch ein Uebermaaß von Säure niederschlagen, und sich der Alaunerde und des Kalks durch Schwefelsäure bemächtigen. Das unauflösliche Residuum, wenn es sorgfältig ausgewaschen wird, enthält sodann nur reine Kieselerde.

Die Kieselerde hat eine besondere Rauhigkeit beym Anfühlen. Ihre Theilchen in Wasser eingerührt, schlagen sich mit einer außerordentlichen Leichtigkeit nieder, ohne irgend einen Zusammenhang unter einander zu suchen.

Ihre specifische Dichtigkeit beträgt 2,65.

Bergmann hatte gelehrt, daß das Wasser die Kieselerde auflösen könne; Herr Kirwan hatte behauptet, daß zehntausend Theile Wasser bey der Temperatur der Atmosphäre einen Theil Kieselerde in Auflösung erhalten könne. Der erste dieser beyden Chemiker, der die aus den Wässern des berühmten Geyser in Island sich bildenden Inkrustationen der Analyse unterwarf, fand, daß sie die Natur der Kieselerde hätten, und schloß daraus, daß die Temperatur dieses Wassers, die nach den Beobachtungen von Détroil und Solander erhöhter ist, als die des siedenden Wassers, die Auflösung dieser Erde bewirken könne. Aber Black hat die Existenz einer Portion von kaustischem Natron in diesen Wässern nachgewiesen, uud hieraus erklärt, warum in dem Wasser jener Quellen Kieselerde vorhanden sey.

Herr Macie von der königlichen Gesellschaft in London hat bewiesen, daß die weißliche Materie, welche man zwischen jedem Knoten des Bambusrohres findet, Kieselerde sey.

Die Flußsäure löset die Kieselerde auf, verflüchtiget sie in einen weißen Dampf, und setzt sie auf der Oberfläche des Wassers ab, in welchem man diese Säure auffängt.

Die Alkalien lösen sie auf dem trocknen Wege mit sehr großer Leichtigkeit auf. Wenn sie in einem stärkern Verhältnisse, als in gleichem Gewichte angewendet werden, so geschieht ihre Auflösung leichter; aber die Verbindung gewinnt dann nur eine anscheinende Festigkeit; sie zieht die Feuchtigkeit der Luft an, und löst sich in eine Flüssigkeit auf, sie ist in Wasser aufzulösen.

Wenn die Kieselerde und das Alkali in gleichen Dosen genommen werden, so entsteht daraus eine flüssige, sehr geschmeidige Masse, die, wenn sie warm ist, gehämmert und geblasen werden, und alle Arten von Gestalten annehmen kann; sie härtet sich und wird zerreiblich durch das Erkalten, indem sie die ihr gegebenen Formen beybehält; sie ist mehr oder minder durchsichtig, je nachdem die Materien rein sind, und sie ist das was Glas nennt.

Herr von Saussüre schmelzte ein Fragment von Bergkristall vor einem Löthrohr, dieß Fragment war auf einem Faden von Cyanit befestiget, und hatte weniger als ein Zweyhunderttheil Linie an Dicke, auf eine zwölf Mal so große Länge gerechnet, die an der Spitze angeschmolzene Materie läuft nach der Basis hinunter und bekleidet sie mit einer glasartigen Lage; das Glas ist durchsichtig, farbenlos und ohne Blasen und greift den Cyanit nicht an.

Ehrmann

Ehrmann versichert den Bergkristall, in kleinen Blasen, unter einem merklichen Aufsieden geschmolzen zu haben.

Lavoisier und Herr Guyton sind nicht dazu gelangt, ihn bey dem Strome des Sauerstoffgases, noch ist es Herrn Macquer gelungen, ihn am Focus des Brennspiegels zu schmelzen. Diese Verschiedenheit in den Resultaten rührt aus der Verschiedenheit, die in der Composition der Bergkristalle herrschet, her. Die Kieselerde die ihre Basis macht und sie fast ganz allein bildet, ist an und für sich selbst unschmelzbar; aber kann durch ihre Vermengung mit andern Erden zum Schmelzen gebracht werden, und dieß Gemenge bietet oft die Composition des Bergkristalles dar.

Die Kieselerde macht die Basis aller harten, quarzhaltigen, und durch das Schlagen mit dem Feuerstahl Funken von sich gebenden Steine aus; sie ist hauptsächlich in einem natürlichen Gemenge mit der Alaunerde, dem Kalk und der Magnesia.

Ihre Verbindungen haben fast alle eine große Härte, ihre Grundbestandtheile sind oft durch Eisen unter einander verkittet, und dann ist die Masse gefärbt und in der Regel weniger zerreiblich.

Die Kieselerde gibt allen Compositionen, in denen sie sich in hervorstechendem Maaße befindet, die Eigenschaft am Feuerstahle Feuer zu geben.

Zweyter Artikel.

Von der Alaunerde oder Thonerde.

Alle Erden, welche man Thonerden, Töpfererden, Mergel nennt, enthalten mehr oder weniger Alaunerde; aber nirgends findet man sie in einem Grade vollkommner Reinheit.

Das am allgemeinsten übliche Mittel diese Erde rein zu erhalten, bestehet darin, daß man sie aus der Alaunauflösung durch Ammonium niederschlägt und den Niederschlag mit siedendem Wasser wäscht, um einen Theil des sich in dem Bodensatze befindenden nicht zersetzten schwefelsauren Salzes daraus zu scheiden. Man wärmt sodann das Residuum, um den wenigen, etwa noch darin vorhandenen Ammonium zu evaporiren.

Die Alaunerde nimmt das Wasser begierig in sich auf und vermengt sich damit; mit dieser Flüssigkeit getränkt, hat sie ein halbdurchsichtiges und dem ersten Anblick nach gallertartiges Ansehen. Wenn man sie in diesem Zustande der Luft aussetzt, um sie zu trocknen; so vermindert sie sich an Masse, und theilt sich in viereckige Stücke.

Die trockne Alaunerde hängt stark an der Zunge an.

Ihr specifisches Gewicht verhält sich wie 2,2 zu 2,3 gegen Wasser.

Die Alaunerde in das Feuer gebracht, nimmt darin eine solche Härte an, das sie, mit Stahl, Feuer gibt. In diesem Zustande ist sie nicht mehr fähig, im Wasser zu zergeben. Diese Eigenschaft macht sie auch hauptsächlich geschickt, den Töpferarbeiten zur Basis zu dienen.

Sie nimmt das Wasser sehr begierig auf, mit welchem sie, wenn sie nicht kalzinirt ist, in eine Art von Verbindung tritt; sie hält diese Flüssigkeit mit Kraft in sich, wenn man sie trocknen läßt, und läßt sie nur nach und nach stufenweise fahren; so daß sie, selbst bey einer sehr erhöhten Temperatur davon noch etwas bey sich behält, welches sich vermindert, bis es gänzlich verschwindet. In dem Maaße als die Flüssigkeit verdunstet, nimmt die Cohäsion zu, die Poren ziehen sich zusammen, und die Härte steigt bis zu einem solchen Grade, daß die Alaunerde mit Stahl Feuer gibt, und im Wasser sich weder auflöst noch darin zergeht. Sie ist in diesem Zustande eine neue Substanz mit ganz eigenthümlichen Eigenschaften, und die ihre ursprüngliche Qualität nur erst dann wiedergewinnt, wenn man sie in Säuren oder Alkalien auflöst, um sie aus diesen neuen Verbindungen niederzuschlagen und zu ihrem ersten Zustande zurückzuführen.

Die Alaunerde hat unter dem Brennpunkte des Brennspiegels kein Zeichen von Erweichung gegeben, wie dieß aus den Versuchen von Macquer und Lavoisier hervorgeht; aber wenn die Probe mit ihr durch das Blaserohr oder an dem Strome von Sauerstoff gemacht wird, so gibt sie einen Fluß von weißem halbdurchsichtigen Email, und nimmt eine solche Härte an, daß man auf Glas damit schreiben kann, wie Lavoisier und die Herren Guyton und Ehrmann bewiesen haben.

Die Vermengung mit Kalk erleichtert deren Schmelzung insbesondere. Diese Vermengung macht die Kreiden, die Mergel und die Thonerden so schmelzbar, daß sie bey dem sehr mäßigen Feuer unserer Töpfer-Oefen in Fluß gerathen.

Nach den Herren Mongez und Kirwan wird sie durch boraxsaures Natron und phosphorsauren Urin aufgelöst.

Auch löst die Alaunerde sich leicht auf in fixen, ätzenden Alkalien. Wenn man sie aus ihren Auflösungen in Säuren durch

Alkalien

Alkalien niederschlägt, so löst sie sich wieder auf, wenn man sie im Uebermaaße anwendet.

Diese Erde ist, wenn sie rein ist, weiß. Diese Qualität eignet sie zu einem vortrefflichen Bindungsmittel für die Färbestoffe.

Sie vereiniget sich öligen Stoffen mit Leichtigkeit, und bildet mit denselben Verbindungen, welche sich auf Stoffen festsetzen, und zum Aetzmittel für die Farben, wie bey dem Roth aus Adrianopel, dienen, oder zergehen, und vom Wasser abgezogen werden; wie in den Verfahrungsarten deren, welche die Fettflecke aus den Kleidern bringen, und der Tuchwalker.

Die Alaunerde, welche in den steinigen Gemengen, die die Hauptmasse unsers Erdballs ausmachen, so allgemein mit der Kieselerde vereiniget ist, trägt dazu bey den Oberflächen dieser letztern die Geschmeidigkeit und Glätte zu geben, die sie für sich allein nicht haben könnte.

Aus diesen beyden ursprünglichen, künstlich in gehörigen Verhältnissen gemengten Erden bestehen alle unsre Töpferwaaren. Die Vereinigung der, jeder von ihnen eigenthümlichen Eigenschaften, verbessert wechselseitig ihre Fehler, wie wir dieß bey der Lehre von den Töpferarbeiten genauer sehen werden.

Dritter Artikel.

Von der Zirkonerde.

Herr **Klaproth** hat bewiesen, daß der Hyacinth von Ceylon eine besondere, mit der Kieselerde in einer innigen Vereinigung stehende Erde enthalte, dieser Chemiker hatte diese Erde zuerst in dem Jargon von Ceylon gefunden, und ihr den Namen zirkonische Erde beygelegt. Die französischen Chemiker nennen sie Zirkonerde.

Herr Guyton fand später die nämlichen Grundstoffe, als in den Hyacinthen von Ceylon, in denen von Expailly, und Herr Vauquelin hat die Eigenschaften dieser Erde näher bekannt gemacht.

Der letztere Chemiker hat die Zirkonerde auf folgende Weise extrahirt: er erwärmte zwey Stunden hindurch in einem silbernen Tiegel hundert Theile pulverisirten Hyacinth mit 600 Theilen ätzendem Kali, rührte die grün gefärbte Masse mit 10 oder 12 Theilen Wasser ein; that Salzsäure im Uebermaaße hinzu, und bewirkte dann die Auflösung mittelst einer gelinden Wärme. Sobald diese Auflösung geschehen ist, wird durch eine mäßige Wärme bis zur Trockenheit evaporirt, wobey man die Vorsicht gebraucht, die Materie zu Ende der Operation unaufhörlich in Bewegung zu erhalten, um die Evaporation der Säure, welche die Zirkonerde in Auflösung enthält, zu erleichtern. Sodann gießt man auf das Residuum der Evaporation eine hinlängliche Quantität von Wasser, um die salzigen nicht zersetzten Theile aufzulösen. Es ist gut, wenn man einige Tropfen Salzsäure hinzuthut, um das Wenige von der Zirkonerde, was die Säuren gegen das Ende der Evaporation etwa fahren lassen, noch aufzulösen, da die salzsaure Zirkonerde sehr leicht zu zersetzen ist.

Durch dieß Mittel bleibt die Kieselerde allein zurück, und man wäscht diese Erde, bis das Wasser, mit dem man wäscht, die Auflösung des salpetersauren Silbers nicht mehr niederschlägt.

Die Kieselerde macht 0,33 des Hyacinths aus. Sie ist weiß, schießt in kleine durchsichtige Kristallplatten an; schmilzt mit dem Borax ohne Aufbrausen, und gibt ein durchsichtiges und farbenloses Glas.

Um sich zu überzeugen, ob nicht noch ein wenig Kieselerde in der Salzsäure vorhanden ist, evaporirt man bey einer mäßigen Wärme, und löst die salzsaure Zirkonerde zu mehreren Malen wieder in Wasser auf.

Wenn die salzsaure Zirkonerde keinen Bodensatz von Kieselerde mehr zurückläßt, so löst man sie in einer großen Quantität von Wasser auf, und schlägt durch ein Alkali nieder, wäscht den Niederschlag aus, und läßt ihn in einem Silbertiegel rothglühn. Herr Vauquelin hat 65,5 reiner Zirkonerde auf 100 Theile Hyacinth erhalten.

Der Hyacinth enthält noch ein wenig Eisen. Der von Ceylon ergab:

Kieselerde	0,32	98: Verlust 0,02
Zirkonerde	0,64	
oxydirtes Eisen	0,02	

Der von Expailly dagegen gab:

Kieselerde	0,31	0,98: Verlust 0,02
Zirkonerde	0,65,5	
Eisen	0,01,5	

Um die Zirkonerde im Großen, und zu geringem Preise zu bereiten, schlägt Herr Vauquelin vor, sich statt der Silbertiegel der gewöhnlichen Tiegel zu bedienen, und 8 oder 9 Theile von der Pottasche, die in den Handel kommt in gehöriger Vermengung mit pulverisirtem Hyacinth zu nehmen, man wirft sodann das Gemenge in einen rothglühend gemachten Tiegel einen Löffel

voll

voll nach dem andern; und thut von dem neuen nur immer dann erst hinzu, wenn das erste bereits geschmolzen ist. Ist alles geschmolzen, so macht man ein heftiges Feuer und unterhält es anderthalb Stunden hindurch. Man heitzt längere oder kürzere Zeit, je nachdem die Dosis der Materie, die man bearbeitet, groß ist.

Wenn der Tiegel kalt geworden, so zerbricht man ihn, pulverisirt die Materie, und läßt sie in einem bleyernen Kessel mit Wasser aufsieden; dann wartet man, bis sie einen Bodensatz bildet, gießt die klar gewordene Flüssigkeit ab, und fährt fort die Erde zu waschen, bis das Wasser, mit dem man wäscht, keinen Niederschlag in der Auflösung des salzsauren Baryts mehr hervorbringt.

Dieß Waschen ist nothwendig, um dadurch alles schwefelsaure Kali wegzubringen, welches in der Pottasche des Handels existiren kann und die salzsaure Zirkonerde zersetzen würde.

Wenn die erdige Masse wohl ausgewaschen ist; so rührt man sie mit zwanzig Theilen Wasser ein, gießt reine Salzsäure im Uebermaaß darauf, und läßt es eine Viertelstunde hindurch in einem bleyernen Kessel mit einander aufsieden.

Man filtrirt die Auflösung, evaporirt sie, trennt die sich niederschlagende Kieselerde daraus; löst wieder auf; filtrirt und schlägt die Zirkonerde mit reinem kohlensauren Natron nieder, wäscht und läßt trocknen und gewinnt dadurch eine kohlensaure Zirkonerde. Man muß das kohlensaure Natron nicht im Uebermaaße hinzuthun, um die Zirkonerde dadurch nicht in Auflösung zu erhalten.

Diese Erde, wenn sie kalzinirt wird, hat eine weiße Farbe und eine beträchtliche specifische Schwere.

Sie läßt sich, wie die Kieselerde, rauh anfühlen.

Sie ist in Wasser unauflöslich.

Sie hat keinen Geschmack.

Allein kann sie durch das Blaserohr nicht zum Schmelzen gebracht werden. Mit dem Borax gibt sie ein durchsichtiges und farbloses Glas. Die mikrokosmischen Salze greifen sie nicht an.

Sie enthält, an der Luft getrocknet, Wasser genug, um durchsichtig zu seyn und dem arabischen Gummi zu gleichen; sie ist dann gelb und glasig im Bruch, diese Quantität Wasser vermehrt ihr Gewicht ungefähr um ein Viertheil.

Die Zirkonerde, wenn man sie unter dem starken Feuer einer Schmiede mit Kohlen in Berührung setzet, schmilzt, und

 nimmt

nimmt einen solchen Grad von Härte an, daß man damit auf Glas schreiben und durch den Feuerstahl Feuer an ihr anschlagen kann; ihre Schwere beträgt, 0,4350.

Die Zirkonerde vereiniget sich mit den Säuren und bildet Salze damit, von denen einige auflöslich, andere unauflöslich sind; zu den ersteren gehören die salpetersauren, salzsauren, essigsauren, benzoesauren, äpfelsauren; zu den anderen die schwefelsauren, schwefelsaurigen, phosphorsauren, phosphorsaurigen, flußsauren, boraxsauren, kohlensauren, sauerkleesauren, citronensauren, weinsteinsauren, galläpfelsauren u. s. w.

Die Zirkonerde ist nicht leicht aufzulösen, und nur dann gut zu Verbindungen zu bringen, wenn sie in dem Augenblicke, wo man sie niedergeschlagen, noch feucht ist. Wenn sie trocken geworden, geht sie nur schwer Verbindungen ein.

Sie hängt den Säuren wenig an, eine selbst nur mittelmäßige Wärme zerstört ihre Verbindungen mit diesen. Die Salze der Zirkonerde haben einen sehr beträchtlichen zusammenziehenden Geschmack, der dem Geschmack mehrerer metallischen Salze sehr nahe kommt.

Unter den Säuren stehen folgende mit der Zirkonerde in Verwandtschaft: die Schwefelsäure, die Salzsäure, die Salpetersäure. Fast alle Pflanzensäuren stehen in größerer Verwandtschaft mit diesen Erden als die mineralischen. Die Sauerkleesäure, Weinsteinsäure, Citronensäure, Galläpfelsäure, Milchzuckersäure, bilden reiche Niederschläge in den Auflösungen schwefelsaurer, salzsaurer und salpetersaurer Salze.

Es scheint daß alle Alkalien und alle Erden eine größere Verwandtschaft zu den Säuren haben, als die Zirkonerde.

Sie bildet mit den Ammoniumsalzen dreyfache, in Wasser auflösliche, Salze.

Sie wird aus ihren Auflösungen durch alkalische, kohlensaure Salze niedergeschlagen, und löst sich in einem Uebermaaße dieser Auflösungsmittel wieder auf.

Sie kann aus ihren Auflösungen durch die blausauren Salze, durch Schwefelwasserstoffgas und durch die Galläpfelsäure niedergeschlagen werden, welches sie den Metalloxyden nähert.

Vierter Artikel.

Von der Glycinerde.

Die Entdeckung der Glycinerde verdanken wir Herrn Vauquelin. Er erhielt sie aus der Analyse des Aquamarins oder Berylls.

Man schmolz 100 Theile fein pulverisirten Beryll mit 300 Theilen kaustischem Kali; die kalt gewordene Masse wurde mit Wasser eingerührt und mit Salzsäure behandelt. Die Auflösung der Materie ging vollständig vor sich.

Man evaporirte die salzsaure Auflösung bis zur Trockenheit; gegen das Ende der Evaporation konnte man die Flüssigkeit in Gallertgestalt abnehmen; die getrocknete Materie wurde wiederum in Wasser zerlassen und ein Theil fand sich, wogegen ein weißes, körniges und durchsichtiges Pulver zurückblieb; diese Substanz machte 69 Theile des Ganzen aus und hatte alle Eigenschaften der Kieselerde.

Man goß auf die Auflösung kohlensaures Kali, und behandelte den gesammelten und abgetropften Niederschlag mit ätzendem Kali; wodurch der größte Theil der Materie aufgelöst wurde. Eine Portion blieb übrig, die sich nicht auflösen ließ; diese, gewaschen und am Rothglühefeuer getrocknet, hatte eine graubraune Farbe und machte 9 Theile des Ganzen aus. In diesen 9 Theilen befindet sich die Glycinerde.

Die alkalische Auflösung wurde übersättiget durch Salzsäure und durch kohlensaures Kali niedergeschlagen; der getrocknete und ausgewaschene Bodensatz wog 21 Theile. Diese Substanz schien reine Alaunerde zu seyn.

Die 9 in dem Kali unaufgelöst gebliebenen Theile wurden in Salpetersäure aufgelöst, die Auflösung bis zur Trockenheit evaporirt, und das Residuum in Wasser aufgelöst; die Auflösung nahm eine gelbröthliche Farbe an, die auf Eisen deutete: eine Auflösung von wassergeschwefeltem Kali schlug das Eisen schwarz nieder; die auf diesem Niederschlage schwimmende Feuchtigkeit wurde dann klar und farblos; man evaporirte sie bis zur Trockenheit, und gegen das Ende hin nahm sie wieder eine rothe Farbe an. Dieß Residuum, welches man vier und zwanzig Stunden in einer Kapsel stehen ließ, wurde in einen Brey von rothgelblicher Farbe reducirt, kaltes, darauf gegossenes Wasser löste die ganze Masse auf; die Auflösung war roth und etwas trübe; in einem heißen Sandbade bildeten sich bald rothe Flocken darin, und die Flüssigkeit wurde klar wie Wasser. Diese Flocken waren ebenfalls Eisenoxyd.

Man goß sodann auf die von allem Eisen entbundene Auflösung kohlensaures Kali, und erhielt 12 Theile einer weißen, sich zwischen den Fingern fein anfühlen lassenden Erde die sich mit Aufbrausen in den Säuren auflöste. Diese Erde, geschieden von der Salpetersäure, absorbirte $4\frac{1}{2}$ Theile Kohlensäure, weil man

man auf 9, die man zu dem Versuche gebrauchte, 1½ Eisenoxyd gewann, was 7,5 für die Erde gibt.

Herr Vauquelin, indem er die wenige Glycinerde berechnete, welche die aus dem Beryll niedergeschlagene Alaunerde mit sich fortführt und zurückbehält; so wie die, welche das Kali auflöst, fand, daß der Beryll davon 16 Theile auf 100 enthielt.

Herr Vauquelin hat die Existenz dieser Erde in dem Peruanischen Smaragd bewiesen; anfänglich fanden weder er, noch Herr Klaproth sie in demselben; aber nachdem Herr Haüy ihm die Beobachtung mitgetheilt; daß in beyden Substanzen Schwere, Form und Härte sich durchaus gleich wären, wurde er durch diese natürliche Annäherungen veranlaßt eine neue Analyse zu versuchen, und entdeckte sodann die neue Erde darin, welches beweiset, daß man nach den bloßen äußern Kennzeichen wohl auf die Grundbestandtheile schließen könne.

Die specifischen Eigenschaften der Glycinerde sind:

1) Daß sie zuckerige leicht adstringirende Salze bilden.
2) Daß sie sehr auflöslich in Schwefelsäure sind.
3) Daß sie die Alaunerde niederschlagen.
4) Daß sie durch Ammonium vollkommen niedergeschlagen werden.
5) Daß sie zu den Säuren Verwandtschaften haben, die die Mitte zwischen denen der Magnesia und der Alaunerde halten.

Ihre allgemeinen Eigenschaften sind folgende: Sie ist

1) weiß.
2) Geschmacklos.
3) Unauflöslich.
4) An der Zunge anhängend.
5) Unschmelzbar.
6) In fixen Alkalien auflöslich.
7) Unauflöslich in Ammonium.
8) In kohlensaurem Ammonium aufzulösen.
9) In fast allen Säuren, die Kohlensäure und die Phosphorsäure ausgenommen, auflöslich.
10) Mit dem Borax zu schmelzen, mit welchem sie ein durchsichtiges Glas bildet.
11) Fähig, ein Viertel ihres Gewichtes an Kohlensäure zu absorbiren.
12) Desgleichen die Alaunsalze zu zersetzen.
13) Durch die gehörig gesättigten Schwefelalkalien nicht niederzuschlagen.

Fünfter

Fünfter Artikel.

Von der Yttererde oder Gadolinerde.

Gadolin entdeckte diese Erde 1794 und nannte sie Yttererde. Ekeberg analysirte nach ihm die Erde von Ytterby in Schweden, wo Gadolin seine neue Erde gefunden, und gab ihr den Namen Gadolinerde.

Herr Vauquelin, welcher diese nämliche Erde bearbeitet, hat uns ihre hauptsächlichsten Eigenschaften kennen gelehrt.

Sie ist weiß, ohne Geruch noch Geschmack und unauflöslich im Wasser; sie löst sich nicht in ätzenden Alkalien auf; dagegen wohl in kohlensaurem Ammonium, sie vereiniget sich mit Wärme der Schwefelsäure und es schlägt sich sofort ein Salz in glänzenden und schwer in Wasser aufzulösenden Körnern nieder.

Blausaures Kali und Sauerkleesäure schlagen sie aus ihren Auflösungen in den Säuren nieder.

Die sauerkleesauren Salze der Yttererde sind unauflöslich und sehr schwer, hierin unterscheiden sie sich etwas von der Glycinerde die sonst einige Analogie mit der Yttererde hat; aber die nicht allein durch diese Eigenschaft von ihr abweicht; sondern auch durch die Niederschlagung, die blausaures Kali bey der Yttererde bewirkt, welches die Salze der Glycinerde nicht zu zersetzen vermag.

Nach der Analyse des Herrn Vauquelin macht die Yttererde 35 Hunderttheile der Erde von Ytterby aus; der Rest ist Kieselerde, Kalk, Eisenoxyd und Braunstein. Ekeberg hat sie darin in dem Verhältnisse von 41, und Klaproth in dem von 59,75 gefunden.

Sechster Artikel.

Von der Talkerde.

So wie die andern Erden findet auch die Talkerde sich nirgends in freyem Zustande. Die Erde, in der sie mir bis jetzt noch in einem der völligen Reinheit am nächsten kommenden Grade enthalten zu seyn scheint, ist die von Salinelles bey Sommières, im Gard-Departement, in welcher, wie Herr Bérard es bewiesen, sie mit Kieselerde in dem Verhältnisse von 22 Theilen reiner Talkerde, 45 Theilen Kieselerde, 1 Theile Eisenoxyd und 32 Theilen Wasser sich befand.

Sie

Sie ist auch in Gemenge mit der Kieselerde und der Alaunerde in den Talken, den Serpentinsteinen, Asbesten und in der Regel in allen fetten Steinen vorhanden, die fähig sind, auf der Scheibe bearbeitet zu werden.

Auch zeigt die Natur sie uns noch im Salzzustande, fast immer in Verbindung mit der Schwefelsäure *).

Diese Verbindung wird durch die Efflorescenz oder die Zersetzung einiger, mehr oder minder mit Schwefel angefüllter zufällig daseyender Schieferstücke hervorgebracht; so wie die Schwefelsäure durch das langsame Verbrennen des Schwefels hervorgebracht wird, wirft sie sich auf die Grundbestandtheile des Schiefers und erzeugt schwefelsaure Salze von Kalkerde, Talkerde, Alaunerde oder Eisen. Ich habe in den Bergen des Aveyron Zersetzungen dieser Art gesehen, in denen die schwefelsaure Talkerde so im Ueberflusse vorhanden war, daß sie vor allen anderen hervorstach und eine vortheilhafte Benutzung dieses Minerals, um dieß Salz daraus zu ziehen, gestattete. Herr Tingry hat die nämliche Beobachtung auf einigen Bergen, in der Nähe von Genf, gemacht.

Man zieht diese Erde gewöhnlich aus der schwefelsauren Talkerde; zu diesem Ende bedient man sich eines kohlensauren Kali's und kalzinirt den Niederschlag, um die Kohlensäure daraus zu entbinden. Sie bildet dreyfache Salze, wenn man sie durch Ammonium niederschlägt.

Die reine Talkerde ist sehr weiß, sehr leicht und schwammig.

Um ihr diejenige Weiße zu geben, die man an der bemerkt, deren sich einige Apotheker zur Verfertigung von Arzeneyen bedienen, muß man sie mit sehr reiner Pottasche präpariren, sorgfältig mit vielem Wasser waschen und zwischen Papier trocknen lassen.

Ihr specifisches Gewicht beträgt ungefähr 2,33.

Veilchensyrup und Malvenblüthen gibt sie eine schwache grüne Farbe.

Sie vereiniget sich fast mit allen Säuren und bildet mit ihnen fast lauter bittere und sehr auflösliche Salze.

Sie ist unauflöslich in Wasser, mit welchem sie einen wenig geschmeidigen Teig bildet.

Die Talkerde ist, nach den Versuchen von Lavoisier und Herrn Guyton, nicht zu schmelzen; selbst durch den Strom des Sauerstoffgases nicht. Sie löset sich mit Aufbrausen mittelst des

*) In Verbindung mit der Salzsäure findet sich die Talkerde in der Sole vieler Salzquellen. H.

des Blaserohrs in boraxsaurem Natron und phosphorsaurem Urin auf. Sie verhindert das Zerschmelzen aller erdigen Gemenge, wenn sie in einem etwas starken Verhältnisse darin vorhanden ist.

Siebenter Artikel.

Von der Kalkerde.

Es verhält sich mit der Kalkerde wie mit allen erdigen Stoffen, man findet sie selten frey.

Die einzigen, mir bekannten Beobachtungen über die Existenz des ursprünglichen Kalks sind folgende: Falconer behauptet, ihn frey bey Bath gefunden zu haben; Wallerius erzählt, daß man an den Küsten von Marokko aus dem Grunde des Meeres ursprünglichen Kalk mit Natron gezogen; Monnet versichert, daß die Vulkane in Oberauvergne solchen ausgeworfen; Laumont spricht von einer Quelle zu Savonnières bey Tours, die reinen Kalk enthält *).

Nach dem Zeugnisse dieser Schriftsteller kann man nicht umhin, die Existenz des ursprünglichen Kalks anzuerkennen; aber es ist klar, daß in allen diesen Fällen seine Entstehung nur den unterirdischen Feuern, durch die der Kalkstein kalzinirt worden, zuzuschreiben ist. Die Leichtigkeit mit welcher der Kalk in den Zustand eines kohlensauren Salzes übergeht, erlaubt ihm nicht, lange Zeit im Kalkzustande zu bleiben; er würde sich darin nur dann erhalten können, wenn er fortwährend vor der Luft geschützt, also entweder in Erdschichten eingewickelt, oder unter Wasser getaucht, bleiben könnte.

Wenn man sich reinen Kalk verschaffen will, nimmt man Kristalle kohlensauren Kalks, wäscht sie sorgfältig, und löst sie in destillirter Essigsäure auf; schlägt sie durch kohlensaures Ammonium nieder, und wäscht und kalzinirt den Niederschlag.

Da der Kalk in den Künsten sehr häufig gebraucht wird, indem er die Basis von fast allen unsern Mörteln ausmacht; so zieht man ihn im Großen aus den kohlensauren Kalken, die ihn enthalten, und hat darum diese Kalksteine oder kalkige Steine genannt.

Aber man kann nicht alle Arten der Kalksteine ohne Unterschied anwenden; die sehr abwechselnde Vermengung des Kalks mit

*) Die große Anziehung des reinen Kalks zur Kohlenstoffsäure, und die stete Gegenwart dieser Säure in der Natur, läßt mit Wahrscheinlichkeit vermuthen, daß jene Beobachtungen nicht als gegründet angenommen werden können. H.

mit andern Erdarten, die Porosität, die Schwere und die Farbe der Kalksteine bringen unendliche Verschiedenheiten hervor, die der Kalkbrenner kennen muß, um dadurch in der Wahl der Steine geleitet zu werden. In der Regel gibt man dem Kalksteine den Vorzug, der graubläulich aussieht, tönend und hart ist, im Bruche scharfe Winkel zeigt, und nach der Kalzination seine Gestalt, und fast seine ursprüngliche Härte behält. Bergmann hat bemerkt, daß fast alle Kalksteine, welche durch die Kalzination braun werden, Braunstein enthalten, und daß der daraus entstehende Kalk vortrefflich sey. Higgies hat angezeigt, der beste Kalk sey der, den man aus dem härtesten und dichtesten Steine bereitet, welcher in kleine Stücke zerschlagen, und so lange langsam erwärmt wird, bis daß der Stein nicht mehr aufbrauset.

Die Vermengungen mit Talkerde und Alaunerde schaden der guten Qualität des Kalks; indem die kalzinirte Talkerde mit dem Wasser und dem Sande sich zu keinem Körper bildet, und die durch die Kalzination sich verhärtende Alaunerde sich nicht mehr so zertheilt, um einen gehörigen Teig zu machen.

Die Kieselerde, welche die Eigenschaft hat, mit dem Kalke hart zu werden, wenn man ihre Vermengung durch Wasser befördert, kann sich von Natur in einem gehörigen Verhältnisse befinden, um die Materialien zu einem sehr guten Kitt zu bilden; Steine, an den Küsten von la Mancha, und in einigen Gegenden der Cevennen gesammelt, haben die erforderlichen Verhältnisse zu einem solchen natürlichen Kitt gezeigt.

Wenn man eine gute Qualität des Steines ausgesucht hat, so hat man nur zwey Methoden, die bey der Kunst ihn zu kalziniren gebräuchlich sind; die Natur des Brennmaterials, dessen man sich bedient, entscheidet über die Wahl der einen oder der andern.

1) Wenn die Kalzination des Steines mit Holz geschehen soll, so fängt man damit an, ein cylinderförmiges Stück, oder einen oben offenen Thurm von 10 bis 12 Fuß Höhe auf 6 bis 8 Fuß Breite aufzumauern, und bringt auf einem der Punkte des Umfangs der Basis eine Oeffnung an, um das Brennmaterial hineinzuschieben, und der Luft Zugang zu verschaffen. Dann baut man im Innern, und in einem vollen Bogen eine Wölbung an, in die man die dicksten Kalksteine hineinthut; in dieser Wölbung ladet man alle die Steine auf, welche man kalziniren will, und zündet das Feuer darunter an, die Flamme streicht durch die Zwischenräume, welche zwischen diesen Steinfragmenten bleiben, sie wickelt sie alle, beynahe gleichmäßig, ein, und das Feuer

wird

wird sodann unterhalten, bis daß man sieht, daß die Steine eine schöne rothe Farbe annehmen, daß das Feuer sie wie Kohlen durchdringe, und daß die Flamme sehr weiß wird.

2) Wenn die Kalzination mittelst Steinkohlen geschieht, bedient man sich eines Ofens in Gestalt eines umgekehrten Kegels, an dessen Spitze eine Seitenthüre angebracht ist, um den Eingang der Luft, und die Extraction des Kalks zu befördern. Man ladet in diesem Ofen wechselsweise Schichte von Steinkohlen und Steinen auf einander, und brennt die unterste Lage an, welche die über ihm befindliche von Steinen kalzinirt; so wie eine Lage von dem Brennmaterial verzehrt wird, zeigt sich von dem kalzinirten Steine an der Thüre, und zieht man dieß heraus; die Masse des Ofens senkt sich also nach und nach, und man thut dann sorgfältig neue Lagen von Kalksteinen und Steinkohlen hinzu, so daß der Ofen immer voll oder beladen bleibe, so daß der Ofen ununterbrochen, so lange als man es wünscht, versorgt werden kann.

Um Kalk von guter Qualität zu erhalten, ist nicht allein eine gute Wahl des Steines, dessen man sich bedient, vonnöthen, sondern die Steine müssen auch von einer mittlern Dicke, und ziemlich untereinander von gleichem Umfange seyn; ohnedieß kann der Brand auf allen Punkten nicht gleich seyn, und die Kalksteine können von außen verbrannt erscheinen, ohne von innen gar zu seyn; dieß geschieht oft, auch ist nichts gewöhnlicher, als daß aus den Gruben, in denen Kalk gelöscht wird, noch Steinkerne gezogen werden, deren bloße Hüllen sich im Wasser zertheilet. Noch muß der Prozeß des Brennens gehörig geleitet werden; denn wenn die Hitze zu sehr verlängert, und vorzüglich, wenn sie zu heftig wird, bringt man eine Fritte hervor, die dem Kalk nicht mehr gestattet, sich zu zertheilen; dieß nennt man sodann todgebrannten Kalk. Ist im Gegentheil die Hitze nicht stark genug, um alle Kohlensäure zu vertreiben, so behält der Stein im Bruche sein Körniges, und kann nicht gelöscht werden.

Außer dem gehörigen Grade von Feuer muß die Hitze noch in allen Theilen des Ofens gleich vertheilt seyn, damit der Brand überall egal, und zu gleicher Zeit beendiget werde.

Da, man mag auch noch so vorsichtig zu Werke gehen, die Hitze nahe an der Wölbung nothwendiger Weise stärker seyn muß, wenn man mit Holz heitzet; so gebraucht man die Vorsicht, die stärksten Steine dorthin zu legen, und die kleinen Stücke darauf zu werfen.

Der

Der Kalk wird für den besten gehalten, welcher im Wasser am leichtesten zergeht, und im Zergehn am meisten Wärme entwickelt; der den feinsten Staub gibt, und der sich in Weinessig auflöst, ohne Aufbrausen, und ohne ein Residuum zurückzulassen.

Die Eigenschaften, durch welche die Kalkerde von allen andern Erden sich unterscheidet, sind folgende:

Sie hat einen scharfen, brennenden Geschmack.

Ihr specifisches Gewicht beträgt 2,3 nach Herrn **Kirwan**, und 2,720 nach Bergmann.

Sie saugt das Wasser begierig und mit Gezische ein, erhitzt sich, raucht, zerspaltet sich, fällt in Staub zusammen, und nimmt einen beträchtlichen Umfang ein.

Sechshundert und achtzig Theile Wasser lösen einen Theil davon bey einer Temperatur von 60 Graden Fahrenheit auf. Herr **Kirwan** nennt diese Auflösung **Kalkwasser**. Die bloße Berührung der Luft schlägt sie in kurzer Zeit in ein unauflösliches kohlensaures Salz nieder.

Die Säuren lösen sie auf ohne Aufbrausen, aber mit Entwickelung von Wärme.

Nach **Lavoisier** ist sie am Feuerstrom des Sauerstoffgases unschmelzbar; Herr **Guyton** versichert, daß er einige davon auf einem Löffel von **Platina** zu einem Email von trüber, weißer Farbe reducirt habe.

Durch ihre Beymengung wird das Schmelzen der übrigen Erden befördert.

Achter Artikel.

Von der Baryterde.

Man findet die Baryterde in einer natürlichen Verbindung mit den Kohlen oder der Schwefelsäure. Sie bildet in diesem Zustande Steine von außerordentlicher Schwere, die fast immer aus aneinandergeschichteten, sehr zerreiblichen Platten bestehen.

Scheele und **Bergmann** haben zu rst vorgeschlagen, ein Gemenge von sieben Theilen schwefelsaurer Baryterde, und einem Theile Kohle in einem Tiegel zur Rothgluth zu kalziniren; sodann das Residuum in's Wasser zu werfen, zu filtriren, und Salzsäure in die Flüssigkeit zu gießen. Es bildet sich hiernach ein ansehnlicher Niederschlag, den man ausscheidet; indem man die Flüssigkeit filtrirt; das durch das Filtrum dringende Wasser

hält

hält die salzsaure Baryterde in Auflösung, und aus dieser schlägt man die Erde wieder durch kohlensaures Kali nieder; die bloße Kalzination reicht endlich hin, um die Kohlensäure aus dem Niederschlage zu verdrängen.

Hahnemann und Koch haben dargethan, daß man auf diese Weise nie reine Baryterde erhalte; aber ich habe mich überzeugt, daß man jedem Uebelstande, den dieß Verfahren mit sich bringt, vorbeugen kann, wenn man zwey oder drey Stunden hintereinander die Kalzination auf der Stufe der Rothgluth erhält; das Wasser löset sodann fast das ganze Residuum auf, das sich in dem Zustande eines kohlensauren Salzes darstellt, und sich, wenn es kalt wird, wie die Boraxsäure in blätterigen Kristallen niederschlägt.

Wiegleb räth, den Schwerspath (schwefelsaure Baryterde) mit Alkalien zum Rothglühen zu bringen; sein von Westrumb berichtigtes Verfahren besteht darin, daß man einen Theil reinen Schwerspoth, und wenigstens zwey Theile reines Kali nimmt, dann dieß Gemenge zerstößt, es in einen Tiegel thut, und es drey oder vier Stunden hindurch in einer kirschrothen Gluth erhält; dann läßt man abkalten, und läßt das Residuum mit Wasser aufsieden, um alles Auflösliche daraus zu scheiden; trocknet sodann den unauflöslichen Theil, und löst ihn in Salzsäure auf, filtrirt endlich die Auflösung, und evaporirt an einem langsamen Feuer bis zur Trockne. Dann wird wieder in Wasser aufgelöst, und filtrirt und evaporirt bis zum Häutchen, und man erhält ein schneeweißes Salz. Man schlägt sodann die Baryterde aus dieser salzsauren Auflösung durch ein Alkali nieder.

Da die Baryterde mehr Verwandtschaft zu der Salzsäure hat, als die andern Erden, so kann man sich dieser Eigenschaft bedienen, um diejenigen auszuscheiden, die etwa mit der Baryterde zugleich sich in jener Säure aufgelöst befinden können.

Herr Vauquelin hat eine Verfahrungsart gelehrt, mittelst deren man die reine Baryterde aus der salpetersauren bequem extrahiren kann. Man darf nämlich die salpetersaure Baryterde nur in einer Porzellainretorte der Wirkung des Feuers aussetzen; dieß Salz schmilzt, wallt auf, und gibt viel Sauerstoffgas und Stickgas von sich, ohne fast einen salpetrigen Dampf zu liefern. Sobald sich keine elastische Flüssigkeit mehr entbindet, findet man in der Retorte eine graue, feste Masse von scharfem, brennenden Geschmack, und dieß ist die reine Baryterde.

Das

Das specifische Gewicht dieser Erde beträgt über 4,0 nach Herrn Kirwan. Durch diese außerordentliche Schwere hat sie den Namen Baryterde (Schwererde von βαρυς, schwer), erhalten.

Die Baryterde, welche Lavoisier dem Feuer auf einem mit Sauerstoffgas geheitzten Heerde aussetzte, schmolz in einigen Secunden, dehnte sich aus, setzte sich an die Kohlen, und fing sodann an zu brennen, bis das Ganze verschwand. Diese Art des Verbrennens hat sie mit den metallischen Substanzen gemein, mit denen sie noch Aehnlichkeit hat durch ihre Schwere, durch die Adern, welche sie in den Metall enthaltenden Gebirgen bildet, welchen sie sehr oft zur Begleiterinn dient, und durch die Leichtigkeit, mit der sie am Tageslichte ihre Farben wechselt.

Die Herren Fourcroy und Vauquelin haben gesehen, daß sie am Blaserohr schmolz, aufwallte und Kügelchen bildete, die Kohlen durchdrangen.

An der Luft zerfällt sie, zertheilt sich, platzt mit Gewalt, schwillt an, erhitzt sich und wird weiß. Wasser löscht sie mit Schnelligkeit, und sie verschluckt 0,22 ihres Gewichtes von dieser Flüssigkeit und von Kohlensäure. Sie nimmt das Wasser so gierig in sich auf, daß sie sich mit Geräusch ergießt, sich bedeutend durch dasselbe erhitzt und durch dessen Zuthun eine solche Härte erlangt, daß sie eine Art von sehr haltbarem, an Glas fest anhängenden Kitt liefert. Ein wenig mehr Wasser verwandelt sie in ein weißes Pulver von großer Masse, und wenn man sie mit Wasser bedeckt, so löst sie sich mit einem bedeutenden Zischen darin auf und schießt sodann in Kristallen, durchsichtigen Nadeln ähnlich, an, die sich unter einander gruppiren.

Kaltes Wasser löst ein fünf und Zwanzigtheil seines Gewichtes davon auf; siedendes aber nimmt mehr als die Hälfte davon in sich, und bildet, wenn es kalt wird, einen Bodensatz von sehr schönen durchsichtigen Prismen, die an der Luft effloresciren und zu Pulver werden.

Die Baryterde wird durch die Kohlensäure schneller aus ihrer Auflösung niedergeschlagen, als selbst die Kalkerde.

Die Barytauflösung zersetzt Seifenwasser und salpetersaures Quecksilber, Bley und Silber.

Malven und Veilchenblau färbt sie mit einem starken Grün.

Die Sauerkleesäure, Citronensäure, Phosphorsäure, phosphorige Säure schlagen die Baryterde aus ihrer Auflösung nieder, aber dieser Niederschlag wird wieder aufgelöst, wenn man der Flüssigkeit eine dieser Säuren im Uebermaaße hinzuthut.

Die

Die reine Baryterde löst sich im Alkohol auf.

Sie verträgt sich mit dem Schwefel, wie Kali und Natron.

Ihre große Auflöslichkeit im Wasser und die Eigenschaft, leicht zu kristallisiren, unterscheiden sie von allen erdigen Stoffen.

Die Barysterde und ihre Verbindungen sind Gifte für die thierische Oekonomie. Die Herren Huzard und Biron haben Pferden salzsaure und kohlensaure Barsterde in Dosen von 2 Quentchen täglich eingegeben und diese Thiere starben plötzlich nachdem sie diese Mittel einige Tage gebraucht. Ein Hund, den Pelletier 25 Gran davon verschlucken ließ, bekam Erbrechen und starb nach acht Stunden.

Diese giftige Eigenschaft hat der kohlensauren Barsterde von Anglezart den Namen Rattengiftstein verschafft.

Crawfort bediente sich der salzsauren Barsterde bey scrophulösen Krankheiten mit Erfolg *).

Neunter Artikel.

Von der Strontionerde.

Die Strontionerde ist eine ursprüngliche Erde die nur erst seit dem 4ten November 1793 bekannt ist. Deren erste Kenntniß verdanken wir Herrn Hope, Professor der Chemie in Glasgow. Dieser Chemiker nannte sie zuerst Stronites. Nach ihm haben die Herren Klaproth, Blumenbach und Sulzer ihr die Benennung Strontionites gegeben. Pelletier, welcher uns schöne Versuche über diese Erde hinterlassen, nannte sie Strontionerde, weil der erste Ort wo sie gefunden wurde, Strontion in Cargyshire im östlichen Theile des nördlichen Schottlands ist, wo sie einer Ader in einem Bleyerzgange nachzieht. Es ist jedoch hierbey zu bemerken, daß die verschiedenen Namen, die wir eben mitgetheilt, dem Steine gegeben worden sind, der ein kohlensaures Salz ist, und daß wir ihn hier von der reinen und aus jeder Verbindung entbundenen Erde gebrauchen.

Noch hat man die kohlensaure Strontionerde zu Leadhills in Schottland gefunden.

Herr Vauquelin hat die Existenz der schwefelsauren Strontionerde in den Steinbrüchen von Montmartre erwiesen.

Herr

*) Auch Hufeland hat ihre arzneyliche Kraft bestätigt, sie ist aber größtentheils wieder außer Gebrauch gekommen. H.

Herr Lelièvre hat angezeigt, daß sie sich in den Lehmgruben von Bouvron, nahe bey Toul, im Meurthe-Departement finde.

Die Herren Guyton und Pelletier (auch Meyer in Stettin H.) haben ihr Daseyn in den Schwerspathen gezeigt.

Um die Strontionerde vollkommen rein zu erhalten, schlägt Pelletier vor, 10 Theile Kohlen mit 100 Theilen kohlensaurer Strontionerde zu mischen, dann bildet er, mittelst einem wenig Buchbinderkleister eine Kugel daraus, thut diese Kugel in einen ausgefülleten Tiegel und bedeckt diese mit Kohlen. Der bedeckte Tiegel wird dann, wenigstens eine Stunde hindurch, einem sehr starken Feuer ausgesetzt. Nach der Operation findet man keine Kohlensäure mehr und das Residuum wiegt dann nur 72,00 des ursprünglichen Gewichtes. Dieß Residuum löst sich in kochendem Wasser auf, und die Auflösung, wenn sie filtrirt wird, läßt bey dem Kaltwerden einen Bodensatz von Kristallen übrig, welche die reine Strontionerde sind. Auf gleiche Weise kann man die schwefelsaure Strontionerde bearbeiten, man scheidet nämlich die geschwefelte Erde, welche im Gemenge mit der Strontionerde bleibt, durch Waschen in warmem Wasser aus.

Die kohlensaure und die geschwefelte Strontionerde lassen sich in der Salpetersäure auflösen, die die Kohlensaure verdrängt. Die salpetersaure Strontionerde bildet achteckige Kristalle; man kann es durch Wärme zersetzen und so reine Strontionerde erhalten.

Die Salzverbindungen der Strontionerde geben dem Kerzenlichte eine schöne Purpurflamme, welche die Gegenwart dieser Erde überall, wo sie sich befindet, charakterisirt und anzeigt. Vorzüglich ist es die Auflösung der salzsauren Strontionerde in Alkohol, welche dieß Phänomen hervorbringt, und die Salze der Strontionerde von denen der Baryterde unterscheidet, die eine Flamme von einem bläulichen Weiß geben.

Die Strontionerde ist zehn Mal weniger auflöslich in Wasser, als die Baryterde; sie schmilzt nicht am Blaserohr, aber sie glänzt daran mit einer phosphorischen Flamme. Sie ist zugleich weniger scharf als die Baryterde.

Der Luft ausgesetzt, schwillt die reine Strontionerde an, erhitzt sich, und bemächtigt sich der Kohlensäure. Ihre Auflösung bedeckt sich an der Luft mit einem Häutchen von kohlensaurem Strontion, wie die Baryterde und die Kalkerde.

Zehnter Artikel.

Von dem Kali.

Das Kali, das Natron und das Ammonium bildeten bis jetzt eine Classe von Körpern, die die Chemiker Alkalien nannten, und die sie an folgenden Eigenschaften erkannten:

1) An einem scharfen, brennenden, ätzenden Geschmack.

2) An der Eigenschaft, die blaue Farbe der Veilchen der Schwerdlilien und der Malven grün zu färben; das durch einen leichten Aufguß von Curcuma gelb gefärbte Papier zu bräunen, die Säuren zu neutralisiren, und mehr oder minder auflösliche Salze mit ihnen zu bilden, sich durch Schmelzen mit der Kieselerde zu verbinden, Seifen mit den Oelen zu bilden u. s. w.

Aber die meisten der Erden, von denen wir bisher gehandelt, besitzen diese Eigenschaften, und wir können jetzt nicht mehr umhin, sie mit den Alkalien zu vereinigen; die Talkerde, die Kalk- Strontion- und Baryterden sind die, welche die meisten alkalischen Eigenschaften, vorzüglich die drey letzten vereint besitzen *).

Das Kali, dem man, unpassend genug, den Namen Pflanzenalkali gegeben, wird in der Asche aller Pflanzenkörper, und wie die Analyse gelehrt hat, auch in einigen Steinen gefunden. Herr Klaproth fand es in dem liparischen Bimsstein. Der ungarische Perlstein liefert dasselbe gleichfalls. Herr Vauquelin hat davon $\frac{18}{100}$ aus dem Lepidolith von Rohena **) in Mähren, und $\frac{16}{100}$ aus dem grünen siberischen Feldspath gezogen.

Die Lauge der Holzasche, wenn sie bis zur Trockne evaporirt wird, gibt ein alkalisches und schwärzliches Residuum, das man Salin nennt, und das, wenn man es nur kalzinirt, weiß wird, und im Handel den Namen Pottasche erhält.

Da dieß alkalische Salz eine der ersten Rollen in den Künsten spielt, und eines der hauptsächlich wirksamen Mittel in unsern Laboratorien ist; so werden wir in einige Details in Rücksicht seiner Fabrikation eingehen.

Alle Pflanzen, mit Ausnahme derer, welche in einem mit Meersalz angetränkten Boden wachsen, liefern Pottasche, aber nicht alle in gleicher Quantität.

Es

*) Daß die Kalk-, Baryt- und Strontionerde den Alkalien einverleibt werden müssen, bedarf wohl keines Beweises. Mit der Talkerde verhält es sich aber keinesweges eben so. H.

**) !!!

Es geben nämlich die Vegetabilien nicht allein die gleiche Quantität von Asche dem Gewicht nach, aber die daraus gewonnene Asche ist auch nicht gleich ergiebig an Pottasche.

Die Pflanzen welche nicht holzig werden, sind, unter den Vegetabilien, die, welche die meiste Asche geben; die Sträuche liefern deren mehr, als die Bäume; die Blätter mehr als die Zweige; die Zweige mehr als der Stamm.

Die Haut oder das Stielgewebe einiger Gemüse und Früchte, so wie die Stengel von Erbsen, von Sumpfbohnen, von Melonen, von Gurken, Kohl und Artischocken sind sehr reich an Pottasche.

Die Blätter und die erhabenen Adern des Tabaks, welche in den Tabaksfabriken bey dem Ausribben abfallen, die Stengel der Sonnenblumen, des türkischen Waitzens, der Erdäpfel geben gleichfalls reichliche Ausbeute.

Das Farrenkraut, das Heidekraut, die Früchte des indianischen Castanienbaums, das Pfriemenkraut und die Distel sind von großem Nutzen, um eine Werkstätte von Pottasche mit Vorrath zu versehen.

Die General-Regisseurs der Salpeter- und Pulveranstalten in Frankreich machten 1779 das Resultat einer großen Anzahl von Experimenten über das Produkt an Asche und Alkali bekannt, die sie aus den verschiedenen Vegetabilien erhalten, deren Verbrennung sie bewirkt, und wovon sie dann die Asche sorgfältig ausgelaugt hatten.

Herr Pertuis hat diese Untersuchungen auf einem ähnlichen Wege verfolgt, und uns mit dem Resultate seiner Arbeiten beschenkt.

Herr Kirwan hat eine Tabelle des Ertrages gegeben, den er an Asche und Alkali aus tausend Pfunden von jeder von ihm versuchten Pflanzengattung erhalten, und wir theilen diese hier mit, da sie denen nützlich werden kann, die Neigung haben, sich mit dieser Art von Speculationen zu beschäftigen.

Namen der Pflanzen.	Produkt an Asche.	Produkt an Alkali.
Türkische Waitzenstengel	88.00	17.05
Die große Sonnenblume	57.02	20.—
Weinreben	34.—	5.05
Buchsbaum	29.—	2.26
Weide	28.—	2.85
Rüster	23.05	3.09
Eiche	13.05	1.05

Esche

Namen der Pflanzen.	Produkt an Asche.	Produkt an Alkali.
Esche	12.02	0 74
Buche	5.08	1.27
Fichte	3.04	0.45
Farrenkraut vom August	36.46	4 25
Wermuth	79 44	73.—
Erdrauch	219.—	79.—

Aus den von den Regisseurs gemachten Versuchen geht aber hervor:

1) Daß alle Pottaschen aus verschiedenen Pflanzen, verschiedene Farben haben.

2) Daß die Quantität von Alkali mit der Quantität von Asche in den Pflanzen nicht verhältnißmäßig sey.

3) Daß die Asche sehr verschiedene Verhältnisse an Wasser erfordert, um erschöpft zu werden.

Namen der Pflanzen.	Quantität d. Pflanzen die zum Verbrennen erforderlich sind	Produkt an Asche.				Wasser, das b. Auslaugen gebraucht wird.	Produkt an Pottasche				Farbe der Pottasche.
	Pfund	Pf.	Unz	Q.	Gran	Pf	Pf	Unz.	Q.	Gr.	
Buchsbaum	800	23	0	0	0	216	1	12	6	24	glänz. bleyfarb
Eiche	915	12	0	5	0	124	1	6	4	12	gris de lin.
Buche	887	5	3	0	0	66	1	4	6	0	milchkaffefarb
Haagbuche	981	11	0	1	0	216	1	3	5	36	weißgrau
Ulme	1018	24	1	6	0	300	3	15	0	0	weingrau
Esche	648	8	1	5	0	120	0	7	6	0	dunkelschwarz
Fichte	730	2	7	7	0	80	3	7	0	0	schwarz, nicht sehr dunkel
Weide	80	22	12	5	36	200	2	5	1	18	zartes gris de lin.
Weinreben	800	27	0	4	36	276	4	10	4	0	grauweiß
Sonnenblum.	200	20	11	4	8	333	4	0	0	0	gelbl. milchweiß
Türk. Waitzen	440	39	0	0	0	612	7	12	1	56	aschfarb.

Besondere Versuche, welche ich im Departement der Vogesen, zu der Zeit als ich General-Administrator der Pulver- und Salpeteranstalten daselbst war, durch den in diesem Arrondissement angestellten Lehrer der Fabrikation der Pottasche machen ließ, haben mir folgende Resultate gegeben:

			Pfund	Unzen
10 Pfund	Pfriemenkrautasche	lieferten:	2	5
10 —	Heidekrautasche	—	1	12
10 —	Farrenkrautasche	—	3	5
10 —	Fichtenwurzelasche	—	2	9
10 —	Buchwaitzenstrohasche	—	4	3

Wenn

Wenn man Pottasche aus Feldpflanzen bereiten will, muß man sie sorgfältig zerschneiden und sammeln, damit die Erde nicht daran kleben bleibe, und das Alkali beschmutze.

Dann muß man sie in Häuflein zusammenlegen, und zwischen diesen Räume lassen, damit das Verbrennen an verschiedenen Punkten vor sich gehe, und an Handarbeit gespart werde.

Man muß mit dem Verbrennen nicht früher verfahren, als bis die Pflanzen trocken sind, sonst geht es schwer, langsam und unvollkommen vor sich.

Sobald man eine so große Quantität Pflanzen zusammen und aufgehäuft hat, als erforderlich ist, um das Verbrennen einige Zeit hindurch im Gange zu erhalten, so entzündet man sie unter folgenden Vorsichtsmaaßregeln:

Man wählt ein vor dem Winde geschütztes, und von allen menschlichen Wohnungen entferntes Local, in dessen Nähe sich auch keine Pflanzen befinden müssen, damit der Brand nicht um sich greife.

Auf diesen Heerd wirft man nach und nach alle zum Verbrennen bestimmte Pflanzen; achtet sorgfältig darauf, nur dann erst welche hinzuzuthun, wenn die, welche brennen, bereits in Asche verwandelt sind, und setzt mit einer Ofenkrücke die kohlige Materie auf dem Heerde so lange in Bewegung, hebt sie auf und dreht sie um, bis die Luft nach und nach alle Punkte bestreicht und eine vollständige Verwandlung in Asche zu Wege bringt.

Um zu verhindern, daß der Wind die Masse von Asche nicht zerstreue, oder bey dem Verbrennen keine Unordnung hervorbringe, hat man an einigen Orten die Gewohnheit, das Verbrennen in Gruben vorzunehmen, die man in die Erde gräbt; aber abgesehen davon, daß diese Verfahrungsart weniger ökonomisch ist, so ist sie auch langwieriger und unvollkommener; indem das Verbrennen darin gezwungen bleibt, und eine vollständige Verwandlung in Asche auf diesem Wege fast unmöglich ist.

Außer den unnützen Kräutern des Feldes, den Sträuchen, die gewisse Erdstriche aussaugen, den Pflanzen, die bey dem Ausjäten hervorkommen, den Zweigen, die bey dem Putzen der Bäume abfallen, bedient man sich der Asche von den gewöhnlichen Küchenheerden. Der Pottaschensieder bestimmt sich zur Anwendung des einen oder des andern dieser Mittel nach der Localität; in einigen Departements des nördlichen Frankreichs, wo die Wälder einen großen Theil des Bodens bedecken, machen fast alle Bewohner des platten Landes Pottasche: Weiber und Kinder lesen abgestorbenes Holz auf und verbrennen es; die daraus

aus entstehende Asche wird mit heißem Wasser ausgelaugt und in kleinen eisernen Töpfen die nur 100 Pfunde von dieser Flüssigkeit aufzunehmen eingerichtet sind, evaporiret. In unsern mittäglichen Departements dagegen, wo das Holz kaum zum häuslichen Gebrauche hinreicht, kauft man in Privathäusern die Asche auf, und verarbeitet sie, in zu diesem Zwecke zubereiteten Werkstätten.

Wenn man den Vorsatz hat einen Wald auszuroden; so ist die Errichtung einer Pottaschensiederey darin fast immer vortheilhaft; indem es das einzige Mittel ist, von allem dem dünnen Holze, das zu keinem andern Gebrauche tauglich ist, Nutzen zu ziehen; die ungeheure Quantität von Pottasche, die in Amerika fabricirt wird, hat keinen andern Ursprung. In Frankreich, wo das Brennmaterial in bey weitem weniger großen Maaße vorhanden ist, als in den Ländern in denen die Civilisation nicht so weit vorgerückt ist, und die folglich minder zahlreiche Fabriken haben, kennt man jetzt große Waldungen, deren Benutzung aus Mangel an Absatz unmöglich ist; in einigen von diesen hat man Werkstätten zur Bereitung der Pottasche angelegt, und man könnte dieß in noch vielen andern thun, vorausgesetzt, daß man ein so wachsames Auge auf die Benutzung habe, daß eine gute Reproduktion gewiß seyn muß.

Obgleich die Arbeit des Pottaschensieders in den verschiedenen Werkstätten sich nicht gleich ist; so beruhet der Unterschied doch nur in der Art die Asche auszulaugen und die Lauge zu verdicken.

Einige nehmen zum Auslaugen der Asche kaltes, andere, warmes Wasser; die ersteren gebrauchen viel Wasser, um die Asche zu erschöpfen, und dadurch allein werden die Evaporationen langwierig und kostspielig; die andern gelangen schneller dahin, geschwängertes Wasser zu erhalten; sie erschöpfen die Asche besser und liefern mehr Pottasche in einer gegebenen Zeit. Die erste Verfahrungsart erfordert mehr Handarbeit, mehr Fässer und mehr Zeit; bey der zweyten wird zwar ein wenig mehr an Brennmaterial gebraucht und setzt einen Kessel mehr voraus, um das Wasser der Laugen darin zu erwärmen; aber es kürzt die Operation ab. Der Pottaschensieder selbst muß übrigens die Vortheile und Nachtheile einer jeden Methode würdigen, und nach seinem besondern Interesse und seiner Lage zwischen ihnen wählen.

Uebrigens geschieht das Auslaugen der Asche wie das der Salpetererden; Kessel stehen aufgereiht in mehreren Reihen; man füllt sie mit Asche an, die man mit der größten Sorgfalt stampft;

stampft; indem man sie in dem Kessel zurechtlegt, damit sie von dem Wasser langsam und gleichmäßig durchdrungen werde. Man thut Wasser hinzu, bis sie oben aufschwimmt und läßt sie einige Stunden stehen, damit die Masse gut durchziehe und die Flüssigkeit sich mit Salz schwängere; dann läßt man sie durch ein Seihetuch laufen.

Da es nicht hinreichend ist, die Asche nur einmal mit Wasser aufzugießen, um ihr all ihr Alkali zu rauben; so hat man die Vorsicht, neues Wasser auf die bereits ausgelaugte Asche zu gießen, und gebraucht dieß nämliche Wasser zur Auslaugung neuer, oder wenig erschöpfter Asche, so daß man das Laugenwasser zu 12 oder 15 Graden des Baumé'schen Aerometers bringt.

Ich habe Werkstätten von Pottasche gesehen, in denen die Laugenkessel, jeder 2,500 Pfund enthielten. Dieser Umfang schien mir zu beträchtlich, und es ist schwer, darin eine vollkommene Auslaugung zu bewirken. Man kann diesem Uebelstande nur zum Theil abhelfen, wenn man die Asche befeuchtet, so wie man sie in den Kessel bringt.

Es gibt Pottaschensieder, die stehendes und oft gar faules Wasser zum Auslaugen der Asche gebrauchen. Kunkel behauptet, daß ein solches Wasser das doppelte an Kali gebe. Wenn man diese Beobachtung in gewissen Fällen für richtig annimmt; so kann man diese Vermehrung an Produkt nur der Quantität von Alkali zuschreiben, die in dem Wasser enthalten seyn kann.

Wenn man eine so große Quantität von Lauge zu 15 Graden zusammen hat, daß man nicht mehr fürchten darf, daß es zum Behuf der Evaporation daran mangeln könne; so schreitet man zur Extraction des darin gelösten Salzes.

Diese Operation geschieht in Kesseln, von gegossenem Eisen und runder Gestalt, und 3 bis 5 Fuß im Durchmesser auf 18 bis 20 Zoll Tiefe.

Mehrere von diesen Kesseln werden auf einen Heerd gestellt. In den nördlichen Departements stellt man drey, in andern, bis fünf zusammen.

Noch bringt man so nahe am Ofen, als möglich, ein Reservoir an, das groß und hoch genug ist, um unaufhörlich frische Lauge liefern, und den Verlust an Wasser, der durch die Evaporation hervorgebracht wird, ersetzen zu können.

Man füllt alle Kessel mit einer gekochten Lauge an, und bringt diese zum Aufwallen. Dann gießt man, so wie die Evaporation geschieht, neues Wasser zu, und unterhält den Zustand des Aufwallens Tag und Nacht hindurch.

Wenn

Wenn die Flüssigkeit anfängt, die Consistenz von Honig zu bekommen, so läßt man sie in den am besten erwärmten Kessel laufen; und in diesem beendiget man die Evaporation, während man fortfährt, neues Laugenwasser in den andern zu evaporiren und zu verdichten.

Wenn die Materie verdickt, und zu der Consistenz gekommen ist, von der wir reden, so schwillt sie leicht an, gerinnt und bildet eine Kruste an den Wänden des Kessels. Um diesem Uebel vorzubeugen, bewegt und rührt man sie oft mit eisernen Spateln um.

Man erkennt es, ob die Pottasche gehörig trocken ist, daran, daß wenn dieß der Fall ist, die Materie unter dem Instrumente mit dem man sie umrührt, beweglich wird, und an der Luft durch das bloße Kaltwerden Consistenz gewinnt. In diesem Zustande gießt man sie in Fässer, in denen sie sich schnell ansetzt, und in denen man sie aus der Werkstätte trägt, um sie unter dem Namen Pottasche dem Handel zu überliefern.

In mehrern Werkstätten fängt man die Evaporation in kupfernen Kesseln an, und beendiget sie in eisernen. Diese Methode hat den Vorzug, daß man sich dabey Evaporationsgefäße von größerm Umfang bedienen kann, und ist hauptsächlich anwendbar in denen Etablissements, die von Eisenschmelzhütten sehr entfernt sind *).

Die ausgelaugte Asche ist noch von einem bedeutenden Nutzen in den Künsten, wo sie unter dem Namen Ascherade bekannt ist.

1) Kann man sich ihrer bey der Komposition des schwarzen und grünen Glases bedienen; ein Gemenge von ausgelaugter Asche, und ungefähr gleichen Theilen von einem vulkanischen durch Wasser angeschwemmten Sande, und aus einem Drittheil quarzhaltigen Sande, und zwey Drittheil vulkanischer Produkte zusammengesetzt, wird seit langer Zeit in einer der sehenswerthesten Hütten von schwarzem Glase, die mir vorgekommen ist, angewendet.

2) Die Ascherade ist ein treffliches Düngungsmittel für feuchte Wiesen **).

3) Be-

*) Beym Abdunsten in kupfernen Gefäßen wird die Lauge alle Mal mit Kupfer verunreiniget. Besser ist es sich guter Pfannen von Eisenblech zu bedienen, die 20 Fuß im Quadrat, und 16 Zoll tief sind, wodurch die Abdunstung sehr erleichtert wird. H.

**) Noch mehr wirkt sie bey sauren Wiesen, weil sie die Säure einsaugt, und den Humus auflöslich macht. H.

3) Bereitet man daraus Kapellen zur Scheidung von Gold und Silber aus ihrer Versetzung mit Bley.

In den meisten Etablissements, zur Bereitung der Pottasche, herrscht ein schwer zu vertilgendes Vorurtheil; man behauptet nämlich, daß die alte Asche mehr Alkali liefere als die neue, und bedient sich ihrer vorzugsweise, wenn nämlich die Umstände des Pottaschensieders ihm erlauben, Vorräthe davon anzuschaffen.

Ich selbst habe gesehen, daß diese Meynung bis zu einem gewissen Grade richtig ist, nicht als ob sich mit der Zeit Alkali erzeuge; aber weil dieß Salz in den Zustand eines kohlensauren übergeht, und durch diesen Umstand allein an Gewicht und Masse zunimmt; dann scheint in Wahrheit das Alkali in größerm Maaße vorhanden zu seyn; aber es ist auch weniger rein.

Man sieht es noch in einigen Werkstätten, daß man zu einem zweyten Auslaugen der Asche schreitet; nachdem man sie einige Zeit hindurch der Luft ausgesetzt, aber das zweyte Produkt würde null seyn, wäre die erste Auslaugung vollkommen gewesen.

Die am meisten im Handel geschätzte Pottasche ist die, welche eine gelbliche Farbe hat.

Die Qualität derselben ist verschieden, nicht allein durch die Natur der Pflanzen, sondern auch selbst nach dem Clima. Die Salze, welche sich fast immer im Gemenge darin befinden, sind salzsaure und vorzüglich schwefelsaure.

Die Pottasche ist sehr auflöslich in Wasser. Wenn sie rein ist, zieht sie die Feuchtigkeit der Luft an, und löst sich in Wasser auf. Sie hat einen pikanten, scharfen, urinartigen Geschmack, und riecht ein wenig brandig.

Obgleich sie von einem großen Nutzen in den Künsten ist, und fast auf allen Punkten des Landes verfertigt werden könnte, um die Asche unserer Heerde, die unnützen Pflanzen, oder die Bäume aus den Waldungen die nicht zu nutzen sind, dadurch zu consumiren; so gibt es doch nur einige Departements, in denen diese Art der Industrie bekannt ist; ich habe versucht, diese Kunst in den Wäldern der Lozere und des Aveyron bekannt zu machen, und zu dem Ende ein Etablissement dieser Art zu St. Sauveur nahe bey Meyrueis angesetzt; dieß Etablissement hat auch sechs Jahre hindurch sein Fortkommen gehabt, ist aber dann durch die Revolution aufgelöst worden. Ich wünsche, daß es wieder hergestellt werden möchte, weil ich wenige Gegenden kenne, die zu dieser Art von Benutzung passender wären.

Es

Es scheint mir, als ob das französische Gouvernement, daß immer noch vom Auslande in Hinsicht eines Salzes abhängig ist, das die Basis der Siedereyen von schwarzer Seife, in den Glashütten, und bey der Salpeterfabrikation macht, diese Art von Gewerbe zu popularisiren suchen sollte. Ich sage popularisiren; denn da die Materialien zu dieser Fabrikation überall vorhanden sind, so bedarf es nur eines einfachen Kübels, einer kleinen Wanne und eines Kessels von Gußeisen, um Pottasche zu bereiten. Diese portative Werkstätte kann überall und mit wenigen Kosten angelegt werden, und es würde vorzüglich vortheilhaft seyn, sie in den Berggegenden bekannt zu machen, wo sie zu einem sehr nützlichen Zweige der Industrie für die Einwohner werden könnte.

Wenn das Salz durch die Kalzination eine weiße Farbe angenommen, so führt es den Namen Pottasche; diese Operation ist jederzeit dann nothwendig, wenn man sich des Alkalis bey Arbeiten bedienen muß, wo der Färbestoff schädlich werden kann, wie in der Färberey, bey'm Raffiniren des Salpeters, dem Einsalzen des Fleisches, der Alaunfabrikation.

Der Ofen, in welchem diese Kalzination geschieht, ist eine Art von Reverberirofen, dessen eingedrückte Wölbung nicht mehr als 14 Zoll in ihrem Mittel über seine Grundfläche hat. Er hat in der Regel 10 bis 11 Fuß Länge, und 6 bis 8 Fuß Breite. Der Heerd ist an einem der Enden angebracht, und einige Zolle unterhalb der Horizontallinie der Grundfläche. Der Rauchfang befindet sich an dem andern äußern Ende, und man macht zwey Oeffnungen an den Seiten, theils um die Pottasche hineinzuschieben, und sie während der Kalzination in Bewegung zu setzen; theils um die fertige Pottasche herauszuziehen.

In Deutschland gebraucht man Oefen von 6 Fuß im Quadrat, die in drey Abtheilungen getheilt sind, von denen die an den Seiten zum Heerde dienen, während die in der Mitte dazu bestimmt ist, die Pottasche aufzufangen. Eine Platte gegossenes Eisen, oder eine kleine Mauer von Ziegeln von 3 Zollen Dicke auf 7 Höhe auf der Grundfläche aufgeführt, macht die Scheidungen derselben. Es bleibt ein leerer Raum von 4 bis 5 Zollen zwischen dieser Scheidung und der Wölbung des Ofens, durch die die Flamme von dem Heerde in das Ofenloch steigt; jede dieser Kammern hat eine Thür, um die Operationen im Innern des Ofens zu erleichtern, die des Ofenlochs ist größer, als die beyden Seitenthüren an den Heerden.

Wie auch die Gestalt des Ofens sey, so geschieht die Kalzination darin immer auf eine gleiche Weise. Man fängt damit

an,

an, den Ofen so stark zu heitzen, bis die Wölbung weiß vor Gluth wird; dann reinigt man das Ofenloch, und thut vier oder fünfhundert Pfund Pottasche hinein. Von Zeit zu Zeit rührt man die Materie mittelst einer eisernen Schaufel, Ofenkrücken oder Spieße von dem nämlichen Metalle um; und wenn sie anfängt, teigartig zu werden, und keine schwarze Flecken mehr darin sind, nimmt man sie heraus. So wie man den Ofen leer macht, füllt ihn ein andrer Arbeiter mit neuer Pottasche an, so daß die Arbeit niemals unterbrochen wird; jede Operation dauert sechs Stunden.

Die Phänomene bey der Kalzination der Pottasche sind verschieden nach der Natur und dem Grade der Consistenz desselben. Wenn es salzsaures Natron oder schwefelsaures Kali enthält, so hört man ein fortwährendes Verpuffen, das nicht eher aufhört, als bis diese Salze ihr Kristallisationswasser verlieren. Wenn die Pottasche zu feucht ist, so löst sie sich beym ersten Eindruck des Feuers in der Flüssigkeit auf; in diesem letztern Falle bildet sie von dem Augenblicke an, wo das übermäßige Wasser sich zerstreut hat, nur noch eine sehr fest in einander verbundene Kruste, die man zerbrechen und aufheben muß, um ihre Kalzination zu erleichtern; es ist gut hierbey zu beobachten, daß, wenn die Pottasche alle ihr Wasser verloren hat, sie in dem nämlichen Augenblicke sich entzündet, und der Färbe- und Extractivstoff sich verzehren. Dann ist es Zeit sie umzuwenden, zu bewegen und ihre Stelle zu verändern, damit die Kalzination egal werde; so auch das Feuer so zu ermäßigen, daß sie nur in einem dunkeln Rothglühen bleibe. Ohne diese Vorsicht wird ein Anfang von Verglasung hervorgebracht, der das Kali schwer macht, und in einen solchen Zustand bringt, daß es sich in Wasser nur wenig auflöst.

Wenn die Operation gehörig vor sich gegangen ist, so ist das Kali leicht und zeigt blaue und weiße und zuweilen grüne Flecken. Es hat einen scharfen und ätzenden Geschmack, verwandelt sich an der Luft in einen Teig und löst sich mit Leichtigkeit in Wasser auf.

Das Kali enthält immer mehr oder weniger Neutralsalze und andre fremdartige Materien. Bey seinem Bruche muß es eine weiße Oberfläche zeigen, aus welcher man sehen kann, daß die Kalzination gehörig geschehen.

Es muß an der Luft weich werden. Wenn es trocken und dicht bleibt; so ist dieß ein Beweis, entweder davon, daß es zu viele Salze enthält, oder daß es zu stark kalzinirt ist.

Der Abfall der Pottasche bey der Kalzination beträgt 10 bis 25 Procent.

Sobald das Kali aus dem Ofenloche kommt; thut man es in Tonnen, um es in den Handel zu geben.

Fast alle Pottasche des nördlichen Europa wird von Danzig ausgeführt, wovon sie auch den Namen führt. Die, welche aus Amerika kommt, wird amerikanische Pottasche genannt *).

Da die Arten der Pottasche sehr von einander abweichen und sie in verschiedenen Graden von Güte vorkommen; so würde ein leichtes Reinigungsmittel derselben für den Manufacturisten sehr vortheilhaft seyn; nicht allein um eine sichere Basis zu haben, wonach er sich bey deren Einkauf richten könne; aber noch, um für seine Operationen eine wohl bekannte und in immer gleicher Kraft sich bewährende Substanz zu gewinnen. Wir werden über diesen Gegenstand alles das anführen, wovon wir glauben daß es leicht auszuführen und für den Künstler und Manufacturisten von Nutzen sey.

Wenn man die Quantität reinen Alkali's kennen lernen will, die ein gegebenes Gewicht an Pottasche enthält; so ist es nicht hinreichend, die Pottasche die man probiren will, in einer gehörigen Quantität von Wasser aufzulösen und den Schluß zu ziehen, daß das Alkali darin in um so viel reichlicherem Maaße vorhanden ist, als das Wasser an Dichtigkeit zunimmt; denn Herr Vauquelin hat beobachtet, daß das Wasser eine größere Dichtigkeit durch die wenig mit Alkali geschwängerte Pottasche gewinnt, als durch eine daran reichere.

Herr Vauquelin hat vorgeschlagen, sich der Salpetersäure zum Probiren der Pottasche zu bedienen; zu diesem Zwecke fängt man mit Bestimmung der Quantität reinen Alkali's an, die sich in einem bekannten Gewichte von Salpetersäure auflösen läßt. Dann nimmt man eine hinreichende Dosis Säure vom nämlichen Grade, um alles in einer gegebenen Quantität Pottasche enthaltene Alkali zu sättigen, und man schließt auf die vorhandene Quantität von Alkali von der zu seiner Sättigung nöthigen Säure. Anstatt der Salpetersäure kann man sich auch der Salz- oder Essigsäure bedienen, und welche der drey Säuren man anwende, wird man das gewünschte Resultat erhalten.

Um sodann, nachdem man das Alkali durch Salpetersäure gesättiget, die Verhältnisse des schwefelsauren und salzsauren Kali's zu bestimmen, bedient man sich der salpetersauren Baryt-erde

*) Die Danziger Asche, als Wardasche, Ochras u. s. w. ist keine wahre Pottasche, sie besteht vielmehr bloß aus mit Aschenlauge getränkter und kalzinirter Holzasche. In Deutschland gebraucht man mehr die Russische und die amerikanische Pottasche. H.

erde zur Zersetzung des schwefelsauren Salzes: die erhaltenen Quantitäten an niedergeschlagener schwefelsaurer Baryterde entsprechen ungefähr der Hälfte ihres Gewichtes an schwefelsaurem Kali und 28 Hunderttheilen des in diesem letztern enthaltenen Kali's. Salpetersaures Silber zersetzt die salzsauren Salze und gibt gleichermaßen deren Verhältnisse zu erkennen.

Durch ähnliche Verfahrungsarten hat Herr Vauquelin die sechs im Handel bekanntesten Arten von Kali untersucht. Wir theilen hier das Resultat seiner Analyse mit, die er mit 1152 Theilen von jeder Art machte.

Namen der Pottaschen.	Quantität des wirkl. Kali's.	Schwefelsaures Kali.	Salzsaures Kali.	Unauflösliches Residuum.	Kohlensäure und Wasser.
Russische Pottasche	772	65	5	56	254
Amerikanische Pottasche	857	154	20	2	119
Perlasche	754	80	4	6	308
Triersche Pottasche	573	165	44	24	199
Danziger Pottasche	603	152	14	79	304
Pottasche aus den Vogesen	444	148	510	34	304

Herr Welter hat eine neue Art vorgeschlagen die Pottaschen zu probiren, welche mit dem Vorzuge der Genauigkeit den der Einfachheit verbindet. Man nimmt ein Maaß voll aufgelöseter Pottasche die man in einen Bocal gießt und füllt sodann das nämliche Maaß mit Schwefelsäure an, die man immer von einerley Grad gebraucht, um vergleichbare Resultate bey den Versuchen mit den verschiedenen Pottaschen zu erhalten. Man gießt dieß Maaß voll mit dem Maaße alkalischer Auflösung zusammen und rührt mit dem Glasstäbchen um: sodann berührt man Lackmuspapier mit der Spitze des Stäbchens und macht damit einen Strich darauf; oder besser noch, man taucht einen Streifen von diesem Papier in die Flüssigkeit. Wird diese nicht roth; so gießt man auf die erste Mischung ein Maaß Probirsäure, rührt um und macht den Versuch mit dem Papiere auf die vorhergehende Weise. Wird das Papier wieder nicht roth; so gießt man zu dem Aufguß noch eine neue Quantität Säure hinzu, und fährt damit fort, bis daß das Papier roth wird. Es ist klar, daß, um so viel mehr das Maaß von Alkali an Säure nöthig hat, um desto mehr alkalischer Stoff darin vorhanden ist, und daß die Güte des Kali's und des Natrons nach den respectiven Quantitäten von Säure, die sie verschlucken, genau bestimmt werden kann.

Es ist unnütz, zu bemerken, daß um positive Angaben zu erhalten, man die Versuche mit Auflösungen anstellen müsse, die

im

im Großen zubereitet worden und eben so immer mit den nämlichen Gewichten von Alkali und der nämlichen Anzahl an Maaßen Wassers.

Damit die Säure, deren man sich zu den Versuchen bedient, immer gleich sey; so bereitet man davon auf mehrere Jahre und bewahrt sie in Flaschen auf.

Herr Welter löset die Pottaschen auf, indem er sie auf der Oberfläche des Wassers in einem eisernen, mit einer großen Anzahl von Löchern versehenen oder aus starken eisernen Fäden gemachten Gefäße schwebend erhält, die Lauge wird dann nicht eher versucht, als bis die Auflösung vollständig erfolgt ist, nachdem die Flüssigkeit gehörig umgerührt worden.

Die Asche, welche aus dem Verbrennen der Weinhefen entsteht, bildet ein Alkali, das im Handel unter dem Namen Weinrebenasche bekannt ist.

Diese Fabrikation befand sich bis jetzt fast ausschließlich in den Händen einer kleinen Zahl von Individuen, die sich, ihrer Lage nach glücklicherweise, in der Nähe einer großen Weinproduktion befanden. So habe ich in dem ganzen mittäglichen Frankreich nur eine einzige Fabrik von Weinrebenasche gekannt, und zwar in dem Hafen Cette, dem Orte, der fast für alle Weine dieser mittäglichen Gegenden zur Niederlage dient und von dem sie ausgeführt werden.

Um das Verbrennen der Weinhefen zu bewirken, muß man sie vorher gehörig trocken werden lassen: diese erste Operation geschieht entweder durch einen sehr starken Druck auf die Masse, oder bloß dadurch, daß man sie in passenden Gefäßen der Sonne und der Luft aussetzt. Wenn man die erste Methode anwendet; so verwandelt man den Saft, welchen man durch das Ausdrucken erhält, in Weinessig, oder destillirt ihn, um den Branntewein daraus zu ziehen, und wenn die Hefen so recht trocken geworden; so formt man sie in Brote, um ihr Verbrennen zu erleichtern.

Die Hefen, die rein im Bruch sind und dabey ein Geknister hören lassen, können in diesem Zustande verbrannt werden; oft ist man genöthigt, um sie zu diesem Grade von Trockenheit zu bringen, sich der künstlichen Ofenwärme zu bedienen.

Das Verbrennen selbst geschieht auf vielfache Weise. An einigen Orten bedient man sich eines runden Ofens von 5 bis 6 Fuß im Durchmesser, den man aus trockenen Steinen erbauet, so wie das Verbrennen vor sich geht und der Umfang sich mit dem Residuum anfüllt; an andern ist es ein fester Ofen, der

den

den Zug durch eine im Boden angebrachte Thüre hat. In diesen beyden Fällen muß man damit anfangen den Ofen mit Bündeln von Rebenholz oder einem ähnlichen leichten Brennmateriale zu heitzen. Sodann wirft man stark abgetrocknete Hefen hinein, läßt sie, sobald sie sich entzünden, fortbrennen, ohne sie zu bewegen und nährt das Feuer, indem man neue Hefenbrote darauf wirft, so daß es so lange fortdauert, bis der Ofen sich mit dem porösen Residuo des Verbrennens angefüllt befindet. Dieß Residuum bildet eine leichte, schwammige Masse, die leicht zerbricht, und die durch das Kaltwerden im Ofen eine grünliche, mit blau vermischte Farbe annimmt.

Damit die Weinrebenasche alle die Eigenschaften erlange, die in den Künsten an ihr erkannt werden, muß das Verbrennen vollständig vor sich gehn; ist es nur unvollkommen, so färbt sie das Wasser gelb und Indigogrün, welches dann nicht mehr erlaubt, sie zur Auflösung dieser Substanz zu gebrauchen.

Aus Weinhefen erhielt ich immer nur ein Fünfundzwanzigtheil an guter Pottasche.

Dieß Alkali gibt auf der Zunge einen lebhaften, etwas brennenden Geschmack, und läßt sich fast vollständig in Wasser auflösen. Im Bruch muß sich kein schwarzer Punkt daran zeigen, und wenn man, bey dem Herausziehn der Asche aus dem Ofen, schwarze Flecke, oder schlecht gebrannte Theile bemerkt, so scheidet man sie sorgfältig aus, um sie zum zweyten Male zu brennen.

Die Weinrebenasche ist im Handel in dem Rufe als das reinste, und am wenigsten mit Verschiedenheit seiner Eigenschaften vorkommende Alkali; auch bedient man sich ihrer Vorzugsweise zu gewissen delikaten Operationen, so wie zum Auflösen des Indigos, und zu einigen Farbenkompositionen. Die Analyse hat mich gelehrt, daß in der mit der allergrößten Sorgfalt bereiteten Weinrebenasche nur ein Sechzehntheil unauflöslicher Materie enthalten sey, die aus der Mischung von einem Viertheil schwefelsauren Kali, und dreyer Viertheile erdiger Stoffe und Salze, so wie kohlensaurer Kalk, Magnesia, und ein wenig Alaun gebildet wird.

Scheele hat bewiesen, daß die Farbe, welche die Alkalien durch die Kalzination annähmen, einem wenig Braunstein zuzuschreiben sey.

Die andern Theile des Weinstocks, so wie die Kämme und die ausgepreßten Trestern, die Ueberbleibsel der Weindestillation, welche unter dem Namen Trestern bekannt sind der

Wein-

Weinsteinansatz an den Wänden der Tonnen sind noch Gegenstände von großer Wichtigkeit, um Alkalien daraus zu ziehen.

Die Weintraubenkämme, deren man sich sonst zur Fabrikation des Grünspans in dem mittäglichen Frankreich bediente, werden jetzt überall zu nichts mehr gebraucht, sondern fast immer nur weggeworfen, wenn man den Wein abbeert. Doch kann man sie mit Vortheil verbrennen, und die Lauge ihrer Asche bringt ein Viertheil guten Alkalis hervor.

Das Traubenmark ist reicher an Alkali als die Kämme. Es ist anerkannt, daß das Verbrennen desselben eine größere Quantität davon ergibt. Wenn man es unter der Kelterpresse herauszieht, muß man es an die freye Luft bringen, und es oft bewegen, um es zu trocknen. Man kann es in gewöhnlichen Oefen brennen, und zugleich von der Wärme und der Asche Nutzen ziehn, die das Verbrennen hervorbringt.

Man muß die Vorsicht haben, das Mark nicht gähren zu lassen, bevor es trocknet; denn ich habe bemerkt, daß in diesem Falle es nicht allein minder gut brennet, sondern daß es auch weniger Alkali gibt.

In der Regel liefert das Traubenmark ein Fünfundzwanzigtheil Alkali.

In den zahlreichen Branntweinbrennereyen wirft man das, was, wenn man den Wein, aus dem man den entzündlichen und geistigen Stoff zieht, gehörig verdichtet hat, im Kessel zurück bleibt, und Phlegma (vinasse) genannt wird, weg. Dieß Residuum, wenn es in einem Kübel der Luft ausgesetzt wird, läßt Weinstein und Hefen niederschlagen; und wenn man es durch Evaporation zum Trocknen bringt, so gibt es bey dem Verbrennen Alkali.

Noch zieht man ein sehr reines Alkali aus dem Verbrennen des Weinsteins.

Der Weinstein setzt sich an den Wänden der Tonnen an, in denen Wein stehet, welcher solchen in größerm oder geringerem Maaße enthält.

Die Farbe dieses Salzes ist verschieden, je nachdem der Wein roth oder weiß ist.

Dieß Salz ist nicht sehr auflöslich in kaltem Wasser, in warmem löst es sich in größerer Quantität auf.

Wenn es von seinem Färbestoffe befreyet wird, bildet es Weinsteinrahm.

Es

Es gibt Länder, wo die Fabrikation des Weinsteinrahms nicht bekannt ist, und daher diese Materie fast gar keinen Werth hat. Man verkauft ihn dort nur in sehr geringen Quantitäten Färbern, Apothekern und Gießern.

Wenn der Ackerbauer davon unterrichtet seyn wird, daß sich aus dem Verbrennen des Weinsteins ein vortreffliches Alkali ziehen läßt, so ist es wahrscheinlich, daß er einen vortheilhaften Zweig der Industrie nicht von sich stoßen wird.

Die Chemiker rathen alle, den Weinstein zu stoßen, ihn in Papiertuten zu füllen, diese Tuten naß zu machen, und sie auf einen Heerd, mitten unter glühende Kohlen, zu legen, um das Verbrennen zu bewirken. Die Kohle des Weinsteins behält die Tutenform, und man kann sie nach der Operation in diesem Zustande wieder hervorziehen.

Diese Procedur ist allerdings zweckmäßig, um zum Gebrauch einer Apotheke einige kleine Quantitäten von Weinsteinsalz zu bereiten; wenn man jedoch die Absicht hat, im Großen zu arbeiten, so muß man nach einer ähnlichen Methode verfahren, als die ist, welche wir wir bey Gelegenheit der Bereitung der Griesasche geschildert haben.

Der Weinstein liefert beynahe das Viertheil seines Gewichts an Asche.

Die Apotheker laugen den Weinstein aus, sie filtriren und evaporiren die Auflösung, und erhalten dann ein weißes und reines Salz, das unter dem Namen *Weinsteinsalz* bekannt ist.

Wir werden uns mit den Mitteln beschäftigen, das Kali zum höchsten Grade von Reinigkeit zu bringen, wenn wir zuvor vom Natron gehandelt; indem die in ähnlichen Fällen übliche Verfahrungsarten beyden Alkalien gemein sind.

Zwölfter Artikel.

Natron.

Das Natron nähert sich dem Kali durch die Eigenschaften, die die Alkalien charakterisiren, aber es ist darin wesentlich davon verschieden, daß es mit den nämlichen Basen nicht die nämlichen Produkte bildet, und sich ganz anders zur Luft, zum Wasser, zum Geschmack verhält.

Dieß Alkali ist noch *Mineralalkali* genannt worden, weil, da man es hauptsächlich aus der Verbrennung von Meerpflanzen zog, man es als ein Resultat der Zersetzung des Meersalzes betrachtete.

Die

Die Analyse einiger Steine hat die Existenz des Natrons in mehreren mineralischen Substanzen bewiesen.

Herr Klaproth fand 1,75 Natron in der Analyse des Meißenschen Pechsteins. Der Liparische Stein lieferte ihm 3 Procent davon.

Der Doctor Kennedy fand es bey der Analyse der Basalte, auf denen das Edinburger Schloß steht.

Fast alles Natron des Handels ist das Produkt des Verbrennens von Seepflanzen. Die Qualität desselben ist verschieden nach der Natur der Pflanzen und des Clima's. Die Namen, die man ihm im Handel beygelegt hat, sind in der Regel von den Pflanzen oder den Ländern hergenommen, aus denen es gezogen wird. Wir werden die Hauptgattungen desselben kennen lehren, weil von jeder ein Gebrauch zu machen ist, der sich schwer mit einem andern vertauschen läßt, oder weil man nicht eine durch die andre ersetzen kann, bevor man nicht verderbliche Versuche und Betastungen damit vorgenommen, oder weil die fremdartigen Materien, welche mit einigen Arten desselben verbunden sind, sie zu mehreren Operationen untauglich machen.

Die Arten des Natrons, welche aus Spanien zu uns kommen, sind die geschätztesten; sie heißen Natron von Alicante, Natron von Carthagena und Natron von Malaga.

Das Alicantische Natron ist noch bekannt unter dem Namen Barille, dem Namen der Pflanze, aus der es gezogen wird.

Der berühmte Linné hat die Barille folgendergestalt charakterisirt: Salsola vermiculata, frutescens, foliis ovatis, acutis, carnosis. Diese Pflanze wird sorgfältig an den Küsten des spanischen Mittelländischen Meeres gebaut, man säet und schneidet sie alljährlich; man verbrennt sie in Höhlen von etwa 3 Fuß Tiefe und 4 Fuß Breite, die man an freyer Luft in einem trockenen Boden anbringt, man unterhält das Verbrennen darin mehrere Tage hindurch, und es bleibt sodann ein harter, dichter, fast glasiger Rückstand, den man in große Stücke zerbricht, um den Transport zu erleichtern; diese Stücke aber schlägt man in Binsenmatten ein, und macht Ballen von 4 bis 500 Pfund daraus.

Die Natronsteine, welche schwarz von außen und graulich von innen aussehn, zerbrechen in Splitter, wenn man mit harten Körpern darauf schlägt; es zeigen sich an diesen lebhafte und schneidende Winkel; im Bruche sieht man auch die nämlichen Blasen, wie in der porösen Lava, der sie in der Farbe nahe kommt. Ihr Geschmack ist alkalisch, ohne pikant zu seyn.

 Durch

Durch das Reiben entwickelt sich ein starker Geruch von Schwefel-Wasserstoffgas daraus.

Die Analyse des spanischen Natrons, welche Herr Kirwan gemacht hat, gab folgende Produkte:

Kohlensäure	960.
Kohle	861—82.
Kalk	542—86.
Magnesia	127.
Alaunerde	131—23.
Kieselerde	249—58.
Natron	1219.
Schwefelsaures Natron	125.
Salzsaures Natron	70.
Wasser	1453—51.
Angesetzte Erde	20.

Meine Analysen ergaben mir nicht das nämliche Resultat in Rücksicht der Verhältnisse; diese Verschiedenheit rührt ohne Zweifel aus der großen Verschiedenartigkeit der Natur des Natrons her; ich habe mich bey meinen Versuchen übrigens des alicantischen Natrons, das vorzugsweise unter dem Namen Barille bekannt ist, bedient.

Hundert Theile sorgfältig gestoßener Barille, die mit ihrem vierfachen Gewicht an reinem Wasser behandelt und dann filtrirt wurden, lieferten bey einer ersten, auf 38 Grad gebrachten Evaporation 15,00 an kristallisirtem Natron, 17,05 salzsaures Natron und 5,00 schwefelsaures Salz; die Mutterlaugen, mit dem Wasser zusammengemengt, das zur Erschöpfung des Rückstandes dieser salzigen Substanz gedient, und dann durch Evaporation verdichtet worden, gaben 35,00 kristallisirtes Natron, ohne Beymischung von salzsaurem Salze. Die Kristalle des Natrons verloren bey dem Trocknen an der Luft 29,00, welches ihre Totalität auf 21,00 an trocknen Kristallen reducirt. Der im Wasser unauflösliche Rückstand wog 49,00, und enthielt 22,13 Magnesia, 19,00 Kalkerde, 5,97 Kieselerde, und ein wenig Eisenoxyd.

Man fabricirt eine dreyfache Gattung von Natron, an der Küste von Alicante, eine die mildes Natron, milde Barille, Natron von erster Qualität genannt wird; diese hat ein aschfarbiges Ansehn, scheint besser gegründet, und kommt im Bruch und im Aussehn einer Schwefelschlacke nahe. Sie ist um ein Viertheil theurer als die andern, und wird hauptsächlich in Fabriken von Kristall- und Flintglase gesucht. Die davon in Wasser gemachte Auflösung ist einige Zeit trübe.

Die

Die zweyte Qualität heißt Soda oder gemengte Barille; sie ist sehr hart, im Bruche rein, sieht schwärzlich aus, und hat viele kleine Zellen oder Blasen im Innern. Ihr Geschmack hat wenig ausgezeichnetes. Sie löst sich schwer in Wasser auf, und wird hauptsächlich in Seifensiedereyen, und bey der Baumwollenfärberey gebraucht.

Die dritte Qualität wird Bourde genannt, sie enthält Meersalz in sich, und ist mit leichten Kohlen angefüllt, die sich auf der Oberfläche des Wassers zeigen, wenn man sie auflöst. Sie ist das Produkt des Verbrennens von zufällig aufgelesenen Pflanzen.

Das Natron von Carthagena nimmt den ersten Rang nach der Barille zweyter Qualität ein, der sie an Farbe ähnlich ist; ihre Qualität ist besser, als die der Bourde.

Das alicantische Natron ist für unsre Fabriken eines der nothwendigsten Bedürfnisse. Als der Krieg unsre Verhältnisse mit Spanien unterbrach, fühlten wir in dieser Hinsicht durchgängig einen großen Mangel. Man hat geglaubt, daß wir uns leicht von dieser Abhängigkeit befreyen könnten, wenn wir die Barille an unsern Küsten am mittelländischen Meere cultivirten. Schon am Anfange des achtzehnten Jahrhunderts hatten die Stände von Languedoc zu diesem Anbau ermuntert, und die ersten, zu Frontignan gemachten Versuche befriedigende Resultate ergeben; aber es scheint, als ob die Unternehmung vernachlässiget worden wäre, und es blieb in Hinsicht dieser ersten Versuche nichts, als die Gewißheit, daß sie geglückt waren.

Im Jahre 1782 forderte ich einen meiner Freunde, Herrn Pouget, Lieutenant General der Admiralität in Cette, auf, sich mit mir zur Wiederholung dieser Versuche zu verbinden. Der Marschall de Castres, damaliger Marineminister, verschaffte uns 4 Pfund Barillekörner, die wir in ein wohlbestelltes Erdreich an dem Gestade von Frontignan aussäeten. Gewässer und Thiere verminderten um vieles das Produkt unsrer Erndte; doch erhielten wir aber durch das Verbrennen eine ziemlich große Quantität guten Natrons, und bewahrten dabey noch wenigstens ein Drittheil des Produktes auf, um die Körner daraus zu ziehen, welche wir im nächsten Jahre aussäen wollten. Die Analyse des Natrons ergab mir beynahe die nämlichen Produkte als die des Alicantischen. Diese Versuche wurden drey Jahre hintereinander wiederholt, und wir bemerkten nicht daß die Barille ausartete. Herr Pouget wurde nach Paris an die Seite des Ministers berufen, und da er selbst den Bau nun nicht mehr leiten, oder ihn unter den Augen haben konnte; so hörte er zum zweyten Male auf, nachdem uns dadurch bewiesen worden war, daß der Boden und das Clima des mittelländischen Meeres ihm günstig seyen.

Der Salicorne oder das Natron von Narbonne ist das Produkt des Verbrennens einer Pflanze, die unter dem Namen Salicornia, an der Küste von Narbonne gebaut wird. Bey den Botanikern ist sie unter der Benennung Salicornia annua bekannt: man säet und erndtet sie in dem nämlichen Jahre. Man schneidet sie nach der Epoche des Fruchttragens ab; legt sie neben den Heerden, auf den sie verbrannt werden sollen, in Haufen zusammen, und verbrennt sie in diesen Höhlen, wie wir bereits bemerkt, als von der Barille die Rede war.

Dieß Natron kommt in den Handel, in Gestalt von Blöcken, 3 bis 400 Pfund an Gewicht.

Man gebraucht es hauptsächlich in Glasfabriken, in denen grünes Glas oder Bouteillenglas bereitet wird.

Im Handel nimmt es den ersten Rang nach dem spanischen Natron ein.

Seine Analyse lieferte mir auf 100 Theile:

Schwefelsaures Natron	9,00
Salzsaures Natron	19,00
Natron in trocknen Kristallen	14,35
Kalkerde	5,06
Magnesia	16,88
Kieselerde	9,80
Kohlensäure	15,00
Kohle	10,91

Die Bankete oder das Natron von Aiguemortes, wird zwischen Frontignan und Aiguemortes an den Küsten des mittelländischen Meeres, gesammelt. Man verbrennt jährlich gegen Ende des Sommers dort alle salzige Pflanzen, die natürlich daselbst wachsen: Arbeiter begeben sich überall dahin, wo sie solche finden; mähen sie ab, und häufen sie auf, um sie in Gruben zu verbrennen; so wie wir bereits in Rücksicht der andern Arten von Natron bemerkt haben. Das Verbrennen dauert acht bis neun Tage, der Rückstand bildet eine teigige, fast glasige Masse, die, so lange das Verbrennen dauert, roth bleibt, und wenn sie erkaltet, hart und schwer wird. Das Produkt einer jeden Operation beträgt 8 bis 9,000 Pfund Natron.

Diese Art von Natron die im mittäglichen Frankreich sehr verbreitet ist, ist das Produkt der Verbrennung der Salicornia europaea, der Salsola tragus, des Statix limonium, des Atriplex portulacoïdes, des Salsola kali.

Nach der Analyse welche ich von diesen Pflanzen gemacht, gibt die Salicornia europaea am meisten Natron, nach dieser das Atriplex portulacoïdes. Am wenigsten erhält man aus dem Statix limonium. Alle enthalten Meersalz in Ueberfluß, aber reines Natron findet man darin nur in dem Verhältnisse von 4 bis 10 Procent.

Als in Frankreich noch die Salzauflage Statt fand, zogen die Verfertiger des grünen Glases einen großen Nutzen aus der Anwendung dieses Natrons, weil, indem das geschmolzene Salz auf die Oberfläche der Töpfe käme, man es sorgfältig abnehmen und dann im Handel verbreiten konnte. Die Consumtion des Natrons hat sich vermindert, seitdem durch Aufhebung der Salzauflage diese Ressource verloren gegangen.

Der Varec oder das Natron aus der Normandie verdankt seinen Namen der Pflanze und der Provinz die es liefern. Diese Pflanzen gehören zum Geschlecht der Fucus und wachsen in Ueberfluß an den Küsten des Oceans.

Wenn man ihr Verbrennen bewirken will, so trocknet man diese Pflanzen und brennt sie auf die bereits von uns beschriebene Weise an. Macquer der die Analyse des Varec gemacht hat, fand keine Anzeige von freyem Alkali vor der Verwandlung in Asche, und er vermuthet, daß das, was sich davon in dem Varec-Natron findet, aus der Zersetzung einer Portion von Neutralsalzen, schwefelsaurem und salzsaurem Natron herrührt, die die Pflanze in Ueberfluß enthält. Abgesehen von der Analyse der Pflanze, die kein freyes Natron zeigt, führt Macquer, zum Beweise seiner Behauptung die Bildung und Entwickelung der schwefligen Säure, des Schwefels und der geschwefelten Alkalien, durch das Verbrennen selbst, an.

Außer den Grundstoffen von denen wir eben gesprochen ist in dem Rückstande der verbrannten Pflanze, den man Varec-Natron nennt, schwefelsaures und salzsaures Kali. Macquer fand an freyem Natron darin nur $\frac{1}{89}$ des Ganzen. Er hält es für möglich, ein analoges Natron hervorzubringen, wenn man schwefelsaures und salzsaures Salz mit Kohlenstaub vermengt und das Gemenge stark kalzinirt. Auch schlägt er, zur Vermehrung des Verhältnisses an Alkali, vor, dieß Natron nur dann zu gebrauchen, wenn es zuvor stark kalzinirt worden.

Das eigentliche Natrom oder Natron wird in mehreren Theilen Egyptens gesammelt und von dort aus in den Handel gebracht.

Die

Die Herren Sicard und Volney haben die Beschreibungen zweyer Seee gegeben, die es liefern; sie liegen in der Wüste Thaiat oder Sankt Macarius im westlichen Delta. Ihr Bette ist ein drey bis vier Lieues langer, und eine Viertel Lieue breiter Graben, dessen Grund fest und steinig ist. Diese Seee sind neun Monate im Jahre trocken; im Winter aber schwitzet ein violett-röthliches Wasser heraus, das den See auf 5 bis 6 Fuß Höhe anfüllt, und das bey der wiederkehrenden Hitze verdunstet, unten bleibt aber eine Lage von Natronsalz, die mit eisernen Stangen losgemacht wird.

Die Farbe des Natrons ist ein schmutziges Graubraun. Sein Geschmack ist salzig, es knackt unter den Zähnen und bringt einen mit Bitterkeit gemischten Eindruck von Meersalz im Munde hervor. Die Oberfläche der Natronstücken, die im Handel verkauft werden, ist höckerig und wie aufgeblasen. Im Bruch ist es graulich, etwas körnig, jedes Fragment hat eine leichte Durchsichtigkeit. Auf glühenden Kohlen wird es trübe und die kleinen Theilchen verpuffen.

Herr Berthollet, welcher Gelegenheit hatte selbst die Natronseee in Egypten zu sehen, hat eine sehr genügende Theorie über die Bildung desselben aufgestellt. Alle Erdstriche, in denen dieß Salz gefunden wird, sind mit Meersalz getränkt; wenn der Boden lehmig ist, so trifft man auf seiner Oberfläche nur salzsaures Natron und sehr wenig kohlensaures. Wenn, im Gegentheil der Boden viel kohlensauren Kalk enthält, wenn er feucht ist und zugleich salzsaures Natron darin vorhanden ist; so findet man darin auch viel kohlensaures Natron, woraus Herr Berthollet schließt, daß in diesen Seen das salzsaure Natron mittelst des kohlensauren Kalks zersetzt wird, dessen Wirkung wiederum die Feuchtigkeit des Bodens erleichtert.

Diese Lehre ist in der vollkommensten Uebereinstimmung mit allen bis jetzt in den Fällen, wo Natron erzeugt wird, gemachten Beobachtungen.

Wenn man mit Wasser das schwach mit Seesalz angetränkt ist, Kalk löscht, so effloresciret nach einiger Zeit auf der Oberfläche des Kalkes, kohlensaures Natron.

Das Natron wird überall da gebildet, wo Küchensalz sich mit kohlensaurem Kalke im Gemenge befindet.

Es ist fast überall in Begleitung des schwefelsauren Natrons, welches dieß Alkali bey seiner Zersetzung gleichfalls zu liefern scheint.

Ich

Ich traf, indem ich den kleinen Fluß Lez, der seitwärts an Montpellier vorbeyfließt, hinauffuhr, zahlreiche Efflorescenzen von Natron in Gemenge mit schwefelsaurem Natron auf den Tuffsteinen an, mit denen dieser Fluß begränzt ist. Auch habe ich viele auf den Mauern von Grasse und Draguignan in der Provence; so auch in großem Ueberflusse in den unterirdischen Gewölben des Forts Salse, nahe bey Perpignan, gesehen. Pallas hat mehrere Gegenden von Siberien beschrieben, in denen das Natron im Ueberflusse efflorescirt.

Morell aus Bern hat angezeigt, daß in einem bey Schwartzburg liegenden Berge ein Gemenge von Natron und schwefelsaurem Salze vorhanden sey; Model hat solches in den Steinbrüchen von Ochotzk gefunden.

Die Mauern von Dieppe, von Fécamp und vom Havre, zeigen überall Spuren davon.

Man gewinnt in Ungarn, im Distrikt von Bihar, viel Natron. Die vorzüglichsten Seee die es liefern, liegen zwischen Dobrezen und Großwardein.

Man nennt diese Seee Fevrto oder weiße Seee wegen der Weiße ihres Sandes im Sommer, wo sie trocken sind; diese Farbe rührt von der Efflorescenz des Natrons her.

Dieß Natron, das man seit undenklichen Zeiten fördert, wird hauptsächlich in den zahlreichen Dobrezenschen Seifensiedereyen gebraucht.

Rückert bemerkt, daß der Sand vom Grunde dieser Seee etwas eisenhaltig ist. Ich habe, zur Unterstützung dieser Behauptung, gesehen, daß die Tuffsteine auf denen sich das Natron bildet, auch Eisen enthalten; so daß die Oxydation dieses Metalles und seine Wirkung auf Salzsäure oder Schwefelsäure dazu beytragen, das Natron zu scheiden, und den Tausch der sauern Basen zu erleichtern.

Es scheint, daß der bloße Act der Vegetation das Meersalz zersetzen kann; denn die Pflanzen, welche in einem salzigen Boden wachsen, geben Natron, wenn sie verbrannt werden. Es gibt auch solche, die schwefelsaures Natron liefern, wie z. B. das Tamariskenholz.

Aber in allen Fällen ist Zeit und eine Art von Reife nöthig, damit die Pflanzen diese Salze geben; denn, wenn man sie verbrennt, bevor die Vegetation des Jahres zu Ende ist, so geben sie weder Natron noch schwefelsaures Salz.

Von dem Natron, welches aus Meersalz oder Küchensalz und schwefelsaurem Natron gezogen wird.

Man kann auf mehrere Arten das Natron direct aus dem Meersalze oder Küchensalze ziehen.

Die erste, deren ich mich in meiner Fabrik chemischer Gegenstände zu Montpellier, sehr im Großen, bedient habe, beschränkt sich auf folgende Operationen.

Man nimmt 400 Theile gesiebter Glätte und vertheilt sie zu gleichen Theilen in irdene Terrinen, zugleich löst man 100 Theile Meersalz in 400 Wasser auf. Das Viertel dieser Auflösung gießt man in die Terrinen, um mit der Glätte einen Teig daraus zu machen. Sobald man bemerkt, daß die Glätte weiß wird, welches einige Stunden nachher, als die Mengung vor sich gegangen, geschieht, rührt man den Teig mit einer Spatel um, und thut nach und nach den Rest der Salzauflösung hinzu. Ohne diese Vorsicht verhärtet und verdichtet sich der Teig und die Zersetzung erfolgt nur unvollkommen. Wenn die salzige Auflösung nicht hinreicht; so nimmt man gegen das Ende reines Wasser.

Wenn die Operation gehörig geleitet worden; so erfolgt die Zersetzung in vier und zwanzig Stunden, und das Resultat ist sodann ein gleichartiger Teig, ohne geronnene Stücke, der an Masse bey weitem das Maaß des angewandten Wassers und der Glätte übertrifft.

Um auf ein vollständigeres Resultat zu kommen, läßt man den Teig vier und zwanzig Stunden länger in den Terrinen.

Das Natron, welches aus der mit Bley in Vereinigung sich befindenden Salzsäure ausgeschieden wird, ist in einem ätzenden Zustande. Das Ausscheiden geschieht dadurch, daß man siedendes Wasser auf den Teig gießt und das Gemenge gehörig umrührt. Man extrahirt dann einen Theil durch Abklären und einen andern durch Ausdrücken.

Diese Operation wird durch den Nutzen, den man aus der Anwendung des salzsauren Bleyes in den Künsten ziehen kann, noch ökonomischer.

1) Kalzination und Schmelzung geben diesem salzsauren Bley eine schöne gelbe Farbe, die es zum vortheilhaften Gebrauch in der Mahlerey eignet.

2 Das Hinzuthun einer kleinen Quantität sehr verdünnter Schwefelsäure theilt ihm eine schöne Weiße und eine Theilbarkeit von außerordentlicher Größe mit. Dieß schwefelsaure Bley, wenn es gewaschen und getrocknet wird, kann das Schieferweiß

weiß und das Bleyweiß ersetzen. Es ist mit seinem Gebrauche kein anderer Nachtheil verbunden, als daß es zu leicht ist und unter dem Pinsel des Künstlers nicht genug deckt, welches jedoch hinreicht ihn zu erschweren. Dieß schwefelsaure Salz, wenn es durch Kali zersetzt wird, gibt ein sehr weißes und schweres Oxyd, das man mit Erfolg zu Mahlereyen auf Leinwand und auf Meubles anwenden kann.

3) Das Bley kann man durch Kohlen zersetzen und dadurch alles darin sich befindende Metall daraus ziehen.

Diese Procedur zur Extrahirung des Natrons könnte in der Nähe von Bleygießereyen zur Anwendung gebracht werden, in denen man genöthiget ist, das Bley in Glätte zu verwandeln, um die damit versetzte Portion Silber auszuziehen. Diese nämlichen Glätten würden zur Zersetzung des Meersalzes dienen, und das salzsaure Bley sodann in Oefen behandelt werden können, um das Metall daraus zu scheiden.

Die zweyte, durch die Herren Carny und Guyton in Vorschlag gebrachte Verfahrungsart besteht darin: den lebendigen Kalk mit Wasser zu löschen, und sodann eine gesättigte Auflösung von Meersalz hinzuzuthun, um einen Teig daraus zu bilden. Das Natron efflorescirt nach einigen Tagen in einem Zustande von kohlensaurem Salze, und man sammelt dieß Salz auf, so wie es entsteht. Die Operation währt fort bis zur gänzlichen Zersetzung des Meersalzes.

Man hat die Zersetzung des schwefelsauren Salzes vortheilhafter befunden, und die Herren Leblanc, Dizé, Alban, Bourlier haben in dieser Hinsicht mehr oder minder ökonomische Verfahrungsweisen angegeben.

Die Herren Leblanc und Dizé mengen und zerstoßen 1000 Theile schwefelsaures Natron, mit 550 Kohle und 1000 ausgewaschener Kreide von Meudon. Die Kreide thut man nicht eher hinzu, als bis das Gemenge der beyden ersten Substanzen geschehen ist.

Sodann bringt man dieß Gemenge in einen Reverberirofen, der bis zur Rothgluth geheitzt wird, und rührt mit einer eisernen Ofenkrücke um, worauf man die Entwickelung von geschwefeltem Wasserstoffgas bemerkt, das sich entzündet. Man fährt fort so lange umzurühren, als das Aufwallen dauert. Sodann wird der Teig flüssiger, und wenn er überall ein gleiches Korn zeigt, so zieht man ihn aus dem Ofen, und bringt ihn in ein etwas feuchtes Magazin, um die Efflorescenz zu erleichtern, und allem geschwefelten Gias die Freyheit zu geben, zu verschwinden.

Die

Die Erfinder dieser Verfahrungsart, die in ihrer Fabrik zu St. Denis im Großen ausgeführt wird, machten drey Sorten Natron für den Handel:

1) Das rohe, in dem Zustande, in dem es sich, nachdem es effloreseirt, im Magazine findet.

2) Natronkristalle, die aus der Lauge des erstern sich bilden.

3) Den Rückstand der Mutterlaugen, wenn er evaporirt und kalzinirt wird.

Die Analyse dieses Natrons zeigte den Herren Darcet, Pelletier und Lelièvre.

		Pfund	Unzen	Gran
auf 5 Pfund	kohlensaures Natron	1	14	
	reines Natron	-	15	5
	salzsaures Natron	-	2	7
	Einen erdigen Rückstand bestehend aus 86,00 Kreide, 12,00 Schwefel, 1,00 Kohlenstoff.			

Man sieht leicht ein, daß die Differenz zwischen der Quantität des gebrauchten Natrons, und der Summe der extrahirten Produkte, aus dem Kristallisationswasser herrührt, welches die Operationen der Analyse liefern.

Herr Alban, Direktor der Javellefabrik bewirkte die Zersetzung des schwefelsauren Natrons durch folgendes Verfahren: er vermengte 200 Theile kalzinirtes schwefelsaures Salz mit 40 Kohlenstaub, und füllte mit diesem Gemenge einen zuvor sorgfältig gut geheitzten Reverberirofen an. Diesen Ofen verschloß er, fuhr fort zu heitzen, und rührte die Materie um. Nachdem das Gemenge gehörig geschmolzen, that er 40 Theile Eisenspäne hinzu, und rührte wieder um, und die geschmolzene und flüssig gewordene Materie verdichtete sich, wallte auf, schwoll an und schäumte, und das Eisen löste sich bald auf; dann that er 16 Pfund glühende Kohlen hinzu, und rührte nochmals um, worauf sich geschwefeltes Wasserstoffgas entwickelte; es wurden sodann von neuem 25 Theile Eisenfeile und 6 glühende Kohlen hinzugethan, und sobald man bemerkte, daß sich kein geschwefeltes Wasserstoffgas mehr entwickelte, die Materie herausgezogen, und auf den Boden gegossen. Die Operation währte beynahe drey Stunden, das Produkt an Natron, wie es aus dem Ofen kam, betrug 215 Theile des Ganzen, es gewann 3 Achttheil an Gewicht durch bloßes Aussetzen an der Luft, an der es verwitterte, und in Staub zerfiel.

Die Analyse dieses Natrons ergab vom Centner:

	Pfund	Unzen
kristallisirtes Natron	71	4
Natron, theils ätzendes, theils luftvolles	22	11
geschwefeltes Eisen, und ein wenig Kohlenstoff	6	1

Von

Von diesem Natron kann man einige der Anwendungen nicht machen, zu denen das natürliche taugt; es enthält Schwefel der sich mit den Metallen verbindet, und sulphurisirte Zusammensetzungen hervorbringt, und dunstet einen sehr ausgezeichneten Dampf von geschwefeltem Wasserstoffgas aus; sobald es in Wasser aufgelöst wird. Man beugt allen diesen Uebelständen vor, wenn man es auflöst und kristallisiren läßt. Durch dieses Mittel erhält man ein reines, zu jedem Gebrauche anzuwendendes kohlensaures Salz. Noch kann man das Natron von allem Schwefel befreyen, wenn man sorgfältig umrührt, die Dosis Kohle ein wenig vermehrt, und die Operation ein wenig in die Länge zieht.

Die Herren Bourlier und Pluvinet, die in ihrer Salmiakfabrik eine große Quantität schwefelsauren Natrons bereiten, zersetzen dieß Salz auf eine solche Weise, daß es ihnen ein Natron liefert welchem man im Handel vor allen früher bekannten Gattungen den Vorzug gibt.

Herr Carny hat in der Nähe der Salinen in der franche comte Etablissements zur Zersetzung des schwefelsauren Natrons, welches aus den Salzwässern durch ihre Evaporation gezogen wird, und zur Extrahirung des reinen Natrons daraus, angelegt, und seine Produkte finden im Handel bereits vielen Beyfall.

Abgesehen von diesen Proceduren zur Zersetzung des salzsauren und schwefelsauren Natrons kann man diese auf dem Wege der doppelten Verwandtschaften bewirken; wenn man, zum Beyspiel, holzsaure oder essigsaure Salze, entweder von Bley oder von Baryterde mit Auflösungen von schwefelsaurem oder salzsaurem Natron vermengt, so erhält man holzsaures oder essigsaures Natron, das man, um die Säure daraus zu entbinden, und das Natron abgesondert zu erhalten, evaporiren und kalziniren kann.

Das Natron, welches man durch die Proceduren gewinnt, bey denen Eisen oder Kalk angewendet wird, muß sorgfältig gereiniget werden, damit man sich dessen ohne Gefahr bey den delicaten Operationen der Färbekunst bedienen könne; vorzüglich zu dem Gebrauch nach oder vor der Galläpfelfärbung. Sobald nur etwas Eisen darin bleibt, erfolgt eine nachtheilige Veränderung der Farben in schwarz; so wie sie, im Gegentheil, weinfarbig werden, wenn man Kalk zur Zersetzung genommen.

Das Natron und das Kali, wie sie in den Handel kommen, haben niemals einen solchen Grad von Reinheit, um zu delicaten Operationen oder Analysen dienen zu können.

Die

Die große Verwandtschaft der Kohlensäure zu den Alkalien, und die Gegenwart dieser Säure fast überall machen, daß diese Salze selten davon frey sind. Von einer andern Seite vermengen sich die in den Vegetabilien enthaltene Kohlen, Salze, Erden und Metalle mit dem Alkali, und die Analyse zeigt uns darin die Existenz aller dieser Materien.

Unter der Zahl der dem eigentlichen Alkali fremdartigen Substanzen gibt es solche, die im Wasser auflöslich, und wieder andere, die es keinesweges sind; so daß, wenn man das Alkali in reinem Wasser auflöst, und die Auflösung sogleich sorgfältig filtrirt, man Erden, Kohlen und Metalle daraus scheidet, das Alkali aber mit den auflöslichen Salzen im Gemenge bleibt. Aus diesen kann man es sodann wieder durch Evaporation ausscheiden, da sie, als weniger auflöslich, zuerst kristallisiren. Durch diese Proceduren erhält man jedoch niemals ein reines Alkali, und die Chemiker waren genöthiget, strengere Mittel zu ergreifen, um dazu zu gelangen.

Um die Kohlensäure aus dem Alkali zu scheiden, mit der sie beständig in Vereinigung ist, bedient man sich des lebendigen Kalks, der die Eigenschaft hat, sie daraus zu entbinden. Es ist hinreichend, das Alkali mit dem Kalk zu gleichen Theilen zu mischen; man darf selbst den Kalk nur in dem Verhältniß der Hälfte nehmen, wenn man Alkalien für den Handel bereitet. Das Gemenge wird mit wohl zerstoßenen, und mittelst einer kleinen Quantität von Wasser außerordentlich zertheiltem lebendigen Kalke gemacht. In beyden Fällen wird das Gemenge gehörig umgerührt, und ein flüssiger Teig gebildet, das Residuum aber filtrirt und stark ausgepreßt, um alle Flüssigkeit herauszuziehen. Das dann seiner Kohlensäure beraubte Alkali hat einen ätzenden und brennenden Geschmack, während der Kalk in den Zustand eines kohlensauren Kalks zurück tritt; und die Unauflöslichkeit, so wie die übrigen Eigenschaften des Kalksteins annimmt.

Diese ätzende Alkalien, wenn sie verdichtet, getrocknet, geschmolzen und dann flüssig gemacht werden, cauterisiren, oder lösen animalische Materien auf, und bilden das, was man den Aetzstein nennt. Sie saugen sehr begierig Wasser ein, ziehen die Feuchtigkeit der Luft an, und zerfließen an derselben, um welcher Eigenschaft willen man auch das in diesen Zustand versetzte Kali zerflossenes Weinsteinöl genannt hat.

Wenn man sich des Natrons und des Kalis bey den Operationen der Künste bedienen will, so ist man oft genöthiget sie ätzend zu machen, um ihre Wirkung zu vermehren, was zum Beyspiel in den Seifensiedereyen geschieht.

Nichts destoweniger können die Alkalien dann doch noch nicht als rein und zu den delikaten Operationen des Chemikers tauglich betrachtet werden, dem es darauf ankommt, nur reine Substanzen zu gebrauchen, um ihre Eigenschaften besser festzustellen, und die Resultate ihrer Wirkung bey weitem weniger complicirt zu machen. Aus diesem Grunde hat man auf ein anderes Mittel gedacht, um die Alkalien in ihrer strengsten Reinheit zu erhalten, und ist auf folgende Weise dahin gelangt.

Man verdichtet die alkalische ätzende Lauge so lange, bis sie ein wenig Konsistenz erhält, vermengt sie dann mit gutem Alkohol, und zieht einen Theil davon durch Destillation ab. Durch das bloße Abkalten bilden sich Kristalle auf dem Boden der Gefäße mitten in einer wässerigen, dunkeln, braunen Flüssigkeit; diese Kristalle sind kohlensaures, in Alkohol unauflösliches Alkali. Man erhält ferner einen schwärzlichen Bodensatz der aus allen, dem Alkali fremdartigen Erden besteht; die Flüssigkeit aber, welche in Gestalt einer Schicht Oel oben auf schwimmt, ist reiner Alkohol, der reines Alkali in Auflösung hält. Dieser Alkohol wird verdichtet, und man erhält das reine Alkali in Kristallen oder Täfelchen, je nach dem Grade der Evaporation.

Wenn man bey den Operationen der Künste reinerer, als der in den Handel kommenden Alkalien bedarf, so scheidet man durch Auflösen und Filtriren der Letztern einen großen Theil der Salze, Erden und Metalle, die sich darin befinden können, aus. Man verdichtet die Auflösung durch Evaporation, und wenn man mit Natron operirt, so erhält man in der Folge Kristalle, die in den Künsten unter dem Namen Sodasalz und kohlensaures Natron vorkommen. Wenn man mit Kali arbeitet, so schränkt man sich darauf ein, bis zur Trockne zu verdichten, oder bringt Kohlensäure in die Auflösung, um das Alkali in den Zustand eines kohlensauren Salzes zu bringen, und ihm die Eigenschaft, zu kristallisiren, zu geben.

Das kohlensaure Natron efflorescirt an der Luft, kohlensaures Kali aber behält an derselben seine Gestalt und Consistenz.

Die Form des kohlensauren Natrons ist die eines Achtecks mit rautenförmiger Basis; 100 Theile enthalten 16 Säure, 20 Alkali und 64 Wasser.

Die Kristalle des kohlensauren Kalis sind vierseitige Prismen, die in sehr kurze und vierwändige Pyramiden auslaufen.

Sie enthalten auf 100 Theile 20 Säure, 48 Alkali, und 32 Wasser nach **Bergmanns** Angabe.

Man

Man hat lange Zeit hindurch über die Frage gestritten, ob die Alkalien in den Vegetabilien sich bildeten, oder das Produkt der Verwandlung dieser in Asche wären. Diese Frage ist jetzt entschieden.

Duhamel und Grosse hatten im Jahre 1732 bereits bewiesen, daß in dem Weinsteinrahm Kali enthalten sey, und nach ihnen haben Marggraf, Rouelle und Bullion den bereits bekannten Thatsachen neue hinzugefügt.

Herr Vauquelin hat aus seiner Analyse der salsola soda den Schluß gezogen, daß das Feuer nichts weiter thue, als das in der Pflanze enthaltene Natron frey machen.

Man hat auch bereits viel über die Natur der Grundstoffe dieser beyden Alkalien geschrieben; einige haben als Basis des Kali's, Kalk, und des Natrons, Magnesia angenommen. Andere haben den Stickstoff als das alkalierzeugende Princip betrachtet. Wieder andere haben die Bildung derselben, als Wirkung der Fixirung des Wasserstoffes auf einer erdigen Basis betrachtet; aber diese Thatsachen waren kaum als Behauptungen aufgestellt, als sie schon durch genauere Versuche widerlegt wurden, und wir sind bis jetzt noch in einer vollkommenen Unwissenheit über die Natur der Grundbestandtheile der festen Alkalien. Herr Vauquelin hat gegen Dehne, Lorgna u. s. w. bewiesen, daß das reine Natron keine Talkerde bey seiner Analyse zeige. (Annales de Chimie July 1793).

Der nämliche Chemiker hat die größte Analogie zwischen den Produkten der salsola soda und denen der thierischen Körper nachgewiesen. Er hat aus dieser Pflanze, die Blausäure und Ammoniumgas extrahirt. Diese Beobachtung und alle Phänomene, welche die Bildung dieses Alkali's begleiten, scheinen darauf zu deuten, daß das Natron thierischen, so wie das Kali vegetabilischen Ursprungs sey *).

Die Alkalien, obgleich sie in den Vegetabilien vorhanden sind, finden sich darin nicht rein und frey von aller Verbindung. Sie bilden darin Seifen mit den Oelen, deren Cirkulation in der Pflanze sie erleichtern, sie sind darinnen in Verbindung mit den Säuren und den Erden, und es entstehen Verbindungen daraus, welche bloß die Wärme zerstören kann, woher es entsteht, daß das Verbrennen sie frey macht.

Theorie

*) Nach Davy's neuen Entdeckungen, sind Kali und Natron Produkte der Mischung aus eigenthümlichen Metallsubstraten und Sauerstoff. H.

Theorie der ätzenden Substanzen.

Man nennt die Eigenschaft einiger Körper, den Theil der Haut, auf welchen man sie aufträgt, anzunagen, zu erhitzen oder zu zerstören, die Aetzbarkeit.

Lemery hat diese Wirkung den Feuertheilchen zugeschrieben, die mit den Poren in den Theilchen der ätzenden Substanzen vermengt sind, oder darin stecken.

Meyer in Osnabrück hat dieser Behauptung durch unzählige Versuche mit dem Kalk und den Alkalien alles Gewicht gegeben, und die Causticität der Feuermaterie zugeschrieben, die einer feinen Säure verbunden ist, welche er acidum pingue, causticum nennt. Er hat den Uebergang dieses Stoffes von einem Körper in den andern verfolgt und gefunden, daß die Causticität eine davon unzertrennliche Eigenschaft sey.

Mehrere Chemiker haben diese Meynung angenommen und unterstützt; Beaumé hauptsächlich hat dem reinen Feuer nicht allein die Causticität, sondern auch den Geschmack zugeschrieben, der ihm davon nur einer der ersten Grade zu seyn scheint.

Herr Black aus Edinburg hat ferner bewiesen, daß Kalk und Alkalien nur in so fern ätzend würden, als sie ihre Kohlensäure verlören, daß sie aufhörten es zu seyn, wenn man sie ihnen zurückgäbe, und daß sie es mehr oder weniger wären im Verhältniß der Quantität, welche sie davon enthielten; woraus man die Folgerung gezogen hat, daß die Abwesenheit dieses Grundstoffes die Causticität hervorbringe, die man willkührlich auf die Alkalien oder die Kalke übertragen könne, indem man sie jenes Stoffes willkührlich beraube.

Macquer stützte sich auf diese Thatsachen, um das System des Feuers umzustoßen und festzusetzen, daß die Causticität nichts sey, als die Tendenz zur Verbindung. Doch kann dieser Chemiker nicht läugnen, daß mehrere Thatsachen die Meynung in Hinsicht des Feuers zu unterstützen scheinen, nämlich:

1) Daß die ätzenden Substanzen bey ihrer Wirkung viel Wärme entwickeln.

2) Daß wenn man sie, ihrer Natur gemäß, mit sauren oder andern Basen verbindet, sich viel mehr Wärme producirt, als wenn die Körper nicht ätzend sind. Er trifft aber die Antwort auf diese Einwürfe in der Collision der Theile, welche durch die Wirkung der ätzenden Substanzen hervorgebracht wird, woraus, nach seiner Meynung, Wärme entsteht, und in dem Aufbrausen, welches durch die Wirkung der Säuren auf Kreide, oder nicht ätzends Alkalien hervorgebracht wird, und die Wärme

hinweg-

hinwegnimmt, so wie er auf die Vermuthung leitet, daß davon soviel in den nicht ätzenden, als in den nämlichen ätzenden Substanzen vorhanden sey. Dieser Chemiker würde sich in großer Verlegenheit befinden, wenn er erklären sollte, warum die Auflösung fast aller ätzenden Substanzen in Wasser viel Wärme gebe, während, wenn sie nicht ätzend sind, sich keine solche erzeugt.

Der Irrthum Macquers rührt daher, daß er nicht beobachtet hat:

1) Daß wenn man dem Kalk oder dem Alkali die Kohlensäure benimmt, man ihm dafür wieder Wärmestoff gibt.

2) Daß der Wärmestoff darin in einem Zustande von Verbindung vorhanden ist, und daß er folglich keine Veränderung in dem Thermometerstande, sowohl in den ätzenden, als nicht ätzenden wahrnehmen konnte.

3) Daß die Flüssigkeit der Wärme sich entbindet, sobald man einen andern Grundstoff mit dem ätzenden in Verbindung bringt.

4) Daß ätzendes Alkali oder ätzender Kalk, obgleich bis zu einem gewissen Punkte in Wasser zerlassen, mehr Causticität bewahren, als die sehr verdichteten kohlensauren Kalke oder Alkalien *).

Doch ist die Idee Macquers über die Veranlassung der Causticität, durch das Streben oder die Tendenz nach Verbindung auf eine natürliche Weise mit der Lehre von den ätzenden Substanzen zu vereinigen, denn sie wirken in der That, nur in sofern sie sich verbinden können. Ein warmer Körper also, und ein, im Feuer rothgeglühter Stein wird sein Uebermaaß an Wärme übertragen und eine ätzende Wirkung auf den Körper hervorbringen, das Alkali aber, von der nämlichen Dosis Wärmestoff, die der Kalk in sich hatte, durchdrungen eine ätzende Substanz von viel größerer Stärke als der Kalk, bilden, weil ihre auflösende Kraft auf die Haut ausgezeichneter wirkt. Die concentrirte Schwefelsäure wird auf der feuchten Haut eine viel stärkere Hitze hervorbringen, als auf der trockenen u. s. w.

Es ist also nicht hinreichend, daß der Wärmestoff vorhanden sey; sondern es wird noch erfordert, daß der Körper, in welchem er sich fixirt befindet, zu dem Theile, welchen man caute-

*) Die Aetzbarkeit der Alkalien hängt keinesweges von darin angehäuftem Wärmestoff ab, dessen Daseyn sich nicht erweisen läßt. Sie ist allein eine Folge ihrer auflösenden Kraft gegen die thierische Faser, deren Zerstörung uns die schmerzhafte Empfindung veranlasset, die wir ätzend nennen. H.

cauterisiren will, in Verwandtschaft stehe; ohne dieß findet keine Entbindung von Wärme Statt.

Es folgt ferner aus dieser Tendenz zur Vereinigung, die wir als eine nothwendige Bedingung ansehen, daß wenn das Aetzmittel durch andre Körper verbunden oder gesättiget ist, es seine ätzende Kraft verliert.

Wenn man, mittelst Raisonnements die Wirkungen der verschiedenen Aetzmittel und die Natur eines jeden von ihnen untersucht, so sieht man, daß wir genöthiget sind, mehrere Arten davon anzunehmen, die wir unter drey Classen begreifen wollen, unter den Benennungen der erhitzenden, der brennenden und der auflösenden.

In jeder dieser drey Classen macht die Wärme den ersten Stoff bey ihrer Wirkung aus; sie bringt die Erscheinung der ersten Symptome, als Röthe, Entzündung, Schmerz, hervor; so daß man sie als die erste Stufe unter den Wirkungen der Causticität betrachten muß. Ja es gibt selbst Fälle; in denen die Wärme allein wirkt, und dann nenne ich die Aetzmittel, erhitzende. Wenn man, zum Beyspiel in einem Theile durch bloßes Reiben, Röthe und Entzündung hervorbringt, oder mit einem warmen Körper die Haut berührt; so sind alle daraus folgende Wirkungen offenbar von dem freyen Wärmestoffe abhängig, der sich in einem Punkte sammelt.

Aber diese, auf einen Theil concentrirte, Wärme bestimmt sehr oft eine Verbindung mit dem Sauerstoff und dadurch Verbrennen; dieß geschieht, wenn man eine glühende Kohle, oder irgend einen andern heißen Körper zu lange mit der Haut in Berührung läßt. In diesem Falle erhöht das Heranbringen des brennenden Körpers die Temperatur des Theiles, auf den sie wirkt, bringt Röthe und Inflammation in demselben hervor und fixirt darauf den Sauerstoff der das Fleisch brennt. Aber, damit das Verbrennen Statt finde, darf man den Stoff dazu nicht immer in der Atmosphäre schöpfen. Man kann in dem nämlichen Körper den Wärmestoff und den Sauerstoff vereinigen; dieß findet sich in dem Höllenstein und den oxydirten metallischen salzsauren Salzen. Hier überträgt sich der sehr concentrirte und an seine Basen wenig Anhängigkeit habende Sauerstoff auf den thierischen Körper und verbrennt den Theil, an den er gebracht wird. Man sieht in diesem Falle, daß das Silber flüssig wird und daß die oxydirte Salzsäure in den Zustand gewöhnlicher Salzsäure übergeht.

Die Wirkung aller dieser Aetzmittel besteht demnach in einem wahrhaften Verbrennen und ich nenne sie darum brennende. Man sieht leicht ein, daß man zu diesem Zwecke nur metallische Salze anwenden könne, deren Säure leicht zu zersetzen ist, und daß selbst in der Classe der von diesen Säuren gebildeten Salze, man nur von denen Causticität erwarten dürfe, in denen der Sauerstoff wenig Anhänglichkeit an dem Metalle hat; denn wenn die Verwandtschaft sehr stark ist, so ist auch dessen Verdrängung schwer, und es kann sodann kein Verbrennen Statt haben.

Die dritte Classe der Aetzmittel umfaßt alle diejenigen, die den Theil auflösen, auf welchem sie aufgetragen werden. Die Alkalien gehören alle zu dieser Gattung und man kann selbst den Kalk dahin rechnen. Hier, wie bey allen andern Aetzmitteln, wird die erste Wirkung durch den Wärmestoff hervorgebracht von dem diese Körper durchdrungen sind; aber die Auflösung erfolgt bald und das Alkali frißt unter sich und löset auf, bis es gesättigt ist, worauf sich in diesem Falle eine wahre thierische Seife bildet. Wir haben darum, mit Hinsicht auf diese ihre Wirkung, diese Aetzmittel, auflösende genannt.

Die eben vorgetragene Classification der Aetzmittel nach ihrer Wirkung kann einigen Einfluß auf die von dem Arzte darunter zu treffende Wahl haben: wenn er nur eine Local-Entzündung hervorbringen und die Säfte nach einem Punkte hinleiten, oder einen Mittelpunkt der Erregung hervorbringen will; so wird ihm die Anwendung der bloß erhitzenden Aetzmittel; so wie der Frictionen und des Anbringens eines jedweden warmen Körpers auf die Haut genügen. Wenn er fast todtes Fleisch zerstören oder das Leben in einem beynahe fühllos gewordenen Theile wieder erregen will, muß er die brennenden anwenden. Will er endlich aber tief einfressen lassen und bis zum Zellgewebe durchdringen, um die Feuchtigkeiten herauszuziehen und ablaufen zu lassen, so ist er genöthiget, aufzulösen, und kann sich dazu keiner andern als der auflösenden Aetzmittel bedienen.

Ich werde hier nicht weiter von den epispastischen Mitteln, den Blasenpflastern und der zahlreichen Classe von Reitzmitteln reden; denn, abgesehen davon, daß wir die Natur dieser Agentien wenig kennen, steht ihre Wirkung in zu genauer Verbindung mit der Vitalität, um sie physischen Ursachen zuschreiben zu können. Dieß ist so sehr wahr, daß diese Wirkungen bey allen Thieren nicht einmal die nämlichen sind, und daß es welche gibt, die davon gar nicht merklich affizirt werden, während die Wirkung der Aetzmittel, von denen wir gesprochen, beständig, nothwendig und beynahe rein chemisch ist; ich sage beynahe, denn das Leben modificirt noch ihre Wirkungen und macht sie unendlich klarer. Die Fühlbarkeit und Reitzbarkeit die man mittelst ihrer erhöht, entscheiden das Flüssigwerden der Säfte, die Entzündung und alle Symptome, welche Folgen davon sind. Eine Wärme von gleichem Grade an einem Cadaver angewandt, würde fast gar keine Wirkungen hervorbringen, und da die Wärme das erste wirkende Princip bey den Einflüssen der Aetzmittel ist; so muß man auf den Schluß kommen, daß die durch sie gereitzte Vitalität dazu beytrage, sie sehr energisch zu machen *).

Zweyter Abschnitt.

Von den metallischen Substanzen.

Die Metalle haben mehrere Eigenschaften, welche sie von allen andern mineralischen Substanzen unterscheiden. Sie bilden die schwersten Körper der Natur; sie haben einen besondern und unveränderlichen Glanz den man Metallglanz (facies metallica) nennt, und sind vollkommen undurchsichtig.

Indem wir nach und nach die Haupteigenschaften der Metallsubstanzen durchgehen werden, werden wir auf eine genauere Weise ihre Eigenschaften und den Rang, welchen sie im Mineralreiche einnehmen, kennen lehren.

I. Schwere. Die Schwere der Baryterde, der schwersten unter den bekannten Erden ist 4,5 im Verhältniß zu reinem Wasser, während die des Zinnes, eines der leichtesten Metalle, 7,3 beträgt.

Es ist die außerordentliche Dichtigkeit, die es möglich macht, die Metalle mit dem Hammer zu bearbeiten, und die, verbunden mit der Undurchsichtigkeit ihnen die Fähigkeit gibt, das lebhafte und häufige Licht auszustrahlen, welches ihnen den Metallglanz gibt, und sie zu Spiegeln tauglich macht, die nicht den Uebelstand der Kristallspiegel haben, daß sie zwey Bilder zeigen.

Die Hauptmetalle, ihrer Schwere nach, stellen sich in folgender Ordnung dar:

Platina. Gold. Quecksilber. Bley. Silber. Kupfer. Eisen. Zinn.

*) Ich mag dieser Vorstellung über die Aetzbarkeit, und die Wirkung der Aetzmittel hier keiner weitläufigen Discussion unterwerfen; der Gegenstand gehört nicht hierher, und würde zu einem weitläufigen Memoire anschwellen. Der Verfasser hat viel Scharfsinniges darüber vorgetragen; indessen zweifle ich, daß seine Hypothese allgemein angenommen werden dürfte. H.

II. **Farbe.** Herr Hauy hat mit vielem Grunde bemerkt, daß die Farbe, die in vielen Substanzen, von einem fremden Princip abhängt, in den Metallen die Wirkung der Zurückstrahlung des Lichtes auf ihre eigene Theilchen ist; woraus folgt, daß ein reines Metall immer die nämliche Farbe hat, und daß diese Farbe darin um so unveränderlicher bleibt, weil sie, so zu sagen, eine metallische Essenz ist.

In reinen Metallen sind die Farben wenig abwechselnd; sie lassen sich auf zwey hauptsächliche reduciren, weiße und gelbe. Diese Farben kommen nur in Nüancen in reinen Metallen vor.

Die Verbindungen der Metalle mit dem Schwefel, dem Phosphor, den Säuren und vorzüglich mit dem Sauerstoffe, haben eine ungeheure Verschiedenheit der Farben zur Folge von denen eine sehr große Zahl sich zum Gebrauche in den Künsten eignet, denen die Metalle einen um so schätzbareren Färbestoff liefern, als, wenn die Farbe durch Verbindung mit dem Sauerstoff mittelst eines heftigen Feuers entwickelt ist, man nicht mehr zu fürchten hat, daß sie sich verändere, welchemnächst sie, wenn sie auf irdene Gefäße, Porzellain, Email und Glas aufgetragen wird, unzerstörbar darauf haftet.

III. **Härte.** Man kennt steinige Substanzen, welche, zu Staub zerstoßen, zum Poliren der Metalle gebraucht werden, welches eine noch größere Härte anzeigt; aber man weiß, zu welchem Grade von Härte die Operation der Härtung das Stahl bringt, und wie sehr man durch Versetzungen die Härte der Metalle zu vermehren im Stande ist. Durch diese Mittel gibt man den Metallen auch einen Klang, welcher durch die Form noch vermehrt wird. Es gibt in der Natur keinen andern so wohlklingenden Körper in dem die Tonschwingungen sich länger erhielten, bevor sie erlöschen, als das Metall.

IV. **Geschmeidigkeit.** Der größte Theil der Metalle ist nachgiebig unter den Schlägen des Hammers, oder gegen den gleichen Druck der Walzmühle; sie lassen sich platt drücken, und in mehr oder weniger dünne Platten zertheilen. Diese Eigenschaft, die man Geschmeidigkeit nennt, nimmt zu durch die Wärme, ohne ihr Hinzutreten platzen die Metalle, verhärten sich und widerstreben die Form anzunehmen, welche der Künstler ihnen geben will.

Bey dieser Operation aber werden die einzelnen Theilchen einander näher gerückt, alle leere Räume ausgefüllt, die Dichtigkeit vermehrt sich, und die Masse nimmt an Umfang ab.

Diese Eigenschaft der Geschmeidigkeit gibt den Metallen die Fähigkeit, alle Formen anzunehmen. Die Arbeiten, welche man aus Gold, Silber, Eisen, Platina und Kupfer macht, gründen sich fast alle auf dieß Princip.

Durch Bearbeitung mit dem Hammer und in der Schmiede bringt man unendliche Abwechselungen in den Formen hervor, während man durch die Walzmühle es nur zertheilt in Platten erhält; das Plätten greift jedoch die Metalle weniger an, und die Platten, welche man dadurch bekommt, sind größer und von gleicherer Dicke; diese Operation ist also in jeder Hinsicht überaus vortheilhaft.

Die Metalle, in Rücksicht ihrer Geschmeidigkeit, folgen so auf einander:

Gold. Platina. Silber. Kupfer. Eisen. Zinn. Bley.

Es existirt eine große Menge nicht geschmeidiger Metalle, die unter dem Hammer zerspringen. Noch gibt es andre, die unter dem Hammer nachgeben, ohne sich auszudehnen oder zu springen, durch den gleichen Druck der Walzmühle aber sich in sehr feine Platten zerschneiden lassen, wie der Zink.

Die Tenacität der Metalle ist nicht den nämlichen Gesetzen unterworfen, als ihre Geschmeidigkeit. Man versucht sie durch den Widerstand, den ein Metallfaden der Wirkung einer bekannten Kraft, die ihn an einem Ende zieht, während er am andern festgemacht ist, entgegensetzen kann, ohne zu reißen. Auf diese Tenacität ist die Kunst gegründet, die Metalle auf dem Zieheisen in mehr oder weniger feine Fäden zu ziehen. Bey dieser Operation läßt man hintereinander durch verschiedene Löcher, die gradweise herabsteigen, das Metall durchgehen, und zieht es mit einer, dem Widerstande, welchen es leistet, angemessenen Kraft. So reducirt man es nach und nach in feine und so geschmeidige Fäden, daß man sie wie seidene Flachs- oder Baumwollenfäden gebrauchen, und damit Stickereyen, Gitterwerk, Vorhänge, Geflechte, Siebe u. s. w.

In Rücksicht ihrer Zähigkeit stehen die Metalle in folgender Ordnung:

Eisen. Kupfer. Platina. Silber. Zinn. Bley.

Bey ihrer Wirkung mit dem Wärmestoff und dem Sauerstoff entwickeln die Metalle noch besondere Eigenschaften, die zur Andeutung des Platzes dienen können, welcher ihnen unter den Mineralsubstanzen gebührt.

Alle Metalle sind schmelzbar, aber nicht alle bey einem gleichen Grade von Wärme; das Quecksilber bleibt im flüssigen Zustande,

stande, so lange die Kälte nicht den 37sten Grad unter Null auf dem Thermometer von 100 Graden, und den 30sten Grad nach dem Reaumurschen Thermometer übersteigt, während die Platina, ohne zu schmelzen, den heftigsten Grad unserer Ofenhitze aushält.

Die Ausdehnung eines jeden Metalles steht in merklichem Verhältnisse mit den Wärmegraden, aber sobald die Evaporation nahet, folgt sie einem viel schnellern Gesetze als dem Stande der Temperatur. Die Grade der Ausdehnung zwischen den Gränzen der Stufenleiter des Thermometers stehen mit den Graden der Wärme, die angebracht wird, in einem solchen genauen Verhältnisse, daß man die Quecksilberthermometer als die zuverlässigsten von allen betrachten kann.

Alle Metalle, ohne Ausnahme, werden durch die Wärme ausgedehnt; einige Physiker, wie die Herren Muschenbroek, Boerhave, Guyton Morveau haben sich dieser Eigenschaft zum Messen der hohen Grade von Wärme bedient.

Alle sind schmelzbar bey verschiedenen Graden von Wärme; in diesem Zustande kann man sie in Formen gießen, in denen sie gerinnen, und also allen metallischen Substanzen die Gestalt geben, die man wünschet.

Das Erkalten eines in Wärmestoff geschmolzenen Metalles geschieht wie die Kristallisation eines in einer Flüssigkeit aufgelösten Salzes; so wie der Wärmestoff sich zerstreut, nähern die Theilchen sich einander, und vereinigen sich früher auf der Oberfläche, weil das Erkalten daselbst schneller vor sich geht; es bildet sich darauf also eine Kruste unter der der Ueberrest des Metalles noch flüssig ist, und wenn man diese Kruste durchbohrt, um es ablaufen zu lassen, so sieht man die innern Wände ausgefüttert mit isolirten Kristallen, deren Zwischenräume durch die andern Theile des Metalles ausgefüllt worden seyn würden, wenn die Totalität desselben geronnen wäre. Ein zum Stehen gebrachtes geschmolzenes Metall kann also wie ein Aggregat von kleinen, wenig zusammenhängenden, und wenig mit einander verbundenen Kristallen betrachtet werden, woher es kommt, daß in diesem Zustande diese Metalle sehr zerbrechlich sind, und daß man ihnen nur Haltbarkeit geben kann, wenn man sie mit den Händen bearbeitet, oder knetet, weil man dadurch die Theilchen einander näher bringt, und ihre Verwandtschaft zu einander vermehrt.

Tabelle

Tabelle, über das specifische Gewicht, die Schmelzbarkeit und Härte der Metalle.

Namen der Metalle.	Härte.	Specifisches Gewicht.	Grad der Schmelzbarkeit.
Gold	6½	19,300	32 Wedgwood
Platina	8	23,000	170 und mehr Wedg.
Silber	7	10,510	28 Wedg.
Quecksilber		13,568	39 Farenheit
Kupfer	7½	8,870	27 Wedg.
Eisen	9	7,788	158 Wedg.
Zinn	6	7,299	442 Far.
Bley	5½	11,352	540 Far.
Nickel	8½	9,000	150 Wedg.
Zink	6½	7,190	700 Far.
Wismuth	7	9,822	460 Far.
Antimonium	6½	6,860	809 Far.
Tellurium		6,115	540 und mehr Far.
Arsenik	5	8,310	400 Far.
Kobalt	6	8,150	130 Wedg.
Braunstein	9	7,000	160 Wedg.
Tungstein	10	17,600	170 und mehr Wedg.
Molybdän		7,500	
Uranium	6	6,440	
Titanium	9		

Die neuern Chemiker haben die Metalle zu den verbrennlichen Körpern gerechnet, und sie sind in Wahrheit alle auch empfänglich für die Verbindung mit dem Sauerstoff, der das Verbrennen hervorbringt, und darum von Scheele Feuerluft genannt worden ist. Aber in der Art wie sie sich mit dem Sauerstoffe verhalten, stellen sie unendliche Verschiedenheiten dar. Einige brennen bey einer nur wenig erhöhten Temperatur, und andre erfordern die heftige Hitze des elektrischen Funkens um sich, durch Entzündung, mit dem Sauerstoffe zu verbinden.

Es ist hinreichend, einige von ihnen der Luft und dem Wasser auszusetzen, um daß sie Sauerstoff anziehn, und mit ihm in Verbindung treten, während andere, unempfänglich für die Wirkung dieses Mittels bey der Temperatur der Atmosphäre, die vereinte Wirkung der Wärme und der Säuren erfordern, um in die Verbindung einzugehen.

Da die mehr oder minder große Verwandtschaft des Sauerstoffes zu den verschiedenen Metallen eine größere oder geringere Leichtigkeit des schnellen Verbrennens oder der Oxydation zur Folge hat, so folgt daraus, daß auch die Desoxydation mehr oder

oder weniger leicht vor sich geht; es bedarf nur des Lichtes oder einer mäßigen Wärme, um gewisse Metalle zu desoxydiren oder flüssig zu machen, und es gibt andere, die sich nur durch schwierige Proceduren, und durch solche zwischenwirkende Mittel, die fähig sind, sich des Sauerstoffes zu bemächtigen, dessen Entbindung noch durch die Wärme befördert wird, zu ihrem metallischen Zustande zurückführen lassen. Lavoisier hat in der Baryterde einen metallischen Charakter vermuthet, und hielt es für möglich, daß dieß Metall mehr Verwandtschaft zum Sauerstoffe habe, als dieser letztere zu der Kohle, welches in seinen Augen erklärte, warum es noch nicht reducirt worden.

Die Chemiker haben von der Geschmeidigkeit der Metalle eine Eintheilung derselben hergenommen; sie nennen Metalle die, welche diese Eigenschaft haben, und Halbmetalle die, denen sie abgeht. Noch unterscheiden sie die ersten in vollkommene und unvollkommene Metalle, je nachdem sie den Veränderungen durch die Luft ausgesetzt sind, oder nicht.

Diese Eintheilungen, die alle in leichten Modificationen der Haupteigenschaften ihren Grund haben, sind heut zu Tage nicht mehr üblich. Wir werden uns darauf einschränken, die Eigenschaften eines jeden Metalles kennen zu lehren; indem es der Zeit und den Fortschritten der Wissenschaft überlassen bleiben muß, uns auf Eintheilungen zu leiten, die beständig in ihren Anweisungen bleiben, gehörig umfassend, und aus der Natur gegriffen seyen; und nicht begründet durch einige unwesentliche Eigenschaften, oder durch eine Theorie, die ihr Daseyn einem Augenblicke verdankt.

Erster Artikel.

Vom Golde.

Seine Farbe ist gelb, sein specifisches Gewicht beträgt 19,2527.

Es ist, nach der Platina, das geschmeidigste Metall.

Es ist ferner weniger hart als Eisen, Platina, Kupfer und Silber.

Es ist endlich weniger schmelzbar als Quecksilber, Zinn, Bley und Silber.

Dieß Metall verflüchtigt sich, ohne sich zu verändern, an einem wie eine Linse großen Brennpunkte nach Macquer, und nach Lavoisier, an einem durch einen Strom von Sauerstoffgas angeblasenen Feuer.

Die

Die Figuren, welche das ursprüngliche Gold regulär bildet, sind die eines Achtecks oder Trapeziums; aber es stellt sich öfter in irregulären Gestalten, in Ramificationen, Dendriten, Fasern, Platten oder in Körnern und Flittern, dar.

Die ergiebigsten Goldminen sind in Mexico und Peru, im südlichen Amerika.

Man trifft es in vielen andern Gegenden; aber das Gold ist weniger häufig daselbst: mehrere unsrer Flüsse, als die Rhône, die Arriege und der Cèze führen in ihrem Sande reine Goldflittern.

Da das Gold sich schwer mit dem Sauerstoff verbindet und in Säuren wenig auflöslich ist, so finden wir es fast überall im Zustande ursprünglichen Goldes oder eines Metalles; so daß es nur darauf ankommt, es durch Zerstoßen mit Quecksilber zu amalgamiren oder darin aufzulösen und sodann das Amalgama zu destilliren, um das Quecksilber daraus auszuscheiden und das Gold entbunden von aller Vermengung und Verbindung zu erhalten.

Das Gold versetzt sich so vollkommen mit dem Kupfer, daß, nach der Beobachtung Brissons die specifische Schwere der Versetzung größer ist, als die Summe der specifischen Schweren der versetzten Metalle.

Diese Versetzung hat noch den Vorzug, daß sie härter ist, als das Gold selbst, weßhalb das Gesetz die Versetzung mit einem Eilftheil Kupfer in unsern Goldarbeiten duldet.

Da das Gold weder vom Feuer noch von der Luft angegriffen wird, und nur in einer sehr kleinen Zahl von Säuren aufgelöst werden kann; so hat man es darum unter allen Metallen gewählt, das den Werth aller Waaren repräsentirende Zeichen zu seyn, so wie man ihm auch als Material von Gefäßen und andern kostbaren Verzierungen den Vorzug gibt.

Seine große Geschmeidigkeit und seine außerordentliche Tenacität haben es dazu geeignet, Holz, Gyps und Metalle damit zu vergolden und einige unserer Stoffe damit zu bedecken, oder einen Theil des Gewebes selbst auszumachen.

Zweyter Artikel.

Vom Silber.

Seine Farbe ist weiß; sein specifisches Gewicht beträgt 10,4743.

Es ist das geschmeidigste Metall nach dem Golde und der Platina.

Es ist weniger hart als das Eisen, die Platina und das Kupfer.

Es kristallisirt in Würfel oder Achtecke; man trifft es auch in Fäden, in Platten, in Körnern, in Dendriten an.

Wenn man geschmolzenes Silber sehr langsam erkalten läßt; so bildet es Dendriten, die aus kleinen eins in das andre gepfropften Achtecken bestehen und die zusammengenommen die Gestalt einer Pyramide haben.

Das Silber ist nach dem Golde und der Platina, das Veränderungen am wenigsten ausgesetzte Metall. Die Luft verändert seine Farbe nur auf die Länge; aber, wenn man es einem heftigen Feuer aussetzt, so kalzinirt es sich endlich, und bedeckt sich mit einer olivenfarbigen, glasigen Kruste wie Macquer, Lavoisier bewiesen haben.

Das Silber ist sehr zugänglich für schweflige Dämpfe oder Ausflüsse; das geschwefelte Wasserstoffgas, verändert schnell dessen Farbe und verwandelt es in kurzer Zeit in geschwefeltes Silber.

Dies Metall, wenn es mit Gold oder Kupfer versetzt wird, behält seine weiße Farbe.

Das vererzte Silber ist gemeiner, als das Golderz.

Man trifft es häufig im gediegenen Zustande und noch häufiger in Versetzung mit andern Metallen, als Bley, Kupfer, Antimonium, Arsenik u. s. w. an.

Man findet es noch in Verbindung mit Schwefel- oder Salzsäure.

Die Kunst das Silber aus dem Silbererz zu ziehn ist verschieden nach dem Zustande, in dem es sich darin befindet.

Wenn das Silber im ursprünglichen Zustande ist; so darf man nur das Gemenge durch Zerstoßen oder Waschen in Wasser ausscheiden, um sich alles Metalls zu bemächtigen. Man reducirt sodann das Bley zu Glätte durch Kalzination; man nimmt die Glätte ab, so wie sie sich auf der Oberfläche des geschmolzenen Bleyes bildet, und das Silber bleibt allein und rein zurück.

Wenn das Silber mit Kupfer versetzt ist; so läßt man 75 Pfund Kupfer mit 275 Pfunden Bley schmelzen und formt diese Versetzung wie Kuchen, wo sie dann Saigerstöcke heißen. Diese bringt man in eine Wärme die hinreichend ist, das Bley zu schmelzen, welches das Silber mit sich fortzieht; das Kupfer aber

aber siebt sich und dringet durch die leeren Räume, die die Metalle darin lassen, welche sich davon scheiden. Das Bley wird sodann im Kapellier-Ofen so behandelt, wie wir es bey Extrahirung des Silbers bemerkt haben.

Wenn das Silber durch Schwefel oder Arsenik mineralisirt war; so glühet man das Mineral auf einem Roste, zerstößt oder pocht es, wäscht es aus, um die erdigen oder steinigen Materien, die das Wasser mit sich fortführt, da sie weniger schwer sind, als das Metall, daraus zu scheiden und schmilzt den Rückstand mit Bley.

Die Eigenschaften die wir an dem Silber kennen gelernt haben, weisen ihm sogleich nach dem Golde seinen Rang an, und um deswillen hat man es auch zu Münzen angenommen und bedient sich dessen als einen Hauptstoff des Luxus zu Meublen, Kleidungsstücken u. s. w.

Dritter Abschnitt.

Vom Quecksilber.

Das Quecksilber hat eine weiße, sehr glänzende Farbe.

Sein specifisches Gewicht beträgt 13,581.

Es behält seine Flüssigkeit bis zum 32sten Grade unter Null nach dem Reaumurschen Thermometer, oder dem 40sten nach dem von 100 Graden.

Wenn das Quecksilber gerinnt; so zieht es sich in dem nämlichen Augenblicke plötzlich zusammen; so daß es in den Röhren deren ganzen Umfang es zuvor ausfüllte sich bis in die Kugel zusammendrängt. Die künstliche Kälte, die ein Gemenge von Schnee, salzsaurem Natron und Salpetersäure hervorbringt, erzeugt leicht dieses Gerinnen.

Da das Quecksilber die schwerste unter allen bekannten Flüssigkeiten ist, und da es bey der Temperatur unsres Clima's nicht zum Gerinnen kommt; so hat man ihm vor allen übrigen den Vorzug gegeben, um dadurch die Atmosphäre, ihrem Gewichte nach zu messen, welches nach der Höhe bestimmt wird, in der dieß Metall sich in einer Röhre erhält, in der man einen leeren Raum angebracht.

Man bedient sich dessen auch vorzugsweise vor allen Flüssigkeiten zur Construction der Thermometer, weil die Ausdehnungen von Null bis zum Siedegrade des Wassers den

Graden von Wärme merklich gleich sind oder damit in Zusammenhang stehen.

Die Quecksilbererze zeigen uns dies Metall in verschiedenen Graden von Verbindungen:

1. Nach Herrn Deborn findet man es mit Silber amalgamirt in den Gespannschaften in Ober-Ungarn, und nach Wallerius zu Salberg in Schweden.

2. Der gewöhnlichste Zustand in welchem das Quecksilber angetroffen wird, ist seine Verbindung mit dem Schwefel. Es bildet sodann die Substanz, die man natürlichen Zinnober nennt. Dies Mineral hat eine mehr oder minder lebendige rothe Farbe, die durch das Zerreiben sich entwickelt und Intensität erlangt. Sein spezifisches Gewicht beträgt 6,9022 bis 10,2185. Es vertheilt sich parallel an den Wänden eines sechseckigen regulären Prisma's, das seine ursprüngliche Form zu seyn scheint.

Das geschwefelte Quecksilber ist zuweilen mit Pech vermischt: das Erz von Idria liefert hievon ein Beyspiel, in diesem Falle ist die Farbe des Minerals schwarz und es ist minder schwer.

3. Das Quecksilber findet sich noch in Verbindung mit der Salzsäure in dem Erze des Herzogthums Zweybrücken; man hat es ursprünglich mildes Quecksilber oder Horn-Quecksilber genannt. Es ist perlgrau, zerbrechlich und läßt sich leicht mit dem Messer schneiden; es verflüchtigt sich im Ganzen vor dem Löth-Rohr; diese letztere Eigenschaft unterscheidet es von dem salzsauren Silber, welches sich vor dem Löth-Rohre reducirt.

Da das Quecksilber sich mit ziemlicher Leichtigkeit verflüchtigt, so extrahirt man es durch Destillation aus seinem Erze, wenn aber die Operation in verschlossenen Gefäßen vorgenommen wird; so muß man zerbrochenen und gestoßenen Kalk mit dem Mineral vermengen, um das Ausscheiden des Schwefels dadurch zu befördern, daß man ihm eine Basis gibt.

Zu Almaden bedient man sich eines Ofens, in den man das Erz thut und den man durch das Aschenloch heizet. Das sublimirte Quecksilber entflieht durch zwölf Oeffnungen, die in der Höhe des Ofens angebracht sind, an jeder Oeffnung aber befindet sich wieder eine Reihe von Aludels die auf einer Terrasse stehn und in ein kleines Häuschen auslaufen, von dem aus ein Rauchfang in die Luft führt. In den Aludels und in einer Höhlung in der Mitte einer jeden kleinen Kammer

mer findet man nun das Quecksilber; das schweflichte Gas und die Luft des Verbrennens, nachdem sie den nämlichen Weg gemacht, steigen in die Luft.

Die Leichtigkeit mit der das Quecksilber sich mit Gold und Zinn versetzt, macht, daß man sich dessen bedienen kann, um das erste dieser Metalle auf das Kupfer aufzutragen, das man vergolden will; denn sobald die Versetzung aufgetragen ist, so bedarf er nur der Wärme, um das Quecksilber zu vertreiben und das Gold bleibt fest an der ganzen Oberfläche des Metalles, welchemnächst man ihm durch mechanisches Reiben eine gehörige Politur gibt. Sein Amalgama mit dem Zinn gibt das Mittel, eine sehr dünne Lage dieser beiden Metalle auf die Oberfläche eines Kristalls aufzutragen und darauf zu befestigen, so daß das Licht daraus reflectirt wird und so wird das Spiegelglas bereitet u. s. w.

Vierter Artikel.

Vom Bleye.

Es hat eine fahle graue Farbe.

Sein specifisches Gewicht beträgt 11,3525.

Unter den zu gebrauchenden Metallen ist das Bley eines der am wenigsten geschmeidigen, harten und haltbaren, so wie der am leichtesten schmelzbaren.

Es schießt beym Erkalten, in kleine achteckigte Kristalle an, die einer in dem andern stecken.

Das Bleyerz ist sehr gewöhnlich und das Metall zeigt sich darin in verschiedenen Zuständen.

I. Geschwefeltes Bley oder Bleyglanz.

Der Bleyglanz hat in der Regel eine graue Farbe. Seine Schwere beträgt ungefähr 6 bis 8, seine ursprüngliche Gestalt ist die eines Würfels, seine allergewöhnlichste die einer vierseitigen Pyramide: er hat wenig Consistenz und zerfällt bey dem geringsten Stoß in kleine Stücken.

Man trifft den Bleyglanz noch in Platten oder Körnern an. Oft zeigt er im Bruch nur glänzende Flächen und lassen sich die Platten eine von der andern mit Leichtigkeit lostrennen.

Der Bleyglanz ist selten frey von Versetzung. Das Silber ist davon fast unzertrennlich und man findet zuweilen Antimonium und Eisen darin.

Das

Das meiste Bleyerz wird gefördert, um das Silber daraus zu ziehn; woran es hauptsächlichen Reichthum enthält.

II. Bley und Metalloxyde.

Das Arsenikoxyd und die sauren, chromischen und Molybdänoxyde sind zuweilen mit dem Bleyerze in Verbindung.

Das Bleyerz, welches Arsenik enthält, ist von gelber oder grünlicher Farbe, leicht zu reduciren und verbreitet einen Knoblauch-Geruch, wenn es verbrannt wird.

Dasjenige, in welchem sich das Bley in Versetzung mit dem sauren Chromium befindet hat eine rothe, mit orange gemischte Farbe, läßt sich leicht mit einem Messer ritzen, und schießt in Kristallen an, die rechte Prismen mit einer Quadrat-Basis darstellen, die parallel mit den Flächen zertheilt werden würden, die man durch die Diagonalen der Basen durchgehen ließe. Herr Vauquelin hat durch die Analyse 63,96 Bley-Oxyd und 36,40 saures chromisches Oxyd daraus gezogen. Diesen Zustand des Bleyes hat man unter dem Namen rothes Bley beschrieben, bevor man dessen Grundbestandtheile kannte.

III. Bley und Säuren.

Das Bley ist oft in Verbindung mit Säuren, als der Molybdänsäure, der Kohlensäure, der Schwefelsäure, der Phosphorsäure, der Salzsäure u. s. w.

Das Erz, in welchem das Bley sich mit der Molybdänsäure in Vereinigung befindet, ist gelb und läßt sich in Achtecke zertheilen, deren Pyramiden ihre viereckige Basen haben, zart und brüchig, und decrepitirt, wenn man es der Wärme aussetzt; die Analyse hat mir darin 28,00 Molybdänsäure gezeigt.

Das kohlensaure Bley löst sich ohne Aufbrausen in der Salpetersäure auf. Seine Schwere beträgt 6.0717 .. 6,5585. Es ist zart und zerbrechlich, von einem matten Weiß. Seine ursprüngliche Gestalt ist die eines rechtwinklichten Achtecks. Dieß hatten die Mineralogen bis jetzt weißes Bleyerz genannt.

Herr Westrumb hat darin Kohlensäure in dem Verhältnisse von 16,00 gefunden.

Das kohlensaure Bley ist zuweilen in dem Innern verschiedener erdigen Materien von unterschiedlicher Farbe enthalten; in dieser Rücksicht wird das Erz Mennig (rothes Bleyoxyd) Massicot (Bleygelb) und Bleyweiß genannt; je nachdem es roth, gelb oder weiß war.

Die

Die Phosphorsäure, in welcher Bley aufgelöst ist, bildet phosphorsaures Bleysalz, welches man in mehreren Erzen antrifft.

Die Farbe dieses phosphorsauren Salzes ist eine trübe weiße, oft grüne, graue oder röthliche. Es gibt vor dem Löthrohr ein nicht zu reducirendes Knöpfchen. Seine specifische Schwere beträgt 6,909 bis 6,9411. Seine ursprüngliche Gestalt ist die eines zwiefach pyramidalischen Zwölfecks. Es enthält 18,75 an Phosphorsäure auf 100 Theile nach Herrn Klaproth: Herr Fourcroy fand nur 14,00 in dem von ihm analysirten.

Das, was man schwarzes Bley nennt, ist nichts als phosphorsaures, zum Theil oder im Ganzen in den Zustand von geschwefeltem Bley übergegangenes Bley.

Das schwefelsaure Bley ist zart und läßt sich unter dem Nagel zermalmen; seine ursprüngliche Gestalt ist die eines Achtecks.

Es reducirt sich bey der bloßen Flamme einer Kerze und löst sich nicht in Salpetersäure auf.

Die Farbe desselben ist klar oder gelblich.

Fast alles Bleyerz befindet sich, wenn es gefördert wird, in dem Zustande von geschwefeltem Bley, und die Art es zu bearbeiten, weicht sehr wenig von einander ab. Die verschiedenen Operationen bestehen darin:

1) Daß man das Mineral aussucht, um das fette, reiche oder reine Erz von dem Poch-Erze oder der steinigen Beymengung zu sondern.

2) Das ausgesuchte Erz unter den Pochstempeln zu zerstampfen.

3) Das zerstoßene Mineral auszuwaschen, um die Bergart durch das Wasser fortzubringen.

4) Das Mineral in einem Reverberirofen zu rösten; indem man es sorgfältig umdreht, um die Evaporation des Schwefels zu befördern. Wenn die Oberfläche anfängt, teigig zu werden, bedeckt man sie mit Kohlen, rührt das Gemenge um, vermehrt das Feuer, und sodann fängt das Bley an, von allen Seiten zu laufen und sammelt sich in dem Becken des Ofens, von wo aus man es in die Formen fließen läßt.

Die Schlacken die noch viel Bley enthalten, werden im Frischofen geschmolzen.

Das Bley ist um so weicher, je reiner es ist. Die Versetzung mit einer kleinen Quantität von Silber oder Kupfer macht es sauer und verringert seine Qualität. Man scheidet das Kupfer daraus durch Kapellation. Aber das Kupfer sowohl als das Eisen, bleiben versetzt darin, wenn diese Metalle sich mit demselben in dem Erze befinden, und dann wird das Bley sauer und kann nur zur Verfertigung von Schrot gebraucht werden; der Mennig und die Glätte, die man daraus bereitet, machen den Kristall bräunlich und können nicht mit Nutzen zur Composition des feinen, oder Kristall-Glases gebraucht werden.

Bley, mit ein wenig Arsenik versetzt, ist sehr hart: und diese Versetzung ist es, deren man sich zur Bereitung des Schrotes bedient. Man schmilzt das Bley mit ein wenig Arsenik und wenn die Versetzung zu einem solchen Grade von Wärme gebracht worden, daß man eine Karte hinein tauchen kann, ohne daß sie anbrenne, so gießt man sie in einen mit glühenden Kohlen angefüllten, und durchlöcherten Löffel und hält diesen Löffel über eine, mit Wasser angefüllte Wanne, in die das Bley in Schrotgestalt läuft. Auch wenn man die geschmolzene Versetzung aus einer sehr großen Höhe herabfließen läßt; so fällt es als Schrot auf den Boden nieder. Man sortirt sodann dieß Schrot nach seiner Größe nach verschiedenen Nummern indem man es durch Siebe siebt, deren Löcher von verschiedenem Caliber sind, und die eines in dem andern stecken; so daß die mit den größten Löchern sich oben befinden.

Die Geschmeidigkeit des Bleyes macht, daß man es mit Leichtigkeit hingießen, oder in Platten von großen Dimensionen formen kann; man gießt es, nach Willkühr, auf den Sand oder auf Zwillich und mittelst einer Laute, mit welcher man über die Lage des flüssigen Metalles hinfährt, gibt man ihm die nöthige Dicke.

Die Walzmühle bringt die nämliche Wirkung hervor und hat noch den Vorzug, das Bley dichter zu machen.

Diese Bleyplatten dienen dazu, Dächer, Terrassen u. s. w. damit zu bedecken, Kessel zur Evaporation mehrerer Salze und einiger Säuren daraus zu formen u. s. w.

Fünfter Artikel.

Vom Kupfer.

Dieß Metall hat eine gelbröthliche Farbe.

Seine Dichtigkeit ist geringer, als die der Platina, des Goldes, des Quecksilbers, des Bleyes und Silbers. Sein specifisches Gewicht beträgt 8,5844.

Es ist weniger hart, als Stahl und Platina, aber härter, als Silber, Gold, Zinn und Bley.

Nach dem Golde und dem Eisen hat das Kupfer die meiste Tenacität; auch ist es das wohltönendste unter allen bekannten Metallen.

Die ursprüngliche Form des gediegenen Kupfers ist die eines Würfels. Oft ist die Gestalt desselben verwirrt und nicht zu unterscheiden, es zeigt sich dann in Zweigen, Fasern, Platten, Körnern u. s. w.

Außer dem gediegenen Kupfer, das man im Ueberflusse in mehrern Erzen gefunden hat, existirt dieses Metall auch in einem Zustande von Verbindung mit dem Schwefel, zuweilen im einfachen Zustande eines reinen geschwefelten, oft auch im Zustande eines solchen sulphurisirten, in Gemenge mit Eisen, Kupfer, Antimonium und Arsenik. Noch hat man es in Verbindung mit der Kohlensäure, Salzsäure, Schwefelsäure u. s. w. gefunden.

I. Geschwefeltes Kupfer.

Dieß Erz hat eine eisengraue Farbe in seinem natürlichen Zustande, oder wenn es mit einem harten Körper gerieben wird. Seine specifische Schwere ist, nach Herrn Deborn, 4,81.

Es ist brüchig und zart, und läßt sich gut mit dem Messer schneiden; es ist selten frey von der Beymischung von ein wenig Eisen, woher es kommt, daß das Knöpfchen, welches man vor dem Löthrohre erhält, auf den Magnet wirkt.

Bey der Kalzination gibt es den Geruch der Schwefelsäure von sich, und bildet mit dem Ammonium eine blaue Auflösung.

Es ist das Daubantonsche, graue, glasige Kupfererz.

Herr Klaproth hat aus dem von ihm analysirten geschwefelten Kupfer, 18,50 Schwefel, 78,50 Kupfer, 225 Eisen und 0,75 Kieselerde erhalten.

II. Geschwefeltes Kupfer in Gemenge mit andern Metallen.

Wenn das geschwefelte Kupfer, Eisen nur in einem ein wenig bedeutenden Verhältnisse enthält; so entsteht daraus ein gelbes, nicht malleables Mineral von einer specifischen Schwere von ungefähr 4,3134, dessen Kristalle vom regulären Viereck ausgehen, und das man in der Mineralogie unter dem Namen Kupferkiese, gelbes Kupfererz u. s. w. kennt. Dieß Kupfererz ist das gewöhnlichste, man trifft es in Adern, die sich mehr oder weniger weit erstrecken, oder in Masse, an. Die Farbe ist abwechselnd nach dem Verhältnisse der drey Grundstoffe aus denen es besteht; wenn Eisen und Schwefel darin in kleiner Quantität vorhanden sind; so ist die Farbe ein azurartiges Violett; eine Probe von der letztern Gattung hat Herrn Klaproth 63,7 Kupfer, 12,7 Eisen, 19,0 Schwefel und 4,6 Sauerstoff geliefert.

Das geschwefelte Kupfer ist zuweilen versetzt mit Eisen und Arsenik; es gibt selbst Erze, in denen Bley, Antimonium und Silber noch mit diesen ersten Metallen in Verbindung sind, und diese gediegene Versetzungen zeigen ein stahlgraues, leicht zu zerbrechendes Mineral, dessen ursprüngliche Form die eines regulären Vierecks ist, und dessen specifische Schwere 4,8648 beträgt. Diesem Erze hat man die Namen graues Kupfererz, graues Silbererz, Antimonial-Kupfererz gegeben; je nachdem eines oder das andre dieser Metalle darin vorherrschend war.

Zuweilen ist der Arsenik in einem Zustande von Säure mit dem Kupfer verbunden; das Mineral hat sodann eine grasgrüne oder olivengrüne Farbe, ist zart und leicht zu zerreiben.

Herr Vauquelin hat bey der Analyse eines plattenförmigen arseniksauren Kupfers darin gefunden:

43 Arseniksäure.
39 Kupferoxyd.
17 Wasser.

Herr Lelièvre ist der erste, der diese Substanz und die Natur ihrer Grundbestandtheile kennen gelehrt hat.

III. Kupfer und Säuren.

Die Säuren, mit denen man das Kupfer in einem Zustande von Verbindung gefunden hat, sind die Salzsäure, die Kohlensäure, die Schwefelsäure u. s. w.

Die Salzsäure mineralisirt das Kupfer in dem grünen peruanischen Sande. Das Mineral hat eine smaragdgrüne Farbe Es färbt die Flamme auf dem Feuerheerde grün und blau, und löst sich ohne Aufbrausen in Salpetersäure auf.

Das, was man Kupferazur oder Bergblau, und Malachit oder Berggrün nennt, ist nichts, als kohlensaures Kupfer.

Der Kupferlasur hat eine azurblaue Farbe, und löst sich mit Aufbrausen in der Salpetersäure auf. Seine specifische Schwere beträgt 3,6022. Man kann ihn mit einem harten Körper leicht zerkratzen. Seine ursprüngliche Form ist die eines Achtecks mit Seitenwänden, die ungleichseitige Dreyecke bilden. Man reducirt es leicht vor dem Löthrohre.

Man

Man hatte die Farbe der Turkise allgemein dem Kupferoxyde zugeschrieben; aber Herr Bouillon-Lagrange hat bewiesen, daß diese gefärbte Knochen auch nicht ein Atom davon enthielten; und seine Untersuchungen haben ihm bewiesen, daß 100 Theile Turkis enthielten:

Phosphorsauren Kalk	80
Kohlensauren Kalk	8
Phosphorsaures Eisen	2
Phosphorsaure Magnesia	2
Alaunerde	$1\frac{1}{2}$
Wasser und Verlust	$6\frac{1}{2}$

Unter der Benennung Armenischer Stein hat man bald einen durch Kupferazur blaugefärbten Quarz, bald einen durch die nämliche Substanz colorirten Kalkstein verstanden. Die Turkise und die Armenischen Steine zeigen in der Regel ein Gemenge von grüner und blauer Farbe.

Der Malachit ist vom schönsten Grün. Seine specifische Schwere beträgt 3,5718. Er läßt sich leicht mit dem Messer zerkratzen, löst sich mit Aufbrausen in der Salpetersäure auf, und färbt die Flamme grün.

Der Malachit nimmt die schönste Politur an, und da man ihn in Masse oder in Stalagmiten findet, so macht man Tassen, Tabatieren, und Platten daraus, deren Oberfläche um so angenehmer in's Auge fällt, als sich fast immer eine Verzierung von herrlich nüanzirten farbigen Kreisen darauf zeigt, die die Folge der Lagen andeuten, aus denen nach und nach der Malachit entstanden.

Es bildet sich zuweilen ein schwefelsaures Kupfer durch die Zersetzung, oder vielmehr durch die Efflorescenz der geschwefelten Kupfer; aber dieß Salz kann, um deswillen schon, nirgends gefunden werden, als auf der Oberfläche der Erde oder in Höhlungen, die der Luft zugänglich sind. Das Wasser führt es, fast in dem Augenblicke, wo es entsteht, mit sich fort und nimmt sehr schädliche Eigenschaften durch die Auflösung dieses Salzes an. Es gibt solches, das davon eine so große Quantität enthält, um das Kupfer mit Nutzen daraus extrahiren zu können, und dieß geschieht; indem man es durch Eisen niederschlägt: das Kupfer in diesem Zustande wird Cementationskupfer genannt.

Die schwefligen Kupfererze sind fast die einzigen, die man fördert. Obgleich die Arten dabey zu verfahren, verschieden sind; so stimmen sie doch ziemlich allgemein in folgenden Operationen überein.

Man fängt damit an das Mineral auszusuchen, um das fette Erz von dem magern zu trennen; man pocht sorgfältig das, welches viel Gangart oder steinige Stoffe enthält; wäscht es sodann, um die Gangart auszuscheiden, die das Wasser besser als das schwerere Mineral fortführt, röstet das Mineral, um ihm den Schwefel zu benehmen, und schmilzt es sodann im Frischofen. Dieß erste Schmelzen gibt schwarzes Kupfer, das man auf dem Affinirofen nochmals schmilzt, und das man, während des Schmelzens, lange Zeit mit Kohlen in Berührung erhält, um die letzten Portionen Schwefel, die mit Stärke daran hängen, daraus zu entbinden. Sobald das Kupfer sehr rein ist, läßt man es in die Form laufen, und gießt ein wenig Wasser auf das Bad, um das Erkalten zu befördern und eine Lage von Kupfer dadurch zu bilden, die sich hinwegnehmen läßt, und indem man dieß nämliche Manoeuvre wiederholt, verwandelt man alles in der Form befindliche Kupfer in Kupferblätter oder Platten, die man unter den Hammer bringt, um ihnen die gehörige Form, Dicke und Politur zu geben.

Es gibt Länder, wo man bis achtmal hintereinander röstet, was hauptsächlich von der Natur des Erzes abhängt. Wenn es sehr reich an Schwefel ist; so kann man diesen Mineralisator großentheils extrahiren, wenn man große Massen des Minerals über eine Masse von Brennmaterial aufführt, und deren Wände so mit Thon belegt, als wenn Holz darin verkohlt werden sollte. Die Wärme des Brennmaterials sublimirt den Schwefel, welcher in Löcher, die man in die platte Oberfläche des oberen Theiles gräbt, steiget, und sich darin sammelt. Siehe die metallurgischen Reisen von Herrn Jars.

In einigen englischen Bergwerken röstet und schmilzt man das Erz im Reverberirofen.

Die Härte des Kupfers und seine Geschmeidigkeit haben den Gebrauch desselben vervielfältiget. Es macht den Grundstoff fast aller Gefäße aus, deren man sich in den Werkstätten zu Evaporationen, Auflösungen, Kristallisationen u. s. w. bedient. Die meisten Operationen in der Haushaltung geschehen in Gefäßen von diesem Metalle. Man hielt dessen Anwendung für gefährlich, weil die Speisen darin üble Eigenschaften annehmen könnten; indem sie sich mit einigen metallischen Atomen vermischten, aber die neuesten Erfahrungen des Herrn Proust haben bewiesen, daß man gegen jede Gefahr sicher ist; in sofern man nur nicht saure Flüssigkeiten, oder gesalzene Eßwaaren in den Gefäßen stehen läßt, und die Gefäße sorgfältig verzinnt. Die Reinlichkeit ist also hinreichend, um jedem Unfalle vorzubeugen.

Der Ueberzug der Seeschiffe verzehrt heutzutage eine große Quantität von Kupfer, dieser Ueberzug hat den Vortheil, den Lauf des Fahrzeuges zu befördern; indem die Oberfläche desselben dadurch gleicher wird und die Muscheln sich an das Kupfer nicht so ansetzen können als an das Holz. Noch trägt es dazu bey, die Schiffe vor dem Wurmstiche zu sichern und also ihre Dauerhaftigkeit zu vermehren.

Die Zähigkeit des Kupfers macht, daß man es gleichfalls auf der Drahtwinde bearbeiten kann und Rahmen und Gitterwerke daraus macht, die in den Künsten häufig gebraucht werden.

Sechster Artikel.

Vom Eisen.

Das Eisen ist das verbreiteteste unter den Metallen; so wie das kostbarste derselben, durch den unzähligen Gebrauch den man davon machen kann.

Dieß Metall hat eine graue, in das bläuliche spielende Farbe.

Sein specifisches Gewicht beträgt 7,788, und seine Härte ist größer als die der andern Metalle.

Nach dem Golde ist es das erste in Rücksicht der Zähigkeit.

Obgleich man von verschiedenen Orten her gediegenes Eisen verkündiget hat, und Naturforscher, die alles Zutrauens würdig sind, Beschreibungen davon gegeben haben, so ist die Existenz dieses Metalles in gediegenem Zustande noch kein Punkt, über den man allgemein übereinstimmt, und der als gehörig feststehend zu betrachten. Herr Guyton-Morveau läugnet selbst die Möglichkeit davon, und gründet sich darauf, daß das Eisen nur erst dann wahrhaft geschmeidig wird, wenn man es unter den Hammer bringt, und daß keine Auflösung, weder auf dem nassen noch auf dem trocknen Wege diese Operation ersetzen kann. Man muß daher annehmen, daß die Massen gediegenen Eisens, von denen man gesprochen hat, ihren Ursprung der Arbeit von Menschenhänden, oder unterirdischen Feuern verdanken *).

Die Eisenerze zeigen sich in Verbindung mit Sauerstoff, Schwefel, Metallen, Säuren, beynahe wie die andern metallischen Substanzen.

Herr

*) Und dennoch ist diese große durch Pallas zuerst bekannte Eisenmasse in Sibirien wirkliches gediegenes Eisen mit Nickel verbunden. Auch finden gediegenes Eisen und Nickel sich in den Meteorsteinen; es muß also wirklich gediegenes Eisen in der Natur existiren. H.

Herr Haüy bemerkt, daß die Erze, in denen das Eisen am wenigsten Sauerstoff enthält, ohne in andern Verbindungen begriffen zu seyn; natürliche Magnete bilden, und nennt die magnetischen Steine, die in den Handel kommen, und die man in beträchtlichen Massen in Schweden, in Norwegen, in China, in Siam, auf den Philippinischen Inseln, in Corsika u. s. w. findet, oxydulirtes Eisen.

Der Magnet wird durch folgende Eigenschaften characterisirt:

Er hat eine specifische Dichtigkeit von 4,2437.

Er ist nicht geschmeidig.

Er hat eine dunkelgraue Farbe, verbunden mit einem metallischen Glanze.

Seine ursprüngliche Gestalt ist die eines regulären Achtecks.

Er ist unauflöslich in Schwefelsäure.

Das Eisenerz, dem man nach und nach die Namen Eisenglanz, vulkanischen Eisenglanz u. s. w. gegeben hat, enthält eine weit größere Quantität Sauerstoff und wird viel schwerer vom Magnet angezogen. Sein specifisches Gewicht beträgt 5,0116; seine Farbe ist stahlgrau, seine ursprüngliche Gestalt eine längliche, etwas zugespitzte Raute.

Die berühmtesten, zu dieser Gattung gehörenden Erze, sind die von der Insel Elba und die von Framont in den Voghesen. In unsern naturhistorischen Sammlungen findet man zahlreiche Proben dieser Erze, die eben so merkwürdig durch Lebhaftigkeit der Farbe, als durch Verschiedenheit ihrer Formen sind.

Die Gegenden des Mont d'Or, des Puy de Dôme und von Volvic liefern gleichfalls Eisenglanz.

Die Erze, welche das Eisen nur in einer einfachen Verbindung mit dem Sauerstoffe enthalten, werden mit Erfolg nach der Methode behandelt, die man die catalanische Methode nennt. Man darf hierbey nur das Mineral schmelzen und es mit Kohlen in Berührung bringen, um dem Sauerstoffe eine Basis zu geben, während man bey der Behandlung der Alluvionserze, nachdem man das Schmelzen bewirkt hat, noch zum Affiniren schreiten muß, um malleables Eisen zu erhalten.

Der Schwefel macht oft den Mineralisator des Eisens in den Erzen. Diese natürlich geschwefelten Erze sind bey den Naturforschern unter den Benennungen, Eisenkies, Marcassiten u. s. w. bekannt; ihre Farbe ist gewöhnlich bronzegelb. Die Formen derselben gehen vom Würfel oder dem regulären Achteck aus. Ihre specifische Schwere beträgt 4,1006, und ihre Härte ist so groß, daß der Eisenkies am Feuerstahl Funken gibt.

Zuwei-

Zuweilen trifft man diesen Eisenkies in der Gestalt von runden Körpern, mit einer höckerigen und mit kleinen dreyseitigen Pyramiden besäeten Oberfläche, die durch ihre Basen andern gleichgestalteten Pyramiden entgegenstehen, sich verlängern, und sich endlich mit den Spitzen in einem gemeinschaftlichen Mittelpunkte vereinigen.

Noch wird der Eisenkies ziemlich häufig in Gestalt von kleinen gelben Würfeln, bald im Schiefer, bald in Thonerde, bald in Erdharzen und bald in Hölzern angetroffen, die in den Zustand von Erdharz versetzt worden.

Es geschieht zuweilen, daß der Schwefel sich aus dem geschwefelten Erze entbindet, welches sodann seinen metallischen Glanz verliert und eine schwärzliche Farbe annimmt; in diesem Zustande wird es Blutsteinerz genannt. Aber, wenn das Eisen, auf diese Weise von seinem Mineralisator befreyt, in den Zustand eines metallischen, sehr zertheilten Staubes reducirt wird, so führen die Wässer es mit sich fort und setzen es in Schichten oder Stalactiten ab, die man Eisenram nennt. Einer ähnlichen Ursache kann man die Entstehung der auf der Oberfläche des Erdbodens so gewöhnlichen Ocherbänke zuschreiben, mit dem einzigen Unterschiede nur, daß hier die Zersetzung des Schwefels vollkommen und das Eisen darin stärker oxydirt ist.

Die Eisenkiese finden sich in großer Anzahl unter den Körpern aus denen unser Erdball besteht. Es scheint selbst, daß in der ursprünglichen Composition desselben, sie noch zahlreichere Lagen darin bildeten: da aber die Berührung der Luft oder des Wassers unterstützt von einiger Wärme, die Zersetzung dieser Kiese befördert; so mußten sie nach und nach verwittern und ihrer Natur und Mischung nach, verschiedene Resultate hervorbringen. Wenn der Eisenkies Erdharz enthält, so bringt die Zersetzung dieses oft dessen Entzündung hervor; dieß sieht man häufig in Steinkohlenbergwerken, deren Kohlen sehr kieshaltig sind; man darf sie nur in Haufen auf einander gepackt, oder auf der Kehle des Stollens liegen lassen; damit sie sich erhitzen und in Brand gerathen. Oft entsteht der Brand in einem Gange von schlechten Steinkohlen selbst, und sodann ereignen sich alle Phänomene, die sich sonst bey Vulkanen zeigen und die nur durch die sehr verschiedene Quantität von Erz, welches der Zersetzung unterworfen ist, und durch den Widerstand den die Entwickelung und der freye Ausgang der entstehenden Gase erfahren, modificirt werden. Die langen und zahlreichen Spuren von Vulkanen, die wir mit jedem Schritte auf der Oberfläche des Erdbodens antreffen, scheinen mir keinen andern Ursprung gehabt zu haben;

die

die vulkanischen Rückstände, die durch die Schwierigkeiten, die sie jetzt dem Schmelzen entgegensetzen, auf den Gedanken bringen sollten, daß sie bey ihrer Entstehung die Wirkung einer sehr großen Wärme erfahren haben, immer in den Zustand einer teigigen Schmelzung durch den Schwefel versetzt werden können, der, einmal evaporirt fast unschmelzbare Rückstände läßt; wie wir in der Platina sehen, die, sehr schmelzbar durch ihre Versetzung mit dem Arsenik gemacht, ihre Unschmelzbarkeit wieder annimmt; sobald der Arsenik durch Wärme daraus verdrängt worden.

Wenn der Eisenkies nur Schwefel und Eisen enthält, so liefert seine Zersetzung nur schwefelsaures Salz und Ocher; das schwefelsaure Salz wird durch die Wässer fortgeführt, und der Ocher bleibt gelb, braun oder röthlich nach dem Grade seiner Oxydation. Man trifft den Ocher zuweilen in Schichten an, und öfter noch hier und dort umher verstreut; man kann ihm durch die Kalzination eine lebhafte rothe Farbe geben, und dann wird er rother Ocher genannt.

Wenn der Eisenkies mit erdigen Stoffen, und andern metallischen Substanzen vermengt ist, so erzeugen sich schwefelsaure Alaunerde und Kalkerde, dergleichen schwefelsaures Eisen, Kupfer und Talkerde u. s. w.; die nach den verschiedenen Graden ihrer Auflöslichkeit in Wasser fortgeführt, und in Schichten wie in Lagern angesetzt werden.

Dieser, so viele Phänomene erzeugenden Ursache, dieser großen Triebfeder der Bewegung, Zusammensetzung und Zersetzung, in einem Worte, der Efflorescenz und dem Spiele der Eisenkiesmassen sind die größten Veränderungen zuzuschreiben, die unser Erdball erfahren hat.

Noch findet man Eisen in Verbindung mit Kohlenstoff, und dieß ist es, was man Graphit, Reißbley und kohliges Eisen nennt.

Dieß Mineral macht auf dem Papier Flecken von metallischem Bleygrau.

Sein specifisches Gewicht beträgt 2,0891.

Man kann es leicht zerkratzen, und seine Oberfläche ist fett und schmierig.

Es gibt 90,9 Kohlenstoff auf 9,1 Eisen.

Man trifft es in kleinen Platten von einer Weiße, wie die des Zinnes, an, die der Figur nach dem regulären Sechsecke nahe kommen. Zuweilen findet man es auch in Körnern. Ziemlich häufig ist dieß kohlige Eisen auch in kohligen Schichten unter

der

der Gestalt von Knoten oder Nieren enthalten, und darum nannten es die Alten auch glebae plumbariae.

Aus dem Graphit werden die Bleystifte gemacht, die davon ihren Namen haben, und die man in England im Herzogthum Cumberland verfertiget, wo dieß Mineral im Ueberflusse vorhanden ist *). Um sie zu verfertigen, sägt man das Mineral in lange und dünne Platten, die man in eine Fuge einfaßt, welche an einem hölzernen Halbcylinder angebracht ist. Man befestiget eine zweyte Hälfte des Cylinders an die erste, so daß sie darüber hingleiten kann, und eine Portion des Bleystiftes dadurch bloßgestellt wird. Bey den Bleystiften von geringerem Preise werden die beyden Hälften des Cylinders aneinander geleimt. Noch macht man Bleystifte von der schlechtern Gattung aus dem Staub des Graphits, dem man dadurch Haltung gibt, daß man ihn mit Gummi oder geschmolzenem Schwefel zusammenknetet. Noch ist dieser Staub zur Verfertigung vortrefflicher Tiegel zu gebrauchen, wenn er mit Thonerde zusammengeknetet wird.

Das Graphit dient ferner dazu, um Oefen und andere eiserne Sachen vor dem Rost zu bewahren, man darf sie zu diesem Zwecke nur sorgfältig damit einreiben.

Man mischt es auch mit Fett zusammen, um bey dem Aneinanderreiben der Metallstücke, die zu einem Räderwerk gehören, diese geschmeidiger zu machen.

Wir haben bereits bey der Zersetzung der Sulphuren von den Eisenoxyden gesprochen; aber wir müssen hier noch etwas von einem Eisenoxyde sagen, daß, mit Quarz vermengt, eine so harte Verbindung bildet, um alle Körper, nur den Diamanten ausgenommen, damit zerkratzen zu können. Es ist dieß nämlich der sogenannte rothe Schmirgel. Sein specifisches Gewicht beträgt 4,0. Im Bruche erscheint er fein- und dicht-gekörnt.

Der Schmirgel wird nicht so angewandt wie das Eisenerz; aber man bedient sich seiner zu Politur der härtesten Steine, Glasarten und Metalle, und bereitet ihn zu diesem Zwecke folgendergestalt:

Man zermahlt ihn auf stählernen Mühlen, scheidet ihn sodann nach verschiedenen Graden von Feinheit; indem man ihn in Wasser einrührt, und die gröbsten Theile zu Boden fallen läßt, um nur die dünnesten zurückzubehalten, die suspendirt bleiben, und die man erhält, wenn man das Wasser, nachdem es eine gehörig

*) Auch in Potsdam existirt eine Fabrik, in welcher die feinsten Bleystiften bis zu den geringsten, so schön wie in England fabricirt werden. H.

gehörig lange Zeit über dem Bodensatze gestanden, davon abklärt Dann werden die zuerst zu Boden gefallenen Theile von neuem zerstoßen, und von neuem in Wasser umgerührt, um die dünnesten auszuscheiden; und so gelangt man durch successive Operationen dahin, den Schmirgel zu einem unfühlbaren Staube zu reduciren. In der Regel nimmt man zur Politur der Metalle bloß die Theile des Schmirgels, die nach einem Stehen von einer halben Stunde im Wasser suspendirt bleiben.

Noch hat man im Schooße der Erde Eisen mit Arsenik in Verbindung angetroffen, und dann wird es weißes Arsenikerz, Mispickel, kiesiger Arsenik, Arsenikkies u. s. w. genannt.

Dieß Mineral hat eine Farbe von der Weiße des Zinnes; es gibt mit Stahl Feuer, und dampft einen Knoblauchgeruch aus. Sein specifisches Gewicht beträgt 6,5223. Seine ursprüngliche Form ist die eines rechtwinkligen, rautenförmigen Prisma's.

Das Arsenikeisen enthält zuweilen Silber; Herr Klaproth hat davon 12,75 in dem Erze von Andreasberg gefunden.

Eine der natürlichen und gewöhnlichsten Verbindungen des Eisens ist die, aus der das Eisenspath besteht. Bayen hat Kohlensäure und ein wenig Zink, und Bergmann kohlensauren Kalk und Braunsteinoxyd darin mit dem Eisen vereint gefunden. Herr Drappier hat bewiesen, daß der kohlensaure Kalk nur zufällig darin vorhanden sey; er will auch nur von ein wenig Braunstein wissen; findet dagegen aber viel Magnesia darin. Herr Descotils hat die Existenz der Magnesia in demselben bestätiget, und von solcher 0,125 aus dem gezogen, aus welchem Herr Drappier 0,140 zog. Herr Descotils bemerkt übrigens, daß es das Erz, welches in großen Tafeln kristallisiret, sey, aus denen man die Magnesia erhalte. Die Aehnlichkeit der Formen des Eisenspaths mit denen der kohlensauren Kalke, hat nicht allein die Benennung Spath veranlaßt, die man von dem Worte Kalkspath hergenommen; sondern sie scheint auch die Meynung zu unterstützen, gegen die heut zu Tage die Erfahrung spricht, daß es nichts als ein kohlensaurer Kalk sey.

In der Regel ist dieß Erz leicht zu behandeln, und gibt ein Eisen von guter Qualität. Man schmilzt es im Hohofen, und extrahirt zuweilen Stahl bey der ersten Schmelzung; aber wenn das Mineral Magnesia enthält, so ist es viel schwerer zu schmelzen, als wenn nur wenig davon darunter ist; im ersteren Falle setzt man es der Luft und dem Regen aus, weil die kohlensaure Magnesia, die etwas auflöslich ist, durch das Wasser aufgelöst und fortgeführt wird, und die Kohlensäure, welche das Eisen

fahren

fahren läßt, indem es mehr Sauerstoff annimmt, diese Wirkung unterstützet. Herr Descotils hat bewiesen, daß die größere oder geringere Schmelzbarkeit des Eisenspaths von dem Verhältnisse der Magnesia abhänge, auf das des Braunsteins es aber nicht ankomme. Diese letztere Substanz hat nur auf solches Metall Einfluß, welches daraus entsteht, wie Stangel lehrt.

Noch trifft man aufgelöstes Eisen in Säuren, wie in der Blausäure, der Schwefelsäure und der Chromsäure an.

Das blausaure Eisen, welches auch noch unter den Namen gediegenes Berlinerblau, blauer Eisenocher u. s. w. bekannt, hat eine blaue Farbe von mehrerer oder minderer Intensität. Es wird im Oele schwarz, und gibt vor dem Löthrohr eine Schlacke von schwärzlichbrauner Farbe, die vom Magnet angezogen wird.

Das schwefelsaure Eisen, der grüne Vitriol, das grüne Kupferwasser entsteht aus der Zersetzung des geschwefelten Eisens. Wir werden von diesem Salze in der Folge ausführlicher reden.

Man hat chromsaures Eisen im Var-Departement gefunden, die Farbe desselben ist schwärzlich braun und hat einen metallischen Glanz.

Sein specifisches Gewicht beträgt 4,0326 es ist unschmelzbar ohne Zusatz, ritzt Glas und bricht unter dem Hammer.

Es hat Herrn Vauquelin ergeben:

43,0 Chromsäure.
34,7 Eisenoxyd.
20,3 Alaunerde.
2,0 Kieselerde.

Das Eisen ist fast überall vorhanden, aber man nennt Eisenerz nur solche mineralische Anhäufungen, in denen das Eisen in hinlänglich großer Masse vorhanden ist, um mit Vortheil daraus gefördert werden zu können. Die Eisenspatherze, die Eisenoxyde, die Eisenram bilden, Lager von Ocher, von Eisenglanz, oder von angeschwemmtem Erze, sind die, welche man in der Regel benutzt.

Die Art, das Eisenerz zu behandeln, ist verschieden nach der Reinheit des Minerals, dem Zustande, in welchem das Eisen sich darinn befindet und der Natur der demselben beygemengten Substanzen. Wenn das Eisen sich in einem, der Gediegenheit nahe kommenden Zustande befindet und keine seine Schmelzbarkeit vermindernde oder sich im Schmelzen mit ihm vermengende Materien enthält, so ist es hinreichend wenn man, um

Eisen

Eisen zu erhalten, das Mineral mit Kohlen bloß in Berührung setzt. Die Methode, deren man sich in diesem Falle bedient, nennt man die catalanische. Sie ist hauptsächlich bey solchen Eisenspatherzen anzuwenden, die nicht viel Braunstein enthalten; bey den Stalactit- und Eisenram-Erzen in denen das Eisenoxyd fast rein und wenig mit Sauerstoff geschwängert sich befindet, und bey den Eisenglanzerzen die frey von Bergart und aller Beymischung fremdartiger Substanzen sind. Diese Erze liefern in der Regel mehr oder weniger Stahl bey der ersten Schmelzung.

Die angeschwemmten und in der Regel alle mit erdiger Substanz oder irgend einer andern metallischen Materie angefüllte Erze erfordern complicirtere Arbeiten und das Schmelzen geschieht in sogenannten hohen Oefen. Das Innere dieser Oefen besteht aus zwey vierseitigen, in ihrer Basis vereinigten Pyramiden; durch den oberen Theil wird das Brennmaterial eingeschoben, und wenn es gehörig im Brande ist, wirft man das Mineral darauf, welches, in dem es durch diese Lage von Kohlen dringt, sich erhitzt, von seinem Mineralisator trennt, erweicht und zu fließen anfängt, je nachdem es sich der Basis nähert, wo die Hitze unendlich stärker ist, weil dahin die zur Erregung des Feuers bestimmte Blasebälge mit ihren Oeffnungen gerichtet sind.

Wenn das Erz thonig ist, so vermengt man es mit einer Art von Kalkstein, Castine genannt, und wenn die Bergart kalkhaltig ist; so thut man einen Thon hinzu der Zuschlag genannt wird. Das Hinzufügen dieser fremdartigen Materien erleichtert das Schmelzen.

So wie das Metall zu schmelzen anfängt, wird es flüssig und sammelt sich in dem Grunde des Ofens von wo man es von Zeit zu Zeit in Formen ablaufen läßt, die bestimmt sind, es aufzunehmen und ihm die Gestalt die es bekommen soll, zu geben.

In diesem ersten Zustande wird daß Eisen, Gußeisen, Eisengröße genannt; es ist sehr hart und brüchig. Man macht daraus Kaminplatten, Töpfe, Kessel, Röhren und eine unendliche Menge von Werkzeugen und Gefäßen, die vorzüglich zum Gebrauch in den Künsten und Haushaltungen sind, wo sie dann Gußeisen und geschmolzenes Eisen genannt werden. Durch reine und recht flüssige Schmelzungen ist man dahin gelangt, dem Gußeisen die zartesten Formen zu geben; so daß man in den Künsten durch dasselbe viele Werkzeuge und Sachen

von

von allen Arten ersetzt hat, die man sonst aus geschmeidigem und gehämmerten Eisen bereitete.

In diesem Zustande ist das Eisen mit einem Ueberreste von Sauerstoff und ein wenig Kohle, zuweilen auch mit einigen erdigen oder metallischen Stoffen gemengt; von denen man solches durch fernere Operationen befreyt; zu diesem Ende glühet man das Gußeisen; und knetet und arbeitet es sorgfältig um, um alle seine Theile der Luft auszusetzen, und die fremdartigen Materien auf die Oberfläche zu bringen. Nach und nach wird das Eisen geschmeidig und man bildet sodann durch Hämmern für den Handel viereckigte oder platte Stangen in verschiedenen Proportionen daraus.

Das Hämmern trägt viel zur Verbesserung des Eisens bey; man nennt diese Operation Eisengerberey. Man beraubt es hinzu nicht allein der Kohle und des wenigen Sauerstoffs, die darin vorhanden seyn können; aber man verdichtet alle Theile, vereiniget sie, läßt sie dadurch Cohäsion gewinnen und das Eisen erlangt dadurch mehr Geschmeidigkeit, Biegsamkeit, Zähigkeit und eine gleichere Qualität.

Das sorgfältige Gerben des Eisens gibt ihm ferner eine gleiche Qualität in allen seinen Theilen; ohnedieß sieht man Eisenstangen, die an einem Ende hart, geschmeidig in der Mitte und brüchig an der andern Extremität sind; und diese Ungleichheit in dem nämlichen Eisen, hat bis jetzt dem Fortkommen unserer Stahlfabriken so wie der Verfertigung eiserner Werkzeuge und Handwerksgeräthe, die der Künstler selbst in seiner Werkstätte verstahlt, unübersteigliche Hindernisse in den Weg gelegt.

Um sich eine genaue Vorstellung von der Bearbeitung des Eisenerzes und der Producte, die daraus verfertiget werden, machen zu können, muß man die Eisenerze als Gemenge von Eisen und Sauerstoff, oder von Eisen und verschiedenen fremdartigen Materien betrachten, die in verschiedenen Verhältnissen darin in Verbindungen oder Versetzungen sind.

Im erstern Falle darf das Erz nur auf glühende Kohlen gebracht werden, damit der Sauerstoff sich entwickele und das Eisen frey zurückbleibe. Die Behandlung dieses Erzes ist einfach und leicht; sie erzeugt in der Regel eine vortreffliche Qualität von Eisen; ja es geschieht zuweilen, daß ein Theil des Metalles sich in Stahl verwandelt, weil das geschmolzene Eisen in Berührung mit der Kohle, sich in einer zu dieser Verwandlung hinreichenden Quantität mit dieser verbindet.

Wenn

Wenn aber das Eisen mit fremdartigen, entweder erdigen oder metallischen Körpern gemengt ist, so versetzt sich das Geschmolzene mit einem Theile dieser Substanzen. Der starke Grad von Wärme, der erforderlich ist, eine gehörige Schmelzung hervorzubringen, trägt dazu bey, ihr mehr oder weniger Kohle beyzumengen; der Sauerstoff selbst entbindet sich entweder schwer, oder er verbindet sich darin von neuem durch die fortwährende Thätigkeit der Blasebälge: ein Theil der fremdartigen Materien allein, wenn er erweicht und schmilzt, kommt leichter als das Eisen, um sich mit der Oberfläche des Metallbades zu vereinigen, auf welcher sie eine glasige Schlacke bildet, die Schlacke genannt wird, so daß der Guß Sauerstoff und Kohlenstoff und mehr oder weniger von den fremdartigen Materien enthält, die sich mit dem Eisen in dem Erze befunden. Die Existenz aller dieser Körper darin ist durch die gelehrte Analyse, die die Herren Monges, Berthollet und Vandermonde davon gemacht, dargethan worden.

Der Guß ist weiß, grau und schwarz nach den Verhältnissen, in denen diese Stoffe darin enthalten sind. Der weiße Guß enthält weniger Kohle als der graue. Die Arbeit des Affinirens, deren Bestimmung es ist, das Eisen von allen fremdartigen Stoffen zu befreyen, und ihm die Geschmeidigkeit zu geben, die es characterisirt, ist ganz auf diese Grundsätze gegründet, und man darf nur wissen, daß wenn der Guß reich an Kohlenstoff ist, man ihn umrühren und der Luft, so wie dem Zuge des Blasebalges aussetzen muß, um ihn davon zu befreyen; während, wenn er viel zu viel Sauerstoff enthält, es nöthig ist, ihn mit Kohlen zu kneten, um sich dessen zu bemächtigen. Bloße Wärme reicht in dem Falle hin, wo die Kohle und der Sauerstoff sich darin in gehörigen Verhältnissen befinden, weil sie sich sodann in dem Zustande von Kohlensäure mit einander verflüchtigen.

Man begreift hienach, wie wichtig es ist, wenn man dem Eisen seine volle Geschmeidigkeit geben will, es von allen diesen Stoffen zu reinigen; aber man sieht zugleich auch, wie leicht es ist, die Gränzen zu überschreiten, und von neuem das Metall zu verderben, indem man ihm die Eigenschaften wiedergibt, die es bereits verloren.

Um dem Eisen alle gewünschte Eigenschaften zu geben, nachdem man im Schmelzen die leichtern Erden und Metalle davon geschieden, die in Gestalt von Metallschlacken auf die Oberfläche kommen, muß man es mit der größten Sorgfalt gerben, und mit dem Stempel bearbeiten; außerdem, daß man hiedurch

durch die Theile des Eisens verdichtet; so wird dadurch der Rest der Unreinigkeiten, die darin enthalten seyn können, ausgedruckt um ihm eine Tenacität gegeben, die es ohne Hülfe des Hammers nie erlangen würde.

Unabhängig von den fremdartigen Materien, von denen wir eben gesprochen, und die man aus dem Geschmolzenen durch bekannte Verfahrungsarten ausscheiden kann, befindet sich zuweilen phosphorsaures Eisen darin, das allen diesen Operationen widersteht; dieß phosphorsaure Salz macht das Eisen brüchig im kalten oder warmen Zustande: Eisen welches diese üble Eigenschaft hat, wird hartes Eisen oder sprödes Eisen und kaltbrüchiges Eisen genannt, und hat gewöhnlich ein gröberes Korn, als das weiche. Bergmann ist die Entdeckung dieses phosphorsauren Salzes zu danken: er hat es ausgeschieden, indem er das Eisen in der Schwefelsäure auflöste, denn es schlägt sich aus der Auflösung in Gestalt eines weißen Pulvers nieder, das man Siderit genannt und das Bergmann zuerst für ein neues Metall genommen hatte; Meyer aus Stettin hat jedoch bewiesen, daß es ein wahres phosphorsaures Salz sey. Um dieß phosphorsaure Salz zu erhalten, muß die Auflösung bey einer milden Wärme gesättiget werden, sie schlägt sich dann durch Stillestehen in vier bis fünf Tagen nieder. Man kann sie noch dadurch erhalten, daß man das Eisen in Salpetersäure auflöst und bis zur Trockne evaporirt, das Eisen wird durch diese erste Operation oxydirt: neue hinzugegossene Salpetersäure löst allein den Siderit auf, ohne das Oxyd zu berühren; man evaporirt von neuem, verdünnt das Residuum mit Wasser und das was übrig bleibt ist Siderit. Man kann diesen Siderit durch Alkalien und durch Kalk zersetzen.

Wenn das Eisen zu dem Grade von Reinheit gebracht worden, in dem es eine große Geschmeidigkeit und viel Zähigkeit erhält; so kann man, indem man es mit ein wenig Kohlenstoff verbindet, ihm neue Eigenschaften mittheilen, die ihm einen vorzüglichen Werth in den Künsten geben, in denen es sodann den Namen Stahl oder Cementationsstahl erhält.

Alle Eisenarten sind nicht geschickt, guten Stahl zu liefern, die weichsten und die geschmeidigsten verdienen den Vorzug. In England, wo fast aller Stahl, den man in Europa gebraucht, verfertiget wird, bedient man sich nur des Eisens aus der Provinz Roslagen in Schweden, als des besten und reinsten unter den bekannten.

Alle

Alle Proceduren deren man sich bedient, um das Eisen in Stahl zu verwandeln, lassen sich bis auf einige Modificationen in Rücksicht der Construction des Ofens auf die in der Provinz Newkastle in England übliche Methode reduciren.

Nachdem unter den bekannten Eisengattungen das beste ausgesucht, das in Stangen oder Streifen in der Regel von $1\frac{1}{2}$ bis 3 Zoll Breite auf 6 Linien Dicke, besteht; so schneidet man diese Eisenstangen in die Länge des Kastens in dem sie cementirt werden sollen; diese Kasten haben in Newkastle eine Länge von $10\frac{1}{2}$ Fuß auf 2 Fuß Höhe und beynahe eben so viel Breite. In jeden Kasten von ähnlichen Dimensionen, wird nun Eisen, von ungefähr zwölftausend an Gewicht gethan, und da man zwey dieser Kasten in jeden Ofen schiebt; so geschieht die Operation ungefähr an vier und zwanzig tausend.

Um nun das Eisen in diesen Kasten zu ordnen, welche aus Sandsteinen bestehen, die unter einander mit Lehm verbunden sind, den man in die Fugen schmiert und die man in einem Ofen dergestalt aufstellt, daß die Flamme alle Seiten desselben bestreichen kann; so fängt man damit an, daß man auf dem Boden ein Bette von schwach mit Wasser getränktem Kohlenstaube macht und über dieses eine Reihe von Eisenstangen, parallel mit einander und ohne daß sie einander berühren können, legt; diese erste Reihe mit einem Bette von Kohlenstaub von 6 Linien Dicke wieder bedecket; und die leeren Räume, welche die Stangen zwischen einander lassen, damit ausfüllt: so nach und nach fortfährt, Lage auf Lage, Eisenplatten und Kohlen über einander aufzuführen, und endlich die letzte Lage mit einer Hülle von Staub belegt, auf welche man wieder ein Bett von nassem Sande legt, indem man ein sargförmiges Gewölbe über dem Kasten errichtet.

Wenn die Kasten nun angefüllt sind; so verstopft man die Oeffnungen des Ofens, durch die man zum Behuf dieser ersten Operationen hineingekommen, und zündet das Feuer an, das man fünf bis sechs Tage in dem Grade unterhält, daß es den ganzen Umfang der Kasten in Rothgluth versetzt. In mehrern Fabriken reicht die Gewohnheit hin, dem Hauptarbeiter den Augenblick anzudeuten, wo die Cementation geendiget ist, aber in einigen Werkstätten spart man in einem der Böden des Ofens eine kleine Oeffnung aus, die mit einer ähnlichen im Kasten angebrachten Oeffnung in Verbindung steht, und zieht dadurch, von Zeit zu Zeit eine der Stangen heraus, um sich von dem Zustande der Operation zu unterrichten.

Wenn

Wenn man nun sieht, daß das Eisen gänzlich in Stahl verwandelt ist; so reißt man die Mauern an den Extremitäten des Ofens herunter, um das Erkalten zu beschleunigen, und nimmt die Stangen vom Roste, um auch die Kohlen herausziehen zu können; wonächst man, nach Verlauf einer Woche, den Stahl ausziehen kann.

In diesem ersten Zustande heißt der Stahl Schwellstahl.

Man schmiedet ihn mittelst eines Stempels und reducirt die Eisenstangen auf ein Quadrat von 7 bis 8 Linien Dicke und unbestimmter Länge, läßt dieß sodann aber an der Luft kalt werden, ohne es in Wasser zu tauchen. Die breiten Facetten die der Schwellstahl hatte, werden in kleine Körner reducirt und in diesem Zustande heißt er gemeiner Stahl. Man gebraucht ihn zu Feilen, Sägen, Scheeren, Messern u. s. w.

Da die Extremitäten des zu Stahl verwandelten Eisens in der Regel Flecken haben, und ein weniger vollkommenes Stahl liefern; so zerschneidet man sie, um sie in Paketen zu schmieden, und nennt diesen Stahl, süßen Stahl. Man bedient sich seiner um ihn an die Extremitäten der Werkzeuge zur Bearbeitung der Erde anzuschweißen.

Man kann die Qualität des Cementationsstahls noch verbessern, wenn man ihn, so wie er aus dem Ofen kommt, nimmt, um Päcke von zehn bis zwölf Stangen daraus zu machen; diese Päcke erwärmt man in den Kohlen; indem man von Zeit zu Zeit, sorgfältig, trockenen Lehm darauf wirft, um die Hitze zu concentriren; und wenn das Paket gehörig warm geworden, bringt man es unter den Hammer, um es zu schweißen, breit zu schlagen und zu schmieden; durch dieß Verfahren erhält man den sogenannten deutschen Stahl. Auf die nämliche Art verfährt man bey dessen Bereitung in Steyermark und Newkastle.

Die Engländer legen dem deutschen Stahl noch neue Eigenschaften bey, die ihn geschickt zur Anwendung in feinen Arbeiten machen. Zu diesem Ende bedienen sie sich, um den Cementationsstahl in deutschen Stahl zu verwandeln, nur der Holzkohlen. Sie lassen sodann diesen deutschen Stahl auf die nämliche Weise cementiren, wie das Eisen, und schmieden es von neuem in Päcken bey Holzkohlen.

Die Engländer sind fast allein im Besitz des Mittels, den unter dem Namen von geschmolzenem Stahl bekannten Handelsartikel zu verfertigen. Man nimmt dazu alte Feilen, oder andre stählerne Stücke und schmilzt sie mit einem glasigen Flusse.

Das Eisen ist fähig sehr verschiedene Quantitäten von Kohle aufzunehmen. Von dem Stahle an, welches davon höchstens $\frac{1}{32}$, bis zum Reißbley, welches $\frac{94}{100}$ davon enthält, sind die Mittelverhältnisse sehr zahlreich. Wenn man von dem Zustande als Stahl ausgeht, welcher nichts ist, als Eisen in Verbindung mit ein wenig Kohlenstoff, und gradweise das Verhältniß dieser letztern steigert, so sieht man, wie das Eisen nach und nach durch die Zustände des weißen Gusses, des grauen Gusses u. s. w. durchgeht, und endlich in den des Reißbleyes übergeht. So wie das Verhältniß der Kohle zunimmt, wird es immer schwerer das Eisen zu schmieden und es im Feuer zu erweichen. Es gibt ein Verhältniß zwischen dem Eisen und der Kohle, woraus ein schmelzbarer und malleabler Stahl entsteht: wenn man dieß aber überschreitet, so arten die Eigenschaften des Stahles aus, und er nähert sich sodann dem Guß= oder dem Roheisen.

So wie die Dosis der Kohle vermehrt wird, steigt die Schmelzbarkeit der Verbindung, das Korn der Materie, welches das des Stahles war, wird verändert, und der Bruch zeigt nichts mehr als eine gleichförmige Oberfläche, gleich der des weißen Gußeisens. Man bringt sie sodann in den Zustand des grauen Gußeisens, und macht sie immer schmelzbarer; indem man das Verhältniß der Kohle vermehrt.

Herr Clouet hat bewiesen, daß das Eisen sich mit ein wenig Glas verbinden kann, und daß die daraus entstehende Materie schmelzbar und ein wenig geschmeidig sey, ohne geschmiedet werden zu können. Dieser Guß ist nicht hart, er läßt sich wie weiches Eisen feilen und ausmeißeln; im Bruch ist er, wenn man ihn härtet, beynahe wie Stahl, ohne aber die Härte desselben zu erlangen.

Wenn man dem Glase ein wenig Kohle von einem Zwanzigtheil bis zu einem Dreyßigtheil hinzufügt, und diese drey Materien zusammenschmilzt, so entsteht daraus ein Stahl, den man durch Löschen im Wasser hart machen, und im Rothglühen schmieden kann. Dieser Stahl hat alle Eigenschaften des gegossenen Stahls im Handel.

Es scheint selbst, daß das Eisen bey einer hohen Temperatur dem Sauerstoff den Kohlenstoff entziehen kann; denn wenn man gleiche Theile von kohlensaurem Kalk und pulverisirtem Thon nimmt, und sie, nachdem man sie mit Eisen in einem Tiegel gemengt hat, einem heftigen Grade von Hitze aussetzt, so zeigt die geschmolzene und flüssig gewordene Materie alle Eigenschaften des gegossenen Stahles.

Siebenter Artikel.

Vom Zinn.

Die Farbe dieses Metalles ist dem Silber einigermaßen ähnlich, aber dunkler.

Sein specifisches Gewicht beträgt 7,2963.

Es ist das schmelzbarste unter allen geschmeidigen Metallen.

Wenn man es hin und her biegt, so hört man ein Knistern, welches das Schreyen des Zinnes genannt wird.

Das Zinnerz ist ziemlich selten, und das, welches man findet, zeigt wenig Verschiedenheit unter einander.

Die Erze, welche man fördert, sind lauter Oxyde dieses Metalles, fast immer in Kristallen von ursprünglich würfelförmiger Gestalt, und bald weißer, rother, brauner, gelber oder schwärzlicher Farbe. Diese Kristalle sind zuweilen durchsichtig *).

Das specifische Gewicht des natürlichen Zinnoxyds beträgt 6,9009; es gibt Funken am Feuerstahl, und ist körnig im Bruch.

Man hat das schwärzliche, oxydirte Zinn für Wolfram gehalten, aber dieser letztere gibt kein Feuer am Feuerstahl, und läßt sich durch die Feile leichter anschneiden. Noch hat man den geschwefelten Zink, oder die röthliche Blende mit dem rothoxydirten Zinn verwechselt; aber der erste gibt kein Feuer, und zertheilt sich leicht in Platten.

Noch findet man das Zinn mit Kupfer verbunden, und durch Schwefel mineralisirt. Herr Klaproth hat bey der Analyse einer Probe dieser Art daraus geschieden:

Schwefel	25
Zinn	34
Kupfer	36
Eisen	2

Bey allen Arbeiten, die man mit dem Zinnerze vornimmt, um das Metall daraus zu extrahiren, sucht man zuvörderst das Erz sorgfältig aus, pocht es, wäscht es auf mit Leinwand überzogenen Tafeln; indem man es mit einem Rechen bewegt, und hin und her schiebt. Durch dieß Mittel wird die Bergart abgeführt, und das Mineral bleibt rein zurück.

Der Ofen, dessen man sich in Sachsen zum Schmelzen des Zinnes bedient, ist eine Art von Hohofen; im Boden wird ein

*) Das kristallisirte Zinnerz wird Zinngraupen genannt. Seine Kristalle pflegen in den meisten Fällen Achtecke zu seyn. H.

ein Abzug angebracht, der das Zinn, so wie es flüssig wird, aufnimmt, und in ein Becken leitet, aus dem es herausgenommen wird, um ihm die Gestalt zu geben, unter der es in den Handel kommt.

Das Erz von Cornwallis ist zuweilen mit Kupfer und Arsenikalkies gemengt. Der ihm zur Bergart dienende Quarz ist sehr hart, und um deswillen fängt man damit an, das Erz auf einer Platte zu rösten, bevor man es pocht. Bevor man es wäscht, fährt man mit Magneten darüber hin, um das Eisen hinwegzubringen. Dann schmilzt man es im Reverberirofen, und bringt die Schlacken des Metalls drey Mal in den Ofen zurück, um die letzten Portionen daraus zu scheiden.

Im Handel kennt man dreyerley Gattungen von Zinn:

1) Das reine Zinn, so wie das von Malacca, von Banquas und das weiche englische Zinn. Das von Malacca wird in Formen gegossen, die ihm die Gestalt einer vierwinkligen abgestumpften Pyramide mit einem dünnen Rande an der Basis geben. Man nennt es im Handel Zinn in Hüten oder in Schreibzeugform.

2 Das englische Zinn ist in großen Barren oder in Stäbe, von ungefähr 1 Zoll Dicke, auf 18 Zoll Länge gegossen. Dieß ist das gewöhnlichste.

3) Das Zinn der Bleyarbeiter ist mit Bley, und selbst mit ein wenig Kupfer und Wismuth versetzt. Die Gesetze gestatten die Versetzung mit den beyden letztern Metallen. Durch das Kupfer erlangt es Härte und der Wismuth läßt seinen Glanz wieder hervorscheinen, den das Kupfer trübt, und macht es hellklingender.

Die Zinngießer vermengen es noch mit Spießglanz, um es härter, und mit Zink, um es weißer zu machen.

Bayen und Charlard haben bewiesen, daß die für die Gesundheit schädlichsten Metalle, wie der Arsenik, selbst künstlich nicht dergestalt mit dem Zinn versetzt werden könnten, um dasselbe gefährlich zu machen; so daß man sich dessen zum häuslichen Gebrauch mit allem Zutrauen bedienen kann. Sie haben in dieser Rücksicht alle Besorgnisse zerstreut, die Marggraf erregt hatte; der sich täuschte, indem er etwas für Arsenik nahm, was keiner war.

Das Zinn zeigt eine große Geschmeidigkeit unter dem Hammer. Man kann es in einem solchen Grade ausdehnen, um Blätter oder Platten, dünner als Papier, daraus zu bilden. Wenn man es aber auf diese Art bearbeitet, so muß man mehrere Platten mit einander vereinigen, die sich dann eine die andre unterstützen und unter dem Hammer nachgeben, ohne zu zerreißen. Dieser Platten, deren Dicke fast null ist, und welche Stanniol oder Zinnfolie genannt werden, bedient man sich um Glaskugeln zu versilbern, andre Metalle damit zu überziehen u. s. w. Bey der Belegung der Spiegel gebraucht man sie viel dicker *).

Achter Artikel.

Vom Zink **).

Die Farbe des Zinks ist ein leicht in das Bläuliche spielende Weiß.

Sein specifisches Gewicht beträgt 7,1908.

Er löst sich in Salpetersäure mit Aufbrausen auf.

Er brennt mit einer glänzenden Flamme. Das Oxyd, welches aus dem Verbrennen entsteht, ist weiß, leicht, flockig und stiegt in der Luft wie Spinngewebe umher.

Dieß Metall ist nachgiebig unter dem Hammer, ohne zu brechen, und man kann es nur dann gehörig klein machen, wenn es zuvor erwärmt worden. Durch den gleicheren Druck der Walzmühle kann es in dünne und sehr biegsame Platten zerschnitten werden.

Das Zinkerz zeigt dieß Metall in einem dreyfachen Zustande: als Oxyd, geschwefelt und als schwefelsaures Salz.

Das gediegene Zinkoxyd wird Galmey, auch Galmeystein genannt.

Sein specifisches Gewicht beträgt 3,5236.

Seine Farbe ist weißlich oder gelblich.

Er ist leicht zu pulverisiren.

Seine ursprüngliche Form ist die eines rechtwinkligen Achtecks; man findet ihn aber auch in unförmlichen Platten, Zapfen, oder in zellenartigen, schwammigen und wie wurmstichigen Massen, von gelber, grüner, rother und brauner Farbe.

Der

*) In gut eingerichteten Stanniolfabriken dehnt man das Zinn nur anfangs mittelst dem Hammer aus, späterhin wird solches aber unter Walzen ausgedehnt, welches den Platten weit mehr Gleichförmigkeit ertheilt. H.

**) Man nennt den Zink auch Spinöter und Tutanego. Unter dem ersten Namen kennt man solchen in Deutschland, vorzüglich in den Künsten. H.

Der geschwefelte Zink ist bey den Mineralogen unter dem Namen Blende bekannt.

Die Farbe desselben ist sehr verschiedenartig, citronengelb, roth, grünlich, braun, schwärzlich u. s. w. Er hat immer das Ansehen eines harzigen Körpers, obgleich keine Analogie zwischen ihm und diesen Substanzen Statt findet.

Die Blende ist phosphorescirend: zuweilen darf man nur mit einem leichten Körper darauf kratzen, um in der Dunkelheit Lichtstreifen auf der Oberfläche derselben erscheinen zu sehen.

Ihr Gewebe ist blätterig.

Ihr specifisches Gewicht beträgt 4,1665.

Wenn man den Staub der Blende in Schwefelsäure streut; so entwickelt sich daraus ein hepatischer Geruch.

Die ursprüngliche Form der Blende ist die eines würfelförmigen Zwölfecks.

Man findet sie auch in Platten, Kügelchen, concentrischen Lagen u. s. w.

Die Blende ist zuweilen mit Eisen, Gold oder Silber vermengt.

Bergmann hat sie mit Kobalt, Kupfer und Bley versetzt gefunden.

Dieß Mineral begleitet oft Bley und Kupfererze. Es bildet zuweilen die Gangart derselben, und ist auch oft in Lagen oder kleinen Adern an der Seite der beyden andern Metalle vertheilt.

Der natürliche schwefelsaure Zink entsteht aus der Zersetzung des geschwefelten; diese geschieht zufällig, und nie kann man ein solches Erz dem Galmey oder der Blende zur Seite stellen.

Da die Consumtion des Zinks sehr eingeschränkt ist, so hat man dessen Förderung nicht sehr häufig gemacht, und fast aller, welcher in den Handel kommt, wird aus dem Rammelsberg bey Goslar im Nieder-Harze, gewonnen *). Das Verfahren, dessen man sich daselbst bedienet, um ihn aus dem Mineral zu ziehen, ist eben so einfach als sinnreich. Man stellt einen Stein in gebogener Richtung in dem vordern Theil des Ofens auf, in dem man das zinkhaltige Bleyerz schmilzt; ein großer Theil des sich verflüchtigenden Zinks condensirt sich gegen diesen Stein, den man sorgfältig abkühlt; und lauft sodann in Körnern auf

Kohlen

*) Der goslarsche Zink ist gerade die schlechteste Art, und hält immer eine bedeutende Quantität Bley eingemengt. Reiner ist der ostindische Zink, welcher über England erhalten wird. H.

Kohlen ab, die unten aufgestellt sind, um ihn aufzunehmen; diese Körner werden aber von neuem geschmolzen, um das Metall in Masse flüssig zu machen.

Dieser Zink ist weniger rein, als der, welcher unter dem Namen Tutanego aus Indien kommt.

In den Künsten macht man nur einen geringen Gebrauch vom Zink; seine Unfähigkeit, leicht gehämmert zu werden, und seine Eigenschaft sich bey einer mäßigen Wärme zu entzünden, haben nicht gestattet, ihm einen ausgebreiteten Wirkungskreis zu geben.

Man gebraucht ihn zu Feuerwerken, wo er bey seiner Deflagration, lebhafte Funken sprüht.

Man hat den Versuch gemacht, sich bey Verzinnung des Kupfers, seiner statt des Zinnes zu bedienen, weil er besser deckt und härter ist; aber da er sich schwieriger auftragen läßt, so läßt man dem Zinn fortwährend den Vorzug *).

Neunter Artikel.

Vom Wismuth **).

Die Eigenschaften des Wismuths sind folgende:

Eine weißgelbliche Farbe.

Ein specifisches Gewicht von 9,0202, und geschmolzen von 9,8227.

Er ist spröde, und läßt sich durch den Hammer in Körner zerschlagen

Er schmilzt bey der Lichtflamme.

Seine ursprüngliche Form scheint die des regulären Achtecks zu seyn; Herr Haüy hat diese Figur sehr deutlich erhalten, indem er eine Masse geschmolzenen Wismuth mechanisch zertheilte.

Wenn man den Wismuth schmelzen läßt, und in dem Augenblicke abgießt, wo die äußern Oberflächen sich eben festsetzen, so sieht man die Höhlung mit Kristallen ausgefüttert, die stufenweise in die Höhe steigen, und wie aus einer Zusammen-

*) Der Zink kann auch schon aus dem Grunde nicht zum Ueberziehen des Kupfers angewendet werden, weil er in schwachen Pflanzensäuren leicht auflöslich ist, und seine Auflösungen Brechenerregend sind. H.

**) Man kennt das Wismuthmetall auch unter dem Namen Bismuth, Merkasit und Aschbley, mit welchen Benennungen deutsche Künstler solches oft gebrauchen. H.

mensetzung von rechtwinklichen, und ein wenig trichterförmig ausgehöhlten Platten, oder als keilförmige Achtecke, und zuweilen als einzelne rechtwinkelige Parallelopipeden gebildet erscheinen.

Wenn man den Wismuth in Salpetersäure auflöst, so entsteht ein ziemlich starkes Aufbrausen, begleitet von einer gelblichgrünen Wolke.

Man darf nur Wasser zu seinen Auflösungen in Säuren zugießen, um ihn in ein weißes Oxyd niederzuschlagen, welches die Basis der weißen Schminke macht *).

Der Wismuth hat, wie das Bley, die Eigenschaft, durch eine fortwährende Oxydation in Glas überzugehen; in diesem Zustande kann er durch käpelliren absorbirt werden, weshalb man sich seiner auch statt des Bleyes bedienen kann, um die kostbaren Metalle, das Gold und das Silber, zu käpelliren.

Der Wismuth findet sich sehr häufig in gediegenem Zustande in seinem Erze. Seine gewöhnlichsten Gangarten sind Quarz, Jaspis und kohlensaurer Kalk. Er ist in diesen Gangarten entweder in Platten oder Dendriten verstreut. Man darf das Mineral nur erwärmen, um das Metall flüssig zu machen. Der gewachsene Wismuth von Schneeberg, welcher im rothen Jaspis enthalten ist, nimmt eine schöne Politur an, und man bereitet Platten daraus, die im Handel gesucht werden.

Noch wird der Wismuth im oxydirten Zustande gefunden, er hat dann eine gelbgrünliche Farbe, und läßt sich leicht in Metall verwandeln. In den Zustand eines feinen und seidenartigen Staubes versetzt, wird er Wismuthblumen genannt.

Dieß Metall ist ferner mit dem Schwefel in einigen bekannten Erzen in Verbindung; das Mineral daraus ist sehr schmelzbar, von bleygrauer Farbe, zuweilen mit einem gelblichen Anstrich; es läßt sich leicht mit einem Messer zerritzen; man theilt es in ein vierseitiges Prisma, welches seine Unterabtheilung wieder durch zwey sehr niedliche Einschnitte in der Richtung einer der Diagonalen seiner Basen enthält.

Die Schmelzbarkeit des Wismuths macht seine Förderung sehr leicht; man darf nur das Mineral desselben einer mäßigen Wärme aussetzen, um das Metall daraus zu extrahiren. Man begnügt sich damit, es auf glühende Kohlen zu werfen, es fließt dann in einen Kasten, aus dem man es herausnimmt, um ihm die Gestalt von Platten oder Barren zu geben.

Man

*) Das Wasser bringt keine vollkommene Zersetzung im salpetersauren Wismuth hervor. Der Niederschlag ist kein reines Wismuthoxyd, sondern enthält allemal noch Salpetersäure eingemischt. H.

Man gebraucht den Wismuth nur zur Composition der weißen Schminke, oder zur Versetzung mit Zinn, dem er Härte mittheilt.

Die weiße Schminke, die man erhält, wenn man durch Wasser das Wismuthoxyd aus seiner Auflösung in Salpetersäure niederschlägt, behält immer ein wenig von dieser Säure in sich, die den Gebrauch derselben gefährlich machen kann. Man beugt diesem Uebelstande durch Auswaschen des Niederschlages mit einem etwas alkalischen Wasser vor.

Da das Wismuthoxyd durch die Wirkung schweflicher Ausdünstungen, und durch die bloße thierische Transpiration schwarz wird; so macht man daraus die Basis einiger Pommaden zum Schwarzfärben der Haare.

Zehnter Artikel.

Vom Kobalt.

Der Kobalt, auch Kobolt genannt, findet sich unter diesen beyden Benennungen in den davon handelnden Werken beschrieben.

Seine Eigenschaften bestehen darin, daß er eine zinnweiße Farbe, und ein specifisches Gewicht von 8,5384 hat, brüchig und sehr leicht zu pulverisiren, aber sehr schwer zu schmelzen; so wie in Salpetersäure auflöslich ist, und daß dessen Oxyd das Glas blau färbt, wenn es damit geschmolzen wird.

Es scheint, als ob der Kobalt mit dem Eisen die magnetischen Eigenschaften gemein habe; Herr Tassaert hat mit aller möglichen Sorgfalt einen großen Kobaltkristall von Tunaberg gereiniget, um auch das kleinste Eisentheilchen daraus zu scheiden, und nichts desto weniger wirkte das so geläuterte Metall stark durch Anziehung auf jeden Pol der Magnetnadel.

Es scheint schwierig, den Kobalt zum Kristallisiren zu bringen; man hat bis jetzt nur oberflächliche Streifen erhalten können, die sich kreutzen und ein kleines Netz bilden. Dessen ungeachtet versichert Romé von Lisle, daß er in den Höhlungen einer großen Kobaltmasse, Gruppen von kleinen cubischen Kristallen gesehen habe.

So wie die andern Metalle wird der Kobalt in den Erzen im Oxydzustande, und in Verbindung mit Schwefel, Arsenik und Arseniksäure angetroffen.

Der Arsenik ist fast unzertrennlich von diesem Metalle; aus diesem Grunde rührt die Benennung Kobalt (Kobolt) her, welches deutsch, ein böser Geist bedeutet.

Der

Der arsenikalische Kobalt hat eine silberweiße Farbe, wenn er in Kristallen ist, und ein mehr oder weniger röthliches Ansehn, wenn er in unförmlichen Stücken gefunden wird. Seine specifische Schwere beträgt 7,7207, im Bruch ist er höckerig, feinkörnig und dicht.

Von der Salpetersäure wird er, unter Aufbrausen, angegriffen. Stücke davon über die Lichtflamme gehalten, verbreiten einen Dampf von einem sehr ausgezeichneten Knoblauchgeruch. Seine gewöhnlichste Form ist das Achteck, auch trifft man ihn in warzenartigen Massen.

Die Versetzung des Kobalts und des Arseniks ist zuweilen mit dem Schwefel verbunden, woraus der graue Kobalt entsteht. Seine Farbe ist ein metallisches Weiß das in's Graue spielt. Seine ursprüngliche Gestalt die würfelförmige. Er löst sich in Salpetersäure auf, gibt vor dem Löthrohr einen Knoblauchgeruch von sich, und zuweilen Funken wenn er am Feuerstahl geschlagen wird. Seine specifische Schwere beträgt von 6,3391 bis 6 4509.

Der graue Kobalt von Tunaberg lieferte Herrn Klaproth 44,0 Kobalt 55 5 Arsenik und 0 5 Schwefel. Herr Tassaert fand in dem nämlichen Erze 49,00 Arsenik, 36,66 Kobalt, 5,66 Eisen, 2,18 Schwefel.

Brandt hat zu Bastnaes in Schweden ein schwefliges Kobalterz ohne Versetzung mit Arsenik gefunden. Die Analyse hat die Existenz von Eisen darin nachgewiesen.

Wenn die natürliche Versetzung von Arsenik und Kobalt effloreseirt oder sich zersetzt; so entsteht daraus das, was man Kobaltblumen oder Kobaltblüthe nennt, worin das Metall mit der Arseniksäure verbunden ist. Die Farbe davon ist ein violettes Roth, wie Weinhefen und etwas in's Pfirsichblüthfarbene spielend, wenn sie ein wenig Intensität hat, oft findet man sie auch in divergirenden, von einem gemeinschaftlichen Mittepunkte ausgehenden Nadeln, und niedliche Rosetten auf der Oberfläche der Gangart bildend.

Der oxydirte Kobalt, den man in den Erzen findet, hat gewöhnlich eine schwarze oder blau schwärzliche Farbe. Man kann ihm auf allen seinen Oberflächen einen fast metallischen Glanz geben, wenn man sie mit einen harten und glatten Körper reibt. Man trifft ihn zuweilen in Zapfen, sehr oft auch in Gestalt eines schwarzen einer glasigen und pulverartigen Schlacke ähnlichen Staubes an.

Auch

Auch wird dieß schwarze Oxyd in Gemenge mit Silber, Nickel und oft mit erdigen Substanzen gefunden, woraus Massen von abwechselnden rothen, grünlichen, braunen Farben u. s. w. entstehen. Man sieht ziemlich gewöhnlich das gediegene Silber von Fasern umgeben und dieß ist das unter dem Namen Gänsekothiges Silbererz bekannte Erz. Herr Schreiber, der ein Stück davon aus dem Berge Challanches bey Allemont in Dauphiné analysirt hat, zog aus 100 Theilen, 12,75 Silber, 3,5 Eisen, 43 Kobalt, 4,75 Quecksilber, 15,25 Wasser und Schwefelsäure und 20,75 Arsenik.

Die Bearbeitung des arsenikalischen Kobalts, des einzigen, den man mit Nutzen födert, schränkt sich darauf ein, daß man das Mineral in Reverberir-Oefen röstet, die in einen langen Schornstein auslaufen, welcher zum Auffangen der Dämpfe bestimmt ist. Diese Dämpfe, welche nichts anderes sind, als verflüchtigtes Arsenikoxyd setzen sich an die Wände an und bilden eine Kruste daran, die von solchen Menschen losgeschlagen wird, die zur Todesstrafe verurtheilt sind.

Der Kobalt, wenn er vom Arsenik frey gemacht und wieder zum Oxyd-Zustande zurückgebracht worden ist, ist im Handel unter dem Namen Saflor oder Zaffra bekannt: man vermischt ihn mit einer Hälfte oder drey Viertheilen Sand und einem Theil guter Pottasche, um ein blaues Glas daraus zu bilden, welches, wenn es gepocht, gesiebt und auf Porphyr zerrieben worden, das Smaltblau gibt. Diesem theilt man verschiedene Grade von Feinheit mit; indem man die zerstoßne Smalte in Tonnen umrührt, die mit Wasser angefüllt und mit drey Oeffnung in verschiedenen Entfernungen von einander versehen sind. Das Wasser, welches man abfließen läßt, indem man den höchsten Hahn öffnet, führt den feinsten Theil hinweg, welcher das Smalteblau vom ersten Feuer bildet, der zweyte Hahn gibt das vom zweyten und der dritte, das vom dritten Feuer.

Die böhmischen und sächsischen Bergwerke allein haben bis jetzt allen Kobalt, allen Arsenik und alle Smalte des Handels geliefert. Der Graf von Beust hatte die Förderung derselben in dem Thale Gisten in den Pyrenäen unternommen; aber die Revolution hat alle diese Operationen unterbrochen, von denen es sehr interressant seyn würde, sie wieder vorzunehmen. Noch hat man in Dauphiné einige Spuren von Kobalterz gefunden, und es ist zu wünschen, daß die Untersuchungen dieser Art verfolgt würden, um uns von der Skaverey zu befreyen, in der wir uns befinden, indem wir uns aus der Fremde mit einem so nützlichen Gegenstande versehen müssen.

Die Smalte färbt die Stärke blau, und ist der einzige Stoff, mit dem man Email, Porzellain und Glas eine blaue Farbe geben kann *).

Herr Thénard hat bewiesen, daß der Saflor in eine blaue Farbe übergehe, bevor er sich verglase, welches ihm das Mittel an die Hand gegeben, eine Farbe zu erhalten, die sich mit Oel vermischen läßt, und fähig ist, den Ultramarin zu ersetzen. Wir werden in der Folge davon reden.

Eilfter Artikel.

Vom Arsenik.

Der Arsenik besitzt im gediegenen Zustande folgende Eigenschaften:

Eine rothgraue Farbe.

Ein sehr ausgezeichneter Knoblauchgeruch, den er verbreitet, wenn er erwärmt wird, und verdunstet.

Ein specifisches Gewicht von 8,308, wenn er geschmolzen wird; die des gediegenen Arseniks beträgt nur 5,7249.

Eine große Sprödigkeit.

Der gediegene Arsenik wird noch Scherbenkobalt genannt. Man findet ihn in Knollen, die aus concentrischen Lagen bestehen. Eben so trifft man ihn in erdigen und zerreiblichen Massen an.

Man sieht zuweilen den Arsenik in den Erzen im Oxydzustande; aber seine natürlichsten Verbindungen sind die mit dem Schwefel oder mit andern Metallen.

Die geschwefelten Arsenikarten sind entweder gelb oder roth; den ersten kennt man unter den Benennungen Arsenikrubin, Realgar, rother Arsenik. Er erlangt die harzige Elektricität durch Reiben. Sein specifisches Gewicht beträgt, 3,3384. Er gibt bey dem Druck mit dem Nagel nach. Er ist gewöhnlich durchscheinend, zuweilen durchsichtig. Seine ursprüngliche Gestalt ist die eines Achtecks mit ungleichseitigen Dreyecken. Er wird durch das Feuer verflüchtigt und gibt dabey einen Knoblauch- und Schwefelgeruch von sich.

Bergmann hat bey der Analyse des rothen Puzzolanischen geschwefelten Arseniks 90 Arsenikoxyd und 10 Schwefel daraus extrahirt.

Die

*) In der Porzellainmahlerey bedient man sich statt der Smalte eines reinen Kobaltoxyds. H.

Die Chineser bedienen sich des Realgars, um Pagoden, Tassen u. s. w. daraus zu bilden, auch wird er zur Mahlerey gebraucht.

Der gelbe geschwefelte Arsenik, auch Auripigment, Operment, gelber Arsenik u. s w. genannt, hat ein specifisches Gewicht von 3,4522. Er erlangt die harzige Electricität durch das Reiben, ist weich und ein wenig biegsam; man bedient sich seiner zum Mahlen *).

Man hat lange Zeit hindurch geglaubt, daß die Verschiedenheit beyder Arten des geschwefelten Arseniks aus der Verschiedenheit der Quantität des Schwefels herrühre, von dem man glaubte, er sey in größerem Maaße im rothen als im gelben Arsenik vorhanden. Es scheint, nach den in unsern Tagen gemachten Erfahrungen, daß die einzige Verschiedenheit in dem Verhältnisse des Sauerstoffes beruhe, von dem der gelbe mehr als der rothe enthält.

Der Arsenik, im Zustande der Reinheit, hat alle metallische Eigenschaften; aber er nimmt einige Eigenschaften der Salze an, wenn er mit dem Sauerstoff vereiniget ist, er wird auflöslich in Wasser und sehr flüchtig.

Dieß Metall wird in den Künsten wenig gebraucht, und der Gebrauch dessen es fähig ist, und den man auf keine Weise als einen absoluten und ausschließlichen betrachten kann, ist nicht im Stande, die großen Uebel aufzuwiegen oder zu ersetzen, mit denen es in jedem Augenblicke das Menschengeschlecht bedroht. Es wäre zu wünschen gewesen, entweder, daß es unbekannt geblieben oder wenigstens aus dem Handel verbannt worden wäre.

Zwölfter Artikel.

Vom Manganes oder Braunstein.

Sein specifisches Gewicht beträgt 6,85.

Er ist ein wenig malleabel.

Er hat eine metallisch weiße Farbe.

Er ist eben so schwer zu schmelzen als Eisen.

Er oxydirt sich leicht und geht stufenweise in's Schwarze über.

Er färbt das Boraxglas violett.

Dieß

*) Ueberaus häufig werden der rothe Arsenik so wie das Operment in der Cattundruckerey gebraucht, um damit den Indig in Aetzlauge lösbar zu machen, und ihn als englisches Tafelblau anwenden zu können. H.

Dieß Metall, welches man überall im Oxydzustande findet, hat man bald für ein Eisen- bald für Zinkerz gehalten. Den Arbeiten von Scheele, Bergmann und Gahn verdanken wir fast alle unsre genauern Kenntnisse dieser Substanz.

Lange Zeit, bevor man zu einer bestimmten Einsicht seiner wahren Natur gekommen war, gebrauchte man das natürliche Manganesoxyd, den schwarzen Braunstein in den Glashütten, um das Glas zu entfärben, und nannte es Glasseife. Man wußte, daß, wenn man es in zu großer Dosis hinzuthut, das Glas davon violett wurde, und daß, wenn man die Materie, nachdem man den Braunstein hinzugethan, nicht sorgfältig umrührte, sich im Glase violett gefärbte Theile zeigten, während andre wieder mehr oder weniger entfärbt waren.

Das Braunsteinoxyd ist fast immer schwarz, es färbt die Finger, und gibt dem Boraxglase eine violette Farbe. Seine Härte ist verschieden nach der Natur der Körper, mit denen es sich gemengt befindet.

Man trifft es in dünnen und mehr oder weniger rauhen Lagen auf der Oberfläche des Eisenrams an.

Es bildet Dendriten auf der Oberfläche einiger Steine; es liegt in Adern im Granit und bildet darin kleine Schichten in denen der Braunstein so eingezogen zu seyn scheint, daß er dadurch in Prismen getheilt wird: dieß sieht man in den Granitarten der Cevennen bey St. Jean de Gardonenque.

Es ist zuweilen strahlig oder in Nadeln vertheilt, die um einen gemeinschaftlichen Mittelpunkt divergirend erscheinen, bald wieder durcheinandergeflochten oder in Gestalt von Nadeln, die sich nach allen Direktionen kreutzen.

Man trifft das Braunsteinoxyd in Verbindung mit Eisen, Schwerspat, kohlensaurem Kalk, Kieselerde u. s. w. an.

Den Gebrauch, den man seit Kurzem von der oxydirten Salzsäure macht, die man durch die Destillation der Salzsäure über Braunsteinoxyd bereitet, hat diesem Metalle Werth gegeben. Bis dahin war der Gebrauch desselben auf den Bedarf in den Glashütten eingeschränkt *).

Da man sich nur des Oxyds bedient und man bis jetzt noch keine Anwendung des Metalles anempfohlen hat; so hat man sich mit der Art es zu schmelzen wenig beschäftigt.

Drey-

*) In Deutschland gebraucht man den Braunstein auch in den Töpfereyen, um der Glasur damit eine braune Farbe zu geben, woher jenes natürliche Metalloxyd auch den Namen Braunstein erhalten hat.

Dreyzehnter Artikel.

Vom Spießglanz.

Das Spießglanz ist noch im Handel unter dem Namen Spießglanzkönig bekannt, eine generische Benennung, die man allen metallischen Substanzen, die zum Metallzustande gebracht sind, zu geben pflegte, diesem aber ohne weitere Bezeichnung ertheilte.

Die Farbe des Spießglanzes ist zinnweiß.

Sein specifisches Gewicht beträgt 6 7021.

Der Consistenz nach ist er sehr zerbrechlich, und sein Gewebe blätterig.

Er verdunstet vor dem Löthrohr in einen weißen Dampf, und löst sich in Salpetersäure mit Zurücklassung eines weißlichen Bodensatzes auf, welches Spießglanzoxyd ist.

Er theilt sich in ein reguläres Achteck, und in ein rautenförmiges Zwölfeck.

Die Oberfläche des Spießglanzkönigs, den man langsam abkühlen läßt, ist mit einer Art von Stern, von sehr in die Augen fallender Gestalt, und ästigen Strahlen verziert; dieß ist ein leichter Anfang des Krystallisationswerkes, das man in einigen andern Metallen, aber auf eine weniger ausgezeichnete Weise, bemerkt.

Wenn der Spießglanz mittelst des Löthrohrs in ein Kügelchen auf Kohlen geschmolzen wird, und man dieß auf die Erde wirft, so entzündet sich das Kügelchen, und zertheilt sich in dem Augenblicke seines Falles in eine Menge kleinerer entzündeter Kugeln, die eben so viele kleine Sterne bilden. Zinn und Eisen bringen eine ähnliche Wirkung hervor.

Kein Metall hat mehr als dieß der Geduld der Alchemisten zu schaffen gemacht, die, einen chimärischen Zweck verfolgend, nach und nach eben so zahlreiche, als abwechselnde Spießglanzcompositionen hervorbrachten, deren sich sodann die Medicin mit vielem Erfolg bemächtigte. Dieß Metall liefert die wirksamsten und in unsern Tagen am meisten gebrauchten Arzneymittel; ihre Anwendung erfodert, ohne Zweifel eine sehr geübte Hand, und um deswillen glaubte das Pariser Parlement dessen Gebrauch untersagen zu müssen. Man hätte jedoch der Arzeneykunde eine ihrer größten Zuflucht en geraubt, wenn man bey diesem Verbote beharret wäre.

Man

Man hat gediegenen Spießglanz bey Salberg in Schweden, und bey Allemont in Dauphiné entdeckt, wo man ihn noch mit Arsenik versetzt gefunden.

Das gewöhnlichste Vererzungsmittel des Spießglanzes ist der Schwefel: man nennt es in diesem Zustande graues oder schwefliges Spießglanzerz. Die Eigenschaften dieses geschwefelten Spießglanzes sind folgende:

Ein specifisches Gewicht von 4,1327 ... 4,7165.

Eine in Stahlgrau spielende Farbe.

Ein schwefliger Geruch bey dem Reiben.

Zerbrechlichkeit bey dem bloßen Druck des Nagels.

Schmelzbarkeit an der Lichtflamme.

Theilbarkeit durch sehr niedliche Einschnitte nach einer Richtung.

Es läuft parallel mit der Axe der Kristalle.

Der geschwefelte Spießglanz, so wie der von Auvergne, lieferte vortreffliche Kristallgruppen, unter denen man Pyramiden mit drey oder vier Seiten sah, die an ähnlichen Pyramiden ansitzen, die sich in einem gemeinschaftlichen Mittelpunkte vereinigen. Die Ungrischen, Siberischen und andere Spießglanzerze zeigen zuweilen Gruppen oder Vereinigungen von divergirenden oder bündelartigen Fibern, die in die reichsten Farben spielen, oder die Politur des Stahles haben. Diese Erze enthalten gewöhnlich Silber und führen den Namen Feder-Silbererz.

Man findet es auch in breiten blätterförmigen Platten, die zu Spiegeln dienen können, und aus Fragmenten von Prismen entstehen.

Der Spießglanz hat sich den Mineralogen auch im Oxydzustande gezeigt; er hat eine perlweiße Farbe; schmilzt an der Lichtflamme; ist sehr leicht mit dem Messer anzuschneiden; verpufft auf glühenden Kohlen, und verdunstet vor dem Löthrohr in einen Dampf. Herr Vauquelin hat daraus 86 Spießglanzoxyd, 8 Kieselerde und 3 Spießglanzoxyd mit Eisenoxyd vermengt, gezogen. Dieß Oxyd zeigt sich noch in rechtwinkligen Platten und divergirenden Nadeln.

Die Naturforscher beschreiben eine natürliche Verbindung von Spießglanzoxyd, Arsenikoxyd und Schwefel, die man für gediegenen Mineralkermes hielt, in dem Herr Berthollet die Existenz des Spießglanzoxyds, des Schwefels und des Wasserstoffs nachgewiesen hat. Es ist klar, daß dieß Erz eine Zersetzung von geschwefeltem Spießglanz und Arsenik ist, welche von der

Compo-

Composition, die den Kermes durch die Gegenwart des letzten Metalles bildet, verschieden ist, und sich ihm durch die Farbe und die andern Stoffe wieder nähert.

Man trifft den Spießglanz unter zweyen Zuständen im Handel, als rohen Spießglanz, so wie als Spießglanzkönig oder Metall.

Der rohe Spießglanz ist nichts als geschwefeltes, von seiner Gangart befreyetes Spiesglanzerz, also ein geschwefelter Spießglanz. Die Verfahrungsart, deren man sich bedient, um ihn in diesen Zustand zu versetzen, ist höchst einfach; man thut das Mineral in Töpfe, die ein Loch im Boden haben, und die in andern, in die Erde vergrabenen Töpfen stecken. Man erwärmt die obern mit dem Mineral angefüllten Töpfe, und der Spießglanz fängt an zu schmelzen, und läuft in die untern, während die wenige Gangart die dem Erz beygemengt war, im obern Topfe bleibt. Die Masse des geschwefelten Spießglanzes setzt sich an, und bildet Brote von der Gestalt des Topfes, der sie aufnimmt; sie zeigt in ihrem Bruche eine Oberfläche, besäet mit Nadeln, die, eine an der andern haftend, eine Verbindung davon durch die ganze Masse bilden.

Zuweilen haben einige Spießglanzerze nicht Schwefel genug, und in diesem Falle thut man solchen hinzu, um dem Produkte eine beständige Kraft und Farbe zu geben.

Wenn man das Metall aus dem Spießglanzerze extrahiren will, so fängt man damit an, den Spießglanz in einer Pfanne zu rösten, mengt sodann einen Theil getrockneten Weinstein mit zwey Theilen Spießglanzoxyd, und schmilzt dieß Gemenge in Tiegeln.

Noch kann man den Spießglanz seines Schwefels berauben, wenn man ihn mit Kupfer, Silber oder Eisen schmilzt *).

Der

*) Die Scheidung des Spießglanzkönigs aus dem rohen Spießglanze ist die wohlfeilste Art. Man schüttet zu dem Behuf anderthalb Theile eiserne Nägel in einen Schmelztiegel, erhitzt sie bis zum Rothglühen, und setzt dann 4 Theile gepulverten rohen Spießglanz zu. Man rührt alles um, und wenn die Masse in dünnen Fluß gekommen ist, setzt man noch einen halben Theil Salpeter hinzu. Man gießt dann die Masse in einen Gießpuckel aus, an welchem man während dem Ausgießen mit einem Hammer sanft anschlägt; und man findet nun unten den Regulus oben auf aber eine Schlacke von geschwefeltem Eisen. Dieses Metall wird eisenhaltiger Spießglanzkönig genannt, weil solches immer eine geringe Portion Eisen zurück behält. H.

Der Spießglanz kommt in die Composition der Buchdruckerschrift, man vermengt ihn mit Bley ungefähr in dem Verhältniß eines Fünftheils.

Er gibt dem Zinn Härte, und kommt auch in die Composition der Metallspiegel.

Das, was man unter der Benennung Prinzmetall kannte, war eine Versetzung von 18 Theilen Spießglanz, und 100 Zinn. Man machte Bestecke und mehrere Geräthschaften aus diesem Metalle, das mit Härte eine ziemlich schöne Politur, und den Glanz des Silbers verband.

Vierzehnter Artikel.

Vom Nickel.

Nachdem man nach und nach den Nickel als eine Modification des Eisens oder des Kupfers betrachtet hat, ist man heut zu Tage darüber einig, ihn als ein besonderes Metall anzusehen, welches folgende Eigenschaften hat:

Ein specifisches Gewicht von 9.

Eine graulichweiße Farbe.

Die Eigenschaft, durch Anziehung auf die Magnetnadel zu wirken und die Empfänglichkeit Pole zu erlangen.

Das Mineral, das gewöhnlich den Nickel liefert, ist das, welches man Kupfernickel nennt. Es enthält, außer dem Nickel, Arsenik und Eisen, von welchen es schwer ist dasselbe zu befreyen.

Herr Klaproth hat die Entdeckung gemacht, daß der färbende Stoff im Chrysopras der Nickel sey. Das Metall, welches er daraus durch die Analyse zog, wirkt auf die Magnetstange, wie das, welches man aus dem Erze zieht, woher er auf die Meynung gebracht worden, daß der Nickel die magnetischen Eigenschaften mit dem Eisen gemein habe.

Auch Herr Haüy, welcher Nickel bearbeitete, den Herr Vauquelin mit der größten Sorgfalt gereiniget hatte, glaubt, daß der Nickel an und für sich die magnetischen Eigenschaften besitze.

Der Arsenik befindet sich bey dem Nickel in einigen Erzen desselben; es befindet sich auch fast immer Kupfer in dieser Versetzung, deren Farbe röthlichgelb ist, und deren Schwere 6,6086 ... 6,6481 beträgt.

Der Nickel ist in einigen Erzen auch noch im Oxydzustande vorhanden. Er bedeckt zuweilen die Erze des arsenikalischen Kobalts, in Gestalt einer grünen Kruste.

Man hat von diesem Metalle bis jetzt noch keinen Gebrauch gemacht.

Funfzehnter Artikel.

Von der Platina.

Wenn man die Platina aus den Gesichtspunkten ihres specifischen Gewichts, ihrer Unangreifbarkeit durch Luft und Feuer, und ihrer Unauflöslichkeit in einfachen Säuren betrachtet, so muß man diesem Metalle unter allen bekannten den ersten Rang anweisen. Wenn man jedoch darauf Rücksicht nimmt, daß die Analyse darin täglich neue Metalle entdeckt, die sich in natürlichen Versetzungen damit befinden, und daß folglich das, was wir Platina nennen, eine natürliche Versetzung ist, in der in der That das Platina-Metall dergestalt vorherrscht, daß es fast das ganze Gewicht derselben bestimmt, dessen individuelle Eigenschaften aber, abgesehen von jeglicher Versetzung, man jedoch noch nicht feststellen können, so nöthiget uns dieß, ihm so lange einen Platz hier anzuweisen, bis die Analyse ihm die gebührende Stelle bezeichnen wird.

Die Eigenschaften der Platina sind folgende:

Eine weiße Farbe, die zwischen der des Stahls und des Silbers steht.

Ein specifisches Gewicht von 20,980 nach Borda, wenn sie nämlich kalt gehämmert und gereiniget worden. Die des Goldes beträgt nur 19.

Sie ist das am wenigsten schmelzbare unter den Metallen.

Das härteste nach dem Eisen.

Das geschmeidigste nach dem Golde.

Das, welches die meiste Zähigkeit, nach dem Golde, Eisen und Kupfer besitzt.

Borda hat gefunden, daß ihr Ausdehnbarkeitsverhältniß zu jedem Grade des hundertgradigen Thermometers $\frac{1}{115000}$ sey.

Die Platina läßt sich nur in der salpetersauren Salzsäure und der oxydirten Salzsäure auflösen.

Vor der Entdeckung des Herrn Vauquelin, der ein Zehntheil von Platina, in dem Silbererze von Guadalcanal, in Spanien fand, traf man dieß Metall nur in den amerikanischen Golderzen

erzen an. Wenn man diese Erze von ihrer Gangart befreyt und sich des Goldes mittelst des Quecksilbers bemächtigt, so bleibt die Platina allein in Gestalt kleiner Körner oder Flittern zurück; sie behält dabey immer etwas Quecksilber in sich, das man durch Wärme davon scheidet. Man kennt einige, wenn gleich seltene Körner der Platina, die einige Millimeter lang sind. Herr von Humboldt hat eines von seinen Reisen mitgebracht, das wenigstens so dick wie eine Mandel ist. Herr Gillet Laumont besitzt eines von ungefähr 5 Linien Länge, auf 3 Linien Breite und von 40 Gran an Gewicht. Die Platina erleidet keine Veränderung an der Luft.

Macquer und Beaumé haben Platina mehrere Tage hindurch dem Feuer einer Glashütte ausgesetzt; diese Körner erlitten dadurch keine Veränderung, als daß sie ein wenig weich wurden und einen schwachen Zusammenhang unter einander gewannen.

Die Platina schmilzt an dem Brennpunkte des Brennspiegels, und an der Hitze einer durch Sauerstoffgas erregten Flamme.

Aber alle diese Mittel leisten weiter nichts, als daß sie die Schmelzbarkeit der Platina bestätigten, ohne jedoch zu gestatten, sie in so großer Quantität zu schmelzen, um davon in den Künsten Gebrauch machen zu können. Dieß bewog die Chemiker, sich so lange mit diesem Metalle zu beschäftigen, bis sie dahin gelangten, es zu bearbeiten. Unter allen Verfahrungsarten, die am besten eingeschlagen sind, scheinen die, bey denen Arsenik oder Phosphor angewandt wird, den Vorzug erhalten zu haben. Herr Achard hat vorgeschlagen, gleiche Theile Platina, Arsenikoxyd und Weinstein zu nehmen, das Gemenge in einen Tiegel zu thun und es eine Stunde hindurch einem heftigen Feuer auszusetzen; die Platina schmilzt sodann, ist aber hart, brüchig und weniger weiß als gewöhnliche Platina; diese Veränderung rührt von dem Arsenik her, der damit versetzt bleibt, und von dem man sie durch Wärme befreyt. So benutzt man, wenn man die Platina bearbeitet, den Zustand den sie durch die Versetzung mit dem Arsenik erlangt, wodurch sie schmelzbarer wird, und gießt sie in Formen, um sie sodann einer gehörigen Hitze auszusetzen, um allen Arsenik daraus zu entbinden. So wie der Arsenik verdunstet, schlägt man die Platina mit dem Hammer und vermeidet dadurch die Porosität, die aus der Scheidung des Arseniks entstehen würde.

Herr Guyton-Morveau hat mit Nutzen statt des Arsenikoxyds, arseniksaures Kali angewandt, und auch ich selbst habe mich dessen mit Erfolg bedient.

Pelle-

Pelletier schmolz Platina; indem er sie mit Phosphorglase und Kohlen vermengte; der Phosphor vereinigt sich sodann mit der Platina und man scheidet ihn davon durch Wärme.

Die Platina ist empfänglich für Versetzungen mit Wismuth, Spießglanz, Zink, Zinn, Bley, Kupfer, Eisen und Gold.

Wenn die Platina mit einem in den Säuren auflöslichen Metalle versetzt ist; so kann man sie daraus scheiden; indem man das Metall, welches sich in der Versetzung befindet, auflöst: die Platina ist sodann schmelzbarer; aber so ist es mit der aus ihrer Auflösung in salpetersaurer Salzsäure niedergeschlagenen Platina. Das Gold kann nur durch das allerheftigste Feuer zur Versetzung mit der Platina gebracht werden; die Farbe des Goldes wird sehr dadurch angegriffen und die Versetzung ziemlich geschmeidig.

Von diesem Metalle macht man bereits einen sehr schätzbaren Gebrauch in den Künsten.

Es nimmt eine vollkommene Politur an, die sich nicht verändert; es ist fast unschmelzbar; es wird allein durch die salpetersaure Salzsäure (das Königswasser) angegriffen, und diese Eigenschaften sind es, die es so nützlich für mehrere delicate Operationen in unsern Laboratorien machen; man hat es zur Verfertigung von Tiegeln, Retorten, Löffeln und Evaporatorien gebraucht, zu denen man kein anderes Metall nehmen konnte.

Die Dichtigkeit und Unveränderbarkeit der Platina, eignen sie noch vorzüglich zur Construktion von teleskopischen Spiegeln zur Reflexion. Sie hat den Vorzug vor dem Stahl, daß sie von der Luft nicht angegriffen wird und compakter als jenes ist, und vor dem Glase den, daß sie nur ein einfaches Bild gibt. Um sie mit größerer Leichtigkeit zu bearbeiten hat Herr **Rochon** sie mit Kupfer und Zinn versetzt.

Die Versuche der Herren **Fourcroy** und **Vauquelin**, berechtigen zu der Hoffnung, daß die Behandlung der Platina unendlich leichter, und das Metall viel glänzender werden wird, wenn man nur solche bearbeiten wird, die von jeder Versetzung gereinigt ist. Ich habe eine große Schale, aus reiner Platina verfertiget, gesehen, und es ist leicht, nach dem bloßen Augenschein, die Vorzüglichkeit der Farbe zu beurtheilen; so wie der Arbeiter, welcher sie verfertigt, die Leichtigkeit bey der Ausführung des Werkes bestätiget hat.

Alles leitet auf den Glauben, daß nach Reinigung der Platina von den damit versetzten Metallen, man sie mit hinlänglicher

licher Leichtigkeit und Oekonomie zu manchem neuen Gebrauche würde bearbeiten können.

Die Platina, die in den Handel kommt, die man bis jetzt bearbeitet und von der man alle Eigenschaften, die bis jetzt diesem Metalle zugeschrieben worden, hergeleitet hat, ist nichts destoweniger mit mehrern andern metallischen Materien vermengt. Das Eisen ist fast unzertrennlich davon, so daß Büffon sie wie eine natürliche Versetzung von Gold und Eisen betrachtete, aber heut zu Tage hat man mehrere Metalle darin entdeckt, die bis jetzt nur allein in dieser Versetzung gefunden worden.

Man wußte seit geraumer Zeit, daß die Auflösung der Platina in salpetersaurer Salzsäure (im Königswasser) ein schwarzes Pulver niederschlagen ließe, mit dem die Herren Fourcroy, Vauquelin und Descotils zu gleicher Zeit verschiedene Versuche machten, welche sie auf die Schlußfolge leiteten, daß dieß Oxyd, welches einen pikanten Geruch und einen besondern Geschmack hat; das flüchtig genug ist, um mit Wasser zur Destillation zu gelangen, und das seinen Sauerstoff leicht fahren läßt, um sich in ein sehr fixes Metall zu verwandeln, einem neuen Metalle angehöre.

Herr Tennant, von den Entdeckungen der französischen Chemiker unterrichtet; unterwarf das schwarze Pulver einer neuen Prüfung, indem er es nach der Methode der Herren Fourcroy und Vauquelin nach und nach mit Kali und Salzsäure behandelte, und er fand, daß die Eigenschaften, welche verwirrt worden waren, zweyen sehr bestimmten Metallen angehörten, von denen eines, im Zustande der Oxydation sich leichter im Alkali, das andre aber in der Salzsäure, auflöst; er unterschied die Eigenschaften eines jeden dieser Metalle und nannte das erste *Osmium*, in Anspielung auf die riechende Eigenschaft seines Oxyds, das andre aber *Iridium* wegen der verschiedenen Farben, welche seine Auflösung durch Salzsäure annimmt.

Doch war der Gegenstand noch nicht erschöpft, und Herr Wollaston fand, unabhängig von dem in der Auflösung der Platina enthaltenen Kupfer, Eisen und Bley zwey neue Metalle darin, von denen er eines *Palladium* und das andre wegen der rosenrothen Farbe, die es der salpetersauren Salzsäure mittheilt, *Rhodium* nannte.

Die Resultate des Herrn Wollaston sind von Herrn Descotils bestätigt worden.

Man setzt die gereinigte Platina durch mechanische Mittel einer starken Wärme aus, um das Quecksilber daraus zu vertreiben,

treiben, und läßt sie in einer kleinen Quantität mit Wasser verdünnter salpetersaurer Salzsäure digeriren, um das Gold davon zu scheiden.

Sodann löst man die Platina in salpetersaurer Salzsäure auf, deren Wirkung man mäßiget, um soviel als möglich von dem schwarzen Staube zu erhalten, in der sich das *Iridium* und *Osmium* befinden. Man schlägt die Auflösung durch salzsaures Ammonium nieder, welches den größten Theil der Platina mit hinwegnimmt, indem es eine gelbe Verbindung bildet. Man thut in die klare Auflösung eine Zinkplatte, die alle metallische Substanzen daraus niederschlägt, mit Ausnahme des Eisens. Dieser Niederschlag, welcher eine schwarze Farbe hat, enthält Platina, Rhodium, Palladium, Kupfer und Bley; man löst das Kupfer und das Bley in verdünnter Salpetersäure auf, und läßt den Rest in verdünnter salpetersaurer Salzsäure digeriren, die das Ganze bis auf einen kleinen unauflöslich bleibenden Theil auflöst, welcher das *Iridium* ist; zu dieser letzten Auflösung wird salzsaures Natron hinzugethan, und man läßt bis zur Trockne evaporiren, wodurch man ein aus salzsaurem Natron und Platina, Palladium und Rhodium zusammengesetztes Salz enthält; das salzsaure Salz des Natrons und der Platina aber, so wie das des Palladiums löst sich in Alkohol auf, während das des Rhodiums unauflöslich bleibt, und man es daher durch dieß Mittel scheiden kann.

Man schlägt die Platina durch salzsaures Ammonium nieder, und nachdem man die Flüssigkeit verdünnt, wird das Palladium daraus durch blausaures Kali niedergeschlagen.

Es sind also acht Metalle mit einander versetzt, um die Platina zu bilden. Obgleich sieben von diesen Metallen darin nur in sehr geringer Quantität vorhanden sind, so ist diese Versetzung nichts desto weniger eine der außerordentlichsten unter den uns bekannten Erscheinungen, und die Analyse der Platina einer der auffallendsten Beweise für die Superiorität und Vollkommenheit der Mittel, welche der Chemie gegenwärtig zu Gebote stehn.

Sechszehnter Artikel.

Vom Tellurium.

Das Tellurium hat folgende Eigenschaften:

Ein specifisches Gewicht von 6,115.

Eine große Sprödigkeit.

Eine

Eine zinnweiße, etwas in das Bleygraue spielende Farbe.

Eine blätterige Struktur.

Die Eigenschaft, daß es vor dem Löthrohre mit einer ziemlich lebhaften blauen Farbe brennt, die an den Rändern ein wenig grün ist. Es verflüchtigt sich nachher in einen weißen Dampf unter Verbreitung eines Rübengeruchs.

Obgleich das Tellurium im gediegenen Zustande im Schooße der Erde vorhanden ist, so hat man es bis jetzt doch nur mit Gold, Eisen, Silber oder Bley versetzt gefunden. Seine Versetzung mit Gold und Eisen war unter dem Namen weißes Golderz bekannt; zu Nagyag in Siebenbürgen findet man es in Versetzung mit sechs Metallen, als Spießglanz, Arsenik, Bley, Eisen, Silber und Gold, und nennt es Golderz von Nagyag.

Das gediegene eisen- und goldhaltige Tellurium hat ein specifisches Gewicht von 5,723; eine in das zinnweiße spielende, aber etwas dunklere Farbe; eine zarte und zerbrechliche Consistenz; es verpufft sogleich vor dem Löthrohr, schmilzt sodann wie Bley, und brennt mit einer lebhaften, bräunlichen Flamme unter Verbreitung eines scharfen Geruchs; es läßt endlich einen Rückstand, der der Kieselerde ähnlich ist. Herr Klaproth hat daraus 25,5 Tellurium, 72,0 Eisen und 2,5 Gold gezogen.

Das gediegene gold- und silberhaltige Tellurium hat die nämlichen Eigenschaften als das vorhergehende, und lieferte Herrn Klaproth folgende Resultate: 60 Tellurium, 30 Gold, 10 Silber.

Das bley- gold- und silberhaltige gediegene Tellurium hat ein specifisches Gewicht von 8,919, eine dunkle, metallgraue Farbe, eine zarte Consistenz, und ist biegsam ohne Elasticität. Es lieferte Herrn Klaproth an Bley 50, an Tellurium 53, an Gold 8,5, an Silber und Kupfer 1, an Schwefel 7,5. Eine Varietät von der nämlichen Art gab ihm 45 Tellurium, 27 Gold, 19,5 Bley, 8,5 Silber, und ein Atom Schwefel.

Das gediegene Tellurium kristallisirt in sehr kurzen regulären Sechsecken; man findet es auch in Platten, die sich in der Richtung ihrer großen Flächen sehr leicht von einander theilen lassen, glänzend und höckerig sind.

Wir kennen dieß neue Metall nur durch die Analyse, die Herr Klaproth 1798 davon mitgetheilt. Doch sprach Müller nachdem er weißes Gold analysirt, schon von einem Rückstande, der den größten Theil desselben ausmache, und alle Eigenschaften eines neuen Metalles habe; Herr Kirwan nahm dieß kurze Zeit darauf in seine Mineralogie unter dem Namen Sylvanit auf;

aber

aber Herr Klaproth bestätigte nicht allein die Existenz dieses Metalles in den Bergwerken von Fatzbay und Offenbanya, sondern er wies sie auch zuerst in dem Golderze von Nagyag nach.

Um dieß Metall zu erhalten, erwärmt man das Erz etwas mit 6 Theilen Salzsäure, und läßt, nachdem man drey Theile Salpetersäure hinzugethan, das Gemenge aufsieden; es erfolgt dann ein sehr beträchtliches Aufbrausen, und man erhält eine vollständige Auflösung, welche man mit ein wenig Wasser verdünnt. Man thut sodann zu der Flüssigkeit eine Portion ätzenden Kali's hinzu, bis daß der weiße Niederschlag, der sogleich entsteht, verschwindet, und nichts als ein brauner und flockiger Bodensatz übrig bleibt. Dieser letzte Niederschlag ist Gold und Eisenoxyd.

Zu der alkalischen Auflösung thut man Salzsäure bis zur Sättigung hinzu, und es entsteht ein weißer Niederschlag; diesen Niederschlag wäscht man aus, trocknet ihn, und bildet mittelst eines fetten Oeles einen Teig daraus, den man bis zur Rothgluth in einer Retorte erwärmt; es steigen darauf Metalltropfen in die Höhe, die sich an den Wänden der Retorte ansetzen, und nach dem Erkalten findet man, außer dem in Tropfen sublimirten, und an den Wänden der Retorte hängenden Metalle, davon noch auf dem Boden des Gefäßes.

Siebenzehnter Artikel.

Vom Chromium.

Im Jahre 1789 gaben die Herren Macquart und Vauquelin eine Analyse des rothen siberischen Bleyes, und zeigten an, daß dieß Mineral eine innige Verbindung von überoxydirtem Bleyoxyde, Eisen und Alaunerde sey.

Seit dieser Epoche behauptet Herr Bindheim darin Kupfer, Kobalt, Nickel, Eisen und Molybdänsäure gefunden zu haben.

Im Anfange des Jahres 1798 nahm Herr Vauquelin diese Arbeit wieder vor, und fand eine neue metallische Säure, die er Chromsäure, das Metall aber Chromium nannte, weil es die Verbindungen färbet, in die es tritt.

Hundert Theile pulverisirten rothen Bleyerzes, gemengt mit 300 Theilen gesättigtem kohlensauren Kali, und ungefähr 4,000 Theilen Wasser, wurden eine Stunde hindurch dem Aufwallen mit einander ausgesetzt; es entstand zuerst ein lebhaftes Aufbrausen, welches lange anhielt; die orangenartige Farbe des

Bleyes

Bleyes wurde ziegelroth, die Flüssigkeit nahm eine sehr schöne goldgelbe Farbe an, und es blieb ein unauflösliches metallisches Pulver übrig, das 0,78 wog, 22 Theile also waren durch das Kali aufgelöst worden. Auf dieß metallische Pulver goß man Salpetersäure mit 12 Theilen Wasser verdünnt; es entstand ein lebhaftes Aufbrausen, der größte Theil der Materie wurde aufgelöst; die Flüssigkeit nahm keine Farbe an, und es blieb nur eine kleine Quantität von einem citronengelben Staube. Dieß Residuum, getrocknet und gewaschen, wog nicht mehr als 16 Theile, und 42 Theile kohlensauren Kali's mit einer hinlänglichen Quantität Wassers, über den 16 Theilen des Rückstandes aufgesotten, ließen nicht mehr als 2 Theile wahren rothen Bleyes, welches nicht angegriffen worden war. Die salpetersaure Auflösung enthielt das Bley.

Die alkalischen Flüssigkeiten, nachdem sie vereiniget, und bis zum Häutchen verdunstet worden, gaben bey dem Erkalten gelbe Kristalle, unter denen sich nicht zersetztes kohlensaures Kali befand.

Diese Kristalle wurden in Wasser aufgelöst, und die mit der Mutterlauge vereinigte Auflösung mit schwacher Salpetersäure bis zur Sättigung des kohlensauren Kali's gemengt; die Evaporation gab rubinrothe Kristalle, mit Kristallen von salpetersaurem Kali vermengt. Diese Auflösung aber mit der Auflösung von salpetersaurem Bley zusammengemengt, stellte das rothe Bley wieder her.

Die Säure, welche das Vererzungsmittel des rothen Bleyes ausmacht, bildet 36,00 des Ganzen.

Die Chromsäure gibt mit Kali ein orangefarbenes Salz.

Sie schlägt das Quecksilber aus dem salpetersauren Salze in Gestalt eines dunkeln Zinnobers nieder. Sie bildet in der Auflösung des salpetersauren Silbers einen Niederschlag vom schönsten Karminroth, der am Lichte purpurfarb wird.

Sie bildet einen kastanienbraunen Niederschlag mit salpetersaurem Kupfer.

Die Chromsäure, mit Borax geschmolzen, theilt ihm eine dunkelgrüne Farbe mit.

Ein in die Chromsäure getauchtes Papier, nimmt eine grünliche Farbe am Lichte an.

Concentrirte Salzsäure über Chromsäure destillirt, geht in den Zustand oxydirter Salzsäure über, und die Flüssigkeit nimmt eine schöne grüne Farbe an. Beyde Säuren vermengt, lösen Gold auf.

Die

Die Schwefelsäure gibt dieser Säure eine bläuliche Farbe, wenn man sie damit in der Wärme digeriren läßt.

Die schweflige Säure geht in den Zustand der Schwefelsäure über.

Zwey und siebenzig Theile Chromsäure in einen Kohlentiegel gethan, der selbst in einem andern irdenen, mit Kohlenstaube angefüllten stand, reducirten sich bey dem halbstündigen Feuer eines Schmiedeofens in eine metallische Masse von einem weißen Grau, die aus verschlungenen Nadeln bestand und 24 Theile wog.

Eigenschaften des Chromiums.

Das Chromium ist weißgraulich, sehr zerbrechlich, unschmelzbar, feuerbeständig, und kristallisirt in Nadeln.

Wenn es der Wärme vor dem Löthrohre ausgesetzt wird, bedeckt es sich mit einer lilafarbenen Kruste, die bey dem Erkalten grün wird.

Vor dem Löthrohr mit Borax behandelt, schmilzt es nicht, aber ein Theil, nachdem er sich oxydirt, löst sich im Salze auf, und theilt ihm eine sehr schöne grüne Farbe mit.

Säuren haben auf dasselbe nur eine sehr schwache Wirkung. Die Salpetersäure ist die einzige, wodurch es eine merkliche Veränderung erleidet. Man verwandelt es in ein orangegelbes Pulver, indem man, fünf bis sechs Mal hintereinander, 20 Theile dieser Säure mit einem Metall destillirt. Dieß Pulver ist sauer, löst sich in Wasser auf, verbindet sich mit den Alkalien, aus denen es die Kohlensäure entwickelt, und schlägt die metallischen Auflösungen unter den nämlichen Phänomenen nieder, als die Chromsäure.

Die Analyse des Spinells hat Herrn Vauquelin gleichfalls Chromium gezeigt.

Herr Klaproth fand darin:

Alaunerde	76
Kieselerde	15
Magnesia	8
Eisenoxyd	1,5

Herr Vauquelin nahm 400 Theile pulverisirten Spinell und ließ sie eine Stunde hindurch in einem silbernen Tiegel mit 1600 Theilen ätzenden Kali's warm werden, das Gemenge schmolz nicht.

Er verdünnte diese Materie mit destillirtem Wasser, die es fast ganz auflöste, so daß davon nur 12 Theile blieben, und

goß

goß verdünnte Salzsäure auf die Auflösung, der die nicht aufgelöste Materie zugemengt geblieben war.

Die ersten Portionen Säure ließen die Flüssigkeit in eine weiße, wie Brey dicke Masse gestehen, die zum größten Theile wieder in neuen Quantitäten aufgelöst wurde.

Sodann erwärmte er die Auflösung mäßig und filtrirte sie, wonächst auf dem Papiere 12 Theile eines rosenfarbnen Pulvers blieben, welches noch unveränderte Rubin-Materie war. Diese wurde bey Seite gelegt um nur den zersetzten Theil zu bearbeiten.

Nachdem die oben erwähnte Salzsäure an einer sanften Wärme bis zur Trockene evaporirt worden, goß er auf das salzige Residuum eine große Quantität destillirten Wassers und es blieben davon nur 20 Theile von einem grauen Pulver, die, mit Borax geschmolzen, diesem eine leichte grüne Farbe gaben.

Diese 20 Theile behandelte er mit ein wenig concentrirter Salpetersäure; die Flüssigkeit nahm davon eine grüne Farbe an und der unauflösliche Rückstand wurde weiß, dieß Residuum, nachdem es gewaschen und getrocknet worden war, bildete 12 Theile und war eine aus dem Mörser losgerissene Kieselerde.

Die salzsaure Auflösung, so wie die Auflösung durch das Kali und die Salpetersäure lieferten bey ihrer Zersetzung Alaunerde, Talkerde und Chromium in folgenden Verhältnissen:

Alaunerde	. .	86,00	
Talkerde	. . .	8,50	99,75
Chromsäure	. .	5,25	

Herr Vauquelin hat noch 3,50 Chromoxyd aus dem Peruanischen Smaragd gezogen.

Achtzehnter Artikel.

Vom Titan.

In dem rothen Ungarischen Schörl fand Herr Klaproth dieß neue Metall, das *Titanium* oder Titan genannt wird.

Seit der Zeit hat Herr Klaproth erwiesen, daß ein Fossil des Bisthums Passau in Deutschland ein Drittheil Titan-Oxyd in Verbindung mit Kalk- und Kieselerde enthalte.

Auch haben die Herren Vauquelin und Hecht, nachdem sie den rothen Schörl, den die Herrn Miché und Cordier in dem Canton Saint-Yrieix, im Departement Haute-Vienne, gefun-

gefunden, der Analyse unterworfen, die nämlichen Eigenschaften darin erkannt, welche der Berliner Chemiker an dem Ungarischen nachgewiesen.

Eben so haben diese beiden Chemiker die Existenz des Titan-Oxyds in Verbindung mit Eisen und Braunstein in einem Bayerschen Fossil erwiesen, das man für ein Zinnerz gehalten hatte.

Der rothe Ungarische Schörl existirt in Boinik in einem von Lagen von Glimmer-Schiefer durchschnittenen Quarzfelsen. Seine Farbe ist ein helles, bräunliches Roth.

Die Stücke welche Herr Klaproth besitzt, zeigen die Gestalt eines rechtwinkligen, der Länge nach stark gestreiften, gefurchten Parallelopipedi; die breitesten haben einen halben Zoll Breite; gewöhnlich aber sind sie dünner und zuweilen trifft man sie auch in Gestalt von Nadeln. Die Oberfläche der Kristalle ist streifig und sehr glänzend; bey'm Bruch in die Quere erscheinen sie blätterig, sie lassen sich leicht zerbrechen, aber schwer zerreiben. Ihre spezifische Schwere beträgt 4,180.

Zweyhundert Theile dieses Fossils, zu Pulver gestoßen, und mit 1,000 Theilen kohlensaurem Kali gemengt, wurden in einem Porzelain Tiegel roth geglüht. Das Gemenge kam leicht zum Schmelzen. Auf eine Platte gegossen, setzte es sich in Gestalt einer festen Masse von einem weißlichen Grau an, die Nadeln auf der Oberfläche zeigte und im Bruch faserig war. Diese wurde zerrieben und mit siedendem Wasser eingerührt. Es bildete sich bald ein Bodensatz von einem weißen Pulver, welches, getrocknet, 328 Theile des Ganzen betrug. Die Flüssigkeit, nachdem sie filtrirt, gesättigt und durch Salzsäure niedergeschlagen war, gab einen Bodensatz von 8 Theilen an einer schleimigen, halb aus Kieselerde und halb aus Alaunerde bestehenden Erde.

Die weiße, in Wasser unauflösliche Erde ist das Titanoxyd, mit ein wenig Kieselerde gemengt.

Hundert Theile rother Französischer Schörl wurden in einem Tiegel mit 600 Theilen kohlensaurem Kali geschmolzen, diese geschmolzene Masse, eingerührt in siedendem Wasser, ließ einen Bodensatz von einem weißen, etwas rosenfarbenen Pulver, welches gewaschen und getrocknet 157 Theile wog. Die alkalische Flüssigkeit, nachdem sie sorgfältig abgeklärt und analysirt worden war, enthielt eine leichte Quantität von Kieselerde und Alaunerde und hielt ätzendes Kali in Auflösung. Es ist mithin erwiesen, daß das weiße Pulver dem Kali Kohlensäure entzieht, welche dasselbe aufbrausend macht.

Bevor

Bevor man noch die Existenz eines Metalles in dem rothen Schörl ahndete, bediente man sich dessen in der Sèvres Manufaktur, um das Porzelain braun zu färben. Mit dieser Substanz bereitete man unter andern die Farbe zu dem schönen Gefäße, welches sich unter dem Namen *Cordelier* jetzt in der Galerie von St. Cloud befindet.

Das nämliche Verfahren war überall hinreichend, die Existenz des Titanoxyds in den verschiedenen Substanzen, in denen es sich befindet, zu offenbaren.

Das Fossil aus dem Bisthum Passau in Deutschland, in dem Herr Klaproth 0,33 Titanoxyd fand, hat die Form eines viereckigen, rautenförmigen Prismas und eine Länge von ¼ Linie bis zu 3 Linien. Diese Kristalle sind von einem mehr oder weniger in Grün oder Grau spielenden Schwarzbraun. Ihre Oberfläche ist glatt und glänzend. Der Bruch in die Breite ist fast matt, der in die Länge von einem mittlern Glanze. Die kleinsten Kristalle sind durchsichtig, die dicken sind es nur an den Rändern und oft selbst ganz trübe; diese Kristalle sind zerbrechlich und schwer zu pulverisiren, man trifft sie gewöhnlich zerstreut in einem großkörnigen Felsen, dessen Zusammensetzung größtentheils aus einem weißen, graulichen, oder in's Grüne fallenden Feldspath, außerdem aber aus Hornblende, Quarz, Glimmer und Steatit besteht. Das specifische Gewicht dieser Kristalle beträgt 3,510.

Das Bayersche von den Herren Vauquelin und Hecht bearbeitete Fossil, wird zu Bodenmais, in Niederbayern, in kleinen zusammengerollten Kristallen gefunden. Seine Farbe ist schwarz. Sein specifisches Gewicht beträgt 37,000 während die des französischen Titans 42,000 und seine Farbe rothbraun ist.

Die weiße Materie, welche man aus diesen verschiedenen Fossilen durch das kohlensaure Kali zieht, hat folgende Eigenschaften:

1) Wenn sie allein in einem Tiegel behandelt wird, so verliert sie 0,25 ihres Gewichtes und nimmt eine gelbe Farbe an, welche verschwindet, wenn sie erkaltet. Sie löst sich dann nicht mehr auf in den Säuren und braust auch nicht mit ihnen auf.

2) Wenn sie vor dem Löthrohr, allein auf einer Kohle erwärmt wird, so nimmt sie eine citrongelbe Farbe an, die sie durch das Kaltwerden wieder verliert.

3) Wenn sie vor dem Löthrohr auf einer Kohle mit phosphorsaurem Natron und Ammonium erwärmt wird, so wird diese Substanz leicht flüssig und bildet ein in allen seinen Theilen homogenes, in seinen Bruchstücken aber violettes Kügelchen.

4) Des-

4) Desgleichen bildet sie mit dem Borax ein durchsichtiges, topasgelbes Kügelchen.

5) Mit kohlensaurem Natron zusammengebracht, scheint es, als ob sie zuerst darin schmelzen wolle, aber die Materie breitet sich dann in Gestalt einer trüben Masse in dem Löffel aus.

6) Diese weiße Materie ist kohlensaurer Titan.

Dieser kohlensaure Titan löst sich mit Aufbrausen in Schwefelsäure auf.

Die Salpeter- und Salzsäure greifen ihn mit Heftigkeit an, aber die Wärme schlägt alles Oxyd aus dieser Auflösung nieder, weil, in diesem Falle, die Verhältnisse des Sauerstoffs im Oxyd sich verändern, welches von da an, es unauflöslich macht. Die salpetrige Auflösung, wenn sie erwärmt wird, gibt salpetriges Gas und schlägt das Oxyd nieder, während die salzsaure Auflösung oxydirte Salzsäure gibt. Im erstern Falle findet also eine Zersetzung der Säure auf das Oxyd, im andern eine Zersetzung des Oxyds auf der Säure statt. Wenn also die Auflösung in der Salpetersäure geschehen soll, muß sie viel weniger oxydirt seyn, als wenn man sie mittelst der Salzsäure bewirken will.

Die oxydirte Salzsäure löst ein wenig kohlensauren Titan auf.

Auch die Essigsäure nimmt einen kleinen Theil davon in sich auf.

Die sauren Auflösungen des Titanoxyds werden niedergeschlagen:

1) durch kohlensaures Kali als eine weiße und flockige Materie.

2) Durch Ammonium, auf gleiche Weise.

3) Das Galläpfel-Infusum bildet einen braunröthlichen Niederschlag. Dieser Niederschlag gleicht, wenn er gewaschen und getrocknet wird, dem Mineral-Kermes.

4) Die Arseniksäure und die Phosphorsäure machen einen weißen Niederschlag.

5) Die Weinstein- und Kleesäuren bilden einen weißen Bodensatz, welcher sich augenblicklich wieder auflöst.

6) Das durch die Auflösung des salzsauren Titans niedergeschlagene Zinn, hat eine blasse Rosenfarbe, die sich in eine schöne Rubinfarbe umändert.

7) Durch den Zink wird die Farbe der nämlichen Auflösung in Violett verändert, das nach und nach in's Indigoblau übergeht. Durch Wärme wird sie entfärbt und es schlägt sich ein weißes Pulver nieder, welches in der nämlichen Säure aufgelöst, die nämlichen Eigenschaften wieder annimmt.

8) Das

8) Das geschwefelte Ammonium bringt, in Verbindung mit einer gleichen Auflösung eine schmutzig grüne Farbe hervor, und es bildet sich ein Niederschlag von einem bläulichen Grün. Wenn man geschwefeltes Ammonium auf die weiße Erde gießt; so nimmt sie augenblicklich eine grünlich blaue Farbe an.

9) Blausaures Kali, vermengt mit den salzsauren Auflösungen des Titans, verursacht darin einen grünen Niederschlag, welcher nicht wie der vom Eisen, an der Luft blau wird. Dieser blausaure Titan wird, mitten in den Flüssigkeiten, in denen er entsteht durch die Alkalien zersetzt; indem er durch verschiedene Nüancen von Farben nach folgender Ordnung geht; purpurfarben, blau und weiß.

Zwey und siebenzig Theile kohlensauren Titans, wurden mit Thran gemengt. Dieß Gemenge, welches man in Gestalt eines feinen Pulvers in einen Kohlentiegel that und während anderthalb Stunden der Wirkung eines heftigen Feuers aussetzte, lieferte eine schwärzliche, schäumige Substanz, von der einige Punkte eine röthliche metallische Farbe hatten.

Funfzig Theile kohlensaurer Titan mit dreyhundert Theilen Fluß gemengt, (der aus 1 Theil salzsaurem Ammonium, 1 gestoßenem Glase, 1 Weinstein, 2 schwarzem Fluß, $\frac{1}{2}$ kalzinirtem Borax und $\frac{1}{2}$ Kohlenstaub bestand,) wurden drey Viertelstunden mit einander geschmolzen. Man fand auf dem Boden des Tiegels eine schwarze und schwammige Masse, und an seinem Deckel, ein rothes, sublimirtes Häutchen. Dieß beweiset, daß der Titan, wie mehrere andre metallische Substanzen, flüchtig ist.

Der Titan ist beynahe unauflöslich in der Salpetersäure und der salpetersauren Salzsäure, die nur dessen Oberfläche angreifen und sie mit einem weißen Häutchen bedecken.

Die Schwefelsäure, wenn der Titan darin aufgesotten wird, zersetzt sich damit, und das Metall verwandelt sich in ein weißes Pulver, von dem ein Theil in der Säure in Auflösung bleibt. Es wird auch schweflige Säure dabey erzeugt. Der schwefelsaure Titan hat die nämlichen Eigenschaften, als der, welchen man durch die Auflösung des Oxyds in der nämlichen Säure erhält.

Der rothe Schörl ist also ein Titanoxyd, vermengt mit ein wenig Kieselerde und Alaunerde.

Der Titan muß zu den brüchigen und oxydablen Metallen gerechnet werden.

Neunzehnter Artikel.

Vom Uran.

Es ist wiederum Herr Klaproth, dem wir die Entdeckung dieses neuen Metalles verdanken.

Die Natur hat es uns bis jetzt in dreyen Zuständen gezeigt:
1) in dem Zustande als geschwefeltes Uran,
2) in dem Zustande eines kohlensauren Salzes.
3) in dem Oxyd-Zustande.
Das geschwefelte Uran hat eine dunkle schwarze Farbe; im Bruch ist es glänzend und man bemerkt zuweilen Platten darin. Man hatte es für einen geschwefelten Zink genommen, den man Pechblende, wegen seiner Aehnlichkeit mit dieser Substanz, nannte.

Herr Klaproth hat dessen specifisches Gewicht auf 7,5 angegeben, Herr Guyton Morveau aber es nur auf 6,3785 ausgemittelt, und Herr Haüy der eine andere Probe davon gewogen, auf 6,5304 geschätzt. Das specifische Gewicht der Blende beträgt, nach Brisson nur 4,1665 welches dazu dienen kann, die Blende von dem geschwefelten Uran unterscheiden zu lehren.

Man trifft das Oxyd des Urans auf der Oberfläche des Geschwefelten auf welcher es ein gelbes Pulver bildet. Es zeigt sich auch in braunen und schwärzlichen Massen, in denen das Oxyd des Urans mit Eisenoxyd verbunden ist. In diesem Zustande heißt es Uranocher. Ein Stück, welches in der Luft 332½ Gran wog, fand Herr Haüy 3,2438 specifisch schwer.

Noch hat man das Uran im Gemenge mit Kupfer, und mineralisirt durch Kohlensäure gefunden. Diesem hat man nach einander die Namen grauer Glimmer und Horn-Kupfer und Kalkolith gegeben. Es bildet kleine viereckige Platten mit doppelten Rändern. Dolomieu fand es in sehr kleinen Kristallen, die vollständige Achtecke bildeten.

Das geschwefelte Uranium, wenn es in einer Retorte kalzinirt wird, verliert an seinem Gewichte und gibt schweflige Säure und Schwefelsublimat. Wenn die Kalzination in einem Röstscherben an freyer Luft geschieht; so verliert das Geschwefelte sogleich an seinem Gewichte, aber es gewinnt es wieder, wenn man die Kalzination bis zur Rothgluth fortsetzt.

Die Schwefelsäure greift das Geschwefelte wenig an, aber die Salpetersäure zersetzt es vollständig, und scheidet daraus den Schwefel und eine kieselige, eisenhaltige Erde aus, die unauflöslich bleiben. Die Salzsäure zersetzt es unvollständig,

dig, die salpetersaure Salzsäure verzehrt es, und läßt als Residuum den Schwefel und die kieslige Bergart zurück.

Das kohlensaure Kali bildet in den Auflösungen des salpetersauren oder salzsauren Salzes einen Niederschlag von einem weißlichen Gelb. Man muß nur die Quantität von Alkali anwenden, die nothwendig ist, die Säure zu sättigen, um zu vermeiden, daß die überflüssige Kohlensäure nicht einen Theil des Niederschlages wieder auflöse. Diese Auflösung gibt einen neuen Niederschlag von citronengelber Farbe, wenn man Salpetersäure hinzuthut.

Die Säuren lösen die Niederschläge mit Leichtigkeit auf.

Diese Niederschläge, welche Herr Klaproth mit allen bekannten Schmelzungsmitteln behandelt hat, gaben nichts als schwarze, glasige Schlacken, ohne eine Spur von Regulus.

Dieß gelbe Oxyd gemengt mit Leinöl, das in einem Bratenscherben gebrannt worden, wurde in einen, mit Kohlenstaub ausgefütterten Tiegel gethan und einem sehr heftigen Feuer ausgesetzt. Man fand nichts, als eine schwere, nur leicht zusammenhängende Masse, die sich zwischen den Fingern in ein schwarzes Pulver von einigem Glanze zerreiben ließ. Dieß metallische Residuum zersetzt die Salpetersäure mit Hinzutritt von Wärme.

Man hatte diese Substanz gemeinschaftlich mit dem Braunsteinoxyd und auf gleiche Weise als dieß in besondern Tiegeln bearbeitet, und das letztere wurde vollkommen reducirt, welches beweiset, daß das Uran schwerer zu schmelzen ist.

Herr Klaproth hat das unvollkommene Produkt dieser ersten Reduktion in einem ausgefütterten Probirscherben dem Feuer ausgesetzt, es mit kalzinirtem Borax bedeckt und den Rest mit Kohlenstaub ausgefüllt. Er lutirte den Deckel und leitete einen sehr starken Feuerstrom auf das Ganze. Der Regulus zeigte eine zusammenhängende consistente Masse in sehr kleinen metallischen an einander klebenden Kugeln, von dunkelgrauer Farbe; wenn man sie ritzte, erschien sie blaßbraun. Man konnte sie mit dem Messer anschneiden und abkratzen.

Dieß Metall erleidet keine Veränderung vor dem Löthrohr; mit mikrokosmischem Salze gemengt, erzeugte sich auf dem geschmolzenen Kügelchen ein mattes, silberweißes Häutchen. Dieß Kügelchen färbte sich grasgrün.

Herr Klaproth bestimmte das specifische Gewicht dieses neuen Metalles auf 6,440.

Der nämliche Chemiker hat folgende Versuche gemacht, um die Farben kennen zu lernen, die das gelbe Oxyd den Gläsern geben kann; es machen nämlich:

	Quentchen	Gran	
Präparirte Kieselerde	2		Ein hellbraunes durchsichtiges Glas.
Weinsteinsalz	1		
Gelbes Oxyd	0	10	

	Quentchen	Gran	
Präparirte Kieselerde	2		Ein trübes schwärzlichgraues Glas.
Natron	1		
Gelbes Oxyd	0	10	

	Quentchen	Gran	
Kieselerde	2		Ein Glas wie Rauchtopas.
Kalzinirter Borax	2		
Gelbes Oxyd	0	20	

	Quentchen	Gran	
Kieselerde	2		Ein trübes Glas von klarem Apfelgrün, wie der Chrysopras.
Glasige Phosphorsäure	2		
Gelbes Oxyd	0	20	

	Quentchen	Gran	
Verglaste Phosphorsäure	2		Ein klares Glas, wie der Smaragd.
Gelbes Oxyd	0	10	

Schwach geröthetes gelbes Oxyd, mit dem nöthigen Fluß gemengt, gibt dem Porzellain eine dunkelorange Farbe.

Zwanzigster Artikel.

Vom Molybdän.

Man hat das Molybdän lange Zeit hindurch mit dem Reißbley verwechselt; aber Scheele machte die Entdeckung, daß das Molybdän eine Zusammensetzung von Schwefel und einer eignen Säure sey, die er Molybdänsäure nannte. Es gelang ihm nicht, diese Säure in Metall zu reduciren; Hielm, (Bergmanns Schüler) aber war glücklicher darin.

Es ist sehr schwerflüssig, und seine Körner haften bloß bey einem heftigen Feuer etwas an einander.

Die Wärme, die Luft und die Salpetersäure verwandeln das Molybdän in ein weißes Oxyd.

Das geschwefelte Molybdän ist es eigentlich, das die Naturforscher bis jetzt Molybdän genannt haben. Es ist bleygrau, hat ein specifisches Gewicht von 4,7385, ist aus biegsamen, zertrennlichen Blättern zusammengesetzt, die sich fettig anfühlen lassen; befleckt das Papier mit metallgrauen Flecken, und verdunstet vor dem Löthrohr in einen weißen Rauch, wobey es einen schwefligen Geruch von sich gibt.

Das geschwefelte Molybdän hat gewöhnlich die Gestalt von sehr kurzen, sechsseitigen Prismen.

Sachsen, Böhmen und Schweden liefern geschwefeltes Molybdän; dieß Mineral ist auch Frankreich nicht fremd, wo es Herr Lelièvre in den Wölbungen des Bergwerkes *grande Montagne* des Schlosses Lambert bey le Tillot gefunden hat.

Ein und zwanzigster Artikel.

Vom Tungstein.

Das, was die Mineralogen bis zum Jahre 1781 unter den Namen Wolfram und weißes Zinnerz begriffen, ist aus einer besondern Säure zusammengesetzt, die im erstern mit Eisen und Braunstein, und im zweyten mit Kalk verbunden ist. Dem berühmten Scheele verdanken wir diese wichtige Entdeckung.

Kurze Zeit darauf kam Bergmann auf die Vermuthung, daß diese Säure eine metallische wäre, und nach ihm haben die Gebrüder Delhuyar das Metall daraus extrahirt.

Dieß Metall hat ein specifisches Gewicht von 17,6 nach Angabe der Gebrüder Delhuyar; dieß Resultat scheint jedoch zweydeutig, denn die Herren Vauquelin und Hecht konnten dasselbe nur in einer schwammigen, mit kleinen, graulichweißen, sehr harten und zerbrechlichen metallischen Körnern durchsäeten Masse erhalten und es war ihnen unmöglich, es specifisch zu wägen *). Herr Guyton erhielt ein Total an Gewicht von 9 Quentchen 11 Gran, auf den Grund dessen er die specifische Dichtigkeit auf 8,3406 festsetzte. Es ist unauflöslich in Schwefel-

*) Der Tungstein ist eine Verbindung der eigenthümlichen Säure, welche Scheele Tungsteinsäure, oder vielmehr welches durch den eben so großen Mathematiker, als schlechten Chemiker, Kästner in Göttingen, durch Tungsteinsäure übersetzt worden ist, da Tung in der schwedischen Sprache schwer bedeutet, und man also Schwersteinsäure sagen müßte. Der Wolfram enthält diese Säure noch reichlicher als der Tungstein, und man nennt daher obiges Metall Wolfram, so wie dessen Säure Wolframsäure in der deutschen Sprache. Seine Reduktion zu einem zusammenhängenden Metall ist auch mir nicht gelungen, ich habe sie im Jahr 1792 in Verbindung mit Herrn Klaproth vergebens versucht, wir erhielten immer nur eine zusammengesinterte Masse. H.

sel- Salz- Salpeter und sälpetersaurer Salzsäure. Die beyden letztern verwandeln es in ein Oxyd.

Sein Oxyd ist gelblich und sauer; man nennt es Tungsteinsäure oder Wolframsäure.

Der Wolfram enthält dieß Oxyd versetzt mit Eisen und Braunsteinoxyd und ein wenig Kieselerde. Seine Farbe ist ein bräunliches Schwarz. Sein specifisches Gewicht beträgt 7,3333. Seine ursprüngliche Gestalt ist die eines rechtwinklichen Parallelopipedi und man findet es zuweilen in so eng aneinanderhängenden Platten, daß ihre Vereinigung den Anblick eines streifigen Gewebes gewährt.

Der Berg Puy-les-Mines, im Departement der Haute-Vienne, enthält einen Wolframgang.

Das weiße Zinnerz (der Tungstein) enthält dieß Oxyd mit Kalk in Verbindung. Sein specifisches Gewicht beträgt 6,0665. Seine Farbe ist ein schmutziges Weiß. Seine ursprüngliche Form, die würfelförmige.

Außer den neuen Metallen, von denen wir eben gehandelt, gibt es noch mehrere, deren Natur und Eigenschaften die Chemiker erkannt haben. Das Colombium von Herrn Hatchett 1802 entdeckt, und das Tantalium, dessen Entdeckung Herr Ekeberg 1801 machte, gehören in diese Classe. Aber bis jetzt sind noch so wenige Thatsachen über diese Metalle bekannt und ihre Existenz erscheint so beschränkt durch die große Zahl der mineralogischen Varietäten auf dem Erdboden, daß wir nicht für nöthig halten, ihnen einen besondern Artikel zu widmen.

Es geht, dessen ungeachtet, aus allem Gesagten hervor, daß wir, nach dem gegenwärtigen Zustande unsrer Kenntnisse sieben und zwanzig Metalle zählen, indem wir darunter die vier neuen, welche mit der Platina versetzt sind, begreifen.

Drittes Kapitel.

Von einigen vorzüglich verbrennlichen Substanzen.

Wir werden diesen Titel in zwey Abschnitte theilen, und in dem erstern von einigen einfachen verbrennlichen Substanzen, als Schwefel, Phosphor, Kohlenstoff, im andern aber von andern vorzüglich verbrennlichen aber zusammengesetzten, als Oelen, Erdpechen, Harzen u. s. w. sprechen.

Erster Abschnitt.

Von den einfachen verbrennlichen Substanzen.

Obgleich die metallischen Substanzen, so wie auch der Wasserstoff, wesentlich zu dieser Classe von kombustiblen Materien gehören, so haben wir doch geglaubt, ihnen einen andern Platz unter solchen Materien anweisen zu müssen, zu denen sie entweder ihren Hauptkennzeichen, oder doch irgend einer hervorstechenden Eigenschaft nach, gerechnet werden müssen; unter der gegenwärtigen Abtheilung werden wir uns daher auch auf den Schwefel, den Phosphor und den Kohlenstoff beschränken.

Erster Artikel.

Vom Schwefel.

Der Schwefel muß einer der ersten dieser Classe seyn; er hat eine gelbe Farbe, im gediegenen Zustande ein specifisches Gewicht von 2,0332 und von 1,9907, wenn er geschmolzen ist, eine doppelte Refraction in einem hohen Grade und die selbst mitten durch zwey parallele Oberflächen bemerklich ist, eine große Zerbrechlichkeit, und die Eigenschaft zu krachen oder zu schreyen wenn man ihn in der Hand druckt.

Er brennt mit einer blauen Flamme und einem erstickenden, wenn gleich nicht stinkenden, Geruch. Die Flamme verlängert sich und wird weiß im Gipfel, wenn das Verbrennen schleunig geschieht.

Seine ursprüngliche Form ist die eines Achtecks mit ungleichseitigen Dreyecken.

Wenn wir das lesen, was die Chemiker vor Stahl über den Schwefel geschrieben, so können wir uns davon nur einen schwankenden Begriff machen; sie betrachten ihn wie das einzige Princip der Entzündlichkeit und Färbung; und classificiren ihn unter die drey Elemente der Körper, die nach ihnen im Salz, Schwefel und Quecksilber bestehen.

Stahl gab dem Worte Schwefel eine bestimmtere Bedeutung. Aber er fiel in andre um so wichtigere Irrthümer, die die Grundsätze der Chemiker fast ein Jahrhundert hindurch bildeten. Dieser berühmte Chemiker glaubte in dem Schwefel die Existenz zweyer Grundstoffe, des phlogistischen und der Schwefelsäure bewiesen zu haben, und nur der Wiedergeburt der Chemie und der Entdeckung der wahrhaften Mittel der Analyse, verdanken wir es, daß der Schwefel wieder in die Classe der einfachen Körper gesetzt worden. Dieser Gang würde als ein retrograder erscheinen, wenn man nicht wüßte, daß es Fortschritte in den Wissenschaften machen heißt, wenn man seine Ideen berichtigt und Irrthümer verbessert.

Wir finden den Schwefel in größerer oder geringerer Quantität in fast allen Classen der Produkte des Erdbodens. Die Analyse der Eyer, des Blutes, der Haare liefert in. Herr Deyeux hat ihn aus der Patientiawurzel und dem Löffelkraut gezogen *).

Der Schwefel ist das gewöhnlichste Vererzungsmittel der metallischen Substanzen. Er ist im Ueberfluß in den Eisenkiesen und Steinkohlen vorhanden; die Zersetzung dieser letztern Substanzen, die sehr oft in den Eingeweiden der Erde geschieht, gibt Veranlassung zur Verflüchtigung einer großen Quantität von Schwefel.

Es scheint, nach allen bekannt gewordenen Beobachtungen, daß der Schwefel nur in den Substanzen von secundärer Bildung vorhanden sey; die, welche die Grundlage unsers Erdballs ausmachen, wie die anfänglichen Gebirge enthalten keinen, und, obgleich wir nach dem gegenwärtigen Zustande unserer Kenntnisse, keinen Grund haben, den Schwefel als einen zusammengesetzten Körper zu betrachten, so berechtigen uns die eben mitgetheilte und die folgenden Thatsachen doch zu dem Glauben, daß diese Mineralsubstanz sich täglich erzeuge, und man gewiß bald ihre Grundstoffe entdecken werde:

1) Man trifft oft auf Baumstämme, und ich selbst habe solche gesehen, die im Sande vergraben, und in Gageth verwandelt sind, und die bey dem Verbrennen einen bedeutend schwefligen Geruch von sich gaben.

Ich

*) Alle Arten *Rumex* die unter dem Namen *Patientia* begriffen werden, enthalten ihn nicht. Dieß ist mit denen aus warmen Climaten der Fall, während der rumex patientia des Linne der im Norden oder im Süden auf Bergen wächst, in liefern. A. d. V

Ich habe in den angeschwemmten Landstücken des Flusses Cèze bey Bagnols im Gard-Departement eine hölzerne Schaufel gefunden, die ganz verkohlt, und mit Eisenkiesen bedeckt war.

2) Es scheint, als ob die Zersetzung der thierischen und Pflanzenmaterien Veranlassung zur Entstehung des Schwefels gebe.

Im Jahre 1778, als man unter den Boulevards des Thores St. Antoine in Paris grub, fand man in den Fundamenten der Brustwehren, mitten unter den Bruchstücken, die die Ansammlung des Koths des ganzen Stadtviertels gemacht hatte, sehr beträchtliche Quantitäten von Schwefel.

Man weiß, daß das Silber, welches den Ausflüssen oder Ausströmungen animalischer Substanzen ausgesetzt ist, bald schwarz wird, und sich sulphurisirt.

Herr Proust hat bemerkt, daß bey dem Anzuge schwerer Krankheiten die ihn betroffen, alles was er an silbernen Kleinodien an sich trug, sich so veränderte.

Die Zeuge, welche mit thierischen Ausdünstungen getränkt, lange Zeit über einandergepackt liegen, und dann der Luft ausgesetzt werden, verbreiten einen sehr ausgezeichneten Schwefelgeruch.

Wir müssen also wohl annehmen, daß der Schwefel sich erzeuge, aber wir werden keine Hypothese über die Art seiner Erzeugung wagen, sondern es der Zeit und den Fortschritten der Chemie überlassen, uns dieß Geheimniß zu enthüllen. Hier endlich wird es für unsern Zweck hinreichend seyn, das Verfahren zu beschreiben, welches man bey seiner Extraction und seiner Bereitung für den Handel anwendet.

Wir haben bereits bemerkt, daß der Schwefel alle Metalle mineralisirt; es geschieht selbst zuweilen, daß wenn das Metall in geringer Masse im Mineral vorhanden ist, die Extraction des Schwefels den Werth des Produktes vermehrt, und seine Förderung nützlich macht.

Man kennt verschiedene Verfahrungsarten zur Extrahirung des Schwefels aus metallischen geschwefelten Verbindungen. Die Destillation in verschlossenen Gefäßen ist eines dieser Mittel, und die Art, nach der man damit in Schwarzenberg in Sachsen, und zu Altensattel in Böhmen verfährt, ist folgende: Man richtet irdene Röhren auf einer Galeere auf, die zwey Oeffnungen haben, schmäler werden, und sich gegen eine Extremität hin, die sich in einen Recipienten öffnet, leicht neigen; diese Röhren füllt man mit zerbrochenen Pyriten an, und verhindert, daß sie nicht in den Recipienten fallen, mittelst eines irdenen Sternes, den man

man an der Extremität befestiget, die dahin ausläuft; die andre verstopft man sehr sorgfältig, und macht ein mäßiges Feuer an, um den Schwefel in den Recipienten fließen zu lassen. Diese Operation dauert acht Stunden.

Die von einem Theile ihres Schwefels befreyten Kiese dienen sodann, um Vitriol daraus zu bereiten, und werden in diesem Zustande Brennstöcke genannt.

Man reinigt diesen Schwefel durch Destillation bey einem mäßigen Feuer in eisernen, mit Helmen versehenen Kolben, die sich in Recipienten von gleicher Natur öffnen.

Wenn der Schwefel in einem Mineral in geringerer Quantität enthalten, und man genöthiget ist, ihn durch Rösten oder Dörren daraus zu scheiden, so hat man das Mittel gefunden, durch ein eben so einfaches, als öconomisches Verfahren, welches zu Rammelsberg im Harz, bey den Fahlerzen üblich ist, und welches ich in Saintbel bey Lyon an einem Kupfererze habe anwenden sehen, die größte Quantität davon zu erhalten.

Man errichtet zuerst auf einem trocknen Boden eine Holzschicht in Quadrat von etwa 30 bis 36 Fuß an den Seiten. Ueber diesem Holze richtet man dann in einer Höhe von 12 bis 15 Fuß eine Pyramide von zerstoßenem Mineral auf. Diese Pyramide behält eine abgeschnittene Gestalt, und es wird in ihrer Mitte ein Rauchfang ausgeführt, um den zur Verbrennung der Holzschicht, auf der sie ruhet, nöthigen Luftzug zu erleichtern. Mit dem Pulver des Minerals werden nun die Seiten und die abgestumpfte Oberfläche der Pyramide bedeckt, auch bedient man sich zu diesem Zwecke zergangener Erden oder nasser Asche, um die Wärme zu concentriren, und dem Verluste des Schwefels vorzubeugen.

Sobald die Vorrichtung der Pyramide so gemacht ist, wirft man glühende Kohlen oder rothe Schlacken aus dem Schmelzofen von oben herab in den Rauchfang; die Holzschicht entzündet sich dadurch, die Wärme theilt sich der ganzen Masse mit, und nach einigen Stunden ist sie stark genug, den Schwefel zu verflüchtigen; sodann bringt man einige Löcher in die Schicht des Minerals, auf dessen oberer Fläche an, und verschmiert die Zwischenräume gut mit Thon, worauf der Schwefel, der nicht anders hinausdringen kann als durch die Wände dieser Höhlungen, sich darin condensirt, und im flüssigen Zustande ansammelt, welchemnächst man ihn zwey bis drey Mal täglich mit einem Löffel abschöpfen kann.

Dieß sehr einfache und wenig kostspielige Verfahren entdeckte im Jahre 1570 Christoph Saunder. Man könnte es nicht

nicht allein bey allen schwefelhaltigen Erzen anwenden, die man fördert, sondern es gibt auch noch das Mittel an, Nutzen aus allen Pyriten zu ziehen, die man, als zu unergiebig an Metall, vernachlässiget.

Abgesehen von dem Schwefel, der in den Erzen vorhanden ist, findet man ihn auch noch häufig an allen denen Orten, wo unterirdische Feuer gewüthet haben. Die Zersetzung der Pyriten, die mehr oder weniger Wärme erzeugt, verflüchtigt einen Theil davon in Natura, während die andere zur Basis der Schwefelsäure wird, oder sich im Wasserstoffgas auflöst, um im Zustande von geschwefeltem Wasserstoffgas oder hepatischem Gas, (hydrothionsaurem Gas) zu entweichen. Die Gegenden um den Aetna und Vesuv sind reich an dieser Art von Phänomenen, und liefern hinlängliche Ausbeute an Schwefel, um seine Benutzung zu verstatten. Aber die schönste Mine der Art ist die von Solfaterra bey Pozzuoli in Italien; man zieht den Schwefel dort durch Destillation aus damit getränkter Erde und Steinen.

Diese Operation geschieht in Töpfen von gebrannter Erde, die im Bauche dick werden, etwa 20 Pinten fassen, und deren Oeffnung von der nämlichen Breite ist, als ihr Boden. Man faßt diese Töpfe in beyde Mauern einer Galeere so ein, daß ihr Bauch nach innen und nach außen übersteh et, und zwischen beyden Reihen ein Zwischenraum von etwa 20 bis 22 Zollen bleibt; bedeckt sodann jeden Topf mit einem Deckel von gebrannter Erde, und umgibt das Ganze von oben mit einer Wölbung, so daß nur eine leichte Oeffnung im Boden des Ofens bleibt, um als Rauchfang zu dienen.

Jede Reihe besteht aus fünf Töpfen, und jeder Topf hat, an seinem obern Theile und von außen, ein Loch, das eine Röhre von 1 Zoll 10 Linien Breite auf 14 Zoll Länge, fassen kann. Jede Röhre communicirt mit einem Topfe von dem nämlichen Umfange wie die ersteren, und der an seiner Basis ein rundes Loch hat, das den Schwefel in einen kleinen hölzernen Zuber laufen läßt, der die Gestalt eines umgestürtzten Kegels hat.

Nach dieser ersten Operation wird der Schwefel roher Schwefel oder Steinschwefel genannt. Man gibt ihn so in den Handel, wo man ihn unter dieser Gestalt auf mehrere Art gebraucht.

Um ihn aber reiner und in bequemerer Gestalt zu erhalten, unterwirft man ihn zu Marseille und anderwärts einigen Operationen, die in folgendem bestehen:

1) Läßt man ihn an einem sehr mäßigen Feuer in eisernen Kesseln schmelzen, deren Oberfläche man mit einem Deckel bedeckt, um

um die Entzündung zu verhindern, und hält ihn im Bade, bis alle Unreinigkeiten zu Boden gefallen sind; sodann gießt man ihn in hölzerne Formen, um ihn zu Röhrenschwefel zu bilden.

2) Wenn man ihn in Schwefelblumen verwandeln will, so hat man eine viereckige Kammer von ungefähr 20 Fuß Dimension an jeder Seite; von außen gegen die Wände dieser Kammer stellt man einen sehr dicken Schmelzkessel von ungefähr 2 Fuß im Durchmesser, und diesen mauert man so zu, daß er in seinem Innern zwey Gänge oder Röhren bekommt, die sich in die Kammern eröffnen. (Der Rauchfang des Ofens hat keine Communication weder mit der Kammer, noch mit dem Umfange des Kessels).

Diese Kammer hat eine kleine Oeffnung an ihrem obern Theile, aus der die Luft, welche durch die Wärme ausgedehnt wird, und die wenige schwefliche Säure, die sich erzeugt, ausströmen kann.

Man thut den Schwefel in den Kessel, und erhält ihn im Schmelzen an einem mäßigen Feuer, er sublimirt sich in Dämpfen, und setzt sich im Innern der Kammer ab, wo er eine ziemlich dicke Schicht bildet, bevor man ihn herausnimmt.

Wenn das Feuer zu heftig ist, geht der Schwefel in den Zustand des weichen über.

Dieser sehr zertheilte Schwefel, wenn er in ein feines und nicht mehr zwischen den Fingern zu fassendes Pulver verwandelt ist, wird Schwefelblumen und sublimirter Schwefel genannt.

Von dem natürlichen Schwefel macht man einen mehrfachen Gebrauch, von dem ich hier handeln werde, und zwar mit dem Vorbehalte, an einem andern Orte von seinen Verbindungen zu reden.

1) Die Eigenschaft desselben, bey einer nur niedrigen Temperatur mit einer Flamme zu verbrennen, hat seinen Gebrauch zur Ansteckung anderer, weniger entzündlichen Körper veranlaßt. Zu diesem Zwecke schmilzt man den Schwefel, und taucht die Extremität einiger sehr leicht verbrennlichen Körper, so wie kleine, lange und schmale Späne sehr trocknen Holzes, Stengel von einigen Pflanzen, Schnitzel von starkem Papier oder Karten u. s. w. hinein. Diese Substanzen nehmen eine Portion des Schwefels auf, welcher sich bald ansetzt und sich sogleich entzündet, wenn man ihn an eine glühende Kohle, oder an einen andern nur mäßig heißen Körper bringt; die Wärme die durch das Verbrennen des Schwefels wächst, entzündet wieder den Körper, an welchen er gehalten wird, und man bringt

also

also durch die Berührung anderer verbrennlichen Materien mit dem letzteren die Entzündung derselben hervor. Hierauf reducirt sich die Verfertigung und der Gebrauch der Schwefelhölzer.

2) Da gut geschmolzener Schwefel die Politur der Oberfläche annimmt, auf die er gegossen wird, so verfertigen die Modelleurs Formen daraus, um, mittelst derselben, sehr schöne Abdrücke von geschnittenen Steinen zu machen.

3 Der Schwefel ist jederzeit in der Medicin mit Erfolg als ein auflösendes, schweißtreibendes und tonisches Mittel angewandt worden. Die Landleute machen ihre Hausthiere fett, indem sie ihrem Futter einigen Schwefel beymischen. Antonio de Herrera erzählt in dieser Hinsicht eine Thatsache, die bekannt zu werden verdient. Er sagt nämlich: die Provinz Quatimala werde verzehrt von unterirdischem Feuer; und die Eroberer von Mexico hätten aus den Mündungen, die die Schwefeldämpfe ausgeströmt, den Schwefel gezogen, der zur Fabrikation des ersten Schießpulvers gedient, welches Amerika hervorgebracht. Er fügt hinzu: es gäbe Seen in dieser Provinz, die ihre Quellen in schwefligen Erdstrichen hätten; die Gewässer führten eine große Quantität davon mit sich, die sie im Ueberfluß an den Ufern abwürfen, und die Weideplätze, die von diesen Wässern benetzt würden, machten die Thiere, die darauf weideten, so fett, das die magersten Pferde von diesem Futter bald eine außerordentliche Dicke gewönnen.

4) Man hat in unsern Tagen den Schwefel häufig dazu gebraucht, um Eisen in Stein zu befestigen; in diesem Falle aber verbindet er sich mit dem Metalle, welches er auflöst, und bildet mit ihm einen Kies, der durch die Einwirkung der Luft und des Wassers effloreszirt, und sich vitriolisirt, und bald die Zerstörung des Eisens und des Glanzes des Steines, als Folgen nach sich zieht.

5) Die sauren Schwefeldämpfe dienen auch noch zum Bleichen der Seide. Eben so kommt Schwefel in die Composition des Schießpulvers, und des Vitriolöls. Wir werden bey Gelegenheit der Lehre von seinen Verbindungen, von allen diesen Gegenständen handeln.

Zweyter Artikel.

Vom Phosphor.

Der Phosphor ist eine von denjenigen verbrennlichen Substanzen, die sich an der niedrigsten Temperatur entzünden; er brennt mit der lebhaftesten Flamme unter Erzeugung einer sehr starken Wärme.

Diese

Diese sonderbare Substanz wurde gegen die Mitte des siebenzehnten Jahrhunderts entdeckt. Kraft machte das dießfällige Verfahren 1689 und Homberg 1692 bekannt. Dieß lange, schwierige und gefährliche Verfahren wurde 1743 durch das von Marggraf ersetzt; und dieß letztere bis zur Mitte des letzten Jahrhunderts befolgt, in welcher Epoche Hahn und Scheele die Existenz der Phosphorsäure in den Knochen bewiesen und lehrten, wie der Phosphor daraus zu ziehen sey.

Man ziehe aber den Phosphor aus dem Urin, nach der von Homberg und Marggraf angegebenen Verfahrungsart, oder aus Knochen nach Scheelens Methode; so erhält man immer ein Produkt von gleicher Natur.

Nach und nach hat man die Mittel zur Extrahirung des Phosphors vereinfacht, und seine Existenz in Steinen, Erzen, thierischen und Pflanzenmaterien entdeckt; so daß diese Substanz, die man anfänglich als eine bloße Naturseltenheit betrachtet, eine große Rolle unter den Erzeugnissen unsers Erdballs zu spielen scheint.

Der Phosphor hat die Consistenz und die Halbdurchsichtigkeit des Wachses; man kann ihn leicht mit einem Messer schneiden; in lauem Wasser erweicht er und wird flüssig; er leuchtet im Dunkeln und entzündet sich bey einer Wärme von 20 bis 25 Graden. er verbreitet ein lebhaftes Licht und ein weißes Wölkchen steigt aus ihm auf; wenn man ihn gegen einen Körper reibt, so läßt er Lichtstreifen darauf die die Form der gezeichneten Buchstaben oder Figuren behalten; er löst, nach Herrn Berthollets sehr interessanter Beobachtung, sich in Stickstoff auf; und der weiße Rauch der von ihm aus in die Luft steigt, hat einen ziemlich ausgezeichneten Knoblauchgeruch.

Von allen bekannten Verfahrungsarten zur Erzeugung des Phosphors werde ich hier nur dasjenige beschreiben, welches mir immer am besten gelungen ist:

Man kalzinirt Knochen so, daß ihr Aeußeres weiß wird, während ihr Inneres schwarz bleibt; pulverisirt sie sorgfältig und thut sie in eine Terrine, indem man diesen Staub mit wenig Wasser anfeuchtet; gießt sodann 4 Theile Schwefelsäure auf 6 Theile pulverisirter Knochen und rührt sorgfältig und unaufhörlich um, so wie man das Gemenge macht. Man verdünnt dann das Ganze, wenn es kalt geworden, in 40 Theilen Wasser. filtrirt und druckt das Residuum aus, um alle Flüssigkeit daraus zu extrahiren

Der ausgedrückte Rückstand wird mit einer gleichen Quantität Wasser, als die erste ausgelaugt.

Dann

Dann evaporirt man diese Laugen in einem kupfernen Kessel bis zur Trockne; während der Operation aber schlägt sich Selenit oder schwefelsaurer Kalk nieder, den man durch das Filtrum absondert. Man erhält an allem Rückstande eine dicke Materie, die man mit Kohlenstaub vermischt, bis das Gemenge zerreiblich wird und trocknet ab, bis man den Boden des Kessels zur Rothgluth gebracht.

Diese Materie macht man klein und thut sie in eine lutirte porzellainene Retorte, an der man einen Recipienten anbringt, in den man Wasser thut; so daß der Hals der Retorte zum Theil hineinragt. Man verfährt mit der Destillation wie gewöhnlich und steigert die Hitze, bis daß der Phosphor durch den Hals der Retorte ausfließt.

Die Destillation des Phosphors geschieht immer begleitet von der Production vielen phosphorigen Wasserstoffs und vieler Kohlensäure, die aus dem Apparate entweichen. Ein großer Theil des Phosphors steigt in Dämpfen auf, und condensirt sich auf der Oberfläche des Wassers, wo es eine mehr oder minder dicke Lage bildet, der der in Tropfen abläuft, stürzt in's Wasser und kommt auf den Grund.

Wenn die Operation beendigt ist, so vereiniget man alle Produkte, thut sie in eine naßgemachte Gemshaut, die man in lauliches Wasser taucht; und druckt diese, wenn der Phosphor geschmolzen ist, unter dem Wasser mit der Hand, damit er durch die Poren der Haut dringe und gereiniget werde; diese Operation gibt dem Phosphor die Halbdurchsichtigkeit und das wachsartige Ansehn, die er, nach der Destillation, nur theilweise hat.

Um dem Phosphor die Form kleiner Cylinder zu geben, schneidet man ihn in kleine Stücken und thut diese in kleine gläserne, mit Wasser angefüllte Cylinder, von denen man die eine Oeffnung mit ein wenig Kork verstopft, diese Röhre hält man gerade in siedendes Wasser; der Phosphor schmilzt dadurch sogleich und man bringt die Röhre wieder in kaltes Wasser, um den Phosphor fest werden zu lassen. Wenn man ihn nun aus der Form herausziehn will, so nimmt man den Pfropf ab und stößt an die Extremität des Phosphors mit einem harten Körper, worauf er an dem andern Ende heraus kommt.

Die Leichtigkeit, mit der der Phosphor sich entzündet, die Schnelligkeit, mit der er brennet, die Intensität der sich dabey entwickelnden Wärme, machen alle diese Manipulationen gefährlich und erfordern viele Vorsicht. Man bewahrt ihn in Wasser sorgfältig auf und darf ihn nur wenig haben, muß ihn auch von Zeit zu Zeit mit Wasser benetzen.

Die

Die Theorie des eben beschriebenen Verfahrens zur Extrahirung des Phosphors aus Knochen ist nicht schwer zu deduciren, der phosphorsaure Kalk, welcher die Basis der Knochen ausmacht, wird durch die dabey angewandte Schwefelsäure zersetzt, die Phosphorsäure aber frey gemacht, und, indem man diese verdichtet und sie mit Kohlen vermengt, um sie der Einwirkung einer heftigen Wärme auszusetzen, bewirkt man ihre Zersetzung und der Sauerstoff vereiniget sich mit den Kohlen, während der Phosphor sich im Recipienten sammelt.

Wenn man, statt die Evaporation der Knochenlauge in dem Zustande des Extracts aufzuhalten, sie einer stärkern Hitze in einem Tiegel aussetzt, so schwillt der Extract beträchtlich an, indem er Blasen schlägt, die sich entzünden; einige Zeit nachher aber senkt er sich und es bleibt nichts im Tiegel, als eine glasige sehr durchsichtige Masse von einem specifischen Gewicht von 3 bis 1. Diese ist es, welche man thierisches Glas nennt. Es bleibt trocken und verändert sich nicht an der Luft. Menschliche Knochen lieferten mir ein Viertheil ihres Gewichtes an dieser Materie.

Die Art, Knochen in Glas zu verwandeln war Bechern bereits bekannt. Homo vitrum est, et in vitrum redigi potest, sicut et omnia animalia. Er bedauert, daß die Scythen, die aus ekelhaften Schädeln tranken, nicht die Kunst gekannt hätten, sie zu Glas zu machen. Dieß Glas ist zuweilen sehr weiß und milchig colorem lacteum narcissuli referens fügt Becher hinzu: aber es scheint, daß in diesem Falle der in Knochen enthaltene Kalk nicht ausgeschieden worden, den wir bey unsrer Verfahrungsart in schwefelsaures Salz reduciren. Dieß Glas färbt sich Türkisfarben, wenn die Evaporation in Kupfer geschieht.

Auch hat dieß Glas, wenn es geschnitten wird, ein schönes Wasser, und fast den Glanz vom Diamant; wenn es pulverisirt und mit der Hälfte seines Gewichtes an Kohle distillirt wird, so zersetzt es sich und erzeugt Phosphor.

Lange Zeit war der Phosphor bloß ein Gegenstand der Neugierde, und auch die Schwierigkeit seiner Bereitung ließ den Glauben nicht aufkommen, daß er jemals zu einem gewöhnlich Gebrauche werde benutzt werden können. Heut zu Tage aber, wo man das dießfällige Verfahren vereinfacht hat und ihn im Handel zu einem ziemlich mäßigen Preise erhalten kann, hat man angefangen, die Leichtigkeit mit der er sich entzündet, vortheilhaft zu benutzen, um daraus die Phosphorkerzen, **physikalische Feuerzeuge** und **Eudiometer** zu bereiten.

Drit-

Dritter Artikel.

Vom Kohlenstoff.

Die Kohle von unsern Heerden ist nicht rein; sie enthält vielen, davon fast unzertrennlichen Wasserstoff, und einige erdige, alkalische und metallische Stoffe. Die Kohle, welche von Beymischung aller dieser Stoffe aber frey ist, wird **Kohlenstoff** genannt.

Der Kohlenstoff ist in allen größern Classen der Naturprodukte vorhanden: er macht die Basis des Pflanzenreiches, dessen allerhäufigster Stoff er ist, und bildet auch das Gewebe der Pflanzen; so ist er eines der Elemente der thierischen Substanzen und findet sich auch im Mineral in Verbindung mit dem Eisen wie im Bleyerz.

Es herrscht eine große Verschiedenheit in der Art der Existenz des Kohlenstoffs im Pflanzenreich und im Thierreich; in dem erstern macht er das Gewebe, die Stärke und den Zusammenhalt aus; während in dem letztern der phosphorsaure Kalk die Festigkeit begründet; die weichen Theile scheinen reicher an Kohlenstoff als die harten.

Um die Kohle zu erhalten, darf man nur die Substanzen destilliren in denen sie sich befindet: die Wärme scheidet nach und nach und theilweise daraus das Wasser, die Oele und den Wasserstoff und es bleibt in dem Destillirgefäße eine schwarze Materie, die entweder die Gestalt der Pflanze beybehält, die man bearbeitet hat, oder, wenn man weiche Theile, sey es nun von Pflanzen oder thierischen Substanzen destillirt hat, in Gestalt einer schwammigen und leichten Masse erscheint.

Man kann alle bekannte Verfahrungsarten zur Verkohlung auf eine Destillation reduciren, die in den Weisen wie sie bewirkt wird, sehr wenig von einander abweicht.

In unsern Laboratorien und in einigen Werkstätten, in denen man es darauf absieht, die Kohle und die flüchtigen Producte, die bey der Destillation entweichen, besonders und mit Genauigkeit geschieden zu erhalten, verfährt man mittelst der Retorte, oder großer eiserner Cylinder, in die man die Materien thut, die man verkohlen will.

Die Kunst das Holz zu verkohlen, wie sie in den Wäldern ausgeübt wird, um das Brennmaterial zu jeglichem Gebrauche für uns zu liefern, zeigt uns die Verrichtung und alle Phänomene einer wahren Destillation: Plinius sagt, daß man das

Holz pyramidalisch aufschichte; die Oberflächen des Haufens mit Thon bedecke und daß, nachdem man dann Feuer angelegt, man den Rauch durch eine im obern Theile angebrachte Oeffnung hinausziehen lasse.

Diese kurze Beschreibung reicht hin, uns zu beweisen, daß das bey uns heut zu Tage übliche Verfahren wenig von dem verschieden ist, welches jener große Naturforscher angibt. In der That fast überall schichtet man das Holz gegen eine perpendiculär in die Erde gesetzte Stange auf, legt zu den Füßen des Baumes das trockenste und dünnste Holz, und läßt am Boden Gänge offen, um Luftzüge zu bilden, die in den in der Mitte angebrachten perpendiculären Rauchfang auslaufen. Wenn der Haufen so aufgebaut ist, so bedeckt man dessen Oberflächen mit nasser Erde oder festen Erdklößen, und läßt nur diejenigen Oeffnungen unbedeckt, durch welche die Luft hineindringen und hinausziehen soll. Sodann zündet man die Blätter und das trockne Holz an, welche man in die Gänge gethan. Das Feuer wird durch den Zug genährt, der von den Gängen zum Rauchfange statt findet, die Wärme theilt sich der ganzen Masse mit, und ein dicker Rauch steigt aus dem Gipfel hervor. Das Feuer wird zehn, funfzehn, auch zwanzig Stunden unterhalten. Aber, wenn der Rauch abnimmt, wenn er scharf wird und der Gipfel sich merklich herabsenkt, so wirft der Kohlenbrenner glühende Kohlen in den Rauchfang, verstopft sodann sorgfältig alle Oeffnungen, um die Wärme zu concentriren, und deckt nach und nach einige Stellen der Oberfläche ab, um die Hitze dahin zu ziehn, und dasjenige Holz zu verkohlen, welches etwa noch nicht genug verkohlt ist. Er sieht, daß die Operation an allen Punkten gleichmäßig vor sich gegangen, daran, wenn das Herabsinken allgemein wird, und der Rauch überall aufhört.

So wie der Rauch aufgehört hat, sich zu zeigen, und die zur Hülle gebrauchte Erde im dunkeln roth erscheint, verstopft man alle Löcher, und bedeckt die Hülle mit einer neuen Lage Erde, um das Verbrennen vollends zu dämpfen, und die wenigen Kohlen, die in Gluth gerathen seyn können, auszulöschen.

Man hat noch die Gewohnheit, das Holz, welches man zu den Kohlen bestimmt, die in die Composition des Schießpulvers kommen, in Gruben zu verkohlen. Zu diesem Ende gräbt man eine Grube von 7 bis 8 Fuß Dimension an jeder Seite an einem trocknen Orte; belegt die Seite mit Ziegeln und brennt darin, bis daß der Umfang derselben mit Kohle ausge-

ausgefüllt ist. Sodann bedeckt man sie mit einer nassen Decke, die man schleunig wieder mit einer Erdschicht belegt, welche mit den Füßen gestampft wird, damit kein leerer Raum zwischen der Decke und den glühenden Kohlen bleibe.

Zwey Tage darauf nimmt man die Decke ab, und leert die Grube aus.

Man gebraucht die Vorsicht, von den Zweigen oder Stengeln, die man zum Verkohlen bestimmt, erst die Rinde abzuschälen und nimmt nur solche, die wenigstens zwey und nicht mehr als drey Jahre alt sind.

Man zieht das harte Holz bey Verfertigung der Kohlen dem weichen vor, und gebraucht zu diesem Zwecke nur Aeste von einem bis drey Zoll im Durchmesser. Junge Schößlinge und alte Stämme werden nicht genommen.

Der Abfall den das Holz bey dieser Operation erleidet, ist ein Drittheil bis fünf Sechstheile seines Gewichtes, je nach seiner verschiedenen Qualität

Die gute Kohle ist helltönend, glänzend und im Bruche rein und glatt.

Die leichten Holzarten liefern eine poröse Kohle, die Funken sprüht, wenn sie sich entzündet, und sich schnell in Asche verwandelt. Die harten im Gegentheil geben eine Kohle, die ruhig verbrennt und sich sehr langsam zersetzt.

Die Kohle saugt die Feuchtigkeit der Luft mit großer Leichtigkeit ein. Sie nimmt zuweilen in kurzer Zeit um ein Fünftheil am Gewicht zu. Dieß ist schon ein Grund der großen Verschiedenheit zwischen neu fabricirten und bereits altgewordenen Kohlen. Heut zu Tage ist es bewiesen, daß die Anwendung der Kohle in diesen verschiedenen Zuständen die Qualität des Schießpulvers auf eine erstaunenswürdige Art verändere.

Die Kohle führt noch eine andre Grundlage ihrer Verderbniß mit sich, sie effloreseirt an der Luft, und zerfällt dann in Staub. Dieß kommt von dem Vorhandenseyn von etwas Kalk und einiger Atome von Kali in derselben her, die in den Zustand eines kohlensauren Kalkes übergehen. Die harte Kohle ist dieser Veränderung minder unterworfen, als die aus weichen Hölzern gebrannte.

Die Art, wie man bey der Verkohlung des Holzes verfährt, hat gleichfalls Einfluß auf die Qualität der Kohlen. Wenn, zum Beyspiel das Holz in einer Grube gebrannt wird, wie dieß bey Bereitung der Kohlen für die Composition des Schießpulvers geschieht,

geschieht, so liefert das nämliche Holz eine leichtere und weniger harte Kohle.

Die verschiedenen Theile der nämlichen Pflanze bringen verschiedene Qualitäten von Kohlen hervor; aus dem holzigen Theile erhält man die beste Gattung, die aus der Rinde ist von schlechter Qualität, so auch die aus den Blättern, Früchten und Säften gewonnene.

Die Natur der Pflanzen also, ihr Alter, ihr Standort, das Klima, die verschiedenen Theile der nämlichen Pflanze, die Epoche des Jahres in der sie geschnitten wird, alle diese Gründe tragen mächtig dazu bey, die Qualität der Kohle zu verändern, und hiernach kann die große Verschiedenheit, die sich in ihren Wirkungen äußert, sey es bey ihrem Gebrauch auf dem Heerde, sey es in ihren Verbindungen mit dem Eisen zum Behuf der wichtigen Stahlfabrikation, weniger auffallend erscheinen.

Die Zersetzung der in der Erde vergrabenen Pflanzen zeigt Phänomene, die einige Beziehung mit der Verkohlung haben: das Wasser, welches durch ihr Gewebe dringt zieh die Säfte, die Salze, und in der Regel alle auflösliche Säfte heraus, so daß nichts übrig bleibt, als ein verdicktes Oel und das schwarzgewordene Fasergewebe.

Reisende bezeugen, daß man auf allen Anschwemmungen, die durch große Flüsse geschehen, ganze Bäume finde, vollständig in Kohle verwandelt.

Der Suturbrand der Isländer ist eine wahrhafte Kohle in der Hinsicht, daß die Hölzer, die seine Entstehung veranlassen, mit glühenden Laven bedeckt gewesen sind und eine wahre Destillation erfahren haben.

Die Bildung einer Art von Torf, den man in Schichten an den Ufern einiger Flüsse findet, hat ebenfalls ihren Hauptentstehungsgrund in der Zersetzung eingegrabener Pflanzen. Der an den Ufern von Seen oder Sümpfen gestochene scheint gleichfalls keinen andern Ursprung zu haben; so wie der, den man in entfernten Fluß-Anschwemmungen oder in den Gründen findet, welche in sehr alten Zeiten, Sümpfen oder Teichen zum Bette gedient.

Die Kohle von der wir eben sprachen, und die aus der Zersetzung der Pflanzen in der Erde entsteht, ist dem Zustande von Kohlenstoff noch weniger nahe, als die, welche man aus den nämlichen Substanzen durch Destillation erhält. Sie enthält verdicktes Pflanzenöl, welches man durch eine, der Verkohlung des Holzes ähnliche Operation davon scheiden kann, und die so

 gerei-

gereinigte Kohle wird Coak genannt; man gibt ihr in allen den Fällen den Vorzug, wo man eine lebhafte, concentrirte und dauernde Wärme hervorbringen will.

Die Kohle ist vielleicht der feuerbeständigste unter allen Körpern der Natur, die heftigste Wärme ist nicht im Stande, sie zu sublimiren noch in verschlossenen Gefäßen zu zersetzen; man entbindet dadurch bloß einen großen Theil ihres Wasserstoffs daraus und nähert sie dem Zustande von Kohlenstoff.

Wenn man stark kalzinirte Kohlen sorgfältig mit Wasser auslaugt, das schwach mit Salpetersäure geschärft worden, so scheidet man daraus einige erdige und metallische Stoffe; so daß, wenn man sie zum zweyten Male nach dieser zweyten Operation der Einwirkung eines sehr heftigen Feuers aussetzt, man eine, dem Zustande von Kohlenstoff ziemlich nahe kommende Kohle erhält.

Herr Proust hatte bereits beobachtet, daß concentrirte Salpetersäure, auf Kohlen die zu Staub gestoßen worden und sehr trocken sind, gegossen, sich zuweilen mit Entzündung darin zersetze. Ich selbst habe gesehen, daß, wenn man durch Wärme der Wirkung einer Salpetersäure nachhilft, die zu schwach ist, um Entzündung hervorzubringen, die Kohle sich auflöst; die Säure eine rothe Farbe annimmt, dick wird, einen bittern und unangenehmen Geschmack bekommt, und damit endet, daß sie sich entzündet, wenn man bis zur Trockene verdunstet. Herr Hatchett hat gezeigt, daß sich unter diesen Umständen Gerbstoff entwickele und dessen chemische Eigenschaften so wie seinen Einfluß auf Häute festgestellt.

Rouelle hatte sich überzeugt, daß die Alkalien den Kohlenstoff auflösten, und dieß ist eine Thatsache, welche die Arbeiten in den Fabriken täglich bestätigen; denn, wenn man im Wasser ein Natron von schlechter Qualität, wie das, welches man zwischen Aiguesmortes und Frontignan sammelt, auflöset; so kann man den Kohlenstoff aus einer sehr klaren Auflösung niederschlagen, indem man das Alkali mit Schwefelsäure sättiget.

Gleichergestalt wird der Kohlenstoff vom Wasser- und vom Sauerstoffe aufgelöst, und durch Hülfe dieser Auflösungsmittel circulirt er, und geht von einem Körper in den andern über. Ich habe bey Gelegenheit einer Arbeit über die Säfte einiger fetten Pflanzen, die in den Memoiren des Instituts abgedruckt ist, beobachtet, daß die Oele, Extracte und Harze, außer der Portion von Kohlenstoff, die einen ihrer Grundbestandtheile ausmacht noch eine gewisse Quantität von Kohlenstoff in Auflösung erhielten, dessen Circulation in der Pflanze sie beförderten,

ten, und daß man sie daraus durch Wärme, Sauerstoff und Schwefelsäure, zuweilen selbst durch Alkohol niederschlagen könne, wenn er in einem Oele oder Harze aufgelöst ist. Die ersten Versuche wurden durch die Verfahrungsart bestätiget, die man entdeckt hat, um das Rübsen=Oel zu reinigen und klar zu machen, und die darin besteht, daß man das Oel mit ungefähr einem Hundert und fünf und zwanzigsten Theil Schwefelsäure vermengt: die Farbe des Gemenges wird grün und es klärt sich nach und nach ab, durch den Ansatz, der sich an den Wänden des Gefäßes in Gestalt einer schwarzen und kohligen Materie bildet. In diesem Falle schlägt die Säure, die mit dem Oele in Verwandtschaft sich befindet, den Kohlenstoff daraus nieder.

Nach dem eben Gesagten ist es leicht, alles das einzusehen, was auf das Wachsen der Pflanzen Bezug hat: der Kohlenstoff circulirt in der Pflanze mittelst der Auflösungsmittel von denen wir gesprochen, und wird durch die Wärme oder den Sauerstoff daraus niedergeschlagen, um den Pflanzen zur Nahrung zu dienen. Die Phänomene und die Ursachen bey Nahrung und Wachsthum der Thiere werden die nämlichen seyn.

Heut zu Tage hat man an dem Kohlenstoffe noch die Eigenschaft erkannt, daß er den Gestank in sich zieht, der sich aus faulenden thierischen Materien, oder stinkenden Wässern entwickelt. Man hat sich seiner selbst mit Erfolg bedient, um dem Branntewein den Fuselgeschmack zu benehmen, den er durch die Destillation bekommt: Herr Cadet de Veaux der bey einem kleinen Feuer 24 Pfund Zuckersyrup, eben so viel Wasser und 6 Pfund Kohlen mit einander aufsieden ließ und evaporirte, nachdem er das Aufwallen eine halbe Stunde hindurch unterhalten, und sodann die Flüssigkeit durchgeseiht hatte, ist dahin gelangt, den Syrup zu versüßen, und ihn als Zucker gebrauchen zu können; durch das nämliche Verfahren kann man dem Honig seinen besondern Geschmack benehmen.

Herr Berthollet hat noch bekannt gemacht, daß wenn man das Innere der großen Schiffstonnen verkohle, das Wasser sich lange Zeit hindurch darin frisch, und ohne einen übeln Geruch anzunehmen, erhalten könne, und dieß ist von den Seefahrern, nach Reisen von langer Dauer, bestätiget worden.

Dem nämlichen Princip ist auch der Gebrauch zuzuschreiben, daß man in der Regel, die Extremität der Stämme, die man in die Erde setzen will, verkohlet, und sie durch dieß Mittel vor der Fäulniß bewahrt.

Noch habe ich bemerkt, daß, wenn alte Kastanien= und andre Bäume im Innern des Stammes angefressen und von einer

nahen

nahen Zerstörung durch die Fortschritte dieser Fäulniß bedrohet sind, man diesem dadurch abhelfen kann, daß man Feuer in die Wunde bringt und all. Oberflächen derselben verkohlt.

Aber der häufigste Gebrauch, den man von den Holzkohlen macht, ist der auf den Heerden in den Haushaltungen, so wie in Fabriken und Werkstätten aller Art. Die Consumtion derselben ist ungeheuer, und man zieht sie allen bekannten Brennmaterialen, wegen der Leichtigkeit vor, mit der sie eine dauernde, lebhafte und nach Gefallen zu steigernde Wärme geben.

Zweyter Abschnitt.

Von den zusammengesetzten verbrennlichen Substanzen.

Wir werden unter diesem Titel die Oele, Erdharze, Pflanzenharze u. s. w., und alle die Körper, seyen es Pflanzen oder thierische begreifen, deren Zusammensetzung hauptsächlich aus Wasserstoff und Kohlenstoff, in Verbindung mit andern Stoffen, die deren Eigenschaften verändern, bestehet.

Erster Artikel.

Von den Oelen.

Man ist darüber einig, fette Körper, die sich schmierig anfühlen lassen, mehr oder weniger flüssig, unauflöslich in Wasser und verbrennlich sind, und Seifen mit den Alkalien bilden, Oele zu nennen.

Der ölige Körper scheint wesentlich zu den organischen Substanzen zu gehören, und man kann ihn wie eines der einfachsten und gemeinsten Produkte der Vegetation und Animalisation betrachten. Er ist in allen Saamenarten enthalten und hat seine Circulation in den Pflanzen mittelst des Schleimes, welcher ihn auflöslich macht.

Die Oele haben mehr oder weniger Festigkeit und brennen mit größerer oder geringerer Leichtigkeit; man unterscheidet sie deshalb seit langer Zeit in fette Oele und aetherische Oele. Die Erfinder der neuen chemischen Nomenclatur haben sie in feste und in flüchtige Oele eingetheilt.

Die Verschiedenheit zwischen diesen beyden Arten von Oelen, beruht nicht allein in den verschiedenen Graden ihrer Festigkeit; sondern in der Art, wie sie sich zu den Reagentien verhalten; die festen Oele sind unauflöslich in Alkohol, die flüchtigen lösen sich

sich darin auf. Die festen Oele haben in der Regel weder Geruch noch Geschmack; die flüchtigen sind scharf, ätzend, und sehr stark riechend. Außerdem brennen die festen Oele mit weniger Leichtigkeit als die flüchtigen, und wenn wir auf die Resultate der Analyse Rücksicht nehmen; so sehen wir, daß der Kohlenstoff in den festen in größerem Maaße vorhanden ist, in denen er sich, nach Lavoisier, in dem Verhältnisse von 71 zu 21 befindet.

Wir können uns einen ziemlich genauen Begriff von den Modificationen machen, welche die Veränderungen der Verhältnisse zwischen dem Kohlen- und dem Wasserstoff in den öligen Körpern hervorbringen können, wenn wir beobachten, was bey der Destillation einer Pflanze vorgeht: es dringt zuerst ein dünnes, flüchtiges, farbloses Oel heraus; sodann folgt ein schwereres, farbigeres Oel, und gegen das Ende hin sieht man, wie eine schwarze, fettige Materie abtropft, die fest wird, indem sie in den Recipienten fällt. Das erste Produkt enthält ein wenig Kohlenstoff und viel Wasserstoff, es ist leicht, entzündlich und klar. In dem Maaße aber, als die Destillation fortdauert, vermindert sich das Verhältniß des Wasserstoffs und vermehrt sich dasjenige des Kohlenstoffs; das Produkt verdickt sich, färbt sich mehr und mehr und wird weniger verbrennlich und schwerer.

Diese Resultate kann man selbst durch Destillation eines festen Oeles erhalten, welches beweiset, daß der mit dem Kohlenstoff versetzte Wasserstoff Produkte gibt, die, nach den Verhältnissen, in denen sich diese beyden Grundstoffe darin verbunden finden, auf eine erstaunenswürdige Weise von einander abweichen.

Die Verbrennung der flüchtigen Oele ist in der Regel von vielem Rauche begleitet, weil, da die zu ihrer Erhaltung nöthige Wärme nur überaus schwach zu seyn braucht, sie nicht hinreicht, um den Kohlenstoff zu verbrennen.

Von den festen Oelen.

Die festen Oele gerinnen fast alle bey verschiedenen Graden von Kälte. Es gibt selbst solche, die beständig an der Temperatur unsers Clima's eine feste Consistenz haben, wie das Wachs, die Cacaobutter u. s. w. So gibt es wiederum andere, das Nußöl zum Beyspiel, die bey dem härtesten Froste unsrer Atmosphäre nicht gefrieren.

Die festen Oele sind von einer sehr ausgezeichneten Fettigkeit; sie lösen sich weder in Wasser, noch in Alkohol auf; sie verflüchtigen sich bey einem höhern Wärmegrade, als der des siedenden Wassers, und entzünden sich bey einer Hitze, die fähig ist, sie in Dämpfe zu verwandeln.

In der Regel sind die festen Oele in den Nüssen, den Kernen und den Früchten enthalten. Sie sind fast überall in Verbindung mit dem Schleime, den sie zum Theil mit sich hinwegführen, wenn man sie durch Ausdrücken extrahirt.

Die gewöhnlichste Methode zur Extrahirung des festen Oeles besteht darin, daß man die Frucht, welche es enthält, ziemlich stark preßt, worauf es herauskommt und abfließt.

Um jedoch diese Extrahirung zu erleichtern, nimmt man zu einigen Hülfsmitteln seine Zuflucht, von denen einige in so direktem Zusammenhange mit der Chemie stehen, daß sie hier einen Platz verdienen.

1) Zerdrückt und knetet man sorgfältig die Frucht, aus der das Oel gezogen werden soll; diese vorläufige Operation zerstört die Zellen, in denen das ölige Stoff enthalten ist, und stellt ihn unter der Einwirkung der Presse fast frey dar.

Das Oel, welches durch das erste Pressen ausläuft, ist gewöhnlich das reinste, und wird Jungfernöl genannt.

Die ausgepreßten Trestern benetzt man mit siedendem Wasser, und macht durch diese Flüssigkeit das Oel nicht allein viel fließender, aber löst auch dadurch den schleimigen Körper auf, der mit dem Oele im Zustande eines fast seifenartigen Gemenges, oder einer solchen Verbindung abgeführt wird.

Das Oel, welches mittelst des Wassers sammt dem Schleim, ausgeführt wird, scheidet sich zum Theil von diesem letztern, der in Gestalt von Flocken, oder aufgelöst, in der Flüssigkeit bleibt.

2) Es gibt Länder, wo man die Gewohnheit hat, alle die Früchte, aus denen Oel gezogen werden soll, aufeinanderzuhäufen, und sie sich erwärmen und gähren zu lassen, bevor man sie unter die Presse bringt. Durch dieß Mittel verbindet sich das Oel besser mit dem Schleime, und man glaubt viel mehr Oel zu extrahiren, weil das Produkt reichlicher ausfällt; aber die Qualität des Oeles ist natürlich schlechter, wegen der fremdartigen Stoffe, die ihm beygemischt sind. Dieß Verfahren hat jedoch den Vortheil, daß die Extraction vollständiger vor sich geht, indem durch die größere Erweichung des Gewebes der Frucht, der Druck derselben wirksamer wird, und sie also leichter und vollständiger geschieht.

Mehrere Schriftsteller haben sich gegen diese Art, Oele zu extrahiren, stark erklärt, aber sie haben nur die Alteration berücksichtiget, die das Oel durch diese vorläufige Gährung erleidet,

leidet, und nicht beachtet, daß es sehr oft zum Nutzen des Landmannes gereichen kann, alles aufzuopfern, um die Quantität zu vermehren. Uebrigens ist der Gebrauch der Oele nicht allein auf unsre Tafeln beschränkt; sie werden in den Färbereyen, den Seifensiedereyen und Tuchfabriken angewandt; vorzüglich diese Etablissements sind es, in denen die größte Masse derselben consumirt wird, und das reine Oel ist dazu minder tauglich, als das, welches man durch das eben beschriebene Verfahren gewinnt. Die Vollkommenheit einer jedweden Kunst beruht allein darin, daß man die Mittel findet die Fabrikation dem Gebrauch anzueignen, zu dem der Handel die Produkte dienen läßt.

3) Da das Wasser, welches man mit dem Teige mengt, um das Oel mit größerer Leichtigkeit daraus zu extrahiren, es schneller ranzig macht, so ersetzt man es in allen Fällen, wo das Oel in einer Art von Saamen in großem Maaße vorhanden ist, durch heiße eiserne Platten, zwischen welchen man die zu einem Teig reducirte Materie preßt. Auf diese Weise extrahirt man das Oel aus süßen Mandeln.

4) Wenn der Schleim in einem öligen Saamen in zu großem Maaße vorhanden ist, so kann man durch das Auspressen allein das Oel nicht daraus scheiden, es würde wie verloren in der Masse des Schleimes zurückbleiben. In diesem Falle dörrt man den Saamen; trocknet und verdickt durch dieß Mittel einen Theil des Schleimes, und sodann läuft das Oel, welches immer die nämliche Flüssigkeit behält, unter dem Druck der Presse ab, ohne den Schleimstoff mit sich hinwegzuführen. Auf diese Weise extrahirt man das Hanföl, das Leinöl, das Bilsenkrautöl, das Mohnöl u. s. w. *).

In der Regel ist das Oel, welches bey dem ersten Druck der Presse ausläuft, reiner und flüssiger, als das, welches gegen das

*) Ich habe immer gedacht, daß dieß Mittel den Schleimstoff durch Trocknen oder Verkohlen zu fixiren, bey mehreren dießfälligen Operationen, und nicht allein bey Extraction von Oelen, sondern auch bey vegetabilischen Gährungen mit Erfolg angewandt werden könne. Ich habe zum Beyspiel beobachtet, daß die meisten Pflanzen, die in warmen Climaten durch die Gährung einige Produkte liefern, die sie in kälteren nicht geben, zu den nämlichen Wirkungen fähig wurden, wenn man vorläufig den Schleimstoff dörrte, der in größerm Maaße in den nordischen, als in den südlichen Pflanzen vorhanden ist, und in den erstern eine faulige Gährung hervorbringt. Von dies n Grundsätzen ausgehend, könnte man fast überall die Fä bestoffe verfertigen, die man durch die Gährung einiger Pflanzen extrahirt, und diese Bereitungsarten durch Abwechselung und willkührliche Leitung der Gährung unendlich weiter bringen. Anm. d. Vers.

das Ende kommt; je beträchtlicher der Druck ist, um desto stärker wird das Verhältniß des Schleimes. Ein großer Theil schlägt sich durch das bloße Stillstehn des Oeles nieder; aber ein anderer bleibt in Verbindung. Der Bodensatz, welchen die Oele mit der Zeit bilden, zeigt nichts als ein Gemenge von Schleim und Fasern; und das wahre Mittel, die Oele zu reinigen oder klar zu machen, würde darin bestehn, sie lange Zeit in sehr reinlichen Gefäßen, und an sehr kühlen Orten aufzubewahren, wenn die Zeit nicht an und für sich schon einen Verlust für den Eigenthümer mit sich brächte.

Diese letzte Rücksicht hat Kaufleute und Chemiker darauf gebracht, schnellere Mittel zur Abklärung des Oeles aufzusuchen.

In Holland nimmt man einen irdenen, wohl ausgefirnißten Topf, und thut ein Drittheil feinen Sand, und ein Drittheil Wasser mit Leinöl, welches man bleichen will, hinzu. Nachdem man das Gefäß mit einer gläsernen Calotte bedeckt, setzt man es der Sonne aus, und rüttelt es wenigstens ein Mal des Tages um, und wenn das Oel sehr weiß geworden, läßt man es zwey Tage stehen, und zieht es sodann ab.

In Paris reinigt und bleicht man das Rübsenöl zum Gebrauch in den Lampen, die dem Luftzuge ausgesetzt sind, mittelst der Schwefelsäure. Zu diesem Ende thut man 4 Quentchen Schwefelsäure in eine Terrine, und gießt schleunig 2 Pfund Rübsenöl dazu, das von Natur gelb und sehr dick ist. Dieß Gemenge rührt man sorgfältig um, das Oel wird grün, und nach einigen Augenblicken des Stillestehens sieht man Fragmente von Kohlenstoff sich davon lostrennen, und sich an den Wänden absetzen. Sodann verschwindet die grüne Farbe, und das Oel erscheint weiß und klar. Man kann es nach einigen Tagen gebrauchen, wenn man es sorgfältig abklärt. Behält es eine noch etwas gelbe Farbe, so würde man die Operation mit Anwendung der Säure in einem geringeren Verhältnisse wiederholen können.

Bey dieser Operation bildet die blaue Farbe des Niederschlages der Kohle, und die gelbe des Oeles, die grüne Farbe, welche das Gemenge unmittelbar, nachdem es entstanden, annimmt.

Das Oel wird um so viel schöner, als man ihm längere Zeit läßt, einen Bodensatz zu bilden.

Man kann ein wenig Wasser mit dem Oele mengen, und das Gemenge stark schlagen, um sich der wenigen Säure, die man hineingebracht, zu bemächtigen, aber wenn man das Gemenge nicht lange Zeit ruhen läßt, damit sich das Oel gänzlich vom Wasser scheiden könne; so prasselt das erstere bey dem Brennen.

Noch

Noch kann man sich der Kreide oder der Pottasche bedienen; aber im erstern Falle zieht das schwefelsaure Salz, welches sich sehr langsam niederschlägt, viele unangenehme Folgen nach sich, und das Alkali, welches man zu dem zweyten Verfahren gebraucht, vertheuert die Operation.

Bloßes Aussetzen an die Luft genügt bey klaren Oelen, wie bey dem Nußöl, Leinöl und Olivenöl, um sie zu bleichen. Man gelangt noch sicherer dazu, wenn man sie an die Luft mit einer außerordentlichen dünnen Schicht sehr reinen Wassers bedeckt hält.

Die flüchtigen und die thierischen Oele verschlucken leicht den Sauerstoff, und verdicken sich.

Die festen Oele sind der Gefahr ausgesetzt, einen stinkenden Geschmack anzunehmen, der Ranzigkeit derselben genannt wird. Man darf sie nur an die Wärme bringen, um den pikanten Geschmack und scharfen Geruch aus ihnen zu entwickeln, welche den Charakter der ranzigen Oele ausmachen. Aus diesem Grunde liefern die gedörrten Saamen immer ein mehr oder weniger ranziges Oel. Es scheint, als ob der Wärmestoff sich hauptsächlich auf den schleimigen Theil des Oeles werfe; das Jungfernöl wird kaum ranzig, während die groben oder Fabrikenöle eine Ranzigkeit haben, die ihnen eigenthümlich zu seyn scheint.

Der in allen festen Oelen in größerem oder geringerem Maaße vorhandene Schleim ist ein Keim fortwährender Veränderung.

Es gibt feste Oele, denen man die Eigenschaft geben kann, sich leicht zu verdichten oder zu trocknen, indem man sie mit Metalloxyden aufsieden läßt; Nußöl, Leinöl und Hanföl gehören zu dieser Gattung. Man hat sie wegen dieser Eigenschaft austrocknende Oele genannt.

Die Materien, deren man sich gewöhnlich bedient, um ihnen diese austrocknende Eigenschaft zu geben, sind Bleyoxyd, das man Glätte nennt, Gyps und Umbererde *).

Das gewöhnlichste Verfahren besteht darin, daß man ein Pfund Oel, und eine halbe Unze Glätte, eben so viel Bleyweiß, Umbererde und Gips nimmt. Man läßt sodann das Oel mit diesen vier Droguen bey einem sanften und gleichmäßigen Feuer aufsieden, und schäumt es von Zeit zu Zeit sorgfältig ab. So wie der Schaum anfängt sich seltener zu zeigen und roth zu werden, hält man mit dem Feuer an, und läßt das Oel stehen, das sich immer mehr und mehr setzt, und klar wird.

*) Die Bleyglätte wirkt hier allein als austrocknendes Mittel. Gyps und Umbre sind völlig überflüssig dabey. H.

Die Bleyoxyde, deren man sich hier bedient, haben weniger den Vortheil, das Oel durch Oxydirung zu verdicken, als es zum Theil aufzulösen, und es dadurch zu einem Zustande zu bringen, der dem von einigen pharmazeutischen Balsamen nahe kommt. Ich habe mich durch die Analyse von dieser Auflösung des Oxyds in dem Oele überzeugt, und der leichtern Auflöslichkeit der Bleyoxyde muß man ihre Superiorität und den Vorzug zuschreiben den man ihnen in den Künsten gibt.

Die Oele, welche man mit Quecksilberoxyd aufsiedet, machen das Metall wieder laufend, und verdicken sich, aber sie erlangen nicht die Eigenschaften, die ihnen die Bleyoxyde geben.

Die Eisenoxyde lösen sich auch in den Oelen auf, die durch sie bereitet, sehr glänzend werden, und den Körpern, auf denen man sie aufträgt, einen Glanz geben, der dem des Firnisses gleich kommt.

Der Gyps, dessen man sich bey der Operation eines Oeles aus Citronen bedienet, scheint keinen andern Vortheil zu gewähren, als daß er alles Wasser absorbirt, welches im Oele, in Rücksicht auf das schleimige Princip enthalten seyn kann.

Es scheint, daß in der Operation von der wir eben sprachen, das Oel sich alles Schleimes beraubt, der sich dann auf die Materien niederschlägt, die man anwendet, und daß es mit dem Bley in Verbindung tritt. Die Erden sind sehr geschickt, diesen Niederschlag des Schleimes zu begünstigen, und aus diesem Gesichtspunkte kann man sie hier noch als behülflich bey der Abklärung betrachten.

Das Leinöl kann ein Viertheil seines Gewichtes an Glätte auflösen; sodann verdickt es sich durch bloßes Kaltwerden, und nimmt Farbe und Consistenz des Caoutchoucs an; wenn es in diesem Zustande mit dem Pinsel auf irgend einen Körper aufgetragen wird, bildet es darauf eine Firnißlage, die dem Wasser unzugänglich ist, sich nicht abschuppt, eine große Biegsamkeit hat, und von einem unendlichen Nutzen für die Künste werden könnte. Das Leinöl, wenn es durch dieß Mittel bereitet oder verdickt ist, wird elastisch wie der Caoutchouc, brennt wie dieser, und kann ihn in vielen Fällen ersetzen.

Die durch die angezeigten Mittel in austrocknende verwandelte Oele, haben sodann die Eigenschaft gewonnen, sich bey Berührung der Luft zu verdichten, vorzüglich, wenn man sie in dünnen Lagen auf einen Körper aufträgt. Diese Wirkung kann entweder auf Rechnung der Absorption des Sauerstoffes kommen, die wahrscheinlich durch die Gegenwart des in dem Oele aufgelösten Metalloxyds begünstigt wird, welches dahin strebt, diejenige Portion von Sauerstoff wieder aufzunehmen, dessen es durch das Aufwallen mit dem Oele beraubt worden.

Man kann die Oele mit den Metalloxyden verbinden, wenn man Seife durch Metall-Auflösungen zersetzt. Man bereitet durch dieß Mittel, eine grüne Seife mit schwefelsaurem Kupfer, und eine dunkelbraune oder gelbliche mit schwefelsaurem Eisen. Herr Berthollet hat eine Reihe von sehr wichtigen Versuchen über diese Art von Verbindungen gemacht.

Das Pflanzenöl wird zur Erleuchtung unserer Wohnungen gebraucht; die fortwährende und immer gleiche Flamme eines in Oel getränkten Dochtes, die schöne Klarheit derselben, und die Leichtigkeit, nach Willkühr diese Wirkung leiten zu können, sind Erscheinungen, die unsre Bewunderung nicht mehr erregen, weil wir daran bereits gewöhnt sind, aber die nie aufhören werden, den Chemiker und Physiker zu beschäftigen.

Der Rauch, der aus allen verbrennlichen Körpern aufsteigt, die die Natur der Oele haben, ist um so viel beträchtlicher, als die Wärme, welche sich durch das Verbrennen erzeugt, geringe. Die von Herrn Argand erfundenen Lampen mit einem Luftzuge müssen also, indem sie eine stärkere Aspiration und den schnellen Durchgang eines sehr heftigen Luftstromes mitten durch einen zirkelrunden Docht hervorbringen, ein um so viel vollkommneres, lebhafteres und schnelleres Verbrennen erzeugen, welches wiederum ein helleres Licht zur Folge hat und die kohligen Körper verbrennt, die einem gewöhnlichen Verbrennen entgangen wären.

Von den flüchtigen Oelen.

Die flüchtigen Oele enthalten mehr Wasserstoff und weniger Kohlenstoff als die festen; sie lösen sich gänzlich in Alcohol auf und behalten in ihrer Auflösung den Geruch, der sie auszeichnet.

Die süßen Oele finden sich in der Regel in den Früchten hauptsächlich in den Saamen, Kernen und Steinen.

Das flüchtige Oel scheint keinem Organ ausschließlich anzuhören, noch es es zu afficiren. Zuweilen ist es durch die ganze Pflanze vertheilt, wie in der Angelikwurzel; zuweilen bloß in der Rinde wie im Zimmt. Das Melissenkraut, die Münze, der große Wermuth enthalten ihre Oele in den Stängeln und Blättern; der Alant, die Florentinische Schwerdtlilie, die Benediktwurzel, in den Wurzeln. Die Oele des Rosmarins,

rins, Thymians und Quendels befinden sich in den Blättern und Knospen; die Lavendel- und Rosenöle in den Kelchen und die Kamillen-, Citronenbaum- und Orangenbaum-Oele, in den Blumenblättern. Mehrere Früchte sind durch ihre ganze Substanz damit angefüllt, wie der Pfeffer und Ingwer. Die Pomeranzen und Citronen haben das ihrige in den Drüsen der Fruchtspaltung und das Oel aus dem Saamen der Pflanzen mit schirmförmigen Blumen, wie der Anis und der Fenchel, ist in Bläschen enthalten, die auf hervorspringenden Linien auf der Rinde derselben aufgereihet sind.

Die flüchtigen Oele sind auch ihrer Farbe nach verschieden, das Rosen-Oel ist weiß, das Lavendel-Oel gelblich, das Kamillen-Oel blau; das Petersilien-Oel grün u. s. w.

Noch weichen die Oele in Hinsicht ihrer Consistenz von einander ab; es gibt sehr flüssige, wie das Lavendel-, Rosmarin- und Rauten-Oel. Die Sassafraß-Oele und Zimmt-Oele sind dicker und es gibt solche, die bey der Temperatur der Atmosphäre immerwährend in einem concreten Zustande sind, wie das Rosen-, Petersilien- und Benedikten-Oel, während andere bey dem geringsten Eindrucke von Kälte gerinnen, wie das Anis- und Fenchel-Oel.

Auch im specifischen Gewicht sind alle flüchtigen Oele sich nicht gleich; es gibt selbst welche die specifisch schwerer als Wasser sind. Sassafraß- und Nelken-Oele schlagen sich in dieser Flüssigkeit nieder.

Der Geruch eines flüchtigen Oeles ist immer der der Pflanze, aus der es gezogen wird; aber mit dem Geschmack ist dieß nicht der nämliche Fall. Das Pfeffer-Oel z. B. ist nicht scharf und das Wermuth-Oel nicht bitter *).

In der Regel scheinen die flüchtigen Oele warmen Climaten und dürren Landstrichen anzugehören. Es ist erwiesen, daß die nämlichen Pflanzen, in den Norden versetzt, oder in einem fetten Boden genährt, weder ein flüchtiges Oel noch einen Geruch von sich geben und die tägliche Beobachtung lehrt, daß regniges Wetter der Entwickelung der flüchtigen Oele im Wege stehe.

Wir können alle Methoden deren man sich bedient, um die flüchtigen Oele zu extrahiren, auf zwey Haupt-Gattungen einschränken, das Auspressen und die Destillation.

1) Wenn

*) Dieß darf uns auch gar nicht wundern, denn der Geruch bey den Pflanzen pflegt immer von ihrem ätherischen Oel abhängig zu seyn; dagegen der Geschmack derselben, von ihren gummigen und Seifenstofftheilen abhängig ist. H.

1) Wenn das flüchtige Oel von sehr flüssiger Natur ist, und sich in hervorspringenden und recht ausgezeichneten Behältnissen befindet; so darf man nur einen mäßigen Druck auf den Theil der Pflanze, die es liefert, anwenden, um dessen Herausdringen, oder die Extrahirung zu befördern. Die Schalen der Citronen und Pomeranzen, der Citronaden und Bergamotten sind sämmtlich in diesem Falle, wenn man sie hin und her biegt und zwischen den Fingern drückt, sieht man aus jedem Bläschen derselben Oeltropfen heraus treten, welche, wenn man sie gegen einen glühenden Körper spritzt, sich darauf entzünden, von der Oberfläche eines glatten Körpers aber, wenn sie darauf gerichtet werden, ablaufen.

In der Provence und in Italien, wo man diese Oele für den Handel bereitet, zerreißt man die Fruchtschalen mit Raspeln und fängt das aus denselben herunterfließende Produkt in Gefäßen auf; das schleimige Wesen zersetzt sich mit der Zeit, und das Oel wird klar.

Wenn man ein Stück Zucker gegen diese Bläschen reibt; so tränkt es sich mit Oel an, und bildet einen Oelzucker (Oleosacharum) welcher sich in Wasser auflösen läßt, und sehr geschickt ist, Flüssigkeiten wohlriechend zu machen.

2) In der Regel wendet man die Destillation an, um die flüchtigen Oele zu extrahiren: zu diesem Zwecke thut man die Pflanze oder die Frucht, die dieß Oel enthalten in die Kugel des Kolbens, und gießt eine gehörige Quantität von Wasser darauf, damit die Pflanze sich darin baden könne, und bringt dieß Wasser zum Aufwallen. Das Oel erhebt sich mit dem Wasser, condensirt sich in der krummen Röhre und läuft in das zur Aufnahme desselben bestimmte Gefäß; dieß Gefäß, welches der italienische Recipient genannt wird, hat eine breite Mündung und einen Schnabel der aus seinem untern Theile ausgeht, und sich drey oder vier Zolle über dem oberen Rande der Mündung endiget; durch dieß Mittel bleibt das Oel, welches flüssig wird und welches leichter ist, als das ihm zum Aufnehmen dienende Wasser, in dem Halse, während das überschießende Wasser durch den Schnabel abläuft. (Siehe Taf. II. fig. 4.)

Das Wasser welches bey der Destillation übergeht, ist gewöhnlich trübe, und sehr starkriechend; es hält ein wenig Oel in Auflösung, vermittelst wenigem Schleim der ihm beygemengt ist. Man nennt diese Arten von Wasser, destillirte Wasser. Die Destillateurs gießen diese Wasser wiederum in den Destillirkolben, weil sie hiedurch eine größere Quantität

an

an Produkt erhalten; indem dieß einmal mit Oel gesättigte Wasser zum Vehikel dienen kann, ohne davon mehr aufzulösen.

Es gibt Oele, die so schnell gestehen, daß man das ganze Produkt der Destillation in den Krümmungen der krummen Röhre verlieren würde, wenn man sie auf die gewöhnliche Weise destillirte, wie z. B. das Rosen-Oel, das Petersilien-, Kümmel-, Fenchel-, Alant-, Oel u. s. w. Um diesem Uebelstande vorzubeugen, läßt man die krumme Röhre weg, oder füllt sie mit warmem Wasser an, so daß das Oel nicht erstarren kann.

Das schwere Nelken-Oel kann man durch die Art von Destillation erhalten, die man unterwärtsgehende Destillation (distillatio per descensum) genannt hat, und die darin besteht, daß man das Feuer von oben anbringt, damit das Oel flüssig werde und nach unten zu laufe. Zu diesem Ende futtert man ein Glas mit einem Fuße mit feiner Leinwand aus und thut in diese Leinwand die zerstoßenen Nelken, die man mit einer Metall-Platte bedeckt, auf welche man einige glühende Kohlen legt. Das durch die Wärme flüssig gewordene Oel dringt durch die Leinwand und in den Boden des Glases *).

Da der größte Theil der Pflanzen aus denen Oel gezogen wird, wenig davon enthalten, und da es nur eine Jahreszeit gibt, die zum Extrahiren des Oeles daraus geschickt ist; so würde es nicht sehr vortheilhaft seyn, sie in eine entfernte Werkstätte zu transportiren, um sie der Destillation zu unterwerfen; auch wird diese Operation, so zu sagen, mitten im Felde, vorgenommen. In dem mittäglichen Frankreich bringen die Leute, welche sich mit dieser Arbeit beschäftigen, in dem Augenblick, wo die Jahreszeit der Destillation günstig wird, das heißt, gegen Ende des Sommers, ihre Destillirblase mitten unter die aromatischen Pflanzen, setzen sie in einen Ofen, den sie mit geringen Kosten aufbauen, und destilliren so lange, bis sie mit allem Vorrathe in den Umgebungen fertig sind; sodann transportiren sie ihre kleine Vorrichtung an einen andern Ort, wo sie sie jedoch nicht eher aufschlagen, als bis sie sich überzeugt haben, daß er ihnen für mehrere Tage eine gute Erndte gewähren werde. Auf diese Weise werden das Thymian-, das Rosmarin-, das Lavendel- und Spik-Oel bereitet.

Es gibt Pflanzen die den angenehmsten Geruch verbreiten und doch wenig Oel bey der Destillation geben; die Rose gehört hieher; auch ist dieß Oel sehr kostbar.

Einige

*) Diese Methode möchte doch mit vielem Verlust verbunden seyn. Eine gewöhnliche Destillation aus einer Retorte ist empfehlungswürdiger. H.

Einige Versuche die ich in Rücksicht der Erleichterung der Extraction dieser Art von Oele gemacht habe, machen mich glauben, daß man sich dieser öligen Stoffe durch leichte alkalische Laugen bemächtigen könne, aber ich habe auch bemerkt, daß unter diesem Verfahren der angenehme oder eigenthümliche Geruch dieser Oele merklich leide. Diese Bereitung erfordert noch einige Untersuchungen, von denen man sich nicht eher Erfolg versprechen darf, als wenn man sie in's Große treibt.

Die flüchtigen Oele sind der Verfälschung sehr ausgesetzt; zu dem Ende vermischt man sie mit fetten Oelen, oder weniger kostbaren flüchtigen, oder mit Alcohol u. s. w.

Man erkennt, daß sie durch fette Oele verfälscht sind:

1) Durch Destillation: die flüchtigen lassen sich bey der Wärme des siedenden Wassers verflüchtigen.

2) wenn man ein Stück Probepapier mit dieser Mischung anfeuchtet und es einer solchen Wärme aussetzt, die fähig ist, das flüchtige Oel zu verflüchtigen ohne das süße Oel anzugreifen.

Die flüchtigen Oele, welche einen sehr starken Geruch haben, wie das Thymian- und Lavendel-Oel, werden oft mit Terpenthin-Oel verfälscht. Man darf, um dieß zu merken, nur einen Tropfen in der Hand zerreiben, und der Geruch des letztern entwickelt sich gleich.

Die leichtesten Oele können mit ein wenig Alcohol vermengt werden. Man erkennt den Betrug sogleich, wenn man einige Tropfen davon auf Wasser gießt, welches augenblicklich weiß dadurch gefärbt wird.

Die flüchtigen Oele verdichten sich an der Luft und verschlucken den Sauerstoff.

Wenn man die verdichteten Oele destillirt; so zieht man daraus flüchtiges Oel und einen Rückstand, der fast alle Eigenschaften der Harze hat.

Die Säuren verdichten diese Oele, wenn man sie langsam mit ihnen zersetzt und entzünden sie, wenn die Zersetzung schnell geschieht. Die Salpetersäure ist am geschicktesten, diese Phänomene hervor zu bringen; andre Säuren lösen sie auf und bilden Seifen mit ihnen *).

Vom

*) Die Salpetersäure entzündet sich nicht mit allen flüchtigen Oelen, sie thut dieses nur mit denjenigen, welche specifisch schwerer als Wasser sind: die andern werden bloß dadurch zu Harzen verdickt. Daß andere Säuren mit den flüchtigen Oelen Seifen bilden sollen, ist mir eine ganz neue Bemerkung. H.

Vom Kampher.

Der Kampher nähert sich den flüchtigen Oelen in so vielen Rücksichten, daß man von ihm vernünftigerweise nur in der Folge ihrer handeln kann; er hat, wie sie, einen starken Geruch und Geschmack, er löst sich im Alkohol auf und wird durch Wasser daraus niedergeschlagen; er brennt und verdunstet, ohne einen Rückstand zu hinterlassen; von einer andern Seite aber löst er sich in den Säuren auf und liefert ein Radical für die Salpetersäure, welche man mit ihm zersetzt.

Die Natur hat den Kampher den flüchtigen Oelen zur Seite gestellt, und es gibt wenige, die ihn nicht enthalten; man darf ihn nur lange Zeit in zugepfroften Flaschen aufbewahren, um daß er sich daraus niederschlage. Aus dem Nelken-Oel bildet sich der vierte Theil seines Gewichtes zum Bodensatz *).

Herr Bouillon Lagrange, indem er den Kampher über Alaunerde destillirte, zersetzt ihn in zwey Grundstoffe, von denen eines im Zustande eines flüchtigen Oeles in den Recipienten übergeht, und der andre der mit der Alaunerde im Gemenge bleibt, Kohlenstoff ist. Er schließt daraus, daß der Kampher ein flüchtiges, durch den Kohlenstoff festgemachtes Oel sey.

Es ist eine Art von Lorbeerbaum, (der Laurus Camphora) der in China und Japan wächst, aus dem man bis jetzt allen im Handel vorkommenden Kampher gezogen; Reisende versichern, daß die alten Bäume ihn in so großer Menge enthalten, daß, wenn man sie zerspaltet, man sehr reine, dicke Tropfen davon darin findet, die keiner Rectification bedürfen. Durch Destillation der verschiedenen Theile des Baumes, und vorzüglich der Wurzeln, wird der Kampher daraus extrahirt; man thut ihn mit dem Wasser in einen eisernen Kolben, legt Reisfasern in dem Helm zurecht, bringt einen Recipienten an, und destillirt. Eine Portion des Kamphers setzt sich an die Halme im Innern des Helmes an, während ein anderer Theil in den Recipienten übergeht.

Die Holländer reinigen den Kampher indem sie ihn sublimiren, nachdem sie ihn mit einem Sechszehntheil lebendigem Kalk vermengt; sodann nimmt er eine weiße, halbdurchsichtige Farbe und einen starken Geruch an; erzeugt im Verbrennen eine weiße und ruhige Farbe, und läßt keinen Rückstand übrig, löst sich in Alkohol auf, ohne dessen Durchsichtigkeit zu trüben u. s. w.

Die

*) Was ist dieß für ein Bodensatz? Kampher kann es doch wohl nicht seyn? den scheint das Nelkenöl am wenigsten zu enthalten. H.

Die Destillation der Zittwerwurzeln, des Thymians, Rosmarins, der Salbey u. s. w.; man hat auch bemerkt daß diese Pflanzen viel mehr davon geben, wenn sie getrocknet, als wenn sie frisch sind. Der Thymian und die Pfefferminze, wenn man sie langsam trocknet, liefern viel Kampher; diese Pflanzen geben nur flüchtiges Oel, wenn sie frisch sind. Herr Achard hat die Beobachtung gemacht, daß das Gemenge von Fenchelöl und Säuren einen sehr ausgezeichneten Kamphergeruch von sich gebe. Der nämliche Chemiker hat dem Kampher sehr ähnliche Kristalle aus der Einwirkung verdünnter Salpetersäure auf flüchtiges Anisöl erhalten; einen gleichen Niederschlag erhielt er, indem er Pflanzen-Alkali auf Weinessig goß, der mit flüchtigem Angelikenöl gesättiget war.

Herr Proust hat den Versuch gemacht, der Industrie der Spanier eine Richtung auf einen Gegenstand zu geben, der mit dem Handelsinteresse in Verbindung steht, und ihnen die Mittel an die Hand gegeben, den Kampher mit Nutzen zu extrahiren, der in den Rosmarin-, Majoran-, Salbey- und Lavendelölen enthalten ist. Diese Oele werden im Königreich Murcia im Großen bereitet und ihre Evaporation an freyer Luft in dazu eingerichteten Gefäßen, die einen Monat hindurch bey einer Temperatur von 6 — 0 bis 10 + 0 erhalten wurde, lieferte Kampher in folgenden Verhältnissen:

Rosmarinöl	$\frac{1}{16}$
Majoranöl	$\frac{1}{9}$
Salbeyöl	$\frac{1}{7}$
Lavendelöl	$\frac{1}{4}$

Das Lavendelöl gibt sein erstes Produkt nach vier und zwanzig Stunden; es setzt sich in durcheinander geschlagenen Platten und bey einer Temperatur von 15 + 0 ab: das erste Produkt erscheint nach zwölf Stunden.

Wenn man Kampher in Lavendelöl bey einer mäßigen Wärme auflöst so schlägt er sich durch das bloße Kaltwerden nieder, und nimmt eine Portion des natürlichen Kamphers den es enthält, mit in sich auf, woraus Herr Proust geschlossen hat, daß das Lavendelöl mit Kampher gesättiget sey.

Das Salbey-Oel läßt seine Kristalle später absetzen, aber sie zeigen dann die nämliche Einrichtung. Dieß Oel läßt einen Rückstand, der dick wie ein Syrup ist, und diesen muß man ausdrücken, um den niedergeschlagenen Kampher daraus zu scheiden.

Das Majoranöl setzt später ab, und das Rosmarinöl noch langsamer.

Der Kampher, der aus diesen Oelen gezogen wird, behält den Geruch derselben nicht bey.

Herr Proust hat sodann versucht, das Oel durch Destillation auszuscheiden und den Kampher durch dieß Mittel daraus niederzuschlagen; er that das Oel in einen Kolben und destillirte es in einem Marienbade bey einer mäßigen und gleichen Wärme; nachdem man das Oel herausgenommen, läßt man den Apparat zwölf Stunden hindurch kalt werden, und der Kampher schlägt sich sodann in Kristallen nieder, die man mit dem Schaumlöffel abnimmt. Man thut neues Oel auf den Rückstand und destillirt wieder auf die nämliche Weise. Drey Destillationen sind hinreichend, um das Oel von allem Kampher, den es enthält, zu berauben: die erste liefert die Hälfte davon. Man muß vermeiden, die Wärme zum Aufwallegrade zu bringen und über das Drittheil des angewendeten Oeles zu evaporiren. In beyden Fällen würde man eine Portion des Kamphers verflüchtigen.

Der Kampher kann nach Romieu's Beobachtung, durch Sublimation in sechsseitige Pyramiden kristallisirt werden.

Er läßt sich leicht in Alkohol auflösen und diese Auflösung wird Kampherspiritus genannt. Wenn man den darin enthaltenen auflösenden Stoff sättiget, oder ihn langsam aus dieser Auflösung niederschlägt; so bildet er Kristalle in sechsseitigen Platten, die an einem gemeinschaftlichen Faden hängen.

Der Kampher löst sich nicht in Wasser auf; er theilt demselben jedoch einen sehr ausgezeichneten Geruch mit, und diese Flüssigkeit kann, wenn gleich nur in geringem Grade, die Eigenschaften desselben verdrängen.

Die Säuren lösen ihn auf ohne ihn merklich zu verändern; seine Auflösung in der Salpetersäure bildet das Kampheröl. Es ist jedoch hierbey zu bemerken, daß der aus diesen Auflösungen durch die Alkalien niedergeschlagene Kampher an Gewicht und Härte zunimmt, und weniger entzündlich wird. Nach den Versuchen von Rosegarten erhält man, wenn man zu wiederholtenmalen Salpetersäure mit Kampher destillirt, eine Säure in parallelopipedischen Kristallen, die alle Eigenschaften dieser Classe von Salzen hat. Man nennt diese Kamphersäure: Rosegarten hat sie zuerst bekannt gemacht und Herr Bouillon Lagrange diese Arbeit durch eine Reihe von interessanten Thatsachen vervollständiget *).

Vom

*) Nach Tromsdorf kann auch aus dem Terpenthinöl durch den Weg der Kunst eine dem Kampher sehr ähnliche Substanz erzeugt werden, wenn man salzsaures Gas hineinstreichen läßt; die Masse färbt sich erst schwarz, hernach scheidet sich eine kampherartige Materie in Kristallen aus. H.

Vom Caoutchouc oder elastischen Gummi.

Der Caoutchouc ist eines der Naturerzeugnisse, die man unter keine der großen Classen ordnen kann, in die die Chemie alle Produkte der Vegetation eingetheilt hat.

Wir verdanken la Condamine die ersten genauen Nachrichten über diese besondere Substanz, und den Baum der sie erzeugt; dieser Akademiker sagt uns, nach Fresnau, Ingenieur zu Cayenne, daß man Einschnitte in die Rinde desselben mache und den Saft auffange, der davon in die Gefäße herabtropft. Man trägt ihn sodann, Schicht für Schicht, auf irdene Formen auf, die man an der Sonne oder am Feuer trocknet; drückt, wenn er noch sehr weich ist, alle Arten von Dessins darauf und zerschlägt, wenn er trocken geworden, die Form, die stückweise abfällt.

Der Baum, welcher den Saft liefert, ist die *hoevoea guianensis* von Doublet, die *jatropha elastica* des Linné. Herr Richard hat sie unter die Familie der Euphorbien geordnet.

Die Analyse, welche Herr Fourcroy von einer kleinen Bouteille dieses Saftes gemacht hat, die der Gesellschaft des Ackerbaues überschickt wurde, bewies ihm:

1) Daß das elastische Gummi in einem milchigen Safte aufgelöst ist, aus dem die bloße Berührung der Luft solches entwickelt.

2) Daß die Absorbtion des Sauerstoffs die Hauptursache dieser Trennung ist.

3) Daß dieser Oxydation die Farbe des Gummi's zuzuschreiben ist.

4) Daß das elastische Gummi, welches Ammonium bey der Destillation liefert, dieß nur in Rücksicht des in ihm enthaltenen Stickstoffs thut.

5) Daß es sich mehr der Kolla als den Oelen und Harzen nähere.

Wir finden einige Naturprodukte, die dem elastischen Gummi nahe kommen, ohne jedoch alle Eigenschaften desselben in sich zu vereinigen.

1) Dorthes hat bemerkt, daß diejenigen Cochenillinsekten, die mit einer rauhen, einer kleinen Spreu ähnlichen Hülle bekleidet sind, auch mit einem Kitt bedeckt sind, der dem Caoutchouc, sehr ähnlich ist.

2) Hat man in den Bergwerken von Derbyshire ein Erdharz gefunden, welches alle Eigenschaften des Caoutchouc an sich trägt. Es gibt zwey Gattungen davon; das eine ist braun und

glänzend

glänzend und bricht wie Harz; das andere hat eine dunklere Farbe, ist weich und elastisch. Herr Lametherie der es analysirt, hat die nämlichen Produkte daraus gezogen, als aus dem elastischen Gummi. (Journal der Physik von 1787).

3) Der Saft der Euphorbia unsrer Climate (euphorbia ciparissias) wenn er durch die Presse extrahirt und in Kapseln der Luft ausgesetzt wird, bedeckt sich mit einer Haut, die man kneten kann, ohne sie zu zerbrechen, wie elastisches Gummi brennt, aber ihre Biegsamkeit nicht beybehält, wenn sie trocken wird. (Abhandlung über die Säfte der Pflanzen im ersten Bande der ersten Classe des Nationalinstituts).

4) Leinöl, wenn es durch Aufwallen mit Glätte stark eingedickt und in Schichten auf irdene Gefäße aufgetragen wird, erlangt dadurch die Weichheit, die Elasticität, die Farbe und die Verbrennlichkeit des elastischen Gummi's.

Elastisches Gummi, wenn man es dem Feuer aussetzt, wird weich, schlägt Blasen, und brennt mit einer weißen und anhaltenden Flamme. Man bedient sich dessen in Cayenne um die Wohnungen zu erleuchten. Es löst sich weder in Wasser, noch in Alkohol auf, aber der Schwefeläther, die austrocknenden Oele, das Terpenthinöl u. s. w. bilden Auflösungsmittel, durch die wir es leicht auf Körper auftragen können, auf denen es einen trefflichen Firniß abgibt.

Macquer hat uns zuerst gelehrt, daß man es durch Aether auflösen könne, und auf diese Thatsache die Kunst gegründet, Sonden, Catheder u. s. w. von elastischem Gummi zu machen, indem man auf eine wächserne Form Schichten von diesem Firnisse so lange aufträgt, bis sie die gehörige Dicke haben.

Dieß Verfahren schien eines Theils schwer auszuführen, andern Theils sehr unsicher im Erfolge. Pelletier hat die Bemerkung gemacht, daß, um diese Auflösung zu erleichtern und zuverlässig zu machen, man das Gummi elasticum an siedendem Wasser erweichen, es sodann in kleine Stücke zerschneiden und nochmals erweichen müsse; in diesem Zustande ist es sehr auflöslich in Aether, selbst auf dem kalten Wege.

Berniard, dem wir interessante Untersuchungen über das elastische Gummi verdanken, hat gesehen, daß es sich in Salpeteräther besser auflöst, als im Schwefeläther *).

Wenn man das elastische Gummi mit einem flüchtigen Oele, wie mit dem Terpenthinöl in Berührung setzt, und selbst, wenn

*) Der Schwefeläther löst jene Substanz vollkommen auf, wenn solcher nur vollkommen rein war. Unreiner Schwefeläther nimmt wenig davon in sich; der rektificirte löset die Hälfte seines eigenen Gewichtes davon auf. H.

wenn man es dem bloßen Dampfe dieses Oeles aussetzt, so schwillt es an, erweicht sich, und wird sehr teigig; in diesem Zustande kann man es auf Papier ausdehnen, oder Zeuge damit überziehn, aber diese Firnisse trocknen schwer.

Alkohol mit Terpenthinöl vermengt, gibt ein besseres Auflösungsmittel ab, als reines Oel, in sofern, als der Firniß dadurch trocknender wird.

Die austrocknenden Oele lösen das elastische Gummi unter Mitwirkung der Wärme auf. Man bedient sich dieses Mittels selbst heut zu Tage, um auf Zeuge, oder andere Gegenstände einen Firniß von elastischem Gummi aufzutragen. Dieß ist das einfachste und zugleich das oeconomischeste Verfahren.

Eben so schmilzt das elastische Gummi in gelbem, siedendem Wachse. Dieser Firniß läßt sich leicht auf Zeuge auftragen, aber er hat das Ueble, daß er sich zu schnell ansetzt.

Herr Fabroni hat angezeigt, daß Steinöl, welches mehrere Male hinter einander destillirt worden ist, das elastische Gummi im kalten Wege vollständig auflöst, und alle Eigenschaften desselben erhält. (Briefe von Giobert an Herrn Berthollet. Turin den 22sten October 1791).

Herr Frossard von Virly erweichte lange Streifen von diesem Gummi in bloßem siedendem Wasser, näherte sie sodann in einer Form einander dergestalt, daß sie zusammenklebten oder sich an einander lötheten, und erhielt durch dieß einfache Mittel alle Formen, die er wünschte.

Diese Ueberzüge haben den unschätzbaren Vorzug, daß sie nicht platzen, und daß sie gehandhabt werden können, ohne zu brechen oder abzuspringen, sie sind undurchdringlich für Luft, Wasser u. s. w. werden von Alkohol, von den Säuren u. s. w. nicht angegegriffen, und verdienen in jeder Rücksicht, daß man ihren Geb auch vervielfältige, und sie zu einem bedeutenden Gegenstande für die Industrie mache.

Zweyter Artikel.

Von den Erdharzen.

Es gibt Naturerzeugnisse, die zwischen den organischen und unorganischen Substanzen die Mitte zu halten scheinen, und die so zu sagen zur Verbindung eines Naturreichs mit einem andern dienen; die Erdharze befinden sich in diesem Falle. Sie sind in der Mitte der Erde oder der Metalle enthalten, und stellen sich zuweilen in so dichten Lagen dar, daß die kühnste Einbildungskraft es kaum wagt, ihren Ursprung an die Zersetzung der organischen Materien anzuknüpfen; wir sehen unter unsern Augen nicht mehr die ungeheuern Vorräthe brennbarer Stoffe entstehen, und in allen diesen Beziehungen würden die Erdharze eine Classe von Produkten auszumachen scheinen, deren Entstehung und Ursprung uns unbekannt ist.

Wenn wir jedoch darauf Rücksicht nehmen, daß die Erdharze alle entzündlich sind, daß sie Oel bey der Destillation von sich geben, daß sie in der Regel sich nur in secundairen Erdstrichen von dritter Formation vorfinden, daß sie zuweilen Stücke von Muscheln, Fischen, Insekten und Pflanzen in sich tragen, so können wir nicht umhin, hieraus zwey sehr natürliche Folgerungen zu ziehn; zuerst, daß die Entstehung derselben nicht bis zum ersten Alter des Erdbodens hinaufsteigt; sodann, daß die Zersetzung der Vegetabilien bey ihrer Entstehung thätig gewesen seyn müsse.

In der That, wenn man von dem jetzigen Zustande unserer Erde ausgeht, so ist es schwer, die Möglichkeit der Bildung dieser ungeheuren Lagen von Erdharz durch Zersetzung der Vegetabilien zu begreifen, denn es leuchtet ein, daß die Ursache unter der Größe der Wirkung steht; aber wenn wir uns mittelst der Einbildungskraft in die frühesten Zeiten hinauf versetzen, wo die wenig bewohnte Erde fast überall nichts weiter zeigte, als eine mit weitläufigen Seen oder dichten Wäldern bedeckte Fläche, so wie wir sie noch in denen Gegenden sehen, wo Menschenhände ihren ursprünglichen Zustand nicht geändert haben; wenn wir bemerken, daß die Meere, in gewissen Strichen, so mit lebenden Vegetabilien bedeckt sind, daß die Schiffe selbst sich keinen Weg hindurch zu bahnen vermögen; wenn wir die Beobachtungen aller Reisenden beachten, daß die Oberfläche der Meere des Nordens gegen Spitzbergen, Grönland und Novazembla hin, mit einer ungeheuren Quantität von Holz bedeckt ist, von dem man ähnliches in den benachbarten Waldungen findet, so werden wir unsre Ideen zu der Höhe des Gegenstandes erheben; wirklich sind es Vegetabilien die in den Meeren wachsen, oder die von den Flüssen getrieben und von den Strömen hinweggeführt, lange von den Wellen umhergeschleudert worden, welche an den Ufern umhergeworfen, übereinandergestreut und zusammengehäuft; dann aber mit Erdschichten und Lagen von Schlamm bedeckt, und so zersetzt werden.

In den Seen und an den Ufern der Flüsse finden die nämlichen Veranlassungen Statt; aber sie sind weniger bedeutend, und

und daher auch ihre Wirkungen nur verhältnißmäßig. Wir finden häufig in den durch sie verursachten Anschwemmungen Lagen von Steinkohlen, Torf oder Gagat.

Diese ursprünglichen Seen sind es, die wir fast überall da finden, wo der Mensch noch nicht urbar gemacht hat, welche den ungeheuren Flüssen Nahrung gaben, von denen wird noch jetzt die Breite des Bettes bewundern.

Diese ursprüngliche Seen sind es, die, nachdem sie größtentheils verschwunden, um sich im gemeinschaftlichen Reservoir zu vereinigen, auf verschiedenen Punkten unserer Erde Körper von verschiedener Gattung abgesetzt zu haben scheinen, deren Bildung wir in der Regel einem viel schwerer zu begreifenden und anzunehmenden Grunde, der nach und nach erfolgten Fortrückung des Meeres zuschreiben.

Aber die Zersetzung dieser Pflanzenablager konnte nicht fortwährend und überall die nämliche Art von Erdharz erzeugen; die Verschiedenheit der Pflanzen muß auch eine Verschiedenheit in dem Produkte ihrer Zersetzung veranlassen, der fleischige und ölige Theil derselben verändert sich nicht so, wie ihr faseriger Theil; die Blätter, die jungen Stengel, die nicht holzig werdenden Pflanzen gehen in eine Gährung über, deren Wirkungen wesentlich von der verschieden ist, die der Stamm erfährt.

Es liegt ferner in der Natur der Sache, daß diese aufeinandergehäuften Pflanzen mehr oder minder dichte Lagen bilden, daß diese Lagen mit fremdartigen Materien gemengt sind, und daß einige sich unter dem Wasser, andere außerhalb desselben und auf dem Ufer bilden. Diese verschiedenen Zustände, diese mannigfaltigen Verhältnisse haben einen wesentlichen Einfluß auf die Natur der Produkte, und durch Nachdenken über die vereinte Wirkung dieser Ursachen, können wir die sehr abwechselnde Größe der Lagen, die Reinheit des Erdharzes, das Gemenge der erdigen Stoffe, die Compaktheit der Massen, die verschiedenen Grade der Veränderungen der Pflanzen u. s. w. einsehen lernen.

Von diesem Gesichtspunkte aus, wird es auch leicht seyn, die Existenz der exotischen Pflanzen in den Lagen von Erdharz, die man in den Ländern findet, in denen die erstern nicht einheimisch sind, zu begreifen; das Bambusrohr und der Bananasbaum sind in den Kohlenbergwerken der umliegenden Gegenden von Alais vorhanden; und Herr Jussieu hat indische Pflanzen in den Kohlen von Forez gefunden.

Es gibt Erdharze, in denen noch das Gewebe der Pflanzen, aus denen sie entstanden, sichtbar ist. In Beichlitz werden nach Herrn Jars Angabe zwey Kohlenschichten gefördert, von denen die eine aus Erdharz, die andre aus fossilem Holze besteht. Im Gagat von Borrup in Schonen unterscheidet man die Struktur der Buche. In Geldern ist man auf einen Fichtenwald gestoßen, der unter dem Sande begraben und fast in Erdharz verwandelt war. Vier Meilen von Montpellier nahe bey dem Dorfe St. Jean de Cuculles fördert man Kohlenschichten, in denen das Holzgewebe überall zu erkennen ist, und deren Bruch und Glanz die des Gagats sind. Ich selbst habe im Gévaudan Nußstämme gesehn, die durch einen Strom bloß gemacht worden, und alle Eigenschaften des Gagats zeigten.

Alle Erdharze geben bey der Destillation, Phlegma, eine zum Theil feste, zum Theil flüssige Säure, ein Oel, das sich immer mehr verdickt und schwarz wird, und es bleibt in der Retorte ein kohliger Rückstand.

Die Steinkohle und der Gagat sind unter allen Erdpechen die, welche am meisten Kohlenstoff liefern; sie geben selbst Ammonium. Der Bernstein gibt viel Säure, und wenig Kohlenstoff. Das Steinöl ist beständig in flüssigem Zustande *).

Man kann also von den Erdharzen annehmen, daß sie aus der Vermengung von Pflanzenölen mit mehr oder weniger Kohlenstoff entstehen, welche durch die Reaction verschiedener Säuren verhärtet werden. Wenn man die bekannten Säuren auf den festen Oelen zersetzt, so bringt man sie dadurch in einen Zustand der dem dieser Erdharze sehr nahe kommt, welches die von uns dargelegte Meynung bestätiget **).

Die Erdharze nehmen also in Rücksicht auf die festen Oele, die nämliche Stelle ein, als die Balsame in Beziehung auf die flüchtigen; Erdharze und Balsame sind verdickte Oele in Verbindung mit einer Säure.

Von

*) Auch das Steinöl verdickt sich nach und nach zu einer dem Braunstein ähnlichen Substanz, wenn solches mit Sauerstoffgas in Berührung gehalten wird. H.

**) Jene Hypothese von der Erzeugung der Erdharze kann wohl schwerlich als zureichend angenommen werden. Wären sie durch Säuren verdickte Pflanzenöle, so müßte man noch Spuren von Säuren darin gegenwärtig finden, welches nicht der Fall ist. Vielleicht sind sie Produkte der Ausbratung der Vegetabilien, durch unterirdische Entzündungen, die nach und nach durch die Einsaugung des Sauerstoffes verhärtet sind. H.

Von der Steinkohle.

Die Steinkohle ist das allgemeinste unter allen Erdharzen; sie ist in beträchtlichen Schichten fast auf allen Punkten des Erdbodens vorhanden, und man hat sie zum gewöhnlichsten Brennmaterial in den Werkstätten und Haushaltungen angenommen.

Diese ungeheure Quantität von Erdharzen kann nicht aus der Vergrabung der Pflanzen, die auf dem platten Lande wachsen, herrühren. Wenn man selbst annähme, daß ganze Wälder durch verschiedenen Revolutionen der Erde begraben worden, so würde dieß noch keine mit der Größe der Wirkung in Verhältniß stehende Ursache abgeben; überdieß würden diese unter die Erde vergrabene Bäume in den Zustand von Gagat übergegangen seyn, und nicht diese Kohlenschichten zeigen, in denen man keine Spur von Pflanzengewebe mehr entdeckt.

Es ist hinlänglich erwiesen, daß die Entstehung der Steinkohle unter dem Meere geschieht, und wir können uns von der Bildung derselben einen Begriff machen, wenn wir Rücksicht darauf nehmen, daß außer den zahlreichen Pflanzen, welche die Flüsse in das Meer ziehen, solche in Ueberfluß in diesem ungeheuren Reservoir wachsen, und daß alle, wenn sie den Wellen zum Spiel geworden, in Lagen aufgehäuft werden, und sich zersetzen.

Diese Zersetzung der Pflanzen unter dem Wasser, kann nicht von den nämlichen Phänomenen begleitet seyn, als die, welche an freyer Luft geschieht; unter dem Wasser nämlich kann die Wärme nur mäßig seyn. Das Gewebe der Pflanze wird durch die Flüssigkeit, in der sie steht, erweicht, die auflöslichen Stoffe derselben hinweggeführt, und es bleibt, nach einiger Zeit, nichts übrig, als die unauflöslichen Elemente, Oel und Kohlenstoff. Ich betrachte daher die Steinkohle als das Resultat der Zersetzung der Pflanzen unter dem Wasser, die von ihren Urstoffen nichts übrig behalten als Oel und Kohlenstoff, weil diese allein der auflösenden Kraft dieser Flüssigkeit entgehen.

Nach diesen Ideen wird man nicht mehr darüber staunen, in den Steinkohlen noch das Gewebe von einigen bekannten Pflanzen zu finden, und ziemlich häufig Erd- und Seepflanzen darin vereint zu sehen. Eben so wenig, wenn man in denselben auf Abdrücke von Muscheln und Fischen, und selbst auf Schichten von Muscheln unter einander gemengt mit Lagen von Erdharz stößt, wie ich zu Dorsan (im Gard-Departement) beobachtet habe.

Man sieht noch deutlich aus der Natur der Berge selbst, aus denen die Steinkohle gefördert wird, daß die Bildung derselben

unter

unter dem Meere geschehe, denn jene sind alle entweder Schiefer, Sandstein oder Kalkstein.

Oft findet man den Schiefer nur angetränkt mit Erdpech; es gibt solchen, der sich schneiden läßt, der einen gleichen Bruch zeigt, mit Verbreitung einer weißen und lebhaften Farbe brennt, und wieder verlöscht, ohne seine Gestalt verändert zu haben. In Lavencas bey Milhaud im Departement des Aveyron, wird aus einem Bergwerk dieser Art gefördert.

Noch zeigt die Oberfläche der Erde auf mehreren Punkten einen mit Erdharz getränkten Kalkstein, wodurch ihm eine mehr oder minder schwarze Farbe mitgetheilt wird.

Ich habe Gelegenheit gehabt, bey Alaix von der Seite von Saint-Ambroix und Servas her auf einer Strecke von mehreren Meilen die Erde und die Kalkfelsen so mit Erdharz durchklebt zu sehen, daß die Sonne dieß in Gestalt von Stalaktiten auf den Zacken der Felsen flüssig macht, und daß sich Kugeln daraus bilden, die zuweilen das Eisen im Pluge anhalten.

Die Steinkohle wird oft auch im Sandsteine gefunden, und dieß wird wenig auffallend erscheinen, wenn man darauf sieht, daß diese Berge ihren Ursprung dem durch die Flüsse in das Meer geführten, und durch Wellen an die Ufer geworfenen Sande verdanken. Die nämliche Bewegung und die nämliche Ursache können Lagen von Pflanzen mitten unter den Lagen von Sandstein gebildet haben.

Die Steinkohle ist fast immer in mehr oder minder dicken Lagen vorhanden; oft findet man in dem nämlichen Berge mehrere, die durch Schichten von Schiefer oder Sandstein von einander geschieden sind, und es ist selten, daß sie nicht alle mit einander parallel laufen. Noch ist man allgemein ziemlich einig darüber, daß die untersten Lagen von besserer Qualität sind, als die oberen.

Die erdige Basis von jeglicher Art von Steinkohle wird gewöhnlich durch einen mehr oder minder kiesigen Flötzschiefer gebildet.

Die Qualität der Kohle ist von dem Verhältnisse abhängig, in dem sie sich mit dem erdigen Stoffe vereinigt befindet. Wenn der Schiefer vorwalter, so ist die Kohle schwer und läßt vielen Rückstand, nachdem sie ausgebrannt ist; wenn er, im Gegentheil, sich nur in geringem Maaße darin befindet, so ist die Kohle leicht und fett, schwillt im Brennen an, und verzehrt sich fast ganz.

Der Kies ist in der Steinkohle nicht immer im Verhältniß mit dem Schiefer, und diese Substanz ist es hauptsächlich, welche über die gute oder schlechte Qualität der Kohle entscheidet. Wenn der Kies im Uebermaaß vorhanden ist; so gibt die Kohle bey ihrem Verbrennen einen schweflichen Geruch von sich, verwittert leicht an der Luft, und erwärmt und entzündet sich zuweilen in den Gruben oder Magazinen, in denen man die aufbewahrt; auch sind es wahrscheinlich beträchtliche Anhäufungen von Kohlen dieser Gattung, denen das Feuer der Vulkane, die Erdbeben und andre ähnliche Phänomene zuzuschreiben sind. Wir sehen täglich vor unsern Augen Resultate, die uns zur Einsicht dieser großen und imposanten Operationen behülflich seyn können; in Cransac im Aveyron arbeitet ein erdharziger und kiesiger Schieferberg täglich an seiner Zersetzung; die Wärme ist auf seiner ganzen Oberfläche sehr beträchtlich und nur der Kleinheit der Ursache ist es zu verdanken, daß dieser Ort nicht das Schauspiel eines brennenden Vulkanes sieht; das Produkt der Zersetzung ist ein Alaunerz von der größten Reichhaltigkeit. In Roque-Cremade bey Bedarieux im Hérault-Departement habe ich einen Sandsteinberg gesehen, der durch eine kiesige Kohlenmine, die sich in seinem Innern entzündet, eine Strecke von mehr als 300 Toisen weit, offen stand.

Die kiesigen Kohlen kündigen sich gewöhnlich durch gelbe Adern an, die sie nach verschiedenen Richtungen durchschneiden. Wenn man genöthiget ist, sich ihrer in den Werkstätten zu bedienen; so gereicht dieß immer zum Nachtheil der Kessel, die der Schwefel-Kies angreift, und in kurzer Zeit zerstört. Ein solches Brennmaterial kann nur zum Brennen des Kalks angewandt werden, und das mit um so größerem Vortheil, als es ein Residuum läßt, welches zur Güte des Kalks selbst beyträgt.

Die Kohle von der vorzüglichsten Qualität ist die, in der der erdharzige Stoff am häufigsten und reinsten enthalten ist: diese gibt keine Schwefeldämpfe von sich, sie schwillt an und die einzelnen Stücke kleben im Brennen an einander, sie gibt einen fetten Rauch, der, weit entfernt, schädlich zu seyn, ein vortreffliches Mittel für die Brust zu seyn scheint: der berühmte Hoffmann berichtet, daß alle Brustkrankheiten in den deutschen Dörfern unbekannt sind, in denen man sich nur dieses Brennmaterials bedient.

Um die Steinkohlen zu manchem Gebrauche einzurichten, wo der Rauch gefährlich seyn würde, unterwirft man sie einer Bereitung die man sehr uneigentlich Entschwefelung nennt. Es ist vielmehr eine wahrhafte Verkohlung der Steinkohle, eine Operation, die sowohl der Methode als dem Resultate nach, der ähnlich ist, deren man sich bedient, um Holz zu verkohlen. So wie bey der Verkohlung des Holzes fängt man damit an, Pyramiden von Kohlen aufzustellen, die in der Mitte angezündet werden, und wenn die Hitze die ganze Masse durchdrungen, bedeckt man die Seiten mit nasser Erde: von diesem Augenblicke an zerstreuen sich eine Portion des Oeles und Wassers in Rauchgestalt, und es bleibt nichts als Residuum, als eine leichte, schwammige Kohle, die an der Luft 20 bis 25 Procent an Feuchtigkeit annimmt, und die, bey ihrem ruhigen Verbrennen die nämlichen Phänomene zeigt, als die Holzkohle. Sie gibt fast keine Flamme und keinen Rauch aber viele und lang anhaltende Wärme.

Die Steinkohle wird allgemein als Brennmaterial gebraucht: sie hat den Vorzug vor dem Holze, daß ihre Anwendung leichter und ihre Wirkung gleichmäßiger ist, aber steht ihm nach, wegen des Rauches, den sie hervorbringt und der Schwierigkeit sich ihrer in geringer Masse zu bedienen; auch noch um des Willen, weil sie die Röste und die Kessel schneller abnutzt. Nichtsdestoweniger haben sie die Engländer für alle ihre Bedürfnisse angenommen, sie heitzen ihre Wohnungen damit; sie gebrauchen sie in allen ihren Werkstätten und es ist zu wünschen, daß man in Frankreich ihren Gebrauch eben so allgemein mache und dieß Brennmaterial benutze, um die erschöpften Waldungen wieder herzustellen.

Becher sagt in seinem 1683 gedruckten Werke, daß er dahin gelangt sey, den schlechten Holländischen Torf und die schlechten Englischen Steinkohlen zum gewöhnlichen Gebrauche einzurichten. Er fügt hinzu, daß er daraus einen Theer gezogen habe, vorzüglicher als der schwedische und daß er diesen selbst in England bekannt gemacht und dem Könige vorgelegt habe.

In Schottland hat Mylord Dondonald Oefen eingerichtet, in denen man das Erdpech aus den Kohlen entbindet und es als Dämpfe in Kammern auffängt, wo die Condensation desselben mittelst eines fließenden Wasser geschieht, welches den obern Theil fortwährend abkühlt. Diese Fabrik hat, während mehrerer Jahre, der Englischen Marine allen Theer geliefert, dessen sie benöthiget war.

Herr

Herr Faujas hat dieß Verfahren in Paris vor dem Gouvernement ausgeführt, und die nämlichen Zwecke erreicht *). Man darf nur kegelförmige Oefen bauen, an der Seite deren kleine Oeffnungen angebracht sind, durch die der Luftzug streicht und deren Rauchfang in eine Kammer ausläuft, die zum Recipienten dient und auf den Boden welcher man eine Wasserschicht gießt, um die Dämpfe zu fixiren und zu condensiren; diesen Ofen füllt man mit Kohlen an, die man destilliren will und entzündet sie von unten; so wie die Wärme sich den obern Lagen mittheilt, steigt das Erdharz in Dämpfen in die Höhe und condensirt sich in der Kammer: die Seitenöffnungen aber werden verschlossen oder geöffnet; je nachdem es nöthig ist, zu verhindern, daß der Dampf dadurch nicht herausziehe oder das Verbrennen durch Leitung von Luftströmen von außen nach innen zu befördern.

Es scheint, daß für diesen Gebrauch die Kohlen die besten sind, welche in den Werkstätten die sch echtesten genannt werden.

Diese Kohlen liefern noch Ammonium welcher sich im Wasser auflöst und leicht vom Oele geschieden werden kann **).

Die Naphta, das Steinöl, das Erdpech, der Asphalt sind nur leichte Modificationen des in der Steinkohle im Ueberfluß enthaltenen Oeles.

Es ist leicht einzusehen, daß in allen den Absetzungen von kiesigen Kohlen, in denen die Zersetzung geschieht, sich durch eine natürliche Folge der in allen diesen Fällen sich entwickelnden Wärme, Phänomene, ähnlich der Destillation, erzeugen müssen; das flüssig gewordne Oel trennt sich sodann vom Erdharz, bricht sich Bahn durch die kiesige Masse und läuft heraus. Zuweilen dient das durch diese Lagen sich filtrirende Wasser diesem Oele zum Vehikel, wie man in der Steinölquelle von Gabian, zwischen Pezénas und Bedarieux sehen kann, wo das bituminöse Wasser an den Fuß eines Berges hin läuft, dessen Gipfel vulkanisch ist. Die Gegenden umher zeigen Trümmern von mehreren verlöschten Vulkanen, und man fördert die Kohlen eine Lieue von der Quelle; hier kann

*) Durch die unermüdete Thätigkeit des Königl. Pr. geh. Staatsministers und Oberberghauptmanns, Herrn Grafen von Reeden Excellenz, werden auf den preussischen Steinkohlenwerken in Schlesien jährlich bedeutende Massen Steinkohlen in Coak verwandelt, und dabey so wie in England ein trefflicher Theer gewonnen H.

**) Nicht alle Steinkohlen liefern Ammonium, viele liefern auch eine neutrale ammoniakalische Flüssigkeit, noch andere eine Säure. H

kann man also nicht umhin, über die Bildung des Steinöls der von uns angenommenen Theorie beyzupflichten.

Die Gegenden in der Nähe von Vulkanen, und die, welche Minen von kiesigen Kohlen enthalten, zeigen überall ähnliche Phänomene; und wie man auch die daraus entstehenden Erdharze nennen möge, so muß man ihnen allen doch einen gemeinschaftlichen Ursprung zugestehen. **Die Naphta, das Steinöl, das Erdpech** und **der Asphalt** sind also in den Augen des Chemikers nur durch Modificationen von einander verschieden.

Zuweilen entzünden sich diese erdharzigen Oele, wenn sie aus der Erde kommen, und unterhalten ein fortwährendes Feuer; **Kämpfer** hat die Erdpechquellen bey Erbens am Kaspischen Meere untersucht und eine darunter gefunden, aus der eine nie verlöschende Flamme aufsteigt. Die Indianer behaupten, Gott habe den Teufel da hineingeworfen, um das Menschengeschlecht von ihm zu befreyen, und wallfahrten dahin um die Vorsehung zu bitten, daß sie diesen Feind der Menschen nicht entwischen lasse. Dieß immerwährende Feuer schafft den Einwohnern von Baka großen Vortheil; man gräbt die Oberfläche eines kleinen Bezirks von diesem brennenden Boden auf, und scharrt Kalksteine mit dieser ausgegrabenen Erde wieder ein, und in zwey oder drey Tagen ist der Kalk fertig. Die Einwohner des Dorfes Fragane begeben sich dahin, um ihre Speisen zu kochen.

Das **Erdpech** ist eine Modification des Steinöls. Man trifft es in Auvergne an, es erweicht sich während des Sommers und die Einwohner sammeln es sorgfältig, um ihr Vieh damit zu zeichnen.

Der **Asphalt** hat eine glänzendere Farbe, ist trockener und brüchiger. Er schwimmt auf der Oberfläche des asphaltischen, oder schwarzen Meeres. Der Asphalt, welcher in den Handel kommt, wird aus den Minen von Annemore und besonders aus dem Fürstenthum Neufchatel gezogen: Pallas traf Quellen davon an den Ufern des Sockflusses in Rußland.

Vom Bernstein.

Der **Bernstein (gelber Amber, Karabé, Electrum)** wird in braunen oder gelben, durchsichtigen und trüben Stücken gefunden, die der Politur fähig sind, electrisch durch Reibung werden u. s. w. Er ist zerreiblich und brüchig.

Es gibt keine Substanz, die die Einbildungskraft der Schriftsteller so beschäftiget hätte, als diese: Sophocles schon hatte

hatte angenommen, daß er in Indien, aus den Thränen der in Vögel verwandelten Schwestern des Meleager, die sie ihrem Bruder nachweinten, entstanden wäre. Aber eine der anmuthigsten Dichtungen über diesen Gegenstand ist die, zu der die Fabel vom Phaeton, der den Himmel und die Erde verbrannte und durch einen Blitzstrahl in die Fluthen des Eridanus hinabgeschleudert worden, die Veranlassung gegeben; die kostbaren Thränen seiner Schwestern fielen nach derselben in das Wasser hinab, ohne sich mit ihm zu vermengen, wurden fest darin, ohne ihre Durchsichtigkeit zu verlieren und bildeten so den von den Alten so geschätzten Bernstein.

Indem wir diese Erdichtungen über seinen Ursprung bey Seite setzen, müssen wir den Bernstein wie ein durch die Reaction der salzigen Substanzen gehärtetes Pflanzenöl betrachten; die Pflanzentheilchen und Insecten, die man in Stücken von Bernstein findet, alles dieß zeigt an, daß er flüssig gewesen sey, und die Säure, welche man durch Destillation daraus extrahirt, erlaubt es nicht, ihn zu den Erdharzen zu berechnen.

Man findet den Bernstein oft auf Betten von Kiesgrund, die mit einer Lage bituminösen Holzes bedeckt sind; ich selbst habe in dem Walde Leserelle in Provence ein Stück von sieben Pfund an Gewicht gefunden, das ganz in grauer Kieserde incrustirt war; das Innere dieser Art von Adlersteinen ist sehr reiner Bernstein von gräulicher Farbe: man hat solchen auch in der Nähe von Sisteron angetroffen.

Wenn man den Bernstein am bloßen Feuer, aber bey einer nach Graden erhöheten und wohl ausgesparten Wärme destillirt, so zieht man daraus zuerst eine wässerige und saure Feuchtigkeit, ein flüssiges Oel, welches bey'm Fortschreiten der Destillation schwarz und dick wird, und ein festes saures Salz, welches sich am Halse der Retorte sublimirt.

Die saure Flüssigkeit, welche zuerst bey'm Destilliren herauskommt, hält eine Portion flüchtigen Salzes und ein wenig flüchtiges Oel in Auflösung. Man hat dieß erste Produkt Bernsteingeist genannt.

Das feste Salz hat, wenn es in Wasser zerlassen wird, alle Eigenschaften des sauren Geistes; man reinigt es durch Sublimation. Noch gelangt man dazu, wenn man es nach Scheffer mit Sand, nach Bergmann mit Thon und nach Spielmann mit Salzsäure destillirt u. s. w. Eben so, wenn man es, nach Bourdelies Anweisung, mit Salpeter verpuffen läßt *), und wenn man es, nach einem von Pott beschriebenen Verfahren durch Baumwolle filtrirt.

Dieß Salz wird zu Königsberg im Großen fabricirt, wo man die Abgänge des dort verarbeiteten Bernsteins destillirt.

Die Säure hat einen pikanten Geschmack; sie löst sich in ihrem doppelten Gewichte an siedendem und in vier und zwanzig Theilen kalten Wassers auf. Sie kristallisirt in dreyeckigen Prismen mit stumpfen Spitzen.

Das Bernsteinöl ist unter allen bituminösen Oelen das weißeste und das am wenigsten übelriechende. Man beraubt es durchaus seiner Farbe, wenn man es mit Thon oder bloß mit Wasser, nach Rouelle's Vorschlag, destillirt.

Das Bernsteinöl bildet mit dem Ammonium eine seifenartige und weiße Flüssigkeit, die Eau de luce genannt wird. Diese Bereitung bildet nach einiger Zeit einen Bodensatz und hat dann nicht mehr ihre ursprüngliche angenehme Farbe. Um diesen Uebelstand zu beseitigen, habe ich vorgeschlagen, punisches Wachs (Wachsseife) mit ein wenig Bernsteinöl in Alkohol aufzulösen und darauf ein wenig Ammonium zu gießen. Diese Verbindung, wenn sie gehörig gemacht worden, zersetzt sich nicht mehr.

Der Alkohol greift den Bernstein an und gibt ihm eine gelbe Farbe. Hoffmann macht diese Auflösung, indem er Alkohol über dem mit festem Alkali zerriebenen Bernstein digeriren ließ. Diese Hoffmannsche Bernsteinfärberey wird durch Wasser nicht weiß und hat mithin einen seifenartigen Character, den die nicht besitzt welche bloß durch Einwirkung des Alkohols auf den Bernstein gemacht worden.

In den Künsten bedient man sich des Bernsteins zur Verfertigung von Schmuck.

Es scheint daß die Alten dieß Erdharz mehr geschätzt haben, als wir, weil sie fast alle ihre Verzierungen daraus machten **).

Die

*) Dieß scheint eine irrige Vorstellung zu seyn. Bernsteinsäure mit Salpeter verpuffet, wird total zerstört. Das beste Reinigungsmittel für jene Substanzen ist das Kochen derselben mit Kohlenpulver. H.

**) Unter den Neuern scheinen vorzüglich die Franzosen einen großen Werth auf den Bernstein und die daraus gearbeiteten Sachen zu setzen. Die Kunstkammer in Berlin war im Besitz der größten Seltenheiten aus Bernstein gearbeitet. Bey der Occupation des Landes durch französische Truppen, sind sie alle nach Frankreich gewandert. H.

Die Eigenschaft geschnitten werden zu können, und eine schöne Politur anzunehmen, mußte seinen Gebrauch vervielfältigen.

In der Arzeneykunst wird er zu Räucherungen angewendet und die Apotheker machen aus Bernsteingeist und Opium einen Bernsteinsyrup, der als ein beruhigendes Mittel sehr wirksam ist.

Der Bernstein macht die Basis des Bernsteinfirnis aus. Um ihn in Leinöl auflösen zu können, fängt man damit an, ihn zu rosten, indem man ihn in Schmelzung erhält, wodurch ihm etwas Säure und etwas Oel entzogen werden; sodann ist er fähig sich in Oel aufzulösen. Ohne diese vorläufige Operation ist die Auflösung nur sehr unvollständig. Der Bernsteinfirnis ist übrigens fester als alle andere und fähig einer schönen Politur anzunehmen.

Vom Gagat.

Es gibt keinen reisenden Naturforscher, der nicht Gelegenheit gehabt hätte, den Uebergang des Holzes in den Zustand von Gagat oder Erdpech zu beobachten. Häufig und auf verschiedenen Punkten der Erde trifft man in die Erde gegrabene Baumstämme, die in diesen Zustand verwandelt worden. Fast in allen diesen lassen sich die unterscheidenden Merkmale der Gattung von Bäumen erkennen, zu denen sie gehörten.

Diese zersetzten Stämme sind mehr oder weniger zerbrechlich und mehr oder weniger fett, nach der Natur des Baumes, dem Grade ihrer Veränderung und der Art des Bodens. Alle haben einen glatten und glasigen Bruch, aber alle können nicht bearbeitet werden. Es gibt selbst solche, die von Kiesen durchdrungen sind und die in ziemlich kurzer Zeit an der Luft effloresciren. Daher kommt es, daß man die Lagen von Gagat oder Erdpech, die man über den Erdboden ausgebreitet findet, nicht mit gleichem Vortheil benutzen kann.

Die Zersetzung des Holzes fängt von außen an, und verbreitet sich nach und nach, bis in das Herz des Baumes.

Ich habe Proben der Art gesehen und besitze sogar selbst welche, in denen der Kern noch im holzigen Zustande ist und alle Eigenschaften des Holzes, die Farbe ausgenommen, die etwas braun geworden, zeiget, während das Aeußere aus einer Lage von sehr glänzendem und vollkommenem Gagat besteht.

Wenn das Gewebe des Baumes nur aus einem Bündel von trockenen Fasern besteht; so ist der daraus entstehende Gagat trocken und brüchig, und kann nicht zur Verfertigung der Schmucksachen die man sonst aus diesem Erdharz macht, gebraucht

braucht werden; ist dagegen das Gewebe der Pflanze fett und ölig, so gewinnt die Faser Weichheit und das innige Gemenge dieser beyden Stoffe kann sodann geschnitten und auf das vollkommenste polirt werden.

Es ist diese letztere Art von Gagat welche in mehreren Fabriken zu Knöpfen, Halsbändern, Dosen u. s. w. verarbeitet wird. Wir besitzen eine solche Fabrik in der Gegend von Sainte-Colombe, drey Lieues von Castelnaudary. Man bearbeitet dieß Erdharz und gibt ihm Politur durch Schleifsteine, mittelst deren sie façonnirt werden.

Von den harzigen Stoffen der Pflanzen.

Alle Fichten geben einen harzigen Saft von sich, aber nicht alle in gleicher Quantität.

Unter den verschiedenen Gattungen von Fichten sind folgende die ergiebigsten an Harz.

Die Cypressen-Fichte. Die canadische, dreyblätterige Fichte.

Die graue Fichte. Die canadische Fichte mit kurzen gekrümmten Blättern; so wie auch Zapfen.

Die weiße Fichte. Die fünfblätterige Fichte mit langen Zapfen; die Meerfichte scheint von dieser eine Abart zu seyn.

Die rothe Fichte. Die canadische zweyblätterige Fichte von der die Zapfen die Gestalt eines Eyes haben und von mittlerer Dicke sind.

Boden, Alter, Dicke haben weniger Einfluß auf die Quantität des Harzes, als die Lage und Dichtigkeit der Rinde; die Fichten die nach Mittag zu liegen und von der Sonne getroffen werden, liefern viel, die, welche eine sehr harte Borke haben, geben weniger. Die Fichten, welche zu nahe auf einander stehen, haben fast gar kein Harz in sich, sie müssen dazu wenigstens durch einen Zwischenraum von zwölf Fußen getrennt seyn. Uebrigens verändern die Art des Bodens und die Lage desselben in Rücksicht auf die Sonne, die Nothwendigkeit dieser Entfernung. Man schneidet sorgfältig die jungen Zweige die an dem Stamme wachsen, ab, hierdurch wächst der Baum mehr in die Höhe und die Stämme werden besser von der Sonne erreicht.

Hohe Fichten in fetten Erdstrichen und während regnigter Jahreszeiten liefern kein Harz von so guter Qualität.

Die jungen Fichten geben wie die alten, Harz, man entnervt sie aber, wenn man es daraus ziehet.

Das Harz läuft vorzüglich im Sommer.

Die Fichten sind zwanzig bis fünf und zwanzig Jahre ergiebig und man fängt an, das Harz daraus zu extrahiren, wenn sie ein Alter von zwanzig Jahren erreicht haben.

Der harzige Saft läuft fast nur aus dem holzigen Körper und sickert zwischen dem Holz und der Rinde durch; die äußeren holzigen Lagen liefern mehr als die inneren: durch die Borke schwitzen nur einige Tropfen schönen Harzes heraus. Die Wurzeln sind auch sehr ergiebig an Saft. Die Knorren enthalten mehr Harz, als der übrige Baum; die Wurzeln mehr als die Zweige u. s. w. Der holzige Theil nahe bey den Einschnitten oder Narben gibt noch mehr.

Wenn die Fichten beynahe zwanzig Jahre alt sind, so bekommen sie einen Umfang von 3 bis 4 Fuß, und sind stark genug um das Abziehn eines Theiles des harzigen Saftes, der in ihren verschiedenen Theilen circulirt, vertragen zu können.

Der harzige Saft fängt im Frühjahr an zu fließen, und in dieser Jahreszeit schneidet man auch die Bäume ein, um das Produkt herauszuziehen.

Es fließt in flüssiger Gestalt fort bis zum Herbste. In der Regel fängt es im Lauf des May's an, und endigt im September.

Um dieß Abfließen zu erleichtern und es auf einen Punkt hinzurichten, wählt man am Fuße des Baumes und ganz nahe an der Erde in dem Theile, der nach Mittag hin, steht, und der am reichsten an Harz und am geneigtesten scheint, es fahren zu lassen, einen Raum von 3 Zoll Breite auf 6 bis 8 Zoll Länge; nimmt die Rinde mit einer Axt weg und hebt mit der krummen Axt einen Span des Holzes heraus; das Harz fängt dann sogleich zu laufen an und man sieht es in durchsichtigen Tröpfchen durch die Holzfasern durchschwitzen; sodann aber an der Rinde des untern Theiles des Baumes herunterlaufen, von wo es in ein am Fuße zum Auffangen desselben angebrachtes Loch, oder in eine zu diesem Zwecke hingesetzte Wanne läuft.

Wenn es mit dem Laufen langsamer zu gehen anfängt, so erweitert man den Einschnitt nach oben zu und nimmt eine neue Lage von dem holzigen Theile hinweg; von vierzehn zu vierzehn Tagen muß man ihn immer von frischem öffnen.

Dieser Einschnitt wird also nach und nach größer und erreicht gegen das Ende des Jahres eine Länge von einem Fuß. Man hält mit der Arbeit inne, sobald der Wiedereintritt der Kälte das Harz fest macht und dessen Herabfließen Einhalt thut.

Im folgenden Frühjahr öffnet man die Wunde von neuem, und nach 5 bis 6 Jahren hat sie dann eine Höhe von 5 bis 6 Fuß erreicht.

Wenn sie aber zu dieser Höhe gelangt ist, so macht man einen neuen Einschnitt am Fuße des Baumes, fast zur Seite des ersten, und zieht ihn nach und nach und parallel mit dem ersteren, in die Höhe.

Während aus diesem nun Harz herausfließt, so vernarbt der erstere so, daß man um den Baum herumgehn und die ersten Narben wieder anzapfen kann.

Man muß, wenn man die Wunde erneuert, die Vorsicht anwenden, nur sehr dünne Späne abzuheben.

Auch muß der Arbeiter mit gut abgezogenen Instrumenten versehen seyn. Diese Vorsichtsmaaßregeln sind wichtig für die Gesundheit des Baumes und in Rücksicht der Quantität des Harzes, die man daraus ziehen kann.

Ein einziger Mann kann zweytausend fünfhundert bis zweytausend achthundert Füße von Bäumen besorgen; er gießt das Harz, welches in den Gefäßen, die man zu den Füßen des Baumes hingesetzt, um es darin aufzufangen, gesammelt worden, in Barils, und demnächst wird es in den Handel gebracht.

Das aus dem ehemaligen Cayenne wird Galipot, das Provenzalische Perinne-vierge genannt. In der Provence hat man in einigen Cantonen den Gebrauch, eine kleine Grube im Boden derjenigen, die zum Auffangen des Harzes bestimmt ist, anzubringen, und diese beyden Gruben durch Rosmarinzweige zu trennen, mit denen man die Mündung der zweyten überdeckt.

Der flüchtigste Theil des Harzes filtrirt sich durch diese Zweige, und läuft in die kleine Grube; man kennt dieß Harz unter dem Namen bijon.

Ein gesunder Baum liefert jährlich 12 bis 16 Pfund Harz.

Vom Herbste bis zum Frühjahr setzt die kleine Quantität von Harz, die aus dem Baume fließt, sich auf der Oberfläche an, von wo man sie mit Kratzeisen, die am Ende eines Stockes befestiget sind, losmacht; dieß Harz ist zu Bordeaux unter dem Namen barras bekannt.

Um dieß gelbe Harz zu bereiten, welches im Handel weißes Pech nnd in der Provence rase genannt wird, setzt man auf einen Ofen einen kupfernen Kessel mit einem um einige Zoll umgekehrten Rande bringt an einer Seite des Randes eine Rinne von 6 bis 8 Zoll Länge an, und stellt unter diese Rinne einen ausgehöhlten Trog den man mit Wasser anfüllt, in eine fichtene Wanne.

Man

Man thut sodann das flüssige und feste Harz, das man aus der Fichte gezogen, in den Kessel; dieser Saft schmilzt bey einer mäßigen Wärme; wenn er geschmolzen ist, gießt man Wasser darauf; das Harz schwillt und ein Theil läuft in den Trog der Arbeiter trägt es fortwährend zum Kessel hin, rührt das Ganze gehörig um und mengt es durcheinander und fährt damit fort, bis alles Wasser zerstreut ist. Das Schmelzen des Harzes wird am Ende ruhiger, die Farbe desselben geht in das Gelbe über, und in diesem Zustande gießt man es in einen andern Trog, worin es sich durch Stroh filtrirt und in Formen läuft, die sorgfältig im Sande angebracht worden.

Diese Formen sind runde Löcher, deren Seiten gehörig festgeschlagen und gleichgemacht worden, und die Harzbrote, welche deren Gestalt annehmen, wiegen 200 Pfund.

Wenn man, statt das Harz in einem offenen Kessel zu kochen, es in einer Destillirblase mit Wasser kocht; so entwickelt sich eine Art von Terpenthinöl, welches eau de rase genannt wird, und um vieles schlechter ist, als das wahre Terpenthinöl ist.

Wenn man das Harz in Tröge thut, die aus zusammengefügten Brettern bestehen, und diese der Sonne aussetzt, so schwitzt ein Theil durch die Spalten heraus, welcher dann durch die Sonne ausgebratener Terpenthin genannt wird.

Dagegen wird der geschmolzene Terpenthin zart, welcher in einem Gefäße durch die Hitze geschmolzen wird.

Man hat selbst das flüssigste Pech zu den Terperthinen gerechnet, aber dieses ist der schlechteste von allen, und steht unter dem, der aus den Lerchenäumen und selbst aus den Fichten gezogen wird.

Der Baum liefert, so lange er lebendig ist, nicht alle sein Harz durch die Einschnitte, die man in seinen Stamm macht; aber wenn er abgestorben, unterwirft man ihn einer Operation, durch die man es, bis auf das letzte Atom, herauszieht, und dieß aus dem todten Baume gezogene Harz nennt man Theer.

Um den Theer zu extrahiren, darf man nur die Theile des Holzes, in denen er enthalten ist, einer Hitze aussetzen, die hinreicht, ihn zu erweichen und zum Fluß zu bringen, ohne jedoch ihn zu entzünden, oder zu verflüchtigen.

Man handelt in diesem Sinne, wenn man das in kleine Stücke zerschnittne Fichtenholz auf einen Haufen zusammenlegt, dessen Seiten man mit Erde, Rasen oder Ziegelsteinen bedeckt, dann die ganze Masse durch, von oben angebrachtes, Feuer erwärmt,

erwärmt, und das ganze gegen den Boden zulaufende Harz in kleinen Graben auffängt, die es nach außen abführen.

Die Oefen, in denen dieß gedämpfte Verbrennen vor sich geht, sind von verschiedener Gestalt und Dimension. Aber alle bekannte Verfahrungsarten kommen in einigen, hier mitzutheilenden Grundsätzen und Gewohnheiten überein.

Um Theer daraus zu extrahiren, wählt man das Herz des Baumes, die Knorren und alle harzige Adern.

Man gibt hierbey den rothen Theilen den Vorzug.

Man verwirft Rinde und Blätter, die einen Theer von geringerer Güte geben.

Man bedient sich des Strohes, durch das man das geschmolzene Harz hat laufen lassen, so wie der Späne, die man zur Wiedereröffnung der Einschnitte gebraucht hat.

Man nimmt zur Bereitung des Theers die Bäume, die von Harz und vorzüglich durch Alter erschöpft sind, solche, die der Wind abgebrochen oder entwurzelt hat, und die Späne, die bey der Bearbeitung dieses Holzes abfallen.

Der Theer wird um so viel besser, als die Bäume, die ihn liefern, harzhaltiger sind, jemehr Aufmerksamkeit man darauf verwendet, die Rinden und die jungen Zweige wegzuwerfen, und um wie viel mehr Mittel man anwendet, das Verbrennen und die Verflüchtigung des Harzes zu verhindern.

Um guten Theer zu erhalten, ist es ferner wesentlich nothwendig, daß man nicht zu grünes und nicht zu trockenes Holz nehme, und es gibt einen Grad von Halbtrockenheit, den man wohlthut, zu benutzen.

Man kann das Holz zu allen Zeiten schneiden, aber hauptsächlich im Herbste fällt man es zu diesem Gebrauch, und destillirt den Theer im Winter.

Noch muß man das Holz in kleine und gleiche Stücke zertheilen, damit man alles darin enthaltene Harz zu gleicher Zeit herausziehe.

Die Art der Leitung des Feuers verdient noch besondere Aufmerksamkeit:

1) Ein zu heftiges Feuer verbrennt und zerstreut das Harz.

2) Eine zu starke Wärme verflüchtigt es, und der Theer wird zu trocken.

3) Eine gedämpfte und schwache Hitze zieht nur einen Theil des Harzes heraus, und läßt in diesem Produkte den wässerigen Stoff, der in dem Holze war.

Ein

Ein mit recht rothem und recht harzigem Holze angefüllter Ofen liefert ein Viertheil des Gewichts an Theer; in der Regel aber gewinnt man nur zehn bis zwölf Procente.

Die verschiedenen Oefen, die zur Bereitung des Theers gebraucht werden, scheinen mir alle ihre Vorzüge und ihre Nachtheile zu haben.

In den Bergen der Provence haben die Oefen die Gestalt großer Krüge, und ein Theil derselben ist in der Erde eingegraben; sie haben im untern Theile achtzehn, im Bauche zwanzig, und oben zwey Zoll im Durchmesser.

Man schneidet das Holz nun in Stücke von achtzehn Zoll Länge auf anderthalb Zoll Breite, und schichtet sie so auf, daß sie Röste bilden, deren Zwischenräume man mit Spänen oder mit andern perpendiculair aufeinandergehäuften Stückchen ausfüllt.

Bey Bordeaux macht man eine cirkelförmige Grube von sechs und dreyßig bis acht und vierzig Fuß im Umfange, errichtet darin einen Heerd von horizontal auf einandergelegten und gehörig verkitteten Ziegeln, und bringt in der Mitte einen kleinen Canal an, um den Theer aufzunehmen, und ihn in eine Butte zu leiten, die der Keller genannt, und in der Wasser gehalten wird, damit sich der Theer darin reinige; diesen Keller aber leert man, so wie er sich gefüllt, wieder aus, um den Theer in Fässer zu füllen, in denen er versandt wird. Auf diesen Heerd des Ofens legt man in kleine Stücken geschnittenes Holz, bis zu einer Höhe von acht bis zehn Fußen. Die Seiten des Haufens werden mit Rasen und Erdklößen belegt, und man zündet sodann den obern Theil des Kessels an, in den man zuvor eine Schicht trockneren Holzes geschoben. Die Wärme theilt sich überall mit, und wenn das Feuer abnimmt, so öffnet man die Luftlöcher durch das Hinwegnehmen einiger von den Erdklößen an verschiedenen Stellen der Seitenwände, um den Luftzug zu befördern.

Wenn die Operation beendiget ist, werden alle Oeffnungen verschlossen, und nach einigen Tagen nimmt man die entstandenen Kohlen heraus.

Die Oefen, deren man sich in Louisiana bedient, sind von den eben beschriebenen wenig verschieden; bloß der Boden ist bey ihnen nicht mit Ziegeln bedeckt, und die Abhängigkeit des Erdreichs allein, welches sehr fest gestampft wird, leitet den Abfluß des Theers, der durch sehr verlängerte Rinnen in Reservoirs fällt, die in der Erde angebracht sind.

Das

Das im Walliserlande übliche Verfahren bey Extrahirung des Theers, wird dort von allen Bauern angewandt, und da es alle Mittel in sich faßt, um sowohl dem Verluste an Theer vorzubeugen, als ihn in guter Qualität zu erhalten; so werden wir es mit der größten Sorgfalt beschreiben, und nur der unbedeutenden Abweichungen dabey erwähnen, die Beobachtung und Erfahrung als nothwendig ergeben haben.

Man errichtet einen Ofen von der Form eines, auf dem spitzen Ende stehenden, Eyes. Man kann in Rücksicht der Dimensionen abwechselnd verfahren, je nachdem die Quantität des zu brennenden Holzes groß ist. In der Regel muß er zwey Mal so hoch als breit seyn. Die größten können neun Fuß Höhe, fünf im Durchmesser, und drittehalb an der obern Oeffnung haben.

Um den Ofen aufzubauen, fängt man damit an, die Dimensionslinien des Grundes zu ziehen, und errichtet dann steinerne Mauern bis zu zwey Drittheilen der ganzen Höhe. Das Innere füllet man mit Quaderstücken, oder in Ermangelung dieser, mit horizontal gelegten, gehörig aneinandergekitteten Ziegelsteinen, aus. Der Grund ist hohl, und muß die Gestalt des Innern einer Eyerschale haben. Fünf Zoll vom Boden wird ein Loch von achtzehn Linien im Durchmesser angebracht, welches sich nach außen und unter dem Ofen hin öffnet, mit einem Abhange von sechs bis acht Zollen, und hierin wird eine große eiserne Röhre, wie etwa ein Flintenlauf von starkem Kaliber gesteckt, um den Theer in die zu seiner Aufnahme bestimmten Barils zu leiten.

Zwanzig oder fünf und zwanzig Zoll vom Boden den Ofens werden parallellaufende eiserne Stangen errichtet, damit das Holz darauf ruhen und der Theer, den die Wärme entbindet, dadurch herablaufen könne.

Man beendiget den Bau des Ofens mit Bruchsteinen und Erde und läßt am obern Theile desselben eine Oeffnung von drittehalb Fuß im Durchmesser, um ihn gehörig anfüllen zu können.

Man verkittet ihn sorgfältig von innen und von außen, und hat die Vorsicht die Spalten und Sprünge zu verstopfen, sobald als sie entstehen.

Es ist unnöthig zu bemerken, daß man statt der angegebenen Materialien jede andere, die man zur Hand hat, nehmen kann.

Noch

Noch ist es vortheilhaft, die Wände des Ofens mit einigen Löchern zu versehen, deren man sich sowohl zur Beförderung des Luftzuges, als zur willkührlichen Steigerung der Wärme bedienen kann.

Wenn man auf diese Weise den Ofen aufgebaut hat, so steigt ein Mensch hinein, und legt das in Stücke von zwey Zollen Breite, und achtzehn Zollen Länge geschnittene Holz in Schichten auf den Rost, füllt sorgfältig den ganzen Umfang damit aus, wobey er sein Hauptaugenmerk darauf richtet, daß kein leerer Raum bleibe, und belegt die Spitze des Ofens mit trockenen Spänen.

Die obere Oeffnung wird mit platten Steinen, oder mit Platten von unverzinntem Eisenblech oder Kupfer verschlossen, so daß nur eine Oeffnung oder ein Rauchfang von vier Zollen im Durchmesser bleibt. Sodann zündet man die Späne an, und wenn das Feuer gehörig im Gange ist, verschließt man die Oeffnung mit einem platten Steine, den man mit Erde bewirft. Die Destillation geht vor sich, der Theer läuft nach unten, und füllt den Grund bis zum Loche an, worauf er dann durch diese Röhre ab, und nach außen in den Baril fließt.

Wenn die Destillation inne hält, muß man die Oeffnung wieder aufmachen, und selbst Luftströme von den Seiten hineinziehen.

Wenn der Rauch durch die Wände sich Bahn bricht, so hält man ihn auf, indem man die Risse mit eingerührter Erde, Rasen oder andern Materien verstopft.

Man öffnet den Ofen nur erst wieder, wenn er kalt geworden; nimmt dann die bey der Operation entstandene Kohle heraus, eben so die unreinen und groben Materien, die sich auf dem Boden angesammelt, und füllt ihn von neuem an.

Man sieht ein, daß die Construktion eines solchen Ofens, die weder mühsam, noch kostbar, noch schwierig ist, zu keinem Verluste Veranlassung gibt, daß der Theer rein darin werden muß, weil, bey der festen Construktion des Ofens, die Materialien sich mit demselben nicht vermengen können, und weil übrigens in ihm dieß Harz alle die Stoffe beybehält, welche bey den übrigen offenen Oefen verloren gehen.

Die Kosten, die mit der Einrichtung eines solchen Ofens verbunden sind, halten keine Vergleichung mit den Vortheilen aus, die er gewährt; übrigens wird er in der Mitte von Wäldern, also mitten unter dem dazu nöthigen Material erbaut; auch bleibt er, wenn er ein Mal da ist, fest und dauerhaft, während man die andern zu jeder Operation niederreißen, und wieder aufbauen muß.

Wenn man die Vorsichtsmaaßregeln bey Bereitung des Theers gebraucht, die ich angegeben habe, so wird er an Güte dem des Nordens den Rang streitig machen. Der Theer aus dem Theile des Distrikts von Les Landes, welcher *Marauzin* heißt, der im Handel *Gaz* genannt wird, ist von erster Qualität.

Man sammelt davon in Les Landes ungefähr 1200 Fässer jährlich, obgleich der größte Theil der Fichtenwälder nicht ein Mal bearbeitet wird.

Noch macht man dort ein anderes harziges Präparat, welches im Handel unter dem Namen fetter Theer vorkommt; indem man den Ofen mit wechselsweisen Schichten von grünem Holze, von trocknen Spänen und von Harz oder trocknem Harz anfüllt, und als oberste Lage mit trocknen Spänen endigt. Man verstopft den Canal durch den der Saft ablaufen könnte, und setzt den Ofen in Brand.

Man sucht dabey mit großer Sorgfalt das Feuer zu ersticken, und eine todte Wärme hervorzubringen, die man sieben bis acht Tage hindurch erhält. Das Harz schmilzt, vermischt sich mit dem Baumsaft und läuft auf den Boden des Ofens. Wenn die Operation fertig ist, so öffnet man den Canal und der fette Theer fließt heraus.

Man braucht zuweilen den Theer, der aus sehr harzreichen Bäumen kommt als fetten Theer.

Wenn man das trockne Harz mit sehr harzigem Holze vermengt, und den Abfluß-Canal nicht eher öffnet, als bis die harzige Substanz gekocht ist, so erhält man fetten Theer.

Um Kienruß zu erhalten, thut man die kleinen Abgängsel von allen Harzen in eiserne Töpfe und stellt den Topf mitten in ein wohl verschlossenes und von allen Seiten mit Leinwand oder Papier beschlagenes Kabinet, und zündet diese Harzstücke an. Es entwickelt sich sodann ein dichter Rauch daraus, der sich an die Wände ansetzt und diesen nennt man Kienruß.

Man muß diese Operation nur an isolirten Oertern vornehmen. Man gebraucht übrigens den Kienruß in der Mahlerey, Färberey, Druckerey, zu den Firnissen u. s. w.

Viertes Kapitel.

Von einigen zusammengesetzten Substanzen die aus dem Pflanzen- und Thierreiche gezogen werden.

Erster Abschnitt.

Von den Pflanzensäften.

Niemand hat sich wohl ernstlich mit dem chemischen Studio der Pflanzen beschäftigen können, ohne sich von der Schwierigkeit zu überzeugen, die verschiedenen Stoffe derselben methodisch einzutheilen.

Ohne Zweifel haben der Kohlenstoff, das Satzmehl, das Harz, das Oel, und der Schleimstoff sehr bestimmte Eigenschaften, wodurch sie sich von einander unterscheiden; aber die Unterschiede in den Verhältnissen, in den Mischungen, der Wärme, dem Lichte, der Luft, bringen solche Modificationen in allen Produkten hervor, daß die Substanzen, so zu sagen, jeden Augenblick Verwandlungen erfahren. Das Satzmehl nimmt in der Hitze den Character des Schleims im warmen Wasser an; das Oel verdichtet sich durch den Sauerstoff, und es gibt wenige Gattungen in den Pflanzenprodukten, bey denen man nicht genöthiget wäre Anhänge zu machen. Der Indigo folgt in der Reihe dem Satzmehl, der Caoutchouc in der der Harze, der Campher in der der flüchtigen Oele u. s. w.

Es scheint, heut zu Tage, erwiesen, daß Kohlenstoff, Wasserstoff und Sauerstoff die drey wesentlichen Stoffe der Pflanzen sind.

Die quantitativen Verhältnisse zwischen diesen Stoffen begründen alle Verschiedenheiten.

Die jedem Pflanzenprodukte eigenthümlichen Eigenschaften, zeigen ungefähr an, ob einer oder der andre Stoff vorherrschend sey.

Die flüchtigsten Produkte enthalten Wasserstoff im Uebermaaß, und sind in der Regel wenig auflöslich in Wasser.

Die festen die nicht reich an Wasserstoff sind, so wie der Schleim, das Holz und der Extract haben Ueberfluß an Kohlenstoff.

In den sauren ist der Sauerstoff vorherrschend.

Man kann einen jeden dieser Stoffe durch besondre Verfahrungsarten extrahiren und einem von den dreyen Stoffen die

die Oberhand geben, so daß jedes dieser Produkte entweder den gewünschten Character annimmt oder wenigstens seinen ursprünglichen verliert.

Im Pflanzen= wie im Thierreiche gibt es gemeinschaftliche und eigenthümliche oder organische Säfte.

Der gemeinschaftliche Saft wird Baumsaft genannt. Die eigenthümlichen Säfte sind das Resultat der Verarbeitung des Baumsaftes in den verschiednen Organen, wo er verschiedene Charactere annimmt, die daraus Säfte von sehr mannigfaltiger Gattung bilden.

Obgleich in den Säften der Pflanzen nicht die fortwährende Bewegung statt findet, die im thierischen Körper das Blut in alle Theile führt, und es nach dem Mittelpunkte hin leitet, wo der Brennpunkt aller Thätigkeit ist; so kann man doch auch dem Baumsaft eine Bewegung nicht abstreiten, durch die er in alle Theile getrieben wird.

Die Bewegung des Baumsaftes ist nach dem Grade der Temperatur der Atmosphäre, dem Alter der Pflanze, ihrer Lage und der Jahreszeit, mehr oder weniger schnell.

Diese Oscillation desselben in dem Pflanzenkörper ist es auch, welche verursacht, daß man seinen Abfluß durch Einschnitte in die Bäume veranlassen kann.

Die Säfte sind in den nämlichen Pflanzen, nach dem Alter derselben, der Jahreszeit, ihrer Lage, der Natur des Bodens, des Klima's u. s. w verschieden.

Da es wichtig ist, diese Modificationen kennen zu lernen, wollen wir sie nach und nach anführen.

Die jungen Pflanzen zeigen nichts, als ein Fleisch, in dem der kolige Stoff die Oberhand hat.

Dieser schleimige Stoff wird verarbeitet durch die Einwirkung der Wärme und des Lichtes und es entstehen daraus alle die Zusammensetzungen, die die verschiedenen Theile der Pflanzen bilden.

Das Wasser ist der wesentliche Nahrungsstoff der Pflanze und in seiner Zersetzung und der der Kohlensäure findet sie alle zu ihrem Wachsthum nöthige Stoffe

So wie die Pflanze sich entwickelt, scheidet sich der Kohlenstoff aus, um die Basis des holzigen Produktes zu bilden, während

*) Dieß ist wohl nur in der Voraussetzung gegründet. Das wahre nährende Prinzip der Pflanzen ist allemal der Kohlenwasserstoff, so wie solcher in Form des Extractivstoffes als Humus in die Pflanzen übergehet. H.

während der Wasserstoff sich mit dem Sauerstoff und Kohlenstoff verbindet, um Oele und Harze zu erzeugen

Im Frühjahr kann man die Pflanzen, als im Zustande ihrer Kindheit betrachten, in Hinsicht der Natur ihrer Säfte. Die jungen Schößlinge sind durchaus schleimig und durch Einwirkung der Wärme bilden sodann diese Säfte die verschiedenen Produkte der Vegetation.

Wenn die Jahreszeit regnigt bleibt, verarbeiten sich diese Säfte nicht vollständig und die Pflanze zeigt nichts, als ein holziges Gewebe. Es bedarf sodann der Wärme um Oele und Harze hervor zu bringen.

Die Pflanzen, welche man im Frühjahr und in der Stärke ihres Wachsthumes sammelt, brennen schwer und verkohlen sich sogleich; sie vermindern sich durch das Trockenwerden sehr an Masse und verderben sehr schnell. Ihr Geschmack ist fade, ihr Geruch fast null.

Diese nämlichen Pflanzen zeigen sehr verschiedene Eigenschaften, wenn sie zu dem Zustande von Reife gelangen, der das Ziel ihres jährlichen Wachsthums ist.

Die Ursache der Verschiedenheit der Produkte beruht gänzlich in den Veränderungen, die die Fortschritte der Verarbeitung der Säfte in den Pflanzen hervorbringen.

Im Frühjahr ist alles Schleim in der Pflanze; am Ende des Sommers ist der Schleimstoff verschwunden und es finden sich Oele, Zucker und Fasern darin, lauter vorzüglich verbrennliche der Fäulniß unfähige und zur Verdünstung wenig geneigte Stoffe.

Der Doctor Plot hat im Jahre 1691 die Beobachtung gemacht, daß alle Bäume, welche zur Zeit des Baumsaftes gefällt werden, dem Insectenfraße unterworfen sind, sich werfen, wenn sie trocken werden, sich ansehnlich an Gewicht vermindern und der zerstörenden Wirkung des Wassers und der Luft geringen Widerstand entgegensetzen.

Plinius und Aelianus haben uns ähnliche Beobachtungen hinterlassen. Julius Cäsar hatte bereits bemerkt, daß Schiffe die aus Holz während der Zeit des Baumsaftes gefällt, gezimmert würden, schwerer und minder dauerhaft wären.

Vitruv räth an, die Bäume nur zu Ende des Winters zu fällen: quia acris hyberni vis comprimit et consolidat arbores.

In Staffordshire schält man die Bäume im Frühjahr ab, um sie dann im Herbste zu fällen. Buffon hat bewiesen, daß

daß die Berührung der Luft das abgeschälte Holz härtet und schlägt diese Methode als vortheilhaft vor.

Jedermann weiß, daß das gefällte Holz in einem nach Norden liegenden Walde weniger verbrennlich ist, als das von gleicher Art und einem nach Mittage liegenden, das erstere verkohlt und schwärzt sich am Feuer, das andere gibt eine leichte Flamme und gute Kohlen.

Es ergibt sich aus den immer gleichen Beobachtungen der Naturforscher, daß die unter einem mittäglichen Himmel erzogenen Pflanzen ihren Wohlgeruch und ihren Geschmack unter einer nördlichen Lage verlieren.

Plinius hat bemerkt, daß das Holz aus den mittäglichen Apenninen härter und dauerhafter ist, als das aus dem Norden des nämlichen Gebirges.

Die Lage der Garten und Baumschulen unter dem nämlichen Clima und auf dem nämlichen Boden bringt unendliche Modificationen in der Natur der darin gebauten Früchte und Gemüse hervor.

Die Produkte der Vegetation haben weder Geschmack, noch Geruch, wenn die Pflanzen an denen sie wachsen von dick belaubten Bäumen beschattet werden.

Die Pflanzen, die man in ein andres Clima versetzt, verändern ihre Natur in Hinsicht ihrer Produkte. Die englischen Reisenden haben bemerkt, daß einige geschmack- und geruchlose Pflanzen aus Grönland, Geschmack und Geruch annahmen, nachdem sie in die Gärten von London verpflanzt worden.

Nach Regnier hat der blaue Steinklee, der in mittäglichen Ländern penetrant riecht, in Holland gar keinen Geruch.

In der Regel ist die Vegetation in den Nordischen Ländern stärker, aber die Produkte sind dort weniger abwechselnd

Der Schleimkörper, welcher sich unter jedem Clima entwickelt, aber der der Wärme bedarf, um Oele, Harze u. s. w. hervorzubringen, wird, da er unter einem kalten Clima nicht gehörig verarbeitet werden kann, ganz in das Wachsthum hineingezogen und bildet den holzigen Körper.

Noch ist der Einfluß des Bodens auf die Pflanzen von großer Bedeutung. In der Regel sind die, welche in einem dürren Boden aufwachsen, reich an flüchtigen Oelen, während die Vegetabilien, der nämlichen Gattung, die in einem feuchten Boden stehen, weder Geruch noch Geschmack haben.

Alle

Alle diese Ursachen die einen so mächtigen Einfluß auf die Pflanzen haben, verändern ihre Kräfte und Eigenschaften auf eine erstaunenswürdige Art.

Die nämliche Pflanze hat nicht gleiche Kräfte im Frühjahr und im Herbst, je nachdem sie jung, oder im Wachsthum fortgeschritten; in einer mittäglichen oder nördlichen Lage aufgewachsen ist und in einem trockenen oder fetten Boden steht.

Der Saft einer Pflanze ist im Frühjahr in der Regel wässeriger und fauliger, als im Herbste.

Eine zur Reife gediehene Pflanze enthält mehr Oel und Faser und weniger Saft.

Der Künstler und der Arzt müssen auf diese Verschiedenheiten Acht haben und sich in ihrem Verfahren danach richten.

Im Frühjahr, in ihrem ersten Alter sind die Pflanzen leicht im Munde zergehend, auflösend und gut zu verdauen.

Im Herbste sind sie härter, weniger saftig, aber öliger, holziger und verbrennlicher.

Es folgt hieraus, daß die Pflanzen des Nordens, in Hinsicht auf ihre Kräfte, denen des Südens nicht gleich kommen, daß folglich die Wirkungen der im Norden oder im Süden extrahirten Säfte einander nicht entsprechen können. Es gibt Pflanzen die in mittäglichen Provinzen Gifte sind, und im Norden zu Nahrungsmitteln dienen; das aconitum napellus liefert hiervon ein Beyspiel. Das nämliche, was von den Pflanzen, ist auch von den Thieren bekannt, von denen einige nur im Süden, oder während der Sommerhitze giftig sind.

Der Arzt schreibt also nur für das Land, in dem er lebt, wenn er die Eigenschaften einer Pflanze angibt. Die Resultate seiner Beobachtungen werden nach dem Boden, dem Clima, der Lage, dem Alter u. s. w. modificirt.

Es verhält sich mit allen Pflanzensäften so wie mit dem Saft der Weintraube, der zuckerig im Süden, fade oder sauer im Norden ist.

Diese Bemerkungen haben ein wesentliches Interesse für alle Künstler, die Holz zu ihren Arbeiten gebrauchen, die Färber, welche den Saft daraus ziehen und im Allgemeinen, alle die Personen, die Vegetabilien bearbeiten. Glücklicherweise ist die praktische Beobachtung uns in dieser Hinsicht vorausgeschritten, und sie allein ist es, aus der wir die erwähnten Thatsachen geschöpft haben.

Um die Säfte aus den verschiedenen Pflanzen, in denen sie enthalten sind, zu extrahiren, bedient man sich mehrerer,

 nach

nach der Qualität der Säfte und der Natur der Pflanzen von einander verschiedenen Verfahrungsarten.

Zuweilen laufen sie von selbst ab, und sodann sammelt man sie auf dem Körper der Pflanze, auf dem sie sich festgesetzt haben.

Oft ist es hinreichend, die Pflanze einzuschneiden, um den darin circulirenden Saft heraus zu ziehen.

Oefter noch aber ist man genöthiget einen starken Druck auf das Pflanzengewebe anzuwenden.

Endlich, wenn die Säfte dem Druck widerstehen, muß man Wasser nehmen, um sie aufzulösen und nach außen abzuleiten.

Erster Artikel.

Von der Extraction der Säfte durch Wasser.

Wenn man aus Pflanzen, deren Gewebe trocken und dicht ist, oder einem harten und festen Holze den Saft extrahiren will; so bedient man sich des Wassers als eines zur Durchdringung des Pflanzengewebes und zur Auflösung der Säfte desselben, geschickten Hülfsmittels.

Man bringt das Wasser unter verschiedenen Graden der Temperatur an, und läßt es, nach der Natur der Säfte, dem Grade ihrer Consistenz und der Härte des Gewebes längere oder kürzere Zeit wirken.

Wenn von einer Blume die Rede ist, deren sehr flüchtiger und evaporabler Stoff sich am Siedegrade des Wassers verflüchtigen würde, so begnügt man sich damit, sie in lauliches Wasser zu thun und einige Zeit hindurch darin zu lassen, damit das Wasser sich mit ihren Stoffen schwängere.

Man behandelt auf diese Weise alle geruchreiche Pflanzen, und setzt die Dauer der Digestion und die Wärme des Wassers mit der Flüchtigkeit und Auflöslichkeit der Stoffe in Verhältniß, welche man extrahiren und aufbewahren will.

Wenn das Wasser den Pflanzen so beygebracht wird; so nennt man die Operation Infusion.

Wenn dagegen das Pflanzengewebe sehr hart ist, und man den Verlust irgend eines aromatischen und flüchtigen Stoffes nicht zu befürchten hat, so läßt man die Pflanze mit dem Wasser aufsieden und dieß Verfahren wird Decoction genannt.

Oft bedient man sich des Aufwallens, um den flüchtigen Stoff aus den Pflanzen zu extrahiren, den man Gewürzstoff nennt, und der nichts ist, als eine Portion von Oel, in Verflüchti=

flüchtigung erhalten; aber in diesem Falle wird dieß Produkt in verschlossenen Apparaten eingesammelt um jeder Einbuße daran vorzubeugen und die Operation reiht sich dann an die Classe deren an, die wir Destillation genannt haben.

Wenn man durch Wasser die Stoffe einer Pflanze extrahirt hat; so verdichtet man sie durch Evaporation, um Extracte zu bilden.

Der Extract stellt in einer kleinen Masse alle auflöslichen Stoffe einer Pflanze dar; er gibt das Mittel an die Hand, die nährenden und arzeneylichen Pflanzenstoffe, nach Bedürfniß aufzubewahren, und macht es leicht, unter allen Climaten und in allen Jahreszeiten, die Pflanzensäfte anzuwenden.

Die Extracte müssen mit großer Sorgfalt bereitet werden; die süßesten Säfte so wie der Traubensaft, enthalten Säuren, welche kupferne Gefäße anfressen, und dem Extracte eine schädliche Eigenschaft mittheilen; wenn man den Weinbeersaft verdickt, um ihn zu sogenanntem Weinbeermus zu machen, so gebraucht man, wenigstens im mittäglichen Frankreich, die Vorsicht, während der ganzen Zeit, die über dem Aufwallen hingeht, einen oder zwey eiserne Schlüssel in die kupferne Bassine zu halten, und zieht sodann diese Schlüssel mit einer Schicht von Kupfer bedeckt heraus, welches die Auflösung von einem Theile des Metalles und seine nachmalige Niederschlagung durch das Eisen beweiset *).

Die Apotheker können daher in der Wahl ihrer Evaporationsgefäße nicht vorsichtig genug seyn. Silberne, gläserne oder irdene verdienen den Vorzug vor den kupfernen, bleyernen oder eisernen.

Man hat den Gebrauch, die Pflanzensäfte zu reinigen, oder abzuklären, und bey dieser Operation verfährt man, nach der Natur der Säfte, auf verschiedene Weise.

Zuweilen schlägt man ein Weißes vom Ey mit dem Safte, und läßt ihn dann warm werden, um diese thierische Materie, die alle Unreinigkeiten aufnimmt und sie auf die Oberfläche bringt, zu coaguliren. Auf diese Weise kann man jedoch nur die festen Säfte die fähig sind das Aufwallen ohne irgend einen Verlust zu ertragen, behandeln.

*) Auf diese Weise gewinnt man zwar einen kupferfreyen Saft, aber er hält dann Eisen aufgelöst. Zinnerne Geschirre qualificiren sich hierbey am besten, weil das Zinn sich nicht leicht in den Pflanzensäuren auflöst. Gläserne, porzellainene, und Geschirre von Sanitätsguth, schicken sich zu solchen Arbeiten aber allemal am vorzüglichsten. H.

Bloßes Stillestehn und Eintauchen des Gefäßes, welches den Saft enthält, in laulichtes Wasser und sodann in kaltes, reicht bey gewissen aromatischen Säften hin, sie abzuklären.

Noch gibt es Pflanzen, deren Säfte man reinigen kann, wenn man die Flasche, die sie enthält, in siedendes Wasser taucht. Der Kressensaft gehört zu diesen: man sieht sodann Flocken, die sich losmachen und auf die Oberfläche kommen; bey dem bloßen Erkalten aber, sich niederschlagen; der obenauf schwimmende Saft wird klärer, und wenn man ihn noch abklärt oder filtrirt, so gewinnt er einen hohen Grad von Lauterkeit.

Diese Eigenschaft einiger Säfte, zum Theil durch die Wärme fest zu werden, rührt von einer Portion Eyweißstoff her, welcher, nach Herrn Fourcroys Bemerkung darin vorhanden ist.

Wenn es darauf ankommt, die Pflanzen zum häuslichen Gebrauche anzuwenden, so bedient man sich, nach der Verschiedenheit ihrer Natur, der Infusion oder Decoction.

Man infundirt, wenn man die Absicht hat, den aromatischen Stoff beyzubehalten und das Wasser nicht mit dem Extractivstoff der Pflanze anzufüllen. Der Thee, der Caffee also werden mittelst Infusion, dagegen fast alle Küchengewächse durch Decoction bereitet.

Es ist nicht lange her, daß man in Frankreich ein Mittel bekannt gemacht hat, die Pflanzen in einem Apparate der der Americanische Topf genannt wird, durch Dämpfe zu kochen. Dieser Apparat besteht aus einem Kolben in den ein Wasserbad eingefugt wird, welches auf der ganzen Oberfläche mit kleinen Löchern durchbohrt ist, und isolirt in dem Kolben, so daß es ihn nur durch den obern Rand berührt. Die Oeffnung desselben kann mit einem recht genau schließenden Deckel verschlossen werden.

Man thut sodann die Pflanzen in das Wasserbad, und bringt die Lage von Wasser, die man in den Kessel gethan, zum Aufwallen.

Dieß Verfahren hat unstreitig den Vorzug, daß dadurch der Pflanze ihr Saft und ihr ganzer Geschmack erhalten, eben so ihre Farbe nicht verändert, und daß dadurch ein Mittel angegeben wird, jedwedes und selbst Salzwasser zum Kochen der Speisen gebrauchen zu können. Aber es erfordert mehr Zeit und läßt einigen Pflanzen ihren bittern Geschmack, ohne ihn zu verbessern.

Zweyter

Zweyter Artikel.

Von Extraction der Säfte durch Einschneiden.

Obgleich die Circulation der Säfte in der Pflanze nicht so regelmäßig, als im thierischen Körper ist; so kann man doch nicht umhin, im Baumsafte eine Bewegung anzuerkennen, die ihn nach allen Punkten leitet. Aber diese Bewegung scheint, statt durch eine Wirkung der Lebenskräfte fast ganz durch die Thätigkeit des Lichtes und der Wärme bestimmt zu werden *). Doch ist das Leben in der Pflanze zu ausgezeichnet, um die ganze Wirkung und das ganze Geschäft der Circulation des Baumsaftes bloß äußern Ursachen zuzuschreiben. Wir sind durch die Versuche von Buffon und Hunter, darüber belehrt, daß Kälte und Wärme nicht regelmäßig und passiv auf die lebendige Pflanze einwirken, und obgleich die äußern Agentien einen ausgezeichneten Einfluß auf sie haben; so ist man doch genöthiget, anzuerkennen, daß er durch das Leben modificirt wird.

Den Pflanzen ist von der Natur die letzte Stufe auf der Leiter der lebenden Wesen angewiesen worden, und wir können in allen ihren Functionen die vereinte Wirkung der Lebenskräfte und äußeren Agentien unterscheiden.

Wenn also die Rückkehr des Frühlings die Wärme wieder herbeyführt und in der Pflanze die vom Winter coagulirte Flüssigkeiten auflöst, so wird auch die Reitzbarkeit durch die Wärme erweckt, und das Spiel der Organe erregt und die Reihe von Functionen, welche das Leben bilden, nimmt wieder ihren Anfang.

Sodann laufen die wieder flüssig gewordenen Säfte durch das ganze Zellgewebe, und wenn ihre Bewegung durch ein Hinderniß unterbrochen wird, wenn man durch tiefe Einschnitte die Hüllen zerreißt, die sie zurückhalten, sieht man sie durch die angebrachten Oeffnungen bald abfließen.

Dieses, zuweilen natürliche, öfter durch die Kunst hervorgebrachte Abfließen ist es, welches das Mittel liefert, mehrere Pflanzensäfte, wie die Gummi's und die Harze, zu extrahiren.

Diese beyden Produkte, welche durch eine sanfte Wärme erweicht werden können, sind die, welche man am leichtesten extrahiren kann, ohne die Natur der Pflanze zu verändern. Der Gummi selbst tritt natürlicherweise aus dem Baume heraus, und setzt sich auf dessen Oberfläche an; wir sehen täglich Tropfen von

*) Man findet in den Schriften der Herren Mirbel und Decandole die Beschreibung ihrer Pflanzen, und die Theorie ihrer Functionen, mit großem Scharfsinn entwickelt. Anm. d. Verf

von Gummi auf Kirschbäumen, Pflaumbäumen und Abricosenbäumen. Man könnte sagen, daß im Augenblicke der Entstehung des Baumsaftes der Baum gleichsam eine Vollblütigkeit an Feuchtigkeiten bekommt, und sich seines Ueberflusses entlediget, indem er ihn nach außen treibt.

Die harzigen Säfte werden nicht immer aus den Baumstämmen gezogen.

Die Blätter und Früchte geben solche zuweilen von sich. Tourenfort berichtet, daß die pichigen Blätter eines Cisti aus der Levante das Ladanum lieferten; die Wurzeln eines Convolvulus geben das Scammonium; man zieht den Aloesaft aus den Blättern des Aloës Vulgaris, und die Früchte der toluifera enthalten den tolubeischen Balsam.

Diese harzigen Säfte sind nicht alle von gleicher Natur; man hat sie in drey Hauptclassen eingetheilt; je nachdem der harzige Stoff darin rein, oder mit Benzoesäure vermengt, oder mit einem Extractivstoff in Verbindung ist.

Man nennt die erstern, Harze; die andern, Balsame; die dritten Baumharze.

Die Harze sind gänzlich auflöslich in Alkohol aber nicht in Wasser.

Die Balsame lösen sich im Alkohol auf. Man kann sowohl durch Sublimation, als mittelst Wassers, eine Säure daraus ziehen.

Die Schleimharze (Gummiharze) sind zum Theil im Wasser, zum Theil in Alkohol auflöslich. Sie machen das Wasser milchig, indem man sie aufsieden läßt.

Die Harze, welche in den Künsten am häufigsten gebraucht werden, sind die Terpenthin-Harze und die harzigen Stoffe der Fichte.

Die Terpenthinbäume, Lerchenbäume und Fichtenbäume liefern alle ein Harz welches unter der gemeinschaftlichen Benennung Terpenthin begriffen wird. Im Handel unterscheidet man verschiedene Qualitäten desselben, nach den verschiedenen Graden seiner Güte.

Der eine wird Terpenthin aus Chio genannt und kommt aus dem Terpenthinbaume an dem die Pistacien wachsen. Er ist flüssig, und von einem gelblichen in's Blaue fallenden Weiß.

Diese Pflanze wächst in Cypern, in Chio und im mittäglichen Frankreich. Durch Einschnitte in den Stamm und in die dicksten Zweige zieht man den Saft heraus.

Der Lerchenbaum liefert den Venetianischen Terpenthin; man läßt ihn aus dem Stamme ablaufen, indem man mit dem

Bohrer

Bohrer Löcher hineinsticht, und in diese kleine Rinnen steckt, die den Saft in Wannen führen.

Dieser Terpenthin hat eine klare, gelbe, durchsichtige Farbe, einen starken aromatischen Geruch und einen bittern Geschmack.

Das Strasburger-Harz und der Canadische Balsam sind aus Fichten gezogene Terpenthine.

Die Fichte mit Taxblättern, welche in den Schweitzergebirgen sehr häufig ist, liefert das erstere. Die Bauern sammeln es, indem sie die Blasen unter der Borke, die es enthalten, mit der Spitze eines Hornes aufstoßen, das sich mit diesem Safte anfüllt.

Die Destillation der Terpenthine entwickelt ein Oel daraus, das mehr oder weniger flüssig ist, nach dem Grade der angewendeten Wärme. Wenn die Operation im Wasserbad geschieht; so erhält man ein weißes, klares, riechendes Oel, welches Terpenthin-Essenz genannt wird; wenn die Destillation dagegen am bloßen Feuer vorgenommen wird; so ist das dabey gewonnene Oel schwerer und etwas farbig und heißt dann wesentliches Terpenthinöl.

Der Rückstand der Destillation ist der gekochte Terpenthin, wie er in den Handel kommt.

Der Terpenthin von Chio und der Venetianische liefern die besten Produkte.

Das flüchtige Terpenthinöl wird häufig in den Künsten gebraucht. Man bedient sich dessen hauptsächlich, um Harze aufzulösen und Firnisse zu bereiten, welche man wesentliche Firnisse nennt.

Er hat den Nachtheil daß er weniger schnell trocknet, als der mit Alkohol bereitet, aber den Vorzug vor demselben, daß er nicht springt und der Firniß eine gehörige Geschmeidigkeit besitzt, um ihn poliren zu können.

Man kann in dem Firniß alle wünschenswerthe Eigenschaften vereinigen, wenn man Alkohol und die Terpenthin-Essenz in gehörigen Verhältnissen nimmt.

Der Terpenthin kommt gleichfalls in die Composition des Firnisses, und gibt ihm Geschmeidigkeit; so wie er von den andern Harzen den Körper oder die Farbe erhält.

Terpenthin, an einem mäßigen Feuer mit Gummilack verschmolzen, und mit Zinnober gefärbt, bildet das Siegellack.

Man macht ihn mehr oder weniger schmelzbar, je nachdem man mit den Verhältnissen des Terpenthins wechselt.

Man

Man vermindert seine Güte, wenn man Kolophonium mit dem Terpenthin vermengt und das Gemenge mit Mennig färbt.

Man kann ihn wohlriechend machen und nach Willkühr färben, wenn man mit den Basen aus denen er zusammengesetzt wird, die bekannten Arome und die Färbestoffe der Firnisse vermischt.

Dritter Artikel.

Von Extraction der Säfte durch Ausdrücken.

Wir haben bereits bemerkt, daß es nicht hinreichend ist, wenn die Pflanzensäfte eine gehörige Flüssigkeit haben, um herauszulaufen; sondern daß noch eine freye Communication unter den Zellen, die sie verschließen, statt finden müsse, damit sie nach dem Einschnitte in einen Theil des Baumes reichlich abfließen können.

Wenn diese Communicationen nicht vorhanden sind, so kann man den Saft der Pflanze nicht anders extrahiren, als durch einen starken Druck, der die Zellen zerstört in denen er sich befindet und ihn heraustreibt.

Das Verfahren, dessen man sich in der Regel in allen diesen Fällen bedient, besteht darin, daß man die Pflanze in einem Mörser klein stampft, um einen Teig daraus zu bilden, den man in ein leinenes Tuch thut, und ihn so unter die Presse bringt, um allen Saft daraus zu ziehen. Es bleibt hiernächst, nach einem starken Zusammenpressen, nichts übrig als das häutige Wesen der Pflanze.

Der abgelaufene Saft zieht immer ein wenig holzige Hauttheile nach sich, welche sich, bey'm Stillestehen, niederschlagen.

Wenn die Substanz, aus der man den Saft extrahiren will, sehr trocken ist, so muß man sie befeuchten, bevor man sie unter die Presse bringt.

Man kann in mehreren Fällen die Säfte durch Wärme erweichen, und sie durch dieß Mittel vorbereiten, daß sie unter der Presse besser laufen. Dieß geschieht bey der Extraction des Mandelöls, wo man den Teig zwischen zwey heiße eiserne Platten bringt, und wenn man das Olivenmark ausdrückt, das man mit ein wenig laulichem Wasser bespritzt, um einen Theil des Oeles flüssig zu machen, das sehr fest am Extractivstoff und an den Hauttheilen hängt.

Zweyter Abschnitt.

Vom Zucker.

Der Zucker ist im Ueberfluß in den Pflanzen vorhanden, und bildet einen ihrer Stoffe, eigner Art.

Man benutzt, zum Gebrauch der bürgerlichen Gesellschaft, nur die Pflanzensäfte, die am meisten davon enthalten.

Alle süße und zuckerige Säfte liefern aber nicht einen Zucker von gleicher Natur; die Herren Deyeux und Proust unterscheiden zweyerley Gattungen davon; die eine, die gewöhnlich flüssig und fähig ist, allein und ohne einen Zusatz zu gähren; die andere, die Kristalle gibt, und nur durch ihre Vermengung mit der erstern oder mit irgend einem Sauerteige in Gährung gesetzt werden kann. Die letzte Art von Zucker wird am meisten geschätzt; das Zuckerrohr und die Weintrauben sind die Vegetabilien, die am meisten davon enthalten. Er ist darin immer wesentlich verbunden mit der süßen und zuckerigen Flüssigkeit, von der wir eben gesprochen.

In fast allen Pflanzen, die einen zuckerigen Stoff enthalten, ist der flüssige Zucker in größerem Maaße vorhanden, als der kristallisirbare. Es gibt selbst einen solchen, der sich gar nicht zur Kristallisation bringen läßt, und der immer syrupartig und deliquescent bleibt.

Es fehlt uns noch an solchen Erfahrungen, die uns die Natur dieses flüssigen Zuckers näher kennen lehren könnten, da diese Substanz jedoch von sich allein in Gährung kommen kann, und einen sehr geistigen Branntewein liefert, der Rum genannt wird; so ist es es nicht zu bezweifeln, daß sie nicht zugleich Zucker und eine vegetoanimalische Materie enthalten sollte, die zum Sauerteig dienet, und anzunehmen, daß diese vegetoanimalische Materie es sey, die, indem sie sich durch die Wärme verdichtet und coagulirt, ein wenig zuckerige Materie in sich behält, und sich der Kristallisation widersetzt.

Noch ist darauf Rücksicht zu nehmen, daß das Verhältniß dieses flüssigen Zuckers um so beträchtlicher ist, als der Saft gleichartiger Pflanzen in einem wärmern Clima verarbeitet worden. Die nämliche Traube also gibt, wenn sie im mittäglichen Frankreich gezogen wird, dort kristallisirbaren Zucker, wenn dagegen im Norden, keinen solchen, obgleich ihr Saft daselbst immer sehr zuckerig ist. Die schönen Gutedeltrauben von Fontainebleau haben einen sehr süßen, sehr zuckerigen Geschmack, obgleich sie viel weniger Zucker liefern, als unter dem Clima der Levante, woher Franz der Erste sie gezogen.

Es würde also hiernach scheinen, daß der vegetoanimalische Theil reichlich in der Pflanze hervorgebracht wird, daß aber die vollkommene Reife der Frucht das Verhältniß desselben vermindert, und das des kristallisirbaren Zuckers vermehrt.

Obgleich der flüssige Zucker ohne fremde Beyhülfe irgend einer andern Substanz gähren kann, so producirt sich Alkohol doch nur in sofern, als Zucker darin enthalten ist. Oft kann man selbst in dieser Hinsicht durch den süßlichen und vorzüglich zuckerigen Geschmack eines Weinbeersaftes getäuscht werden, und zu dem Glauben sich verleiten lassen, als ob er bey der Gährung viel Alkohol geben müsse; jedoch dann sehr wenig darin finden, weil er sehr wenig Zucker enthält. Auch ist es anerkannt, daß die süßesten Trauben nicht die stärksten Weine geben. Der süße Geschmack der Gutedeltrauben ist nicht der zuckerige der Trauben aus den mittäglichen Ländern, und die Weinprodukte beyder sind sehr verschieden.

Die Manna, die in südlichen Climaten in der Esche, dem Lerchenbaume und dem spanischen Klee (alhagi, Schildkraut) reichlich enthalten ist, und die man auch aus des Sepans, Fichte, dem Oelbaum, Ahornbaum, Feigenbaum, Weidenbaum u. s. w. ziehet, enthält auch eine zuckerige Materie; aber dieser Zucker behält eine Feuchtigkeit und einen faden Geschmack, die fast unzertrennlich davon bleiben.

Der Zuckerahorn (acer sacharinum) der häufig in Nordamerika wächst, liefert Zucker für den Handel, aber dieser Zucker schmilzt nicht so leicht als der aus Zuckerrohr, und zuckert weniger *).

Marggraf hatte die Existenz des Zuckers in der Runkelrübe bewiesen, und Herr Achard aus Berlin die Cultur dieser Pflanze anempfohlen, um den Zucker daraus zu ziehen. Aber wie viel er auch gethan um die öffentliche Meynung in Bewegung zu setzen, so ist dieß doch ohne Erfolg geblieben, und die Herren Deyeux und Parmentier, die seine Versuche mit der größten Sorgfalt und ohne irgend ein Vorurtheil wiederholt haben sind auf Resultate gekommen, die nicht erlauben, diesen Gegenstand als öconomisch zu betrachten **).

Es scheint nicht der nämliche Fall mit dem Vorschlage des Herrn Proust zu seyn; dieser ist auf positive Thatsachen gegründet, die darthun, daß es sehr vortheilhaft seyn würde, in heißen

*) Ich habe Gelegenheit gehabt 17 Species Ahorn auf Zucker zu untersuchen, und aus dem Safte desselben immer zwischen 2 und 3 Loth furs Berliner Quart, guten brauchbaren Zucker gewonnen. H.

**) Ich habe im Jahr 1804 in Zeit von 3 Monath 1800 Pfund guten raffinirbaren Zucker aus den Runkelrüben producirt; ich muß also jener Behauptung direkte widersprechen. H.

heißen Climaten den Zucker aus Trauben zu ziehn. Er machte seine Versuche in Spanien, wo die Traubenmoscovade ihm auf den Zentner lieferte, an:

	Pfund.	Unze.
kristallisirbarem Zucker	75	—
flüssigem	24	7
Gummi	00	5
äpfelsaurem Kalk	00	4

Er bereitet diese Moscovade folgendergestalt:

Nachdem er den Traubenmost abgeschäumt, wird, während er noch siedend ist, ausgelaugte Asche zu mehreren Malen und so lange hineingeworfen, bis sich kein Aufbrausen mehr zeigt.

Man fährt fort bis zur Verwandlung in Brey zu kochen und bis zur Reduction der Masse auf die Hälfte, und läßt sie dann kalt werden.

Während dieses Stillestehens schlagen der Weinstein und die citronensauren Salze, so wie der dem Traubensaft eigenthümliche schwefelsaure Kalk sich nieder.

Der Most zeigt dann 25 bis 26 Grade auf der Baumé'schen Flüssigkeitswaage.

Man schlägt ihn nun mit Eyweiß oder mit Ochsenblut, erwärmt, schäumt ihn ab und filtrirt ihn, und endet damit, ihn bis zur Syrupconsistenz einzukochen. Diese Moscovade hat einen süßen und angenehmen Geschmack, sie gerinnt in acht, zwölf oder vierzehn Tagen. Die am wenigsten gekochten Syrupe sind die, welche am ersten ihren Zucker von sich geben. Der Saft, wenn er abgeklärt und so weit eingekocht ist daß er nur vierzig Hunderttheile an Extract läßt, kristallisirte früher, als der auf 35,00 reducirte. Der Saft, welcher auf 32,00, kristallisirte sich nicht bey den Versuchen des Herrn Proust.

Das Raffiniren geschieht eben so, wie bey der Zuckerrohrmoscovade.

Der erste Unterschied im Produkte ist, daß der Traubenzucker immer ein pulverartiges Korn hat, und die Massen, die er bildet, sehr wenige Consistenz zeigen.

Der Traubenzucker hat, wenn er durch eine dreyfache Kristallisation raffinirt wird, einen freyen Geschmack; auch ist er ohne Geruch und Nachgeschmack. Seine Süssigkeit aber ist geringer als die des Zuckers aus dem Zuckerrohr. Er zuckert nicht so stark bey gleichem Gewichte, und ist nicht so auflöslich.

Bis jetzt wird fast die Totalität des in den Handel kommenden Zuckers aus dem Zuckerrohre gezogen, das unter allen sehr

heißen

heißen Climaten gebaut wird. Das was man in Europa gepflanzt hat, liefert jedoch nur wenig Zucker, und, obgleich man zu verschiedenen Zeiten den Vorschlag gethan, es im mittäglichen Frankreich, in Spanien und Italien einheimisch zu machen, so muß man doch gestehn, daß dieß der Industrie eine schlechte Richtung geben heißt.

Diese Pflanze reproducirt sich durch Steckreiser mit einer bewundernswürdigen Fruchtbarkeit.

Es scheint, daß sie um das Jahr 1506 durch Peter von Etienca nach San-Domingo gebracht worden, und daß sie in Indien und jenseits des Ganges einheimisch sey.

Michael Ballestro wird für den Ersten gehalten, der ihren Saft in San-Domingo ausgedruckt, und von Gonsalo de Veslosa behauptet man, daß er zuerst Zucker daraus gezogen.

Die Zuckerröhre, wenn sie zur Reife gelangt sind, werden abgeschnitten, in Bündel zusammengebunden, und auf die Mühle gebracht, wo man sie zwischen drey dicken eisernen, horizontallaufenden Cylindern auspreßt.

Die Röhren werden zu zwey verschiedenen Malen zwischen die Cylinder gebracht, und der ausgerückte Saft läuft in einen Trog, von welchem er, durch Canäle, in Reservoirs abgeleitet wird. In diesem Zustande nennt man ihn Rohrwein (Vezon).

Seit 1725 hat man statt der eisernen, kupferne Kessel genommen, von denen fünf auf einen Heerd gesetzt werden. Dieß Zusammensetzen nennt man Equipage.

In dem ersten Kessel, welcher der größte heißt, vermengt man den Rohrwein mit Kalk. Aus dem ersten gießt man ihn in den zweyten, der der Läuterungs-Kessel genannt wird; in diesem bildet sich ein Bodensatz. Aus dem zweyten gießt man ihn in den dritten, oder den Erhell-Kessel, um. Man verdickt ihn dann zur Syrupconsistenz in dem vierten, dem Syrup-Kessel und beendiget die Evaporation in dem fünften, welcher den Namen Klatsch-Kessel führt, weil das Aufwallen der Materie in demselben aufhört, wenn man diese mit einem Schaumlöffel schlägt.

So wie der Schaum in jedem Kessel in die Höhe steigt, wird er mit dem Schaumlöffel abgeschöpft.

Wir haben bereits bemerkt, daß diese Kessel in eine Reihe gestellt werden.

Der Heerd ist unter dem Klatsch-Kessel angebracht; so daß an dieser Stelle eine Wärme von größerer Intensität statt findet, die schwächer wird, je weiter sie sich vom Heerde entfernt.

Wenn

Wenn man nur einen Rohzucker haben will; so steigert man das Feuer dergestalt, daß bey'm Aufwallen der Reaumursche Thermometer auf 94 bis 96 Grad zu stehen kommt.

Will man Puderzucker machen; so wird das Feuer am 90ten Grade angehalten.

Wenn die gebrannte Masse so verdichtet ist, so wird sie in einen Kühl-Kessel gegossen. Hierin vermengt man die Produkte gehörig und gießt sie in einen Kasten um, in dem die Kristallisation geschieht, wenn man nämlich **Rohzucker** machen will, bey'm **Puderzucker** dagegen schüttet man sie in irdene Kegel.

Wenn der Rohzucker kristallisirt ist, so bringt man ihn in die Reinigung und legt ihn dann zum Abtropfen in Fässern mit durchlöchertem Boden aus, durch welche Oeffnungen die Melasse fließt.

Der Zucker, wenn er so abgetropft und trocken geworden ist, wird in Barils gethan und durch Europa unter dem Namen **Rohzucker, brauner Farinzucker, Moscovade** u. s. w. verführt.

Der Zucker, welcher dazu bestimmt ist, in der Fabrik mit Thon gedeckt zu werden, wird in umgestülpte irdene Kegel gethan, deren Oeffnung an der Spitze zugepfropft ist; hier läßt man ihn vierzehn Tage hindurch, abkühlen; sodann pfropft man die Töpfe wieder auf und die Melasse läuft in die Wannen aus, über welche die Kegel umgestürzt sind.

Nach vier und zwanzig Stunden ebnet man den Fuß des Zuckerhutes sorgfältig und trägt eine Schicht zergangener Thonerde darauf auf. Das Wasser filtrirt sich nach und nach durch die Zuckermasse, und die Melasse, die die Zucker-Kristalle schmutzig macht, zergeht darin und wird dadurch hinweggespült.

Wenn die erste Erdschicht abgetrocknet ist, so substituirt man derselben eine zweyte, und fährt damit fort, bis der Zucker die gewünschte Weiße erhält. Dann nennt man ihn **weißen Farin- oder Puderzucker.**

Da man den zum **Puderzucker** bestimmten Zucker keiner so starken Evaporation unterwirft, als den Rohzucker, so ist der dicke Syrup, welcher daraus abläuft, um so viel reichhaltiger und man unterscheidet ihn von dem Syrup aus dem **Rohzucker**, oder der **Moscovade** durch die Benennung **Decksyrup.**

Wenn man die Melasse gähren läßt, so entsteht daraus der **Taffia**; zu dem Ende rührt man sie mit Wasser ein, so daß

daß sie 12 Grade auf dem Baumé'schen Aerometer zeigen und geht mit der Destillation vor, deren weinartiges destillirtes Produkt Rum und Taffia bildet.

Der Rohzucker und der Farinzucker werden, wenn man sie nach Europa bringt, neuen Operationen unterworfen, durch die man sie von aller Melasse, die darin enthalten seyn kann, befreyt und das daraus bildet, was weißer Zucker, Raffinade genannt wird.

Um sich eine genaue Vorstellung vom Raffiniren des Zuckers aus Zuckerrohr zu machen, muß man von dem Grundsatze ausgehen: daß dieser Saft außer dem kristallisabeln Zucker eine süßliche und inkristallisable Substanz nebst einer Säure enthält, welche Lakmus-Papier röthet, und daß man diese beiden Stoffe zuvörderst vom eigentlichen Zucker scheiden muß.

Man erreicht diesen Zweck durch Sättigung der Säure, mit Kalkwasser, alkalischen Laugen u. s. w.; indem man durch Wärme einen Theil dieser süßlichen, inkristallisabeln Materie coagulirt und sie auf die Oberfläche des Bades, durch Eyweiß oder Ochsenblut treibt; dann den gezuckerten Saft durch Evaporation so lange verdickt, bis er den eigentlichen Zucker zur Kristallisation bringt und endlich die zähe, inkristallisable und syrupartige Materie mit Wasser einrührt oder darin auflöst.

Wir haben bereits durch das Detail der ersten Operationen, die mit dem Zuckerrohre vorgenommen werden, gesehen, daß alle auf den eben angeführten Zweck gerichtet sind. Wir werden nur finden, daß die Operationen des Raffinirens in eben dem Sinne geschehen, und wenden uns als Beyspiel zum Raffiniren des Rohzuckers.

Diesen läßt man zuerst in Kalkwasser auflösen, klärt ihn sodann mit Ochsenblut, und unterwirft ihn einer schnellen und sehr starken Evaporation; indem man sorgfältig den Schaum abnimmt, so wie er sich erzeugt.

Diese, so abgeklärte Auflösung wird klarirter Zucker genannt. Wenn er zur rechten Zeit evaporirt ist; so thut man ihn in Formen und es scheidet sich ein Syrup daraus, der ungedeckter Syrup heißt. Dann bedeckt man sie mit Thonerde, die man mit Wasser anfeuchtet und der neue Syrup welcher abläuft, erhält den Namen Decksyrup.

Der Zucker welcher aus dieser ersten Arbeit entsteht, ist der Zucker in Hüten.

Wenn dieser Hutzucker einer nochmaligen Raffinirung unterworfen wird, so entsteht daraus ein Zucker von außerordentlideutlicher Weiße und weißem und festem Korne, der Königszucker genannt wird.

Der Zucker löst sich sehr leicht in Wasser und in Alkohol auf, er hat einen süßen und angenehmen Geschmack, auf Kohlen wird er aufgeblasen, nimmt eine schwarze Farbe an und bildet selbst eine schwammige Kohle; bey dieser letztern Verwandlung verbreitet er einen eigenthümlichen Geruch, den man unter dem Namen Brandzuckergeruch kennt.

Der Zucker kristallisirt leicht. Man darf ihn nur in Wasser auflösen und die Auflösung zur Consistenz eines etwas dicken Syrups verdichten. Die Kristalle haben die Gestalt von vierseitigen Prismen, die in zweyseitige Spitzen auslaufen. So nennt man ihn Candieszucker.

Der Candieszucker erhält sich mehr oder minder weiß; je nachdem der Syrup mehr oder minder abgeklärt worden. Man kann ihn nach Gefallen färben, wenn man dem Syrup einen, darin auflöslichen, Färbestoff beymischt. Die Conditoren machen den größten Theil ihres Candieszuckers aus dem Schaum der Syrupe und den Resten von den nämlichen, die sie sorgfältig abklären. Man kann die Kristalle sich auf kleine Stöcke niederschlagen lassen, so daß diese sich damit überziehen.

Der Zucker ist eines von den Pflanzenprodukten, die in unsern Haushaltungen am häufigsten gebraucht werden; nicht allein, um die Säure, die Bitterkeit und das Pikante gewisser Speisen und mehrerer Getränke zu verbessern; sondern auch als ein sehr kräftiges Mittel, um dem Verderben der zu unsrer Nahrung dienenden thierischen- und Pflanzen-Substanzen vorzubeugen, und in dieser letztern Rücksicht ist der Zucker am nützlichsten und vortheilhaftesten zum Kandiren anzuwenden.

Der reine, oder mit dem Aromatischen der verschiedenen Pflanzen-Substanzen geschwängerte Brandtwein macht die Basis fast aller Liqueurs aus, deren man sich zum Trinken bedient. Diese Liqueurs aber sind zu erhitzend und reitzen die zu ihrem Gebrauch wenig fähigen Organe zu stark, wenn sie nicht mit Zucker versüßt werden.

Die vegetabilischen Infusionen und Decoctionen würden nicht vor der Gährung geschützt werden können, wenn in dem Zucker nicht das Mittel läge, sie ohne Veränderung aufzubewahren.

Noch gibt es Theile in den Pflanzen die dem Verderben sehr unterworfen oder sehr flüchtig sind, und diese können nur durch den Zucker fest gemacht werden. In diesem Falle vermengt man die Infusion oder Decoction mit Zucker, dessen

Auflö-

Auflösung man im Wasserbade und durch eine mäßige Wärme befördert. Die Flüssigkeit wird syrupartig, und wenn sie kalt geworden; so siebt man sie durch einen weißen Sieb, und thut sie sodann in wohlverschlossene Gefäße.

Damit der Syrup die gehörige Consistenz habe, muß er, im kalten Zustande 35 Grad auf der Baume'schen Flüssigkeitswage zeigen. Man nimmt ziemlich allgemein 30 Pfund Zucker auf 16 Infusion.

Zuweilen macht man Syrupe aus dem destillirten Wasser der aromatischen Pflanzen. Sie sind von denen, deren wir eben erwähnt, in so fern verschieden, als sie nur aromatischen, die andern aber einen Theil des Extractivstoffs in sich behalten.

Die Verhältnisse des Zuckers müssen verschieden seyn, je nachdem die Flüssigkeit in der er aufgelöst wird, mehr oder weniger dick ist.

Noch muß man eine Verschiedenheit in den Graden der Wärme statt finden lassen, je nachdem der Stoff, auf dessen Erhaltung es ankommt, flüchtig ist.

Die Syrupe sind entweder einfach oder zusammengesetzt; je nachdem ihre Composition aus einer oder mehreren Substanzen besteht.

Wenn man die Zuckerauflösung stark verdickt; so gerinnt sie, wenn sie kalt wird und in diesem Zustande bedient man sich ihrer zuweilen um gewisse vegetabilische Produkte, als Früchte und Baumrinden u. s. w. davon durchdringen zu lassen, oder sie darin einzuhüllen; diese werden dann trockne Confituren genannt.

Wenn man zwey Theile Zucker in einem Theile Wasser zergehen läßt und die Auflösung dergestalt verdickt, daß wenn man einen Löffel hineinsteckt und sodann heftig damit in die Luft schlägt, die Zuckerschicht, die sich an seiner Oberfläche angesetzt, in dünnen Häutchen davon heruntertropft, so sagt man, der Zucker sey zur Federconsistenz gekommen. In diesen Zucker taucht man Früchte, Baumrinden und die Stängel gewisser Pflanzen, die vorher aufgesotten werden, damit sie der Zucker besser durchdringe und sie einen höheren Grad von Trockenheit errreichen.

Noch ist es ferner der Zucker, mittelst dessen einige Fruchtsäfte conservirt und die eigentlichen Confituren gemacht werden. Schleimige Früchte als Birnen, Aepfel, Abricosen, Johannisbeeren, Quitten, sind allein geschickt, Gelées daraus zu bereiten. In allen diesen Fällen läßt man die Früchte

zuerst

zuerst mit dem Zucker aufkochen und, wenn die Evaporation dann zu der gehörigen Stufe gebracht worden, welches man daran erkennt, wenn man ein wenig davon auf einem Teller erstarren läßt; so durchsiebt man die Flüssigkeit und gießt sie in Töpfe. Das Fleisch würzt man mit Zimmet, Citronen, oder anderem Gewürze, nach der Natur der Früchte und dem Geschmacke dessen, der sie einmacht.

Der Zucker scheint ein sehr gesundes Nahrungsmittel zu seyn. Pringle hat bemerkt, daß die Pest fast nie in die Länder dränge, wo Zucker die vorzüglichste Speise der Einwohner ausmache. Es ist ein Irrthum, wenn man ihn als Würmer erzeugend ansieht; dieß Vorurtheil hat wahrscheinlich seinen Grund darin, daß man sucht, ihn den Kindern zu entziehen, die gewöhnlich sehr lecker danach sind. Insekten und Würmer können sich nicht von ihm nähren, und wenn er mit Schleim vermengt ist, fressen sie den letzteren ohne den Zucker anzurühren.

Dritter Abschnitt.

Vom Schleime.

Der Zustand des Schleimes scheint die erste Veränderung der Nahrungssäfte der Pflanzen zu seyn.

Wir sehen, daß fast alle Saamen- und Saatkörner einen schleimigen Charakter annehmen; sobald sie aufzukeimen anfangen, und die jungen Baumschößlinge nichts als Fleisch zeigen *).

Der Pflanzenschleim hat die größte Analogie mit den thierischen Gallerten; beyde bilden die ersten Anfänge zur Composition organischer Wesen, die jungen Thiere, wie die jungen Pflanzen, zeigen nichts, als eine Masse von Fleisch, und in beyden Fällen sieht man das Verhältniß des Schleimes abnehmen, so wie das Wesen stärker und älter wird.

Aus diesem Uebermaaße des Gallerts im ersten Alter der Pflanze und des Thiers und aus seiner fortschreitenden Verminderung durch Alter und Zeit, würden wir leicht den Grund einiger, einer jeden Lebensperiode eigenthümlichen und nur in ihr vorkommenden Krankheiten herleiten können; wir würden, zum Beyspiel, dadurch einsehen lernen, warum die Kälte die Säfte von Kindern

*) Die Classe der harzigen Bäume macht eine Ausnahme von dieser Regel. In diesen letztern fängt alles damit an, den Charakter der Harze anzunehmen, und der darin befindliche Schleim scheint nur dazu vorhanden zu seyn, daß dieser Saft darin zergehn und flüssig werden könne. Anm. d. Verf.

Kindern eher coagulirt, als die von Erwachsenen; warum diese letztern den Würmern und allen Krankheiten, die aus dem Gallert entstehen, weniger unterworfen sind, warum junge Pflanzen früher, als andere, in Fäulniß gerathen u. s. w.

Wir finden den Schleim fast allein in gewissen Pflanzen, als in den Malven, dem Quitten=, Lein=, Baurensenf=Saamen u. s. w.

Zuweilen ist er auch in Verbindung mit Substanzen, die in Wasser auflöslich sind, und die er in einem Zustande von Emulsion erhält, wie in den Euphorben, der Celidonia, dem Convolvulus u. s. w.

Noch findet man den Schleim in Verbindung mit einigen fetten Oelen, dem Zucker, Säuren, Neutralsalzen u. s. w.

Der Schleim macht zuweilen den permanenten Zustand der Pflanze aus, wie in den Tremellen, den Conferven einigen Lichens und den meisten Gattungen von Champignons.

Diese permanente Existenz im Schleimzustande wird auch bey einigen Thieren angetroffen, als bey Medusen, Seeblasen u s. w.

Die Eigenschaften des Schleimes sind: Auflöslichkeit in Wasser, woraus er durch Alkohol niedergeschlagen wird, ein fast insipider Geschmack, die Eigenthümlichkeit, an der Wärme nur eine schwammige Kohle zu geben und nur schlecht und mit einer geringen Flamme zu verbrennen.

Die Schleime, welche in den Handel kommen, mit Ausschluß einiger, deren man sich in der Arzeneykunst bedient, führen den Namen Gummi. Man unterscheidet von diesem drey= oder viererley Arten, nämlich: den arabischen Gummi, den Gummi=Tragant, den inländischen Gummi u. s. w.

Der inländische Gummi fließt aus einigen Bäumen unsers Clima's, wie der Pflaumbaum, Kirschbaum, Abrikosenbaum u. s w. Er bricht sich eine Bahn durch die Rinde dieser Bäume und setzt sich in röthlichen Tropfen auf deren Oberfläche an.

Der arabische Gummi läuft aus den Acacien in Arabien und Egypten. Man findet ihn im Handel in runden, weißen, durchsichtigen, von außen runzlichen und von innen hohlen, Stücken an. Dieser Gummi löst sich leicht in Wasser auf und bildet dann einen durchsichtigen Gallert der Schleim genannt wird *).

Der

*) Der Herr Verfasser hat hier Schleim und Gummi für gleichbedeutend genommen. In meiner Anleitung zur chem. Zergliederung der Vegetabilien. Berlin 1808 habe ich den wesentlichen Unterschied zwischen Gummi und Schleim festgestellt. H.

Der Gummi Tragant kommt aus einem Bäumchen dieses Namens in Creta. Er zeigt sich in kleinen weißen, wie kleine Würmer geschlängelten Tropfen und bildet mit Wasser einen dickern Gallert, als der Arabische.

Man trifft diese Gummi's selten im unvermischten oder reinen Zustande. Wenn man sie aber zu delicaten Operationen gebrauchen will, so kann man die Körner aussuchen, um sie ganz rein zu erhalten.

Diese Gummi's können leicht zerstoßen und pulverisirt werden; das Wasser, welches man im Kalten mit diesen Substanzen digeriren läßt, sättigt sich damit, und wird leimig. Siedendes Wasser löst sie schneller auf. Die saturirte Auflösung der beyden erstern Arten behält eine ausgezeichnete Flüssigkeit, die des Gummi Tragant gerinnt und wird zum festen Körper. Man gibt diesem letztern überall da den Vorzug wo es auf Consistenz ankommt.

Der Gebrauch dieser Gummi's in den Künsten ist sehr ausgedehnt:

1) Bedient man sich ihrer, um gewissen Zeugen und Hüten die Appretur zu geben.

Die Gummi-Auflösung gibt allen Geweben, Körper, Appretur und Glanz, ohne ihrer Farbe zu schaden; sie füllt die Lücken, welche die Fäden aus denen sie bestehen zwischen einander lassen, und gibt dem Stoffe ein Ansehen von Stärke und von Güte, die ihm ohne sie mangelt.

Diese Stoffe verlieren ihren Gummi durch Regen und bey dem Waschen. Wenn der Regen ungleicherweise darauf fällt, so macht er Flecken wegen der Unvollständigkeit, mit welcher er den Gummi auszieht, und um diesem letztern Uebelstande vorzubeugen, pflegt man ein Kleid zu entglänzen, bevor man es dem Regen aussetzt.

Die meisten, mit Gummi appretirten, und dann unter den Cylinder gebrachten Zeuge, haben ein glattes, oder glänzendes Ansehn, welches, um angenehm in das Auge zu fallen, über der ganzen Oberfläche derselben gleichmäßig verbreitet seyn muß. Man bedient sich heut zu Tage papierner Cylinder, um die Stoffe zu mangeln; sie haben den Vorzug vor den metallenen, daß sie ihnen einen sammetartigen Anschein geben, welches die metallenen hervorzubringen nicht im Stande sind.

Ein anderer Nachtheil der Bereitung mit Gummi ist, daß wenn man die Hand beständig auf dem nämlichen Flecke des Zeuges hält, der Gummi herausgeht, und auf dem erstern an jener

Stelle nichts als ein Gummifleck sichtbar bleibt. Bey Hüten und Taffenten kommt dieß am häufigsten vor.

2 Ueberzieht man das Schreibpapier mit einer Lage von Gummi damit es nicht fließe; das Druckpapier ist von diesem nur dadurch verschieden, daß es keinen Gummi hat.

Wenn man einen Dintenfleck oder einige Worte ausradirt; so muß man auf die radirte Stelle geriebenen Gummi streuen, wenn sie wieder die Schrift annehmen soll.

In den meisten Papierfabriken wird das Papier mit einem Leime bereitet, den man aus Abgang vom Pergamente und von Häuten macht.

3 Die Schleime dienen allen denen Farben zum Excipienten, mit denen man in den zahlreichen Fabriken von bunter Leinwand druckt.

Man gebraucht sie auch als Excipienten für mehrere Farben, die mit dem Pinsel aufgetragen werden.

Es ist überflüssig, zu bemerken, daß die Farben, welche über einem Gummi aufgetragen werden, nicht fest halten. Wasser, Waschen, Feuchtigkeit, machen sie leicht abfließen.

4) Gummi macht die Basis von fast allen glänzenden Wichsen für Stiefel, Schuhe u. s. w.

Eine Wichse, wenn sie von gehöriger Güte seyn soll, muß folgende Eigenschaften in sich vereinigen: sie muß sich leicht ausdehnen, schnell trocknen, sich nicht abschuppen, nicht platzen, das Leder nicht trocken machen oder verbrennen, dem Reiben widerstehn und einen angenehmen Glanz haben.

Oelige Körper, wie Oele und Wallrath conserviren das Leder und geben ihm Geschmeidigkeit; aber die Oele machen es pechig und wenig glänzend, und die Fette geben auf die Länge schmutzige Pflaster, wegen der Schwierigkeit, sie loszumachen.

Dinte und alle Bereitungen der Art verbrennen das Leder ohne zu glänzen.

Geschlagene Eyer mit Kienruß, geben für den Augenblick eine glänzende Wichse, aber die Oberfläche des Leders wird dadurch mit kleinen Schuppen bedeckt, die nach und nach abspringen.

In Wasser aufgelöster Gummi allein bildet eine gute Wichse, die nur den Nachtheil hat, schwer zu trocknen.

Wenn man aber die Auflösung mit alkoholisirtem Wasser macht, so hilft man diesem Fehler des schwer Trocknens ab, ohne daß der Gummi eine von seinen Eigenschaften verliert.

Um

Um eine gute schwarze Wichse zu erhalten, vermischt man eine Gummiauflösung mit einer starken Abkochung von Kampecheholz und thut Alkohol und Zucker in gewöhnlichem Maaße hinzu. Sodann werden einige Tropfen von aufgelöstem, schwefelsaurem Eisen darauf gegossen.

5) Wird der Gummi auch noch in der Medicin da gebraucht, wo man die Schleime als beruhigende und besänftigende Mittel verordnet. Man macht daraus auch die Basis oder den Excipienten von mehreren andern Mitteln; die Schleime von Leinsaamen und aus Quittenkernen sind die, denen man immer den Vorzug gibt.

Vierter Abschnitt.

Vom Satzmehl.

Die Chemie kennt unter dem Namen Satzmehl einen Pflanzenstoff, der schwer und unauflöslich in kaltem Wasser ist, in dem er als Niederschlag zu Boden fällt, mit siedendem Wasser aber einen Leim bildet.

Diese Substanz circulirt in der Pflanze mittelst des Schleimstoffs; sie schlägt sich im Wasser nieder und macht einen Bodensatz darin; sobald man durch irgend ein Mittel diesen Stoff zerstört oder aufgelöst hat.

Das Satzmehl behält eine gewisse Zähigkeit und eine Art von Durchsichtigkeit; so lange es feucht ist; aber es wird pulverartig und bildet ein feines Pulver, von dem Augenblicke an, wo es trocknet.

Wenn man mit einem Fingerdruck über eine leichte Schicht feuchten Satzmehls hinfährt; so hört man ein Knistern von der Art, wie es Seide und Salpeter von sich geben, die man in der Hand drückt.

Es gibt sehr wenige Pflanzen die kein Satzmehl enthalten.

Herr Parmentier welcher eine große Menge davon analysirt hat, um Satzmehl daraus zu extrahiren, fand diesen Stoff fast in allen, aber die Saamen der grasartigen Pflanzen und die Zwiebelwurzeln liefern das Meiste.

Wasser und Gährung sind die einzigen Agentien, deren man sich zur Bereitung des Satzmehls bedient.

Erster Artikel.

Von der Extraction des Satzmehls durch Wasser.

Wenn eine Pflanze Satzmehl enthält; so darf man, um es daraus zu extrahiren, sie nur zerreiben und Wasser darüber gießen. Diese Flüssigkeit löst den Schleim auf und führt das Satzmehl ab, welches sich bey dem Stillestehen niederschlägt.

Die Analyse des Mehles aus den grasartigen Getraide-Pflanzen, durch bloßes kaltes Wasser, liefert hiervon ein auffallendes Beyspiel. Wenn man eine Nudel von Mehl und Wasser macht und sie zwischen den Händen und unter dem Wasser knetet: so wird, so wie sich der Schleim und der Zucker in der Flüssigkeit auflösen das Satzmehl darin zergehen, sie weiß färben, und sich sogleich niederschlagen, und es bleibt dann nichts in der Hand zurück als der Theil von Colla oder vegeto-animalischer Materie, die das Mehl enthielt.

Es trifft sich häufig, daß die Säfte der Pflanze flüssig genug sind, um das darin enthaltene Satzmehl nach außen zu führen; in diesem Falle wird die Pflanze nur durch mechanische Mittel zerrissen, und ihr Fleisch unter einen starken Druck gebracht. Die Säfte, die herauslaufen, sind weiß und milchig, aber nach und nach werden sie durch den Bodensatz des Satzmehles klar, welches man sodann in Wasser auswäscht, um es von allen etwa darin gebliebenen Unreinigkeiten zu säubern.

Dieß Verfahren, obgleich man es in gewissen Fällen anwendet, kann doch nicht als sehr ökonomisch betrachtet werden, weil es nur einen Theil des in der Pflanze enthaltenen Satzmehles liefert.

Die Bereitung des Satzmehles aus Kartoffeln geschieht durch ein strengeres und in jeder Rücksicht vorzuziehendes Verfahren.

Man wäscht die Kartoffeln sorgfältig, zerstampft sie in Mörsern oder unter Mühlsteinen, oder zerreißt sie auch mit Raspeln. Dieß Fleisch thut man in ein Haarsieb, welches über einen Kübel gesetzt wird und wäscht es in vielem Wasser aus, wobey man es sorgfältig unaufhörlich schüttelt, bis daß das Wasser ganz durchgelaufen ist. Dieß zum Waschen gebrauchte Wasser setzt nach und nach das Satzmehl ab, welches es mit sich fortgeführt. Man klärt es sodann ab und wäscht das Satzmehl mehrere Male und so lange aus, bis man es von jeder fremdartigen Beymischung befreyt *).

Das

*) Das Satzmehl oder die Stärke aus Kartoffeln ist von vorzüglicher Schönheit; aber nicht jede Art der Kartoffeln liefert eine gleich-

Das Satzmehl aus der Gichtrübenwurzel könnte auf die nämliche Weise bereitet werden; aber man bedient sich gewöhnlich folgenden Verfahrens: die frischen Wurzeln der Pflanze werden abgeschält, geraspelt, und das Fleisch bringt man unter die Presse, nachdem man es in einen Sack von grober Leinwand eingeschlagen. Nach vier und zwanzig Stunden hat sich dann ein Bodensatz von Satzmehl gebildet, welchen man ausscheidet, indem man sorgfältig die Portion von Saft abklärt, welche oben auf schwimmt. In diesem Zustande wirkt dieß Satzmehl als Abführungsmittel, aber man kann ihm diese Kraft rauben, wenn man es zu wiederholten Malen wäscht, wodurch es einen schönen Grad von Weiße erhält. Die Trestern, welche nach dem Ausdrücken zurückbleiben, enthalten Satzmehl daß nicht abführt, und das man durch Wasser extrahiren kann. Baumé hat erwiesen, daß das Gichtrübensatzmehl, wenn es gehörig ausgewaschen wird, sich nicht von dem Stärkemehl des Handels unterscheide.

Die Schwerdtlilie, der **Aron** und die **Roßkastanie** liefern viel Satzmehl, man könnte es selbst mit Vortheil daraus extrahiren, und es hat vielleicht einiges Interesse für die bürgerliche Gesellschaft, die Industrie auf diesen Gegenstand zu richten, weil es Verhältnisse geben kann, unter denen das Mehl aus den grasartigen Kräutern ganz zu unsrer Subsistenz erforderlich ist.

Das was man Sago nennt, ist nichts als das Mark der alten Palmbäume auf den Moluckischen Inseln. Er ist gewöhnlich in Gestalt von kleinen Körnern, die man pulverisirt, und in lauwarmem Wasser zergehn läßt, wo er dann einen sehr nahrhaften Schleim abgibt.

Noch pflegt man das was man Salep nennt, so zu bereiten, daß man durch Decoction den Extractivstoff aus den Zwiebeln aller Gattungen von Orchis auszieht, und den Rückstand an der Luft oder in der Wärme trocknet.

Die Caßava der Americaner wird aus der **Maniocwurzel** gezogen; sie wird abgeschält, geraspelt, und man erhält sodann bey dem Druck des Fleisches ein scharfes Gift, welches bald das wenige Satzmehl, das dieser Saft mit sich hinweggenommen, absetzt. Das Fleisch, wenn es von dem giftigen Safte befreyt, und

gleichgroße Quantität von selbigem. Im 2ten Bande meines Archivs der Agrikulturchemie, so wie auch in meinen Grundsätzen der experimentalen Kammeralchemie. Berlin 1808 findet man die quantitativen Verhältnisse des Kartoffelmehls, aus verschiedenen Arten Kartoffeln genau angegeben. H.

und auf heißen Ziegeln leicht gedörrt wird, gibt das Caßavabrod, das gewöhnlichste Nahrungsmittel der Neger.

Der Sprachgebrauch hat dem Satzmehl, das aus den Getreidekörnern gezogen wird, den Namen Stärkmehl gegeben. Der Waitzen ist unter allen Getreidearten, die, welche dieß am schönsten und im reichlichsten Maaße liefert. Bey der Gerste ist es schwer, sie von einer pechigen Materie zu befreyen, die sich dem Niederschlage des Satzmehls widersetzt; Haber und Roggen geben aber so wenig Stärkmehl, daß man sie zur Gewinnung desselben gar nicht gebraucht.

Man kann das Stärkmehl aus dem Waitzenmehl durch Waschen in kaltem Wasser extrahiren. Man darf hierzu nur sorgfältig Teig in Wasser kneten, und das Stärkmehl färbt dann bald die Flüssigkeit weiß, und schlägt sich nieder.

Noch ein anderes Verfahren hat man, das Särkmehl durch Wasser auszuziehn. Man thut zu dem Ende guten Waitzen in Tonnen, die mit Wasser angefüllt, und denen von einer Seite die Boden eingeschlagen sind; setzt sie der Sonne aus, und gießt zwey Mal täglich frisches Wasser auf; indem man das Korn sorgfältig umschüttelt, damit es gehörig gewaschen werde. So läßt man das Korn einweichen, bis das es leicht unter den Fingern aufspringt; acht Tage sind in der Regel hinreichend zu diesem Zwecke. Wenn es zu diesem Zustande gebracht worden, so thut man es in Säcke von dünner, aber starker Leinwand, und zerquetscht es zwischen zwey Brettern, wobey man den Sack von Zeit zu Zeit in Wasser taucht, damit diese Flüssigkeit alles, was durch den Druck herausgeht, abführe.

Sobald das Wasser sich nicht mehr färbt, zieht man die Trestern heraus, und bewahrt sie in einer Weintonne auf, um sie sodann durch die Gährung zu behandeln, wo es dann wohl noch Stärkmehl liefert, aber von geringerer Güte, als das erste.

Das Stärkmehl, welches man durch dieß Verfahren gewinnt, muß sorgfältig gewaschen werden, damit es sich von alle dem reinige, was sich mit ihm niederschlägt; auch kann man ihm durch mehrmaliges sorgfältiges Waschen einen Grad von Weiße geben, welchen das durch Gährung gewonnene nie erhält.

Zweyter Artikel.

Von der Extraction des Satzmehls durch Gährung.

Bis jetzt haben wir uns darauf eingeschränkt, zu zeigen, wie Pflanzen durch mechanische Mittel zu desorganisiren sind,

um

um Satzmehl daraus zu ziehen, und wir haben der Anwendung des Wassers den Vorzug vor jeder andern Flüssigkeit ertheilt, weil man an diesem die Eigenschaften gefunden, das Satzmehl nicht anzugreifen, und doch den Schleim, der in der Regel damit in Verbindung ist, aufzulösen: wenn dieß Verfahren jedoch wegen seiner Einfachheit und der Güte des Produkts, welches es liefert, einigen Vortheil gewährt; so hat es auf der andern Seite auch wieder einige Nachtheile, z. B. den, daß es nur einen Theil des in der Pflanze enthaltenen Satzmehls herauszieht. Unstreitig ist es diese letztere Rücksicht, die die Künstler auf andre Methoden gebracht hat, und man ist dahin gelangt, alles Satzmehl aus einer Pflanze durch eine leichte und modificirte Gährung auszuscheiden.

Man unterscheidet im Handel zwey Sorten von Stärkmehl, das feine und das gemeine.

Da die zur Fabrikation des Stärkmehls nöthige Gährung ohne die Anwendung eines säuerlichen Wassers, das man gesäuertes Wasser nennt, nicht Statt haben könnte; so bereitet man dieß Wasser dazu auf folgende Weise: man läßt nämlich zwey Pfund Sauerteig vom Becker in einem Eimer voll warmen Wassers zergehn, und dann einige Tagen stehen, worauf man wieder einige Eimer warmes Wasser zugießt. Diese läßt man wieder einige Tage hindurch stehen. Die angegebene Zeit ist in der Regel hinreichend zur Säuerung des Gemenges, und das gesäuerte Wasser ist dann vollständig fertig.

Die Herren Parmentier, Deyeux und Vauquelin haben aus der Analyse des gesäuerten Wassers eine kleine Quantität Alkohol und viel Essigsäure gezogen, und Herr Vauquelin hat darin ein wenig Ammonium und phosphorsauren Kalk gefunden *).

Die kleine Quantität von Alkohol entsteht aus der Gährung des Mehlzuckers mit den Bierhefen, und die Essigsäure hatte sich auf Unkosten von einem wenig Stärkmehl gebildet; auch hat Herr Vauquelin beobachtet, daß das Verhältniß des Stärkmehls vor der Gährung beträchtlicher war, als nachher.

Wenn man das Stärkmehl extrahiren will, so gießt man einen Eimer gesäuerten Wassers in eine burgunder Halbtonne, deren Boden an einem Ende eingestoßen. Dann füllt man die Tonne bis zum Spundloche mit Wasser an, und endiget damit, das Mehl, welches das Stärkmehl geben soll, auf dieß zu schütten.

Dieß

*) In meiner Sammlung praktischer Abhandlungen für Branntweinbrenner. Berlin 1803 ersten Bandes erstes Heft habe ich eine Methode angegeben, wie aus jenem Wasser ein brauchbarer Essig bereitet werden kann. H.

Dieß Gemenge läßt man, zehn Tage im Sommer, und funfzehn im Winter beitzen.

Daß die Gährung den gehörigen Punkt erreicht habe, erkennt man daran, wenn die Materie sich niederschlägt, die obenaufschwimmende Flüssigkeit klar erscheint, und sich auf der Oberfläche eine Art von Schaum zeigt, der fettes Wasser genannt wird. Dann gießt man Wasser und Schaum weg.

Ueber eine reine Tonne wird ein Sack von Haarleinwand, 18 Zoll hoch, und eben so breit gezogen; in diesen gießt man die sich zu Boden gesetzte Materie und wäscht sie sorgfältig aus, indem man reines Wasser zu mehreren Malen aufgießt, bis daß es sich darauf nicht mehr weiß färbt. Sodann bleibt nichts im Sacke als Kleie, die man zum Futter für das Vieh aufhebt.

Die milchigen Flüssigkeiten, die in die Tonne gelaufen sind, setzen sich nach und nach zu Boden, und nach Verlauf von zwey oder drey Tagen klärt man das obenaufschwimmende Wasser ab, und behält einen Theil davon, um als gesäuertes Wasser bey den folgenden Operationen zu dienen.

Um ein schönes Stärkmehl zu gewinnen, läßt man den Bodensatz in reinem Wasser zergehn, und die Materie zwey Tage hindurch ruhig stehen. Es bildet sich in dieser Zeit ein beträchtlicher Bodensatz, in dem sich drey Schichten sehr deutlich zeigen.

Man klärt das Wasser ab, welches über dem Bodensatz stehet, und nimmt davon vorsichtig die erste Lage oder Schicht hinweg, die erstes Weiß genannt wird. Diese besteht nur aus den Resten der Kleien, welche wegen ihrer Feinheit durch das Gewebe des Sackes dringen. Dieser Materie bedient man sich in der Regel zum Mästen der Schweine.

Sodann geht man zur Extraction der zweyten Lage über, die zweytes Weiß genannt wird. Man läßt dieß im Wasser zergehen, um es von vielen fremdartigen Materien zu reinigen die es enthält, und es stehen, bis es einen Bodensatz bildet. Dieß ist sodann die gemeine Stärke.

Unter diesen beyden Schichten liegt dann noch eine dritte, welche das reinste Stärkmehl ist. Es muß sorgfältig ausgewaschen werden, um alle die Eigenschaften zu zeigen, die es charakterisiren. Auch verfährt man bey diesem Waschen mit der gehörigen Vorsicht, und filtrirt es, selbst wenn es im Wasser zergangen ist, durch ein seidenes Sieb, um alles das zurückzuhalten, was der Sorgfalt des Arbeiters hätte entgehen können.

Sobald

Sobald das Stärkmehl gehörig ausgewaschen ist, so nimmt man es aus der Tonne heraus, und thut es in weidene Körbe, die mit Leinwand überzogen sind, damit es seine erste Feuchtigkeit verliere.

Wenn es hierauf Consistenz gewinnt, so theilt man es in kleine Stücke, und trocknet es an freyer Luft.

Man schabt die Oberflächen, die von minder weißer Farbe sind, versetzt das, was man davon losmacht, mit gemeiner Stärke, zerstampft die übriggebliebenen Stücke, und beendiget das Trocknen derselben in einer Wärmekammer, wo man sie häufig umschüttelt. Die Sonnenwärme, wenn sie hinreicht, verdient den Vorzug.

Der Gebrauch des gesäuerten Wassers bey dieser Operation scheint nur den Zweck zu haben, ein fauliches Verderben des Mehles zu verhindern. Es mäßigt die Bewegungen in der Gährung, so daß vielmehr eine Trennung der Grundstoffe, als eine zerstörende Gährung Statt findet.

Die Stärke wird zu mannigfaltigem Gebrauche in den Künsten angewendet:

1) Macht man Leime daraus, deren Gebrauch um so ausbreiteter ist, als man ihn fast in allen Werkstätten kennet, und als er die Basis von mehreren Professionen ausmacht.

2) Dieser Leim mit ein wenig Smalte gefärbt, bildet das Waschblau, dessen man sich bedient, um dem leinenen und einigen gewebten Zeugen, Glanz, Steife, Stärke und ein angenehmes Ansehn zu geben.

3) Noch wird das Stärkmehl Haarpuder genannt, wegen seiner Anwendung zu diesem Zwecke.

4) Dient es dazu, mehreren Stoffen Appretur zu geben.

5 Daß Satzmehl bildet eine sehr nahrhafte Speise. Man bedient sich seiner dazu unter der Gestalt von Sago, Salep, Kartoffelmehl u. s. w.

In einigen nördlichen Ländern besteht die Nahrung der Menschen und der nicht fleischfressenden Thiere fast allein in verschiedenen Moosen. Diese Moose geben bey bloßem Mahlen, nach den hierüber von der Stockholmer Akademie gemachten Versuchen, ein vortreffliches Satzmehl.

Fünfter Abschnitt.

Vom Gallert.

Der Gallert, welches in den thierischen Körpern häufig vorhanden ist, hat viele Aehnlichkeit mit dem Pflanzenschleim; wie

wie dieser, scheint er die erste Stufe der Veränderung der Nahrungssäfte auszumachen, und wie er, ist er auflöslich im Wasser und bildet mit dieser Flüssigkeit, wenn er davon gesättiget ist, ein halbdurchsichtiges Gelée.

Der thierische Gallert aber schlägt sich mit dem Gerbstoff nieder, während der Schleim mit diesem in keine Verbindung tritt. Diese Eigenschaft, wenn es auch nur die einzige auszeichnende wäre, würde schon hinreichen eine große Verschiedenheit zwischen beiden Produkten zu begründen.

Die jungen Thiere bestehen durchgängig fast aus nichts, als aus Gallert; in dieser Masse von Fleisch zeichnen und entwickeln sich nach und nach die verschiedenen Theile, die die Zusammensetzung des Thierkörpers bilden sollen, und unvermerkter Weise sieht man, wie sich Fibern, Eyweißstoff und phosphorsaurer Kalk ausbilden.

Es gibt Theile im Thiere die den beständigen Zustand eines verhärteten Gallerts beybehalten, wie die Ligamente, die Membranen, die Knorpel, die Haut, die Hörner u. s. w.

Der Gallert also macht nicht allein die ersten Anfänge des Thieres aus; sondern bleibt auch in demselben in permanentem Zustande.

Wenn man, durch ein verlängertes Aufwallen einer thierischen Materie im Wasser, allen Gallert extrahirt hat; so ist der unauflösliche Rückstand in der Regel geringfügig; und wenn man die thierischen Substanzen, welche am meisten davon enthalten, auffinden läßt; so sieht man die Abkochung, bey'm Abkalten, gerinnen und eine feste, halbdurchsichtige Masse bilden, die eine zitternde Beweglichkeit hat.

Diese thierischen Gallerte werden als Speisen auf unsre Tische gebracht und machen vortreffliche Gerichte aus. Man färbt sie weiß durch Mandelmilch, gelb, durch Safran u. s. w. um Abwechslung in ihre Farben und ihren Geschmack zu bringen.

Der Gallert, wenn er diesen Grad von Consistenz bekommt, fault leicht und gibt viel Stickgas bey seiner Zersetzung.

Wenn man das Gelée so verdickt, daß es eine ganz feste Consistenz erhält, und durch ein gehöriges Austrocknen alles Wasser daraus ziehet, so benimmt man ihm die Eigenschaft, leicht in Fäulniß überzugehen und bildet Täfelchen daraus, die nur einen Extract der darin befindlichen Nahrungsstoffe erhalten.

Man kann diesen Tafel- oder trocknen **Bouillon** bereiten, mit:

Kälber-

Kälberfüßen	— —	4 Pfund
Rindshinterviertel	— —	12 —
dickem Fleisch aus dem Kalbshinterviertel		3 —
Schöpsenkeule	— —	10 —

Diese Fleischsorten läßt man an kleinem Feuer mit einer gehörigen Quantität von Wasser aufkochen und schäumt ab, wie gewöhnlich. Der Bouillon wird mit Ausdrucken abgegossen und das Fleisch zum zweytenmale mit frischem Wasser aufgekocht; dann sammelt man die Flüssigkeiten und läßt sie kalt werden um das Fett genau davon abzusondern, klärt mit fünf oder sechs Weißen vom Eye ab; thut eine gehörige Quantität Seesalz hinzu, filtrit sie durch einen weißen Tuchlappen und evaporirt sie im Wasserbade, bis sie die Consistenz eines sehr dicken Teiges erhalten. Sodann breitet man die Masse auf einen glatten Stein aus, schneidet sie in Tafeln, beendiget das Austrocknen derselben in einer Trockenkammer, und verschließt sie in gut gepfropfte Flaschen.

Man kann in die Composition der Tafeln auch Geflügel und Gewürze thun.

Wenn man sich derselben bedienen will; so löst man sie in Wasser durch ein sanftes Digeriren über warmer Asche auf.

Die Hockiac-Tafeln, welche man in China bereitet, und die in Frankreich unter dem Namen Eselhautsleim bekannt sind, werden aus thierischen Substanzen bereitet.

Wenn man nur allein die thierischen Theile, welche ganz aus verdicktem Gallert bestehen, anwendet; sie in siedendem Wasser auflöst und die Auflösung bis zur Consistenz in Tafeln verdickt, so entsteht hieraus das, was man thierische Leime nennt.

Man hat im Handel drey oder viererley Arten von Leim, die verschiedenen Namen führen, theils in Rücksicht der Unterschiede zwischen ihnen selbst, theils wegen der verschiedenen thierischen Materien aus denen man sie zieht. Wir werden hier nur von den vornehmsten reden.

Erster Artikel.

Vom Tischler-Leim.

Man kann den Tischler-Leim aus Abgängen von Häuten und Leder, den Füßen, der Haut der Köpfe und Schwänze einiger Thiere und aus den Knochen selbst bereiten.

Gegerbte Felle geben keinen starken Leim, weil der Gallert in ihnen mit Gerbstoff in Verbindung ist.

Leder

Leder, welche durch Alaun und durch Talg gezogen worden, geben nur wenig und von mittelmäßiger Qualität.

Abgänge von durch Oel gezogenen Kameelhäuten können nicht gebraucht werden.

Haare lösen sich nicht auf; Blut, Fett und Fleisch schaden der Qualität des Leimes.

Abgänge von weißem Kalbspergament und Pergament überhaupt geben guten Leim. Auch der Hasen- Kaninchen- und Biberfelle, von denen die Hutmacher die Haare abgeschabt, kann man sich mit Vortheil bedienen.

Es ist anerkannt, daß alte und magre Thiere einen bessern Leim geben, als junge und fette.

Die Mahler in Wasserfarben, Tuch- und Papierfabrikanten bereiten den Leim, dessen sie bedürfen, ohne ihn zu trocknen. Sie lassen Abgänge von Häuten und Pergament, von abgehaarten Hasen-, Kaninchen- und Biberfellen u. s. w. mit Wasser aufkochen, und wenn sie merken, daß die Abkochung so weit ist, bey'm Erkalten gerinnen zu können; so halten sie dann mit der Operation inne und gebrauchen den Leim in diesem Zustande.

Aber in den Fabriken, wo man den Leim für die Bedürfnisse des Handels bereitet, verfährt man bey seiner Fabrikation in einer Reihe wohl geordneter Manipulationen.

Zuerst fängt man damit an die Materie in kleine Bottige tauchen zu lassen. Vier und zwanzig Stunden sind hinreichend bey frischen Häuten; längerer Zeit bedarf es bey trockenen und man setzt sie von Zeit zu Zeit im Wasser in Bewegung, damit sie sich vollkommen antränken. Sobald sie gehörig davon durchdrungen sind, zieht man sie aus dem Wasser und breitet sie auf rostförmigen Bahren aus, damit sie abtropfen. Sodann trägt man sie nach dem Flusse, um sie gehörig darin zu waschen, thut sie zu diesem Zwecke in durchbrochene Käfige die in das Wasser hineinragen und rührt sie um und bewegt sie mit einem großzähnigen Rechen. Der Käfig wird mittelst eines Schwengels aus dem Wasser gezogen, um das Leder abtropfen zu lassen, dann wieder hineingetaucht und wieder herausgezogen, und dieß Manoeuvre so lange fortgesetzt, bis daß die Leder gereinigt sind und das ablaufende Wasser klar aussieht.

Die verschiedenen Gattungen von Leder werden besonders gewaschen, weil sie nicht alle die nämliche Sorgfalt erfordern. Die Ohren, zum Beyspiel, haben mehr Zeit und mehr Aufmerksamkeit nöthig, weil der Schmutz in ihnen viel fester sitzt, als anderswo.

Wenn

Wenn die Häute recht rein sind; so taucht man sie in ein ziemlich schwaches Kalkwasser. Man kann sie darin lange Zeit liegen lassen, aber man gebraucht die Vorsicht, alle vierzehn Tage einen oder zwey Eimer frisches Kalkwasser zuzugießen, und wendet die Häute von Zeit zu Zeit um.

Dieß Kalkwasser löst das Fett auf, befreyt die Haut von allem, was ihr anhängt und verwandelt sie in einen dem Pergament nahe kommenden Zustand.

Wenn die Häute, deren man sich bedient, noch Haare an sich haben, so thut man sie in ein stärkeres Kalkwasser, damit sie davon abgefressen werden; eben so verfährt man mit den durch Alaun und Talg gezogenen und behandelt auf gleiche Weise auch alle die Materien die viel Fett, Blut und Gliedwasser enthalten. In dieser ersten Operation wird auch die Epidermis abgelöst, welche von Wasser allein nicht angegriffen wird.

Man taucht nun die Häute in klares Wasser, läßt sie auf der Bahre abtropfen und wäscht sie am Flusse mit der nämlichen Sorgfalt aus, wie das erste mal.

Es gibt Fabriken, wo man die so gereinigten Häute unter eine Presse bringt um alles Wasser, welches sie enthalten, heraus zu pressen.

Diesen ersten Operationen folgt die des Schmelzens der Materien, welches gewöhnlich in einem kupfernen Kessel geschieht: einige thun Steine auf den Boden des Kessels, um zu verhindern, daß die Häute sich nicht daran festsetzen und verbrennen; andre setzen einen hölzernen Rost hinein, welches die nämliche Wirkung hat.

Man füllt den Kessel bis über den Rand an und gießt nach dem Zustande und der Qualität der Materien mehr oder weniger Wasser zu.

Zuerst wird ein kleines Feuer angezündet, um die Materien nach und nach zu schmelzen: dieß Feuer wird stufenweise bis zum Aufwallen gesteigert; und wenn der Leim sich nun bildet, so verringern einige das Feuer und setzen die Materien nicht in Bewegung; andre wieder rühren sie um, bis daß der Leim fertig ist, und lassen die Operation bey kleinem Feuer zwölf bis funfzehn Stunden fortwähren.

Man überzeugt sich davon, daß der Leim fertig ist, wenn man ihn auf einen Teller gießt und dann findet, daß er die gehörige Consistenz hat. In diesem Zustande gießt man ihn in einen Kübel, über dem ein langer, viereckiger Käfig aufgestellt

stellt wird, den man den Träger nennt, und auf dessen Boden sich ein Lager von langem Stroh befindet. Der geschmolzene Leim wird auf dieß Stroh gegossen, filtrirt sich durch dasselbe und fällt in den Kübel. Diese Operation muß schnell geschehen und der Ort, wo sie vorgenommen wird, warm seyn, damit der Leim nicht fest werde. Man gebraucht darum selbst die Vorsicht, den Träger und den Kübel mit Zeugen zu bedecken, um das Kaltwerden zu verhindern.

Den Leim läßt man, damit er sich reinige, drey oder vier Stunden in dem Kübel und nimmt ihn, noch geschmolzen heraus, um ihn in nasse, hölzerne Kästchen zu thun, worin er gestehet.

Wenn man Leim von verschiedener Qualität erhalten will; so bringt man in verschiedenen Höhen des Kübels Hähne an, und läßt den Leim ablaufen; indem man diese Hähne, den obersten zuerst, nach und nach öffnet, der, welcher zuerst heraus fließt, ist der reinste, der letzte ist nur eine untere Lage, schmutzig von allen sich niedergeschlagenen Unreinigkeiten.

Man läßt den Leim vier und zwanzig Stunden hindurch in den Kästchen und nimmt ihn dann heraus, um ihn auf den Trockenplatz zu bringen, welcher gewöhnlich ein bedeckter Schuppen ist, in den von den Seiten jedoch die Luft überall hereindringen kann.

Wenn der Leim halb trocken ist, so durchsticht man seine Blätter an einem Ende um einen Bindfaden durchzuziehen und so aufzuhängen, wie man es im Handel sieht.

Sind die Tafeln beynahe ganz trocken und man macht sie ein wenig naß um sie mit einer feinen und neuen Leinwand zu reiben, so erhalten sie eine schöne Politur und Durchsichtigkeit. Obgleich man in der Regel zur Fabrikation des starken Leimes nur Flechsen, Knorpel, Ohren und Abgänge der Häute von altem Viehe nimmt: so kann man sich doch auch der Knochen mit Vortheil bedienen. Herr Duhamel hatte bereits Leim daraus gezogen und den Papinianischen Topf in Vorschlag gebracht, um sie darin zu kochen. Herr Grenet hat dieß Verfahren mit Erfolg wiederholt und die Herren Parmentier und Pelletier die den Auftrag erhielten, die Richtigkeit seiner Resultate zu prüfen, haben sich davon überzeugt, daß 6 Pfund Knochen-Abschabsel, die sie von einem Knopffabrikanten erhalten und in vier und zwanzig Pinten Wasser bis zum Kochen aufsotten und gehörig verdickten, ihnen gaben:

durch-

	Pfund	Unzen	Quentchen
durchsichtiger starker Leim		15	4
Mark = Leim		0	4
getrocknetes Mark	4	3	—
Verlust oder Abfall	—	13	—

Aus sechs Pfund Elfenbein = Abschabsel erhielten sie:

starken Leim	1 Pfund
Mark	4 —
Verlust	1 —

Diese von den Furnirern probirte Leimarten schienen von der besten Qualität zu seyn.

Der Gebrauch des starken Leims, der so allgemein in den Künsten des Tischlers und Furnirers u. s. w. geworden ist, hat zwey Nachtheile: der erste ist, daß er auf die Länge so eintrocknet, daß er gestattet, daß die Platten, welche er auf einander befestigt, sich aus einander geben und trennen; welches man bey fast allen furnirten Meubien bemerkt, deren Stücke bey dem geringsten Stoße losgehn und herunterfallen; der zweyte, daß er in Wasser auflöslich ist, weshalb man ihn nur zu solchen Arbeiten gebrauchen kann, die gegen diese Flüssigkeit geschützt sind.

Man beugt dem erstern dadurch vor, wenn man nur gute Materien zur Verfertigung des Leimes nimmt, und vorzüglich, wenn man das Abkochen desselben nicht zu sehr übertreibt.

Dem zweyten kann man abhelfen, wenn man den Leim in so wenig Wasser als möglich zerschmelzen läßt, nach und nach austrocknendes Leinöl zugießt, und das Gemenge umrührt, um diese beyden Materien gehörig mit einander zu vereinigen. Man läßt es trocknen, und es ist dann ein Leim geworden, der sich nicht mehr im Wasser auflöst.

Zweyter Artikel.

Vom flandrischen Leim.

Dieser Leim ist von dem starken Leim wenig verschieden; statt daß man sich zur Verfertigung des erstern der Abgänge von Häuten alter Thiere bedient: so nimmt man zu den letztern den Abfall von Hammel=, Lamm= und von den Fellen anderer jungen Thiere; so wie vom Pergamente.

Diese Materien wäscht man sorgfältig, läßt den Leim lange Zeit hindurch in Kübeln stehen, damit er rein werde, und theilt ihn in sehr dünne Blätter, wodurch sie allein schon

 durch=

durchsichtiger erscheinen. Man gibt ihnen nur eine Linie Dicke in der Mitte.

Dieser Leim hat gewöhnlich eine gelbe Farbe (blond): die Mahler in Wasserfarben- und Papierfabrikanten geben ihm den Vorzug vor dem starken Leim, weil er sich beym Trockenwerden weniger abschuppt; übrigens verändert er die Farben auch nicht so sehr als dieser.

Tischler, Furnirer, und Verfertiger von eingelegter Arbeit, die die Holzstücke mit der größtmöglichsten Haltbarkeit befestigen müssen, ziehen den starken Leim vor. Für sie ist die Durchsichtigkeit eine unnütze Eigenschaft.

Dritter Artikel.

Vom Mundleim.

Man nennt Mundleim eine neue Bereitung der beiden vorhergehenden Arten von Leim, wodurch er die Eigenschaft erhält, im Munde zu zergehen und so sogleich gebraucht werden zu können.

Man nimmt dazu gewöhnlich den schönsten starken Leim, bricht ihn in kleine Stücke und läßt diese durch ein zweytägiges Eintauchen in kaltem Wasser, erweichen. Man klärt sodann das Wasser, welches oben auf schwimmt, ab, und läßt den erweichten Leim an kleinem Feuer schmelzen. Wenn er recht flüssig geworden, thut man die Hälfte seines Gewichts an gestoßenem Zucker hinzu, dessen Auflösung man durch eine beständige Bewegung befördert.

Diese Auflösung aber gießt man auf ein Stück Marmor, das man mit einem in gutem Olivenöl getränkten Stücke Leinwand einreibt, und läßt diese Platte vier oder fünf Tage hindurch kalt und fest werden; dehnt sie sodann auf einer vierfach gebrochenen Serviette aus, bedeckt sie mit einer andern Serviette und legt auf das Ganze ein Brett. Durch dieß Mittel wird sie nicht allein platt gedruckt und compacter; sondern es wird auch alles Oel daraus gepreßt, welches sie auf dem Marmor eingesogen. Dieß Pressen wird erneuert, indem man die Servietten erwärmt, um schneller den gewünschten Zweck zu erreichen. Sodann schneidet man die große Platte in kleine Tafeln oder Plättchen von einer Linie Dicke auf 8 bis 9 Linien Breite und ungefähr 3 Zoll Länge. Man trocknet diese kleinen Brote, indem man sie zwischen warme Leinen thut und bedeckt, wie vorerwähnt, und wiederholt dieß Manoeuvre bis daß der Leim trocken wird und brüchig.

Vierter

Vierter Artikel.

Von dem Leim aus Kälberfüßen.

Es gibt Fabrikanten welche Kälberfüße in die Composition des Flandrischen Leimes bringen. Wenn man diese aber allein nimmt, so erhält man einen klaren und durchsichtigen Leim, der ohne besondere Stärke zu besitzen, doch seine Anwendung in den Künsten findet.

Man fängt damit an, durch siedendes Wasser die Haare abzulösen; schneidet sodann die Knochen und alle schleimigen Theile aus, läßt den Ueberrest in Wasser aufkochen und schäumt dieß sorgfältig ab; und wenn die kaltgewordene Abkochung die Consistenz eines dicken Gallerts annehmen kann, so seihet man den Leim durch ein leinenes Tuch und läßt ihn langsam kalt werden.

Dieser Leim ist sehr durchsichtig; da er aber, seiner Güte nach, unter dem Englischen und Flandrischen stehet; so gebraucht man ihn nur wenig.

Fünfter Artikel.

Vom Leim aus Handschuhleder und Pergament.

Der Leim aus Handschuhleder wird aus den Abgängen von weißem Handschuhleder bereitet, welche man mit einem ungefähr achtzehn Mal ihr Gewicht haltenden Maaße von Wasser bis zur Reduktion auf die Hälfte aufkocht; indem man sie fortwährend mit einem Stabe umrührt.

Man verdickt ihn mehr oder minder nach Belieben.

Der Leim aus Pergament wird auf ähnliche Weise bereitet; er ist stärker, aber nicht so weiß.

Die Vergolder in polirtem Golde gebrauchen viel von diesen beyden Gattungen von Leim. Sie bereiten sich auch einen Leim aus Aalhaut und ein wenig Kalk; die Abkochung hiervon wird durchgeschlagen, und man thut einige Weiße vom Ey hinzu; auf eine Schicht von diesem Leim, tragen sie aber dann das Gold auf.

Die Papierfabrikanten bedienen sich eines Leimes, der diesem fast gleich kommt; sie thun Abgänge von Häuten in einen eisernen Käfig, der mitten in einen mit siedendem Wasser angefüllten Kessel gehängt wird, und sie erkennen, daß er die gehörige Stärke habe, wenn Speichel auf damit getränktem Papiere nicht mehr fließt. Man hat bemerkt, daß es ein schleunigeres Verfahren sey, die Haut sogleich in siedendes Wasser zu tauchen, als sie nachher in kaltes zu thun, und dieß stufenweise zum Aufwallen zu bringen.

Sechster Artikel.

Vom Fischleim (Hausenblase).

Die Russen verfertigen den Fischleim, der unter dem Namen Hausenblase (ichtiocolla) bekannt ist, aus der Schwimmblase des Störs.

Die Blasen des Sterlets liefern den stärksten Leim, den man zu eingelegten Arbeiten allen andern Arten vorzieht.

Man thut die frischen Blasen in Wasser, wendet sie um und schneidet sie der Länge nach in Streifen, welche auf großen Baumblättern zum Trocknen ausgelegt werden; dann macht man das erste Häutchen von ihnen los, und reibt sie, um sie von der Epidermis zu befreyen; und wenn dieß geschehen, so rollt man die weißen und glänzenden Häute unter allen Formen zusammen, und trocknet sie von neuem.

Den Oka entlang, wo man nur Sterlets trocknet, nimmt man die Blase von diesen Fischen, schlägt sie, und läßt sie trocknen.

Man bereitet zu dem nämlichen Zwecke die vom Wels an den Ufern der Wolga; und diese wird bey den Furnierarbeiten sehr geschätzt.

Man kann auch Leim aus der Blase der Barben machen.

In der Gegend von Sinbirsk und an der Wolga entlang zieht man aus dem Kochen dieser frischen Blasen einen sehr feinen Leim, welchen man in Formen gießt.

Wenn man sich des Fischleims bedienen will, so schlägt man ihn mit einem Hammer, schneidet ihn sodann mit der Scheere in kleine Stücken, und thut ihn in das Wasser, wo man ihn bey einer mäßigen Wärme so lange erhält, bis er schmilzt. Man kann Wein oder Branntewein als Auflösungsmittel gebrauchen.

Dieses Leimes bedient man sich häufig, um Bändern und Gazen Glanz zu geben, und die Weine klar zu machen.

Sechster Abschnitt.

Vom Gerbstoff.

Der Gerbstoff gehört wesentlich dem Pflanzenreiche an. Er liegt ihrer adstringirenden Eigenschaft zum Grunde, aber hat nichts mit den Mineralsubstanzen gemein, welche man blutstillende nennt, wie der Alaun, der Vitriol u. s. w.

Der Gerbstoff macht einen der Grundstoffe, von allen adstringirenden Pflanzen aus, er ist in großem Maaße im Cachoubaume, in den Rinden der Eich- und Granatenbäume, in den Galläpfeln, dem Sumach u. s. w. vorhanden.

Er ist auflöslich in Wasser, und man kann ihn durch diese Flüssigkeit aus den Pflanzen extrahiren; aber sodann ist er mit mehreren Produkten vermischt, welche ihm fremdartig sind, und von denen man ihn befreyen muß, um ihn rein zu erhalten.

Herr Proust hat ein ziemlich einfaches Verfahren angegeben, um den Gerbstoff in seiner ganzen Reinheit zu erhalten; es besteht darin: daß man eine Auflösung von salzsaurem Zinn in eine Abkochung von Galläpfeln gießt; es entsteht dann augenblicklich ein Niederschlag von weißgelblicher Farbe, welcher nichts ist, als eine Verbindung des adstringirenden Stoffes mit dem Zinnoxyd. Man klärt die obenaufschwimmende Flüssigkeit ab, wäscht den Niederschlag aus, läßt ihn in Wasser zergehen, und zersetzt ihn mittelst des geschwefelten Wasserstoffgases. Das geschwefelte Zinnoxyd macht einen Bodensatz, und das adstringirende löst sich nach Maaßgabe im Wasser auf. Man filtrirt und evaporit in einer Bassine von Silber, die Auflösung nimmt den Geruch und den Geschmack einer Galläpfelabkochung an, und die Substanz, welche nach der Evaporation übrig bleibt, ist trocken, braun und zerreiblich; sie hat den Bruch vom Aloeextract, und zieht die Feuchtigkeit der Luft nicht an sich, übrigens hat sie einen herben Geschmack, und löst sich in warmem Wasser und in Alkohol wieder auf.

Wenn man statt sich der Galläpfel-Abkochung zu bedienen, die von Gerber-Lohe nimmt; so wird der Niederschlag durch salpeter-salzsaures Zinn bewirkt. Aber, gehörig gewaschen, ist sie nicht mehr durch geschwefeltes Wasserstoffgas zersetzlich und verändert selbst ihre Farbe nicht, welches noch beweiset, daß das Adstringirende der Galläpfel durch die Galläpfelsäure modificirt wird.

Noch kann man den Gerbstoff durch Alkohol und durch Aether extrahiren.

Man löst ihn auch, mit Hülfe der Wärme, durch feste oder flüchtige Oele auf.

Der Gerbstoff wird aus seiner wässerigen Auflösung durch fast alle bekannte Säuren niedergeschlagen; die Salzsäure, Sauerkleesäure, Weinsteinsäure, Phosphorsäure und branstige Holzsäure bilden einen Niederschlag von einer blaßrothen Zimmtfarbe. Der Niederschlag durch die Schwefelsäure ist orangefarbig und die Wärme, welche sich bey der Operation erzeugt, entwickelt einen sehr ausgezeichneten Loh-Geruch.

Die

Die Salpetersäure schlägt am wenigsten nieder, die Essigsäure und Benzoesäure thun es nur auf die Länge. Die oxydirte Salzsäure macht einen grauen Niederschlag und dieser wird dadurch farblos.

Kali schwärzt die Auflösung des Gerbstoffs und schlägt sie nieder; Natron bringt eine weniger merkliche Wirkung hervor, und Ammonium macht die Farbe gelb und schlägt langsamer nieder.

Der Gerbstoff raubt nicht allein die Erden ihren Auflösungsmitteln, sondern er verbindet sich auch mit ihnen, sobald sie rein sind; wenn man Kalk mit einer wässerigen Auflösung von Lohe vermengt; so bildet sich in dem Augenblick ein gelblicher Niederschlag; Magnesia, Alaunerde und Barytерde bilden besondre Verbindungen mit ihm.

Eben so nimmt der Gerbstoff auch die Metalloxyde aus ihren sauren Auflösungsmitteln. Das Eisenoxyd bildet mit ihm einen grünlich braunen Niederschlag, wenn man mit schwefelsaurem Salze operirt; das Bleyoxyd in dem essigsauren Salze, wird in kaffebraune Hefen niedergeschlagen; das vom Kupfer, im schwefelsauren Salze, in einen grünen; das vom Zinn im salpetersauren in einen gelben; das vom Zink im schwefelsauren in einen schmutzig grauen und das vom Quecksilber im salpetersauren Salze in einen sehr reichlichen weißen Niederschlag. Die Niederschläge von Silber und Quecksilber werden, nach der Beobachtung der Akademie zu Dijon zum Theil zu ihrem Metallzustande zurückgebracht.

Der Gerbstoff zieht Harze aus dem Alkohol.

Die hauptsächlichste Eigenschaft des Gerbstoffes aber, welche dieser Substanz ein so großes Interesse gibt, ist die Fähigkeit, mit dem Gallert in Verbindung zu treten und einen in Wasser unauflöslichen und der Fäulniß nicht unterworfenen Körper mit ihm zu bilden. Es ist vorzüglich Herr Seguin, dem wir diese wichtige Entdeckung und die glückliche Anwendung verdanken, welche er davon auf die Theorie des Gerbens gemacht.

Der Gerbstoff ist fast unzersetzlich durch die Gährung. Es scheint selbst, als ob die Früchte und Baumrinden, welche am meisten davon enthalten, die sind, welche sich am längsten conserviren.

Ein sehr schöner Versuch von Herrn Hatchet, welcher darin besteht, daß er den Gerbstoff aus der Auflösung irgend einer Kohle in der Salpetersäure bildet, hat viel Licht über die Natur und die Eigenschaften dieser Substanz verbreitet. Es scheint in Wahrheit hienach, daß der Gerbstoff nichts weiter ist, als ein Kohlenoxyd und wenn man von diesem Grundsatze ausgeht; so begreift man seine Unveränderlichkeit, seine Existenz in den Baumrinden u. s. w. *).

*) Hatchets Arbeiten sind für den Physiker und Chemiker interessant. Was er aber für Gerbstoff hält, ist dieser keinesweges. Für die Künste haben seine Erfahrungen gar keinen Werth. H.

Erklärung der Kupfertafel
des zweyten Theils.

Eilfte Tafel.

Erklärung der ersten Figur. Vorstellend eine hydropneumatische Wanne.

aaa. Seiten der Wanne.

b. Brett der Wanne.

c. Fugen in dem Brette wodurch die Röhre geht.

d. Oeffnung in der Mitte des Brettes in die die Röhre hineinreicht.

Erklärung der zweyten Figur. Vorstellend eine hydropneumatische Wanne mit einem Retorten-Apparat, während des Experiments.

aaa. Seiten der Wanne.

bb. Der über dem Brette umgestülpte Bokal zum Auffangen der Gase.

cc. Retorte auf einem Ofen.

dd. Röhre, welche an die Retorte angebracht ist, um die Gase unter das Brett zu leiten.

ff. Ofen.

Erklärung der dritten Figur. Vorstellend eine mit einen Röhre armirte Medicinflasche.

aa. Die Medicinflasche.

bb. Krumme Röhre an der Medicinflasche, um das Gas in das Wasser einer Flasche zu leiten.

cc. Flasche.

dd. Tubulirung der Flasche, zugepfropft mit einem Korkstöpsel.

ee. Krumme Röhre an der Flasche, um den Dampf durch ihren gekrümmten Schnabel unter das Brett der hydropneumatischen Maschine zu bringen.

f. Krummer Schnabel der Röhre.

Erklärung der vierten Figur. Vorstellend eine Flasche mit krummem Schnabel.

aa. Körper der Flasche.

b. Tubulirung der Flasche.

cc. Krummer Schnabel der Flasche.

Ende der Erklärung der Kupfertafel zum ersten Bande.

FSC
www.fsc.org
MIX
Papier | Fördert
gute Waldnutzung
FSC® C083411

Kolibri 360 GmbH
Ferdinand-Jühlke-Straße 7
99095 Erfurt, Deutschland
produktsicherheit@kolibri360.de